제2판

플랜트 배관 설계
THE PROCESS PIPING

박철수 · 김병식 · 공진성

박영사

|머|리|말|

우리나라는 상대적으로 뒤처진 분야가 상존하고 있는 게 현실이지만, 선진적이고도 고도화된 산업 분야의 경쟁력에 힘입어 현재 세계 제일의 자리를 확보하고 있는 분야도 있습니다. 오늘날의 한국의 위상에는 반세기 전부터의 산업화 과정을 비롯하여 1970년대의 중동 건설 붐 시기를 거치며 익힌 각종 플랜트 분야의 건설 기술 경험과 해외 건설 공사 수주에 의한 경제적 기여가 일정 부분 역할을 했습니다. 뿐만 아니라, 우리가 해외여행을 통해 세계 도처에서 한국 기업이 건설한 각종 시설들을 보면서 건설 한국의 자부심을 가지게 하는 분야도 있습니다.

플랜트 건설 사업(EPC)은 첫째, 사업 수행 과정의 신속한 의사 결정 및 강한 추진력, 둘째, 정해진 규칙이나 데이터의 부족에도 불구하고 창의적인 결과를 도출해내는 자세의 유연성, 셋째, 구성원 상호 간에 마음을 열고 합심하여 역경을 극복해내는 역동성이 절대적으로 필요한 산업 분야이며 이런 특성은 우리 한국인의 자랑할 만한 민족성이자 장점이기도 합니다.

반세기 전 우리나라가 중동의 석유화학 플랜트 공사 현장에 뛰어들던 초창기에는 우리 내부에 축적된 기술과 데이터도 없이 선진국의 관리에 전적으로 의존하여 국제 건설 시장에 뛰어들었습니다. 이런 과정을 슬기롭게 극복하면서 우리는 구미 선진 기술진이 제공하는 자료와 외국의 기술 서적에 의존하여 기술을 익히고 경험을 쌓으며 국제사회의 강자로 성장해왔습니다.

플랜트 건설 사업 분야는 학문/학술이 아닌 경험에 의해 축적한 기술이 가장 중요한 부분입니다. 그러나 경험의 노하우와 기술 데이터를 축적하지 못하고 살아온 세대로서 할 일을 못 한 것 같은 아쉬움을 늘 가져오던 차에 여러 경험과 지식을 정리하고 자료를 모아 이 분야에 종사하는 사람은 물론 새로이 도전하는 사람들에게 길잡이가 되기를 바라는 뜻을 담아 책으로 펴내게 되었습니다.

이미 해외에서는 GPC(Gulf Publishing Company)를 비롯한 몇몇 출판사에서 많은 배관 기술 서적을 출간했으나, 국내에서는 위생 배관이나 일반 유틸리티 배관을 대상으로 하는 제한된 책을 제외하면 한글로 제대로 출간된 플랜트 관련 전문 기술 서적을 찾기가 쉽지 않아 아쉬움이 컸습니다. 외국어로 된 자료를 익히고 활용하기에 불편을 느끼는 기술자들에게 이 책이 친근한 벗이 되어 업무 수행이나 기술 습득에 많은 도움이 되기를 기원합니다.

배관 설계는 배관만의 기술 이론만으로 완성되기보다는 플랜트를 구성하고 있는 연관 분야와의 정보 교환을 통한 유기적인 조합과 협업을 통해 이루어지고 있습니다. 이런 환경에서 배관 설계를 담당하고 있는 자신을 둘러싼 이해관계자들과의 관계와 그 사이에서 형성된 역할과 책임을 설명하는 장을 마련하여 배관 설계에 한정된 지식뿐 아니라 프로젝트의 진행 과정에서 필연적으로 만나야 할 상대에 대한 이해를 돕도록 하였습니다.

또한 프로젝트의 생성과 관리 및 수행 조직에 대한 설명을 제공함으로써 개략적이나마 프로젝트 업무 흐름을 이해함과 동시에 배관 설계 관리자로서 관리 역량 신장에도 도움이 되도록 하였습니다.

아울러, 프로세스 플랜트의 배관 분야의 실질적 업무 실행을 위하여 대표적인 주요 기기 주변의 배관 기본 유형과 예시를 통해 배관 구성의 아이디어를 얻을 수 있게 하였고 실제 설계 경험을 바탕으로 에틸렌 플랜트의 적용 예를 마련하여 의사 결정에 참고가 되도록 하였습니다.

마지막으로 배관 설계 과정을 거쳐 건설 현장에서 시공하는 중 현장의 여건 변화 또는 조달 자재의 정보 오류 등 필연적으로 발생하는 설계의 변경 사항을 관리하기 위한 실제 현장 설계 관리 기법과 변경 내용을 반영한 사례 중심의 종결 보고서를 제시하여 경험을 자료화할 수 있도록 아이디어를 제시하였습니다. 시행착오를 거치며 시간을 들여 만들어진 경험과 지식을 축적하고 숙성시킬 수 있을 때 비로소 확보되는 역량이 우리의 힘입니다.

플랜트 산업은 과학의 영역이라기보다 산업적 경험의 축적이 경쟁력의 원천인 분야이며 배관 설계 역시 기술 연마를 위한 각고의 노력뿐만 아니라 숱한 시행착오와 경험을 바탕으로 한 리더십이 더해져서 빛을 낼 수 있는 분야입니다. 이 책에서 설명한 부분의 내용과 관련하여 각 사의 공유 방식에 따라서 설계된 공통 사항과 실제 프로젝트에서 사용되는 실행 방법 등은 사업주, 프로젝트 유형, 프로젝트 특성에 따라 달라집니다. 여기에 쓰인 내용이 만능일 수는 없으며 일부 상황에는 적합하지 않을 수도 있으므로, 모든 경우에 예외 없이 적용될 내용만을 담아낼 수는 없을 것입니다. 책이 언제 어디에서 도움이 되는지를 결정하는 것은 각 개인의 지식과 경험을 응용하고자 하는 노력에 달려 있습니다.

보다 다양한 자료와 경험들을 이 책에 담아내고자 하였으나 여기저기 매끄럽지 못한 부분도 없지 않아 아쉬움도 있습니다. 그러나 누구나 배우고 익히며 항상 준비하는 마음을 갖추고 있으면 낯설고 예상하지 못한 상황이 발생해도 어디서건 부족한 부분을 채워주는 스승이 나타나곤 하던 것을 선후배 동료와 함께한 오랜 경험으로 알고 있습니다. 아무쪼록 이 책이 독자 여러분의 앞날에 작으나마 자양분이 되어 유능한 기술자로 성장하는 데 도움이 되기를 기대합니다.

박 철 수

목차
Contents

03   Piping Design Role & Responsibility   ························ 45

Contents

01

Introduction of Engineering

1.1 General

플랜트란 일반적으로 필요한 물질이나 에너지를 얻기 위하여 원료나 에너지를 공급하여 물리적, 화학적 작용을 하게 하는 장치나 공장시설 및 생산시설을 말합니다. 우리에게 플랜트라는 이름으로 가장 흔하게 다가오는 것은 원유의 증류 과정을 통해 각종 석유제품을 생산하는 정유공장과 이 석유제품을 원료로 다양한 석유화학 제품을 생산하는 석유화학 공장입니다. 그 밖에 여러 종류의 발전소나 제철, 식품, 의약품 생산시설 등 다양한 종류의 플랜트가 있습니다. 위에 언급한 생산 설비, 시설(Facility)을 만드는 과정을 바로 EPC라고 정의할 수 있습니다. 여기서는 배관의 비중이 상대적으로 높은 정유 및 석유화학 플랜트를 중심으로 기술하고자 합니다.

1.2 EPC Business 소개

플랜트 시설이 탄생하기 위해서는 사전에 사업의 타당성 검토(Feasibility Study) 과정을 거치게 됩니다. 이 과정에서 기술, 환경 및 법률적인 문제를 중심으로 한 기술적 타당성 검토와 프로젝트의 현금 흐름과 채산성을 중심으로 경제성을 분석하여 사업성이 확인되면 시행 과정으로 엔지니어링(Engineering), 구매 조달(Procurement) 및 건설(Construction) 과정을 거치게 되며 이를 업무 영역으로 하는 사업을 영문 앞 글자를 따서 EPC Business라고 합니다.

플랜트 건설의 과정은 크게 Feasibility Study와 EPC로 구분할 수 있습니다. Feasibility Study란 단어의 의미는 예비 조사, 타당성 검토입니다. 다시 말해 Feasibility Study는 EPC 전 단계로 사업성을 검토하는 과정입니다. Feasibility Study가 끝나면 실행 단계인 EPC로 전환됩니다. 실제 상세 설계와 조달 건설 업무가 시작되게 되는 것이지요. 이 모든 단계가 끝나면 비로소 상업운전(Commercial operation)이 시작되고 EPC 계약이 일단락되는 것입니다. 우리가 흔히 말하는 EPC 회사가 바로 플랜트의 EPC 계약 조건을 만족할 수 있는 건설회사를 뜻하는 것입니다. 위의 내용을 요약하면 플랜트 수주 및 진행은 크게 3단계로 분류할 수 있습니다.

1) 검토 단계 : Feasibility Study(사업 타당성 검토)
2) 실행 단계 : EPC(엔지니어링, 조달, 건설)
3) 상업운전 : O & M
   O & M은 Operation & Maintenance의 약자로 운영 및 유지 보수를 뜻합니다.

1.2.1 Feasibility Study 단계

사전 준비 단계인 Feasibility Study에서는 플랜트 프로젝트 기초 설계를 바탕으로 경제성 평가를 진행하게 됩니다. 이 단계는 Concept Design과 FEED 과정으로 분류됩니다. 이 단계에서 프로젝트 진행 여부를 결정하게 됩니다. 가장 첫 번째로 Feasibility Study를 진행합니다.

Feasibility Study란 말 그대로 사업성 검토입니다. 플랜트를 짓고자 하는 장소에 대한 환경 정보 지리나, 기온, 지진과 법률적인 검토, 현재 사용 가능한 기술력과 플랜트를 건설하는 데 예상되는 자금, 이 모든 것을 종합해서 해당 부지에 플랜트를 건설할 수 있는가, 법적으로는 문제가 없는가, 환경적으로 문제가 없는가, 일정상 문제는 없는가, 많은 돈을 들여서 플랜트를 지었는데 과연 이윤이 발생하는가를 예측(Forecasting)하여 계획한 사업의 경제성과 수익성, 차입원리금 상환 가능성 등을 종합적으로 검토하여 최종적으로 사업을 할 것인지 말 것인지를 결정하게 됩니다.

Feasibility Study의 과정 중에 FEED가 등장합니다. FEED란 Front End Engineering Design의 약자입니다. 말 그대로 엔지니어링 디자인의 전 단계를 뜻합니다. Feasibility Study를 통해서 예상되는 예산을 구상할 때 바로 FEED가 등장합니다. 이때 Piping & Instrument Diagram이나 Design Data를 구축해서 예상되는 설비나 플랜트의 규모 일정 등을 가늠할 수 있게 해주는 과정을 말하는 것이지요, 그런데 말입니다. Pre-FEED라는 것이 또 등장합니다.

Pre-FEED는 Pre-Front End Engineering Design의 약자입니다. Pre란 '사전의'라는 뜻을 가지고 있습니다. 단순하게 직역하자면 FEED를 하기 전의 사전 준비 작업이라고 이해하시면 되겠습니다. 요약하자면 Feasibility Study 단계에서 수행되는 Work는 다음과 같습니다.

- Feasibility Study : 사업성 검토(지리 정보, 법률, 경제성 평가−Cost Evaluation)
- Pre-FEED : FEED 전 단계, 이때는 모든 엔지니어링 자료들을 Feed 단계보다 간소화해서 자료를 만들어냅니다.
- FEED : Pre-FEED 다음 단계, 이때는 좀 더 Detail하게 엔지니어링 자료들을 만들어냅니다.

1.2.2 Execution 단계 : EPC(엔지니어링, 조달, 건설)

EPC 단계에서는 개념 설계와 다르게 Pre-FEED, FEED 단계를 걸쳐 준비된 Design & Engineering Work를 Engineering을 통해서 상세하고 실현 가능한 상태로 만들어주는 작업을 하게 됩니다. 동시에 조달 팀(구매)에서는 플랜트를 건설하는 데 필요한 기자재를 사이트로 공급하는 일을 하게 되고, 시공(Construction)은 설계 과정을 통해 얻은 결과물을 바탕으로 건설하는 역무를 수행합니다. 이때 EPC의 협력회사인 중소기업이 등장하게 됩니다. 먼저 EPC 사에서 입찰 공고하여 입찰에 참여한 업체를 Main EPC 사에서는 여러 가지를 평가, 선정하게 됩니다. 실적, 기술력, 금액, 납기 등을 Check해서 최종적으로 선정된 업체는 함께 EPC 과정을 통해서 플랜트 업무를 수행합니다.

1.2.2.1 Plant Engineering

플랜트 엔지니어링은 FEED 단계에서 규정된 Licensor 등 제반 조건을 기초로 하여 Process를 결정할 기기의 구성과 배관계의 제원을 결정하는 설계 업무로 일반적으로 기본 설계(Basic Engineering)와 상세 설계(Detail Engineering) 과정으로 구분됩니다.
* Licensor : 해당 Process에 대한 지적 재산을 제공하는 당사자를 말합니다.

기본 설계는 Licensor가 정해진 프로세스의 경우에는 Licensor가 제공한 자료를 기초로 하고 Licensor가 없는 경우에는 FEED 자료상의 Process Design Basis와 Basic Engineering Design Data를 기초로

Process Engineer가 중심이 되어 각 분야의 전담 엔지니어가 협력하여 진행하게 되며 대표적으로 다음의 성과물을 내게 됩니다.

1) Capacities of Plant
2) Overall Plot Plan and Equipment Location Plan
3) Process Description
4) Basic Design Criteria
5) Basic Design Requirement
6) Equipment Data Sheet and Specification
7) PFD with Heat & Material Balance
8) UFD with Utility Balance
9) Piping and Instrument Diagram
10) Line Designation Table
11) Instrument Schedule
12) Single Line Diagram
13) Hazardous Area Classification
14) Electrical Motor List
15) Piping Material Specification

상세 설계는 구조물, 기계장치, System 등의 구성 요소에 대하여 기본 설계에서 규정하고 있는 Specification과 Design Data에 따라 자재의 구매 및 이들을 구체적으로 실현시키는 시공을 하기 위한 설계입니다.

상세 설계는 엔지니어링 매니저의 관리하에 Process, 기계, 배관, 전기, 계장, 토목, 건축 등 전문 분야별로 진행되면서 각 결과물은 상호 조화와 영향을 미칠 수밖에 없는 종합 예술품이라 할 수 있습니다. 각 전문 분야의 담당자는 설계 진행 과정에서 다른 분야의 설계에 필요한 정보를 제때에 주고받아서 분야별 설계 사이에 간섭이나 충돌이 발생하지 않도록 하여야 하며 설계 일정에 지체가 생기지 않도록 일정 관리에 유의하여야 합니다. 또한 설계 과정에서 다른 분야에 제공한 설계 정보가 상대방의 설계에 제대로 반영되고 자신의 설계와 문제가 제기될 소지는 없는지를 설계 과정에서 충분히 소통하여야 하고 Squad Check 과정을 통해 반드시 확인하여야 합니다.

상세 설계 과정에서 각 분야의 설계 담당자는 각종 계산서, 소요 자재 목록, 공사 도면 등을 작성할 뿐만 아니라 각종 기계장치 등 자재 공급자(vendor)로부터 접수한 Vendor Document를 충분히 숙지하고 그 내용을 자신의 설계에 반영하여야 할 뿐만 아니라 프로젝트의 진행 절차 규정에 따라 이에 대한 Check 및 Review가 이루어져서 그 결과가 공급자의 도면에 반영되어 이에 적합한 자재가 공급되도록 하여야 합니다. 각 분야의 설계 담당자는 설계 성과물의 내용과 일정 관리에 책임을 지게 됩니다.

이 책은 기본적으로 배관 관계자를 대상으로 하므로 배관 이외의 다른 분야의 성과물에 대한 설명은 생략하며 배관 Engineering 상세 설계의 주요 성과물을 요약하면 다음과 같습니다.

1) Piping Engineering Specifications

2) Piping Construction Specifications

3) Plot Plan

4) Equipment Location Plan

5) Piping Plan

6) Piping Support Detail & Hook-up Drawings

7) Piping Isometric Drawing

8) Piping Flexibility & Stress Calculations

9) Piping Material Specification & Bill of Material

1.2.2.2 구매 조달(Procurement)

구매, 조달 업무는 플랜트에 필요한 기기, 자재 혹은 용역 등을 설계 과정에서 작성된 Specification과 구체적인 요구 사항에 맞추어 사외에서 구입하는 업무를 비롯하여 이들 자재에 대한 검사를 실시하고 제조 일정을 관리하며 검사에 합격한 기기, 자재를 건설 현장으로 수송, 반입하는 일련의 업무를 말합니다.

일반적으로 Procurement Service는 기능별로 다음과 같이 구분할 수 있습니다.

1) Purchasing

2) Expediting

3) Inspection

4) Transportation

가격 경쟁이 치열한 일반적인 규격품이라 하더라도 원자재가 투기 대상이 되면서 가격의 등락이 심화 되는 등의 시장 위험 요인에 대한 예측과 이에 따른 구매 시점에 대한 의사결정이 구매의 중요한 역할이 되고 있습니다. 또한 전 세계적으로 극히 제한된 공급자만이 존재하는 특수 기기 등에 대하여는 공급자가 선정되기까지 공급자에 대한 기술적 평가는 물론 단계별 Inspection 등 전문가의 역할이 회사의 경쟁력과 신뢰에도 큰 영향을 미치게 됩니다. 공급자의 시설에 대한 평가 및 가동률에 대한 모니터링은 발주 자재의 성공적인 납품 일정 관리에 빼놓을 수 없는 구매의 역할입니다.

플랜트별로 다소의 차이는 있을 수 있지만 프로젝트의 예산은 E, P, C 총 금액의 절반 내외를 구매가 차지하는 것이 일반적입니다. 따라서 구매는 기업의 경쟁력 강화 및 비용 절감을 통한 이익 극대화의 중추 적 역할을 담당하고 있으며, 이를 위해 경쟁력 있는 Vendor의 확보, 지속적인 시장 조사를 통한 구매 정보 의 체계적 축적, 철저한 납기 및 사후관리 등 지속적이고도 합리적인 관리 노력이 중요합니다.

1.2.2.3 시공(Construction)

엔지니어링이나 구매, 조달 업무에 비하여 건설 분야는 건설 현지에서 발생하는 예상 밖의 변수가 많이 발생하여 시행착오를 겪을 수밖에 없는 요인들이 상당히 많다고 할 수 있습니다. 건설 현장이 국내에 국한되지도 않는 오늘날의 플랜트 건설 환경은 건설 지역의 기후 환경은 물론 법률이나 노동 관행, 숙련 노동자의 동원 가능 정도, 숙련도, 이에 따른 노동 생산성 등 다양한 고려 요소를 안고 있습니다. 이러한 요인들이 프로젝트의 성패를 가르는 품질, 일정 관리, 공사비 등에 직접적으로 영향을 미치게 됩니다. 이것이 건설 현장 요원에게 플랜트에 대한 깊은 지식은 물론 현장 관리자로서의 소양과 관리 목표와 책임감을 가지도록 강조하게 되는 이유입니다.

건설 일정 관리에서 가장 중요한 Milestone은 플랜트의 핵심 기기인 대형 중량물 기기의 반입과 설치(Erection)입니다. 이를 위해서 건설 파트는 Rigging 전문가를 투입하여 Basic Engineering 단계부터 최종 Erection 단계까지 Project의 단계별로 각 단계에 적절한 Rigging Study를 실시하게 됩니다. Basic Engineering 단계에서는 Main Lifting Equipment의 선정에 따른 시공성, 공사 Sequence 등 경제성을 검토하고, Detail Engineering 단계에서는 Plot Plan을 이용하여 현장 내의 Heavy Equipment & Tall Tower의 운송로 확보를 포함한 간섭 여부에 대해 검토하여 그 결과를 시공 일정표 및 소요 예산에 반영하도록 합니다.

노무자와 건설 기기를 동원한 각종 시설물과 기기의 제작 설치가 이루어지면 각종 Specification과 법령 및 검사 시험계획서에 따라 검사와 테스트를 실시하여 시설에 대한 품질과 시설의 이상 유무를 검증받게 됩니다. 검사 및 테스트에는 해당 대상에 따라 건설 계약자 자체 품질 담당자만이 아니라 전문 제3자 Inspector 또는 Vendor Supervisor가 동원되기도 합니다.

계약의 내용에 따라 약간의 차이가 생길 수는 있지만 건설공사가 마무리되는 단계는 다음과 같이 구분할 수 있습니다.

1) Mechanical Completion(M/C)
- 기계 및 배관이 설계도면대로 모두 설치된 상태
- 배관의 수압(기압) 테스트가 완료된 상태
- 기계 설치 공사가 완료된 상태
- Category A punch가 완료된 상태
- 기기의 Alignment가 완료된 상태

2) Precommissioning
- 임시의 스트레이너, 블라인드, 스크린이 설치된 상태
- 유틸리티(Air, Nitrogen, Steam)가 공급 가능한 상태
- Flushing, Chemical and Mechanical Cleaning 완료
- 전기 공급(기기 회전 방향 확인)
- 계장 기기 확인

3) Commissioning
- 설계대로 운전이 가능한 상태
- 원료 공급(단위 공정 테스트)
- 전기, 계장 Function Test
- 안전 시스템 Function Test

- 촉매제, 여재, 약품 충진

4) Start-up
- 실질적으로 제품 생산이 가능한 상태
- Performance Test를 위한 안정화 과정
- 시운전이 아닌 실제 운전의 단계

5) Performance Test
- 계약서상의 보증에 맞는 제품을 특정 시간만큼 안정적으로 생산 가능한지 시험
- Owner가 증명서(Certificate) 발급 후 계약 종료

Owner의 여건에 따라 계약서 상의 Construction의 업무 범위는 다소 달라질 수는 있으나 해외 건설 공사 등 최근의 EPC Contract에서는 열쇠(Key)를 돌리면 모든 설비가 가동되는 상태로 플랜트를 인도한다는 뜻으로 건설업체가 공사를 처음부터 끝까지 책임지고 다 마친 후 발주자에게 열쇠를 넘겨주는 방식이라 하여 이를 턴키(Turn Key) 프로젝트라 부르기도 합니다.

나아가 최근 건설업계에서는 위와 같은 계약 범위에서 플랜트가 준공된 후 건설 플랜트의 실제 운전과 유지 보수(Operation & Maintenance, O & M) 업무까지 업무 영역을 확대하여 수익 확대는 물론 해당 분야의 전문성과 운전 경험을 더하여 EPC Contractor로서의 경쟁력을 확보하려는 추세도 엿보입니다.

1.2.3 O & M 단계

EPC 단계가 끝나면 Operation & Maintenance 단계로 접어듭니다. 바로 상업운전 단계입니다. 플랜트를 가동하면 운영 기술과 지속적인 유지 보수가 필요하고 때에 따라서는 플랜트는 계속적으로 유지 보수 관리되어야 합니다. O & M의 중요한 역무 범위 세 가지는 다음과 같습니다.

1) 상업운전
2) 최적화
3) 유지 보수

1.3 EPC Project Execution

1.3.1 Project Life Cycle

모든 Project는 시작에서부터 종결이 될 때까지 몇 단계의 진행 과정을 거치게 되며 이를 Project Life Cycle이라고 부릅니다. Project Life Cycle은 Project별로 진행 단계가 업종에 따라 다르며 각 단계별 상세 내용도 달라지게 되므로 이에 대한 이해가 선행되어야 관리자가 Project를 효율적으로 관리할 수 있습니다.

EPC Project는 앞에서 설명한 대로 계약서에 따라 업무 범위가 달라지므로 시작 단계와 종결 단계 (Close-out)에서 부분적으로 관리 목표가 달라질 수 있으나 일반적으로 다음의 6단계를 거쳐 완성됩니다.

Feasibility　Concept Engineering

Feasibility　Preliminary Engineering

EPC　Detail Engineering

EPC　Procurement

EPC　Construction

O & M　Completion

상기 Concept Engineering, Preliminary Engineering 등을 FEED 분야라 합니다. 필자는 FEED 분야를 과학적인 영역이라기보다 산업적 경험의 축적이 필요한 영역으로 생각하면서 이제 경험을 배경으로 한 지식의 힘을 바탕으로 국내 Engineering사들이 수행하는 EPC Contractor의 업무 분야를 FEED 영역까지 넓혀서 사업 기회의 발굴과 경영의 내실을 다지기를 기대합니다.

또한 우리나라가 세계적인 경쟁력을 갖추고 있는 원자력발전 프로젝트에서 보듯이 플랜트 건설이 완공된 후 운전 및 유지, 보수(O & M) 업무까지 수행하여 EPC Business의 활동 영역을 확대하기를 기대합니다.

1.3.2 EPC Project Execution Organization

조직 형태 및 특성을 구분할 때에는 상설 정규 부서 또는 조직(이를 Matrix 조직이라 합니다)과 특정 사업 목표 달성 또는 특정 Project 수행을 위해 전문가 등을 동원하여 임시로 편성한 조직(이를 Task Force 조직이라 합니다)으로 구분합니다. 일반적으로 소규모 프로젝트의 경우 전자를 채택하기도 하지만 대형 프로젝트의 경우 사업 목적을 효과적으로 달성하기 위하여 후자를 채택하게 됩니다.

여기서는 Task Force 조직을 중심으로 조직 구조를 아래 그림 1−1, 1−2, 1−3과 같이 설명하고자 합니다.

1) Project Execution Organization

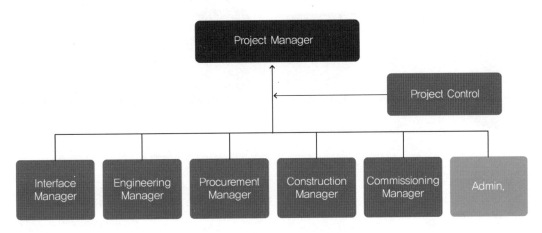

그림 1−1 Project Execution Organization

PM : Project Manager

PEM : Project Engineering Manager

PPM : Project Proposal Manager

PCM : Project Control Manager

2) EPC Engineering Execution Organization

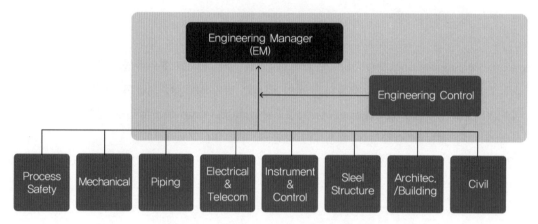

그림 1-2 EPC Engineering Execution Organization

EM : Engineering Manager

LE : Discipline Leader Engineer

3) ISO 9001 Engineering Quality System

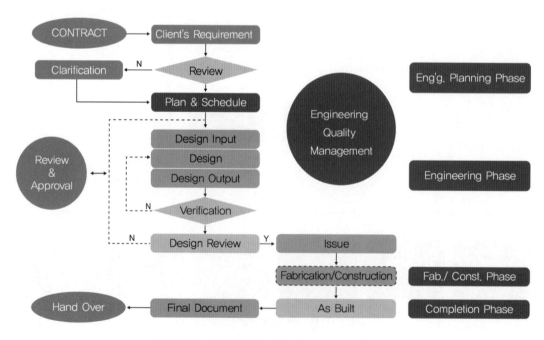

그림 1-3 ISO 9001 Engineering Quality System

1.4 Introduction of Piping Engineering

배관 엔지니어링은 화학, 석유화학 또는 탄화수소 시설의 장비 및 공정 장치의 배관 및 레이아웃 설계를 다루는 기계 공학의 전문 분야입니다. 배관 엔지니어는 플랜트 설계 수명 동안 시설의 안전한 작동을 보장하기 위해 전체 플랜트 시설의 레이아웃, 플롯의 장비 및 공정 장치 위치, 관련 코드 및 표준에 따라 연결된 배관의 설계를 담당합니다.

배관 설계란 단어 그대로 풀이하면 관을 배치하는 설계를 말합니다. 즉, 기기와 기기를 Process에서 규정한 대로 적절한 배관 부품을 이용하여 연결해나가는 설계 과정을 총칭하는 것입니다. 그러나 이러한 기기들이 최상의 운전 성능을 유지하고 Plant를 효율적으로 Operation하는 데 매우 큰 영향을 미치는 것이 배관 설계라고 할 수 있기 때문에 배관 설계자는 Plant와 관련되는 광범위한 연관관계를 이해하고 이론이나 실무를 습득하고 아울러 오랜 경험을 쌓아나가야 합니다. 또한 상호 유기적인 관련 업무가 가장 많기 때문에 공정, 설계, 토건, 전기, 계장 등과 밀접한 Coordination을 이루면서 전체적인 넓은 시각을 갖고 업무를 진행하여야 합니다.

1.4.1 EPC Typical Piping Engineering Organization(Support Engineer Group by Project Size)

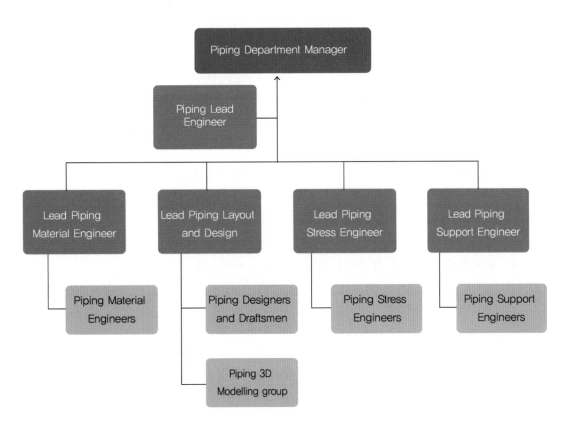

그림 1-4 EPC Typical Piping Engineering Organization

1.4.2 EPC Piping Work 상호 관계

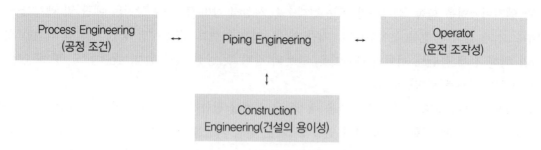

그림 1-5 EPC Piping Work 상호 관계

Process Plant 배관은 그림 1-4와 같이 Project 규모에 맞추어 조직을 구성하여야 하고 EPC Piping Work 상호 관계는 그림 1-5를 고려하여 업무를 진행하여야 합니다.

배관은 공정 플랜트에서 장비의 한 항목에서 다른 항목으로 공정 유체를 전달하거나 분배하는 데 사용되는 배관 구성 요소의 어셈블리로 정의할 수 있습니다. 이 어셈블리의 구성 요소는 파이프, 피팅, 플랜지, 밸브, 파이핑 스페셜, 볼트 및 개스킷입니다. 이 정의에는 파이프 슈와 같은 파이프 지지 요소도 포함되지만 파이프 랙, 파이프 침목 및 기초와 같은 지지 구조물은 다른 부서의 담당 부문이므로 포함되지 않습니다.

ASME B31.3에 따라 배관 설계자는 배관의 엔지니어링 설계가 이 코드의 요구 사항과 소유주가 설정한 추가 요구 사항을 준수하는지 확인할 책임이 있습니다. 석유화학 및 탄화수소 산업의 대부분의 플랜트 시설은 공정 배관 설계에 ASME B31.3 코드를 사용합니다. 배관 엔지니어링은 플랜트 시설 설계의 성패에 가장 큰 영향을 끼치게 되므로 기술적인 면에서부터 설계 일정 관리에 유의하여야 합니다.

Process Plant는 아무리 명칭이 같다고 해도 완전히 같은 플랜트는 없으며 배관은 항상 상이한 환경과 마주칠 수밖에 없으므로 충분한 Engineering M/H(Man Hour) 구성을 고려합니다. 따라서 여러 부서 중 가장 큰 비중을 차지합니다. 그러나 국내 현실에서는 배관 분야에 대한 이해 부족과 경쟁력 확보라는 명분에 밀려 배관이 상대적으로 합당한 가치를 인정받기 어려운 실정이므로 배관 엔지니어 스스로 축적된 기술력을 바탕으로 가치 실현에 더욱 더 노력하여야 할 것으로 생각되며, 이에 필자는 조금이라도 도움이 될 수 있도록 경험으로 축적된 자료의 정리에 최선을 다하고자 합니다.

본 사항에 대한 중요성과 설계 방식 및 역할과 책임에 대해서는 Chapter 3 Piping Design Role & Responsibility에서 보다 상세하게 설명하고 있으므로 참고 바랍니다.

1.5 엔지니어링 기술의 전망

다른 많은 분야와 마찬가지로 엔지니어링 분야도 지난 몇 년 동안 파괴적인 변화를 경험했습니다. 결과적으로, 그것은 그 어느 때보다 신기술 구현에 대한 열망이 강했기 때문이며 앞으로 다가오는 혁신은 산업 전반에 상당한 파장을 일으킬 것입니다. 이에 향후 대표할 가장 영향력 있는 엔지니어링 기술 동향을 아래에 소개하고자 합니다.

1.5.1 엔지니어링 산업의 동향 / Engineering Industry Trends

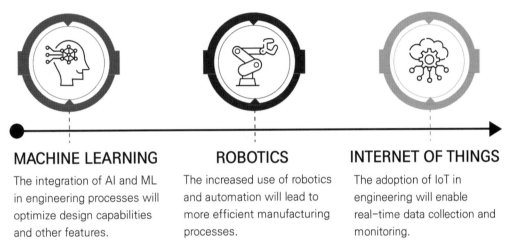

MACHINE LEARNING
The integration of AI and ML in engineering processes will optimize design capabilities and other features.

ROBOTICS
The increased use of robotics and automation will lead to more efficient manufacturing processes.

INTERNET OF THINGS
The adoption of IoT in engineering will enable real-time data collection and monitoring.

그림 1-6 Engineering Industry Trends

1.5.1.1 공급망 중단이 디지털화 가속

코로나19 판데믹, 우크라이나 분쟁 등 여러 다른 혼란으로 인한 공급망 문제는 향후 몇 년 동안 엔지니어링 기업에 계속해서 영향을 미칠 것입니다. 따라서 기업들은 시간이 지연되고 비용이 증가되며 원재료 부족 문제에 직면하게 될 것이며, 해결책으로 디지털 전환을 강력하게 추진하고, SCM(Supply Chain Management) Globalization에서 Localization로 전환되어 산업의 변화와 동일하게 추진할 것으로 생각됩니다.

경영 자문사 보고서에 의하면 조사대상 공급망 리더의 90% 이상이 디지털 기술에 대한 투자를 늘려왔으며, 80% 이상이 투자를 지속할 계획이며 사물인터넷(IoT) 추적 솔루션, 창고 최적화를 위한 디지털 트윈, 인공지능 등이 이러한 흐름을 주도할 것으로 생각합니다. 이러한 기술을 토대로 기업들은 공급망에 대하여 실시간으로 통찰력을 확보하여 또 다른 어떤 공급망 중단 상황이 발생하더라도 유연하게 대응할 수 있게 하기 위함입니다.

1.5.1.2 그 어느 때보다 중요해진 지속 가능성

향후 엔지니어링 기술의 또 다른 핵심 트렌드는 환경에 대한 지속 가능성으로 생각합니다.

기후변화를 더 심각하게 생각하는 소비자들이 많아질수록 <u>지속가능한 제품을 선택할 가능성</u>이 높아집니다. 지속가능성은 단순한 환경적 책임이 아닌 경쟁의 문제가 되고 있으며 IoT 기술로 생산 시설의 에너지 소비에 대해 보다 더 섬세한 통찰력과 제어로 역량을 제고할 수 있기 때문에 이러한 변화 속에서 중심적인 역할을 할 것으로 생각합니다.

태양광, 풍력 같은 재생 에너지 분야도 성장할 것이며 화석연료로 움직이는 트럭, 지게차 및 기타 산업 차량도 수소 및 배터리로 대체될 것입니다.

이에 관련사 대형 엔지니어링사*들은 Global Premier Sustainable Partner라는 지속가능경영으로 "Green Leader, Social Value Leader, Trust Leader" 가치 선언과 탄소중립 방향에 맞추는 로드맵을 준비하며 사업장 운영 효율화 및 연료전환, 재생에너지 전환, 밸류체인 협력 강화, 친환경 포트폴리오 확대를 추진해 단계적으로 온실가스 배출을 줄이고 탄소 흡수·상쇄를 통해 탄소 흡수·상쇄를 통해 탄소 중립 목표를 이행할 방안으로 탄소 저감에 기여할 수 있는 친환경·에너지 사업 분야로 확대를 통해 지속 가능한 경영을 실천하겠다는 전략 등을 수립하고 있습니다.

※ Note

Aspen Technology : Manage Emissions, Maintain Margins, solutions to improve performance, reduce carbon emissions, and Accelerate your digital transformation by optimizing assets to run safer, greener, longer, and faster.

1.5.1.3 Industry 4.0 시대 도래

이러한 다양한 변화 속에서 도입 속도가 주춤했던 Industry 4.0* 기술이 표준이 될 것으로 생각되며 공급망 및 인력 문제를 해결하기 위해 이러한 기술을 채택하는 기업이 증가하고 있는데 경쟁에서 빠르게 앞서 나갈 것으로 생각됩니다. 결과적으로, 기업의 Industry 4.0 채택은 업무효율 향상 더 나아가 생존하기 위한 필수 요소가 될 것으로 생각됩니다.

기업은 더 이상 과거의 수요를 토대로 한 업무패턴에만 의존하여서는 경쟁력이 없습니다. 기술과 관련된 산업들이 오랫동안 존재해온 것은 변화를 수용하는 엔지니어들의 결단으로 미래에 대한 경쟁력을 유지해온 것입니다. 디지털 중심의 시대에 경쟁력의 승패는 Industry 4.0 쪽으로 기울어지고 있다는 것을 의미합니다.

※ Note

인더스트리 4.0(Industrie 4.0)란 : 독일 총리가 주도하여 진행한 산업관련 정책입니다. 이 정책의 내용은 제조업 같은 전통 산업에 IT 시스템을 결합하여 생산 시설들을 네트워크화하고 지능형 생산 시스템을 갖춘 스마트 공장(Smart Factory)으로 진화하자는 뜻을 가지고 있습니다. 공식적으로 2011년 1월 발의됐고 독일 국가과학위원회(Germany's national academy of science and engineering)는 인더스트리 4.0을 통해 산업 생산성이 30% 향상될 것으로 전망하였습니다.

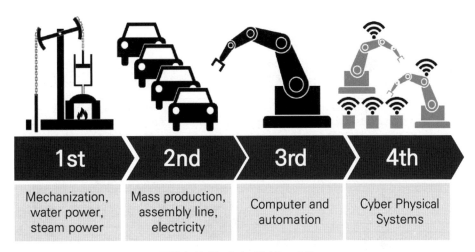

그림 1-7 The Industrial Revolution

➢ 4차 산업 혁명과 플랜트

플랜트는 4차 산업혁명의 도래로 건설 중심에서 지능 정보기술을 적용한 기술 융복합, 정보보안, 안전 사고 예방, 고부가가치화, 고효율·저비용화, 친환경화 등을 요구하는 스마트 플랜트로 변화하고 있습니다. 여기서 스마트 플랜트는 IoT, 빅데이터, AI, 클라우드 등의 4차 산업혁명 지능 정보 기술과 융복합을 통해 기획/설계/프로젝트관리/유지관리/HSE 대응을 위한 디지털 엔지니어링 기술과 이를 지원하는 산업용 플랫폼 개발을 추가합니다.

선진 기업들은 독자적인 프로세스 라이센스 확보, 첨단 융합기술에 대한 지속적인 R&D 투자 및 실증 설비를 통한 실적 확보를 노력하고 있습니다.

에너지/자원 플랜트 분야에서는 에너지 소비를 최소로 하면서, 건설비 및 운영비의 절감을 통해 플랜트 경쟁력을 확보할 수 있는 기술 수요가 증가하고 있고, 온실가스 배출을 저감할 수 있는 신 재생연료 사용 또는 신 재생에너지를 확보하는 플랜트의 친환경화가 요구되고 있습니다.

➢ 발주처의 Digital Twin 요구 사항 사례

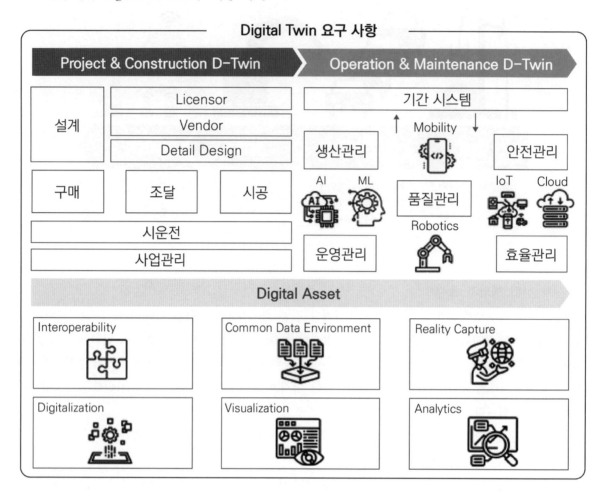

그림 1-8 Digital Twin View

- Digital twin 필요성

  디지털 트윈은 풍부한 데이터를 실시간으로 엑세스하도록 하여 데이터 중심의 의사 결정의 지원, 업무프로세스 자동화, 이해관계자 간의 협업 확대, 새로운 비즈니스 모델 창출 등의 활용에 적용됩니다.

➢ 4차 산업 혁명과 플랜트 변화 비교

구분	4차 산업혁명 이전	4차 산업혁명 이후
PMC/PLM	• 플랜트 성능, 경제성 위주 기획/관리 기술 • 플랜트/엔지니어링 프로젝트 단순 관리 시스템 기법	• 플랜트 신뢰성/안전성/경제성 등을 포괄하는 기획/관리 기술 • 엔지니어링 프로젝트 정보 통합 관리 및 이양을 위한 PMC 중심 • EPC, 기자재 제작사 등 참여기관 간 협업 강화 • 기획·기본설계에서부터 시운전까지 프로젝트 개발 전 주기에 걸친 디지털화 기술 개발/운영 • IoT/빅데이터/AI/VR 기술 활용 플랜트 운영 고도화
FEED	• 핵심공정/기자재 경제성, 안전성 통합 M/S • 일반적 엔지니어링 시스템 타당성 분석	• 엔지니어링 Life Cycle를 고려한 공정시스템 엔지니어링 중심 • 초고압, 초고온, 극저온, 고부식 등 극한 환경 대응 엔지니어링 중심 • 지식기반 지능형 플랜트 설계 및 협업 기술 부각
HSE	• 일반적인 안정성 및 신뢰성 평가기술 • 방폭구조 안전성 평가 기법	• 복합손상 감시, 균열 손상 감시 등 구체적인 사례별 구조건전성 평가기술 • 방폭구조 안전성 평가를 반영한 플랜트 신뢰성 기술
건설	• 단일 플랜트 • 전통적인 노동자 중심 건설 • 부주의에 의한 안전사고 발생 • 화석 에너지 기반 유틸리티	• 분야 간 융복합을 통한 경쟁력 강화 • 스마트 건설장비 활용을 통한 생산성 증대 • 스마트 시설 기반의 안전체계 구축 및 활용 • 신재생에너지 기반 고효율 유틸리티 공급/관리
플랜트 운영 및 유지 보수	• 인력과 개인경험에 의존하여 고장 발생 시 수리하는 사후관리 중심 • 사내 시설관리팀 또는 외부 용역기업이 담당하는 오프라인 기반 저부가가치 서비스	• 실시간 감시, 진단 및 운전 빅데이터 분석을 통한 시스템적이고 예측 가능한 기계 및 플랜트 운영관리 • 실시간 장비 진단, 고장예측, 그리고 최적 운전을 지원하는 IoT 기반 고부가가치 전문 서비스

표 1-1 플랜트 변화 비교표

1.5.1.4 사이버 보안에 대한 우려 계속 상승

점점 더 많은 디지털 기술이 구현됨에 따라 사이버 해커들의 공격도 가속될 것입니다. 특히, 제조업의 IoT 장치는 해커들의 인기 있는 공격 대상으로 사이버 보안 대책의 중요도와 긴급성에서 우선순위가 되어야 합니다.

안전한 디지털 보안과 철저한 직원 교육이 뒷받침되어야 신기술을 안심하고 완전하게 활용할 수 있을 것입니다. 사이버 보안을 철저히 대응하지 않을 경우 디지털 기술 채택으로 얻는 혜택보다 더 많은 문제가 야기될 수도 있다는 점을 명심해야 할 것입니다.

1.5.1.5 엔지니어링 기술 디지털 전환이 업계를 변화

디지털 기술이 사실상 모든 산업에서 변화를 일으키고 있지만, 특히 엔지니어링 분야에 앞으로 대전환을 가져올 것으로 생각됩니다.

위에서 언급한 네 가지(PMC/PLM, FEED, HSE, Construction) 중요 영역과 그 외의 디지털 기술이 산업의 기존 비즈니스 패턴을 파괴하고 변화시킬 것이며 먼저 이를 적극적으로 활용하는 기업은 미래에 상당한 성장을 보일 수 있지만, 지연되는 조직은 빠르게 뒤처질 수 있습니다.

현재의 입장에서 보면 미래의 어떠한 것도 확실하지 않지만, 지금의 추세로 이러한 기술이 업데이트될 경우 가장 강력한 혁신의 원동력이 될 것으로 생각됩니다.

1.5.2 엔지니어링 산업 관련 중점사항 / Engineering Industry Key words

- Data Management (Digitalization/Big data)
- Engineering work by Integrated system
- Engineering work for Global Operation

1.5.2.1 Data Management / 빅데이터(Big data):

빅데이터는 엔지니어가 의사 결정, 성능, 효율성 및 혁신을 개선하는 데 도움이 되는 귀중한 통찰력과 정보를 제공할 수 있습니다.

빅데이터는 센서, 기기, 네트워크, 소셜미디어 등 다양한 소스에서 생성되고 수집되는 막대한 양의 데이터를 설명하는 데 사용되는 용어입니다.

또한 빅데이터를 통해 엔지니어는 사용자의 요구와 선호도에 맞춰 개인화되고 맞춤화되는 새로운 제품과 서비스를 만들 수 있습니다.

- Data Technology : AI/Big Data/IoT/Robotics/AR/VR/BIM

DATA ENGINEERING PROCESS

그림 1-9 Data Engineering Process

- Data management View
  시스템 통합 > 빅데이터 수집 > 수집된 데이터를 활용한 분석 > IoT＋센서＋빅데이터 플랫폼 = 디지털 시뮬레이션 환경 구축

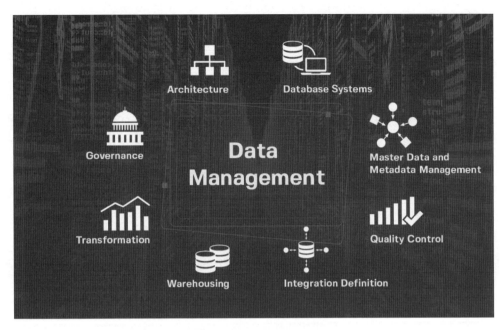

그림 1-10 Data Management

- Data Technology에 사용되는 용어 이해
➢ 인공지능(AI/ML)

AI는 엔지니어가 복잡한 시스템과 제품을 설계, 최적화, 분석 및 자동화할 수 있게 해주기 때문에 향후 10년을 정의할 가능성이 높습니다. 또한 AI는 엔지니어가 적응력 있고 반응성이 뛰어나며 지능적인 새로운 솔루션을 만들 수 있도록 지원합니다. AI는 또한 AI 시스템의 신뢰, 안전, 윤리를 보장하는 등 엔지니어에게 새로운 도전과 기회를 제공할 것입니다.

인공지능과 머신 러닝은 과거, 현재, 미래 기술이 더욱 인간적인 특성을 갖추도록 설계하는 방식에 영향을 미치는 지능형 소프트웨어 솔루션입니다.

인공지능(AI)은 간단히 말해 인간의 지능을 모방하여 작업을 수행하고 수집한 정보를 토대로 자체 성능을 반복적으로 개선하도록 설계된 기술 솔루션, 시스템 또는 머신입니다.

머신 러닝(ML)은 AI(인공지능)에 속한 분야로, 소비하는 데이터를 기반으로 학습하거나 성능을 향상할 소프트웨어 시스템을 구축하는 데 중점을 둡니다. 즉, 모든 머신 러닝 솔루션이 AI 솔루션이지만 모든 AI 솔루션이 머신 러닝 솔루션인 것은 아닙니다.

제조업체는 머신 러닝을 활용하여 품질과 수익률을 비롯한 다양한 운영 문제의 숨겨진 근본 원인을 파악합니다. 제조업체의 전문가들은 심층적인 인사이트를 사용하여 더 신속하게 결정을 내리고 생산 환경의 병목 현상을 해소할 수 있습니다.

스마트 제조 솔루션은 인공지능과 머신 러닝을 기반으로 정보를 맥락화하고 실행 가능한 인사이트를 제공하므로 사용자는 이를 통해 유지관리 기간이 도래하기 전에 기기의 고장을 예측하고, 생산 일정을 조정하고, 가동 중지로 인한 비용 소모를 방지할 수 있습니다.

따라서 제조업체는 재고 계산, 문서 처리 또는 생산성 및 효율성 분석과 같은 다양한 내부 프로세스를 자동화하여 변화에 즉시 대응하고 전반적으로 품질을 개선할 수 있습니다.

➢ 스마트 제조(Smart Factory)

스마트 제조는 "비즈니스 진행 속도에 맞춰 솔루션을 구현하는 동시에 경쟁 우위의 가치를 창출하는 개방형 인프라를 통해 기존 문제와 미래의 문제를 모두 해결할 수 있는 역량"으로 정의하고 있습니다.

"스마트 제조는 미래의 공장에서 사용하게 될 프로세스를 구축하기 위해 현대 데이터 과학에서 사용하는 기술과 인공지능을 융합하는 과정입니다. 스마트 제조 기술은 효율성은 높이고 시스템의 약점은 제거합니다. 이 기술은 모든 조직과 운영 체제를 연결하여 생산성, 지속 가능성, 경제적 성과 향상을 도모하는, 고도로 연결된 지식 기반의 산업 기업에 적합하다."

또한 제조업체는 스마트 제조를 통해 클라우드 기술을 사용하여 데이터를 필요한 만큼 저장하고 사용할 수 있습니다. 이 데이터는 공장 내 또는 공급망 전반의 제조 애플리케이션에서 추가로 사용할 수 있게 됩니다.

과거에는 이러한 유형의 데이터에 액세스하거나 효과적으로 분석하기가 매우 어려웠습니다. 오늘날 제조업체는 이러한 기술을 통해 전반적인 상황을 확인하여 더 합리적인 의사 결정을 내리고 실행할 수 있습니다.

➢ 산업용 사물 인터넷/IIoT(Industrial Internet of Things)

스마트 제조를 성공적으로 구현하고 비즈니스 목표를 효율적으로 달성하는 데 중요한 역할을 합니다.

IIoT 배포 사례로는 5G 로컬 네트워크를 통해 장비 센서, 카메라, 생산 로봇 및 기타 지능형 장치에서 실시간 데이터를 수집하도록 지원하는 연결형 공장 환경을 들 수 있습니다. 데이터는 AI/머신 러닝(ML) 솔루션으로 푸시되어 사용자가 예상 정비, 생산 자산에 대한 원격 모니터링, 자산 활용 또는 다양한 프로세스 및 작업의 자동화와 관련하여 합리적인 의사 결정을 할 수 있도록 실시간 제안 사항을 제공하는 데 사용됩니다.

➢ 로보틱스/Robotics

로보틱스란 "사람처럼 자율적으로 행동할 수 있는 장치" 전반을 가리키게 되었습니다.

AI는 물론 자율적으로 움직이는 프로그램 등은 무수히 많습니다. 이런 프로그램도 넓은 의미에서 로봇에 해당합니다. 로봇에 요구되는 것은 그 모습이나 신체가 아니라 '자율적인 행동능력'이며, 로보틱스는 그것을 실현하기 위한 기술이라고 생각하면 쉽게 이해가 될 것입니다.

그래도 일반적으로 로봇이라고 하면 혼다 ASIMO와 같이 '물리적으로 존재하는 사람 모양의 기계'를 떠올릴 것입니다. 로보틱스를 우리말로 하면 로봇공학인데, '공학'은 물리적인 성질을 강하게 갖고 있는 학문 분야입니다. 실제로 로봇공학은 로봇의 손발 구동의 축이 되는 모터나 공기압 실린더 등을 사용한 액추에이터를 연구하는 제어공학 분야로도 알려져 있습니다.

또한 소프트웨어 로봇으로는 AI와 같은 지적 프로그램을 떠올리기 때문에 로봇의 정의가 왠지 좀 복잡해집니다. 만일 소프트웨어적인 것도 로봇이라 부른다면 AI와 로봇의 차이는 무엇일까요?

그것은 AI가 소프트웨어로만 존재하지 않는 반면, 로봇은 물리적인 신체를 갖고 있는 장치를 명시적으로 포함한다는 점에 있습니다(그림 1−11). AI는 어디까지나 지능이므로 몸은 존재하지 않습니다.

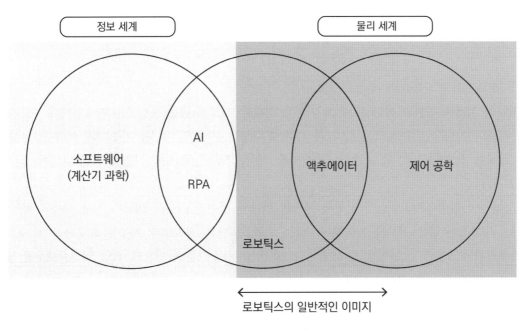

그림 1-11 로보틱스의 영역

이 차이는 매우 중요합니다. 물리 세계에 간섭할 수 있는 로봇과 정보 세계에서만 존재하는 AI는 사회에 끼치는 영향력에 큰 차이가 있습니다.

➤ 증강현실, 가상현실/Augmented Reality(AR) vs Virtual Reality(VR)

AR은 실제 환경을 사용하는 반면 VR은 완전히 가상입니다. AR 사용자는 현실 세계에서 자신의 존재를 제어할 수 있습니다. VR 사용자는 시스템에 의해 제어됩니다. VR을 이용하려면 헤드셋 기기가 필요하지만, AR은 스마트폰만 있으면 접근이 가능합니다. AR은 가상 세계와 현실 세계를 모두 향상시키는 반면 VR은 가상현실만을 향상시킵니다.

- AR이란 : 증강현실(AR)은 종종 스마트폰의 카메라를 사용하여 현실 세계에 디지털 요소를 추가하여 주변 환경을 강화합니다. AR의 주요 가치는 단순한 데이터 표시가 아니라 환경의 자연스러운 부분으로 인식되는 감각의 통합을 통해 디지털 세계의 구성 요소가 현실 세계에 대한 사람의 인식에 혼합되는 방식입니다. AR 기술의 가장 좋은 예 중 하나는 플레이어가 현실 세계에 나타나는 포켓몬 캐릭터를 찾아 캡처할 수 있는 인기 모바일 앱 포켓몬 Go입니다. AR이 업계에서 가장 일반적으로 사용되는 영역은 훈련, 교육, 감사 및 검사입니다. 그러나 의료 분야에서도 이 기술을 활용하고 있습니다. 올바른 응용 프로그램을 통해 외과의사와 숙련된 전문가는 값비싼 자원이나 환자의 편안함을 희생하지 않고도 복잡한 수술을 시행할 수 있습니다.
- VR이란 : 가상현실(VR)은 당신이 서 있는 세상이 가상의 세상으로 바뀌는 시뮬레이션 경험입니다. 휴대전화를 꽂는 플라스틱 홀더처럼 간단한 것으로 할 수 있지만 요즘 대부분의 사람들은 머리에 장착하는 디스플레이를 선호합니다. 가상현실은 사용자가 고도로 시뮬레이션된 환경에 몰입할 수 있도록 함으로써 게임 및 엔터테인먼트 부문에 혁명을 일으켰습니다. 가상현실은 의료, 군사 훈련 등 교육 부문과 가상 회의 등 비즈니스 분야에서도 큰 역할을 합니다. VR 헤드셋은

역사적으로 장치에 테더링되어야 했지만 최신 버전에서는 독립형 또는 무선으로 사용할 수 있습니다.

> BIM(Building Information Modeling)

디지털 방식으로 건물의 하나 또는 그 이상의 정확한 가상 모델을 생성하는 기술입니다. 이 기술은 설계를 단계별로 지원하고 수동 프로세스보다 더욱 효과적인 분석 및 제어를 가능하게 합니다. 완성된 가상 모델은 정교한 지오메트리와 건설 기간 동안 시공, 제작, 조달 활동 등의 지원을 위한 필요한 모든 데이터를 포함합니다.

정보 생성이 이미 CAD의 등장과 함께 자동화 단계에 들어선 가운데 BIM은 정보 사용의 자동화를 의미합니다. BIM은 수많은 정보를 처리할 수 있는 소프트웨어의 정확성과 기능을 요구하고 있지만 실제로 다른 솔루션과의 호환성도 무시할 수 없습니다. 호환성 외의 다른 방법으로 협업 워크플로우를 달성하는 일은 매우 어렵기 때문입니다.

1.5.2.2 통합 시스템에 의한 엔지니어링설계 / Engineering Design by Integrated system

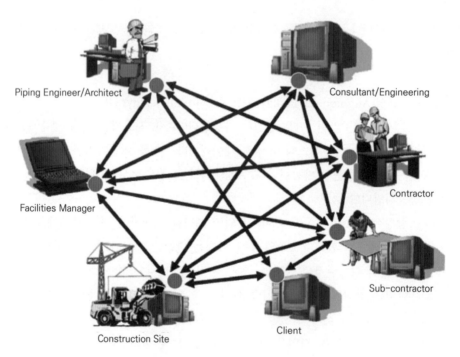

그림 1-12 Engineering work Flow

➢ 기술(Technology)

기술은 끊임없이 발전하고 있으며 배관 엔지니어에게 새로운 기회와 과제를 창출하고 있습니다. 예를 들어, 복합재, 나노재료, 스마트 재료와 같은 신소재는 배관 시스템에 향상된 성능, 내구성 및 기능성을 제공할 수 있습니다. 3D 모델링, 시뮬레이션, 배관 Route 최적화와 같은 새로운 소프트웨어 도구는 배관 설계 및 분석의 효율성, 정확성 및 품질을 향상시킬 수 있습니다.

또한 KMS(Knowledge Management System) 등으로 이관할 수 있는 형식지와 달리 암묵지와 같이 숙련자의 경험을 통한 지식은 전이되기가 힘들기 때문에 디지털 기술을 활용한 참고 사항을 축적해야 할 필요성이 있으며, 초급자들이 이를 활용하여 숙련자와 비슷한 업무 수행이 가능하게 하는 방법 등으로, 단순 반복해야 업무는 최소화하는 산업의 방향성의 기술이 발전하고 있습니다.

적층 제조, 로봇공학, 자동화와 같은 새로운 방법은 배관 제작 및 설치에 드는 비용, 시간, 위험을 줄일 수 있습니다.

➢ 플러그 앤 플레이 세계(Plug & Play)

플러그 앤 플레이 세계는 다양한 시스템, 장치, 플랫폼 및 애플리케이션 간의 상호 운용성과 호환성 개념을 나타냅니다. 플러그 앤 플레이 세계를 통해 엔지니어는 위치, 제조업체 또는 제공업체에 관계없이 서로 원활하게 연결하고 통신할 수 있는 제품과 서비스를 만들 수 있습니다.

플러그 앤 플레이 세계는 다양한 엔지니어링 분야와 영역 간의 협업과 통합을 촉진할 것입니다.

- Plug & Play Application 연결

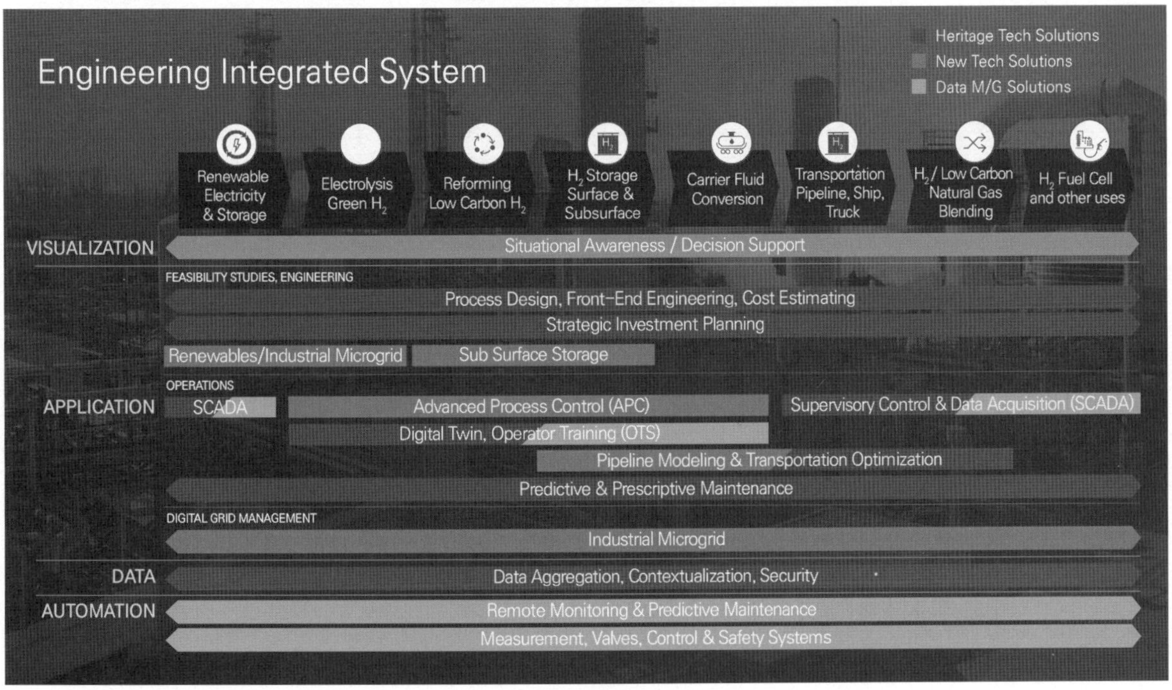

그림 1-13 Plug & Play Application

➢ 3D 모델링 및 시뮬레이션/3D Modeling & Simulation

3D 모델링 및 시뮬레이션은 배관 설계 및 분석의 효율성, 정확성, 품질을 향상시킬 수 있는 강력한 도구입니다. 3D 모델링은 배관 시스템과 구성요소를 사실적이고 상세하게 표현하여 다양한 이해관계자 간의 시각화, 의사소통 및 조정을 향상시킬 수 있습니다.

3D 시뮬레이션은 복잡한 계산과 시나리오를 수행하여 다양한 조건에서 배관 시스템의 성능, 기능 및 신뢰성을 테스트할 수 있습니다

3D CAD 소프트웨어로 플랜트 설계를 혁신하고 엔지니어의 창의성을 높이며 비교할 수 없는 속도와 정밀도로 Feasibility Study 및 FEED를 가속화합니다.

• Performance Engineering

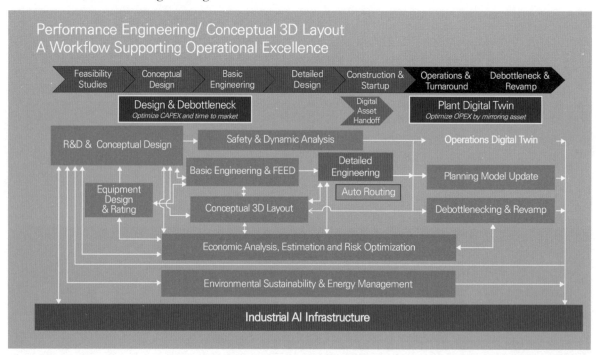

그림 1-14 Performance Engineering

※ Note

디지털 트윈 성숙도 5단계

1단계. 가상트윈. 물리적으로 똑같이 가상세계에 만들어냄

2단계. 커넥트트윈. 기업 시스템으로부터 데이터를 활용하여 실시간으로 인사이트를 제공한다.

3단계. 예측형트윈. 상황/인력 등 실시간 데이터를 활용한다. 이를 바탕으로 미래 행동 등을 예측하여 Risk를 파악한다

4단계. 규범적트윈. 첨단 모델링 기반 실시간 시뮬레이션을 통하여 모범 사례를 제공한다.

5단계. 궁극적으로 향하고 싶은 모델인 동기화된 트윈. 의사결정을 하며 문제를 시정하고 다양한 스마트 기술을 활용하여 예측하고 규범적 분석이 가능하다.

> 개념설계 배관경로 자동화 시스템/Conceptual Design for Piping Route work Automation
  - 배관경로 자동화 시스템/Piping Route Automation system : AI 기반 3D 개념 플랜트 레이아웃을 통해 사업주와 EPC 간의 긴밀한 협업을 통해 프로젝트의 초기 단계부터 비용 추정의 정확성, 신뢰성 및 속도를 향상할 수 있습니다. 엔지니어링 및 건설 요구 사항을 충족하는 최적의 솔루션을 선택하여 자산 안전과 환경 성능을 향상할 수 있습니다. 또한 이런 시스템을 이용한 EPC가 개념 및 엔지니어링 설계(FEED) 개발의 민첩성과 속도를 높여 엔지니어링 노력을 크게 줄이는 데 도움이 될 수 있으며 사업주와 공통 시각화로 EPC 간, 그리고 프로세스, 기계, 배관 및 레이아웃 엔지니어링분야 간의 협업을 가속화합니다.

  - 배관 엔지니어링 작업 자동화 시스템 사용에 따른 이점
    워크플로(Work Flow) 가속화, 작업 시간 단축
    다중 레이아웃 연구에 대한 액세스
    비용 최적화
    초기 설계 품질 향상

  - 배관 엔지니어링 자동화(Application System) 소개/Auto-Routing & cost산출
    빠르고 지능적인 자동 파이프 및 케이블 라우팅
    블록 패턴을 사용한 직관적인 3D 배관 설계
    사용자 친화적인 UI로 2D에서 3D로의 원활한 전환 가능
    정확한 MTO 산출로 경쟁력 향상
    원활한 데이터 가져오기/내보내기

  - 배관 엔지니어링 자동화 적용 업무 Flow사례

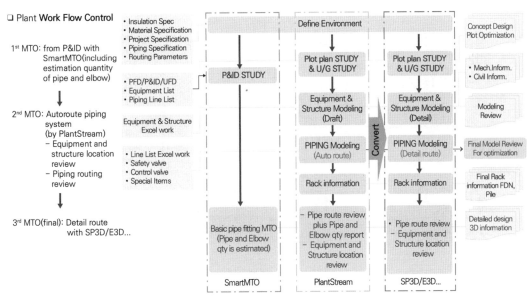

그림 1-15 Piping Auto System Work Flow

1) Aspen Optipalnt : OptiPlant는 AI 기반 3D 개념 설계 및 엔지니어링 자동화 소프트웨어로 소유자, 운영자와 EPC 개념 설계 및 견적을 최적화하고 FEED(프론트 엔드 엔지니어링 설계) 개발을 가속화하여 자본을 절약하고 안전을 개선하며 환경에 미치는 영향을 줄일 수 있도록 지원하는 상용시스템입니다.

2) Plant Stream : 3D 데이터 중심 디자인으로, 개념설계 업무에 적용하여, 작업 시간을 줄이고 설계 품질을 개선하며 작업 흐름을 상기와 같은 기능을 이용하여 가속화 등을 지원하며 본 시스템은 상기 Optiplant system과 비교되는 것으로 상용시스템입니다.

3) Smart MTO(Material Take Off) : 견적업무 및 초기(1st MTO) 배관자재 산출업무의 경우 해당 Process DATA/P&ID를 이용하여 배관물량을 산출합니다. 이에 상용화된 제품인 "Blue Beam", "Smart MTO" System 등을 통하여 신속하게 산출하는 방법을 적용합니다. 그중 "Smart MTO System"의 경우 상대적으로 검증편리 및 Piping Length, Fitting Q'ty를 기존 Project 실적 자료를 기준하여 AI기술을 적용으로 산출하는 방법을 활용하고 있는 상용시스템입니다.

4) Aspen ACCE(Aspen Capital Cost Estimator) : 기기 및 Bulk items 비용 Data를 주기적으로 up-date하여 Cost 내역을 제공하여 보다 정확하고 효율적이며 강력한 견적을 제공합니다. 작업 흐름에 승리한 회사는 입찰의 속도와 정확성이 중요한 요인으로 사용될 수 있음을 발견했습니다.

➤ 더욱 복잡한 제품 :

기술이 발전함에 따라 제품은 더욱 복잡해지고, 정교해지고, 다기능화될 것입니다. 엔지니어는 여러 작업을 수행하고, 다양한 환경에서 작동하고, 변화하는 조건에 적응할 수 있는 제품을 설계해야 합니다.

엔지니어는 또한 제품 구상부터 폐기까지 제품의 전체 수명 주기를 고려하고 제품의 품질, 신뢰성, 내구성 및 지속 가능성을 보장해야 합니다.

1.5.2.3 글로벌 오퍼레셴의 엔지니어링 업무 / Engineering work for Global Operation

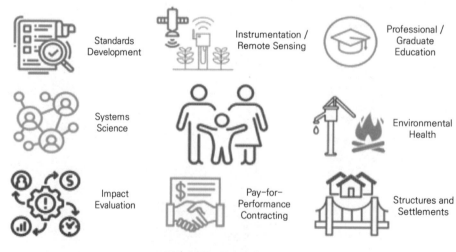

그림 1-16 Global Operation

➢ Global operation

글로벌 시장 진출, 확장을 통해 성장하고자 하는 기업은 과거의 지역 중심적 운영 체계에서 벗어나 글로벌 운영 환경하에서 전사적 거버넌스 및 통제(Governance & Control) 체계를 기업 전략과 문화에 따라 명확히 정립하고 전략의 실행력을 확보할 수 있도록 운영 프로세스를 재편성하는 것이 요구됩니다. 우리나라의 발전 속도에 따른 지속적 성장을 위하여서는 글로벌 운영을 통한 경쟁력 확보가 절대적으로 필요하다고 생각됩니다.

또한 시장, 제품, 프로세스, 조직의 확장에 따른 업무의 복잡성을 효과적으로 통제하고 효율적으로 관리할 수 있는 사업 운영 모델의 혁신이 반드시 수반되어야 합니다.

➢ GOP(Global Operation Process)의 정의

상기와 같은 내용을 참조하여 단위 Project 사업에 대하여 전 세계적으로 적절하게 통합 및 분산 운영함으로써 전체 최적화를 통한 가치창출(비용 최소화, 스피드 강화, 서비스 수준 향상, 이익 극대화)이 이루어질 수 있도록, 관련 조직의 권한과 책임을 재편하며 글로벌한 프로세스를 재구성하고 제도화 시스템화하는 활동을 통하여 지속 가능한 업무 수행을 하는 것을 추구하는 것으로 정의됩니다.

- 글로벌 운영전략 수립
  1) 글로벌 조직 R&R
  2) 거버넌스(Governance & Control) 프로세스
  3) 업무처리 프로세스
  4) 강화도구의 관점에서 회사의 전략과 업의 특성과 환경에 맞는 "Global Standard"를 정립하고, 공급 프로세스의 다양성, 복잡성을 효과적이면서 수익성 있게 구조화하기 위한 공급 네트워크, Outsourcing 및 프로세스 혁신 전략을 수립합니다.

➢ 기본적인 지향점

- Local Engineer 만족 : 엔지니어링 회사는 시간과 예산 범위 내에서 고품질 제품과 서비스를 제공함으로써 고객의 요구와 기대를 충족시키기 위해 노력하며, 지역 엔지니어링 회사는 또한 동일한 노력을 위하여 신뢰와 상호 이익을 바탕으로 Local Engineer와 장기적인 관계 구축을 추구합니다.
- 글로벌 경쟁력 : 지역 엔지니어링 회사는 첨단 기술 개발 및 적용, 운영 효율성 향상, 글로벌 네트워크 확장을 통해 글로벌 경쟁력을 향상시키는 것을 목표로 합니다. 또한 본사와 같은 방향과 지향점을 갖고 비즈니스의 모든 측면에서 혁신과 우수성을 함께 추구합니다.
- 사회공헌 : 지역 엔지니어링 회사는 일자리 창출, 지역 사회 지원, 환경 보호를 통해 사업을 운영하며 지역의 사회 경제적 발전에 기여하고 지역 엔지니어링 회사는 또한 비즈니스 활동에서 최고 수준의 윤리 및 규정 준수 기준을 준수하여야 합니다.

➢ 가격 경쟁력 검토(2021년 기준)

- 인도 vs 한국

  생활비 및 급여 비교 : 인도와 한국 간의 생활비 및 급여 차이에 대한 자세한 분석을 제공합니다.

이는 한국의 세후 평균 월급($2364)이 인도($593)보다 약 4배 높은 것으로 나타났습니다. 하지만 한국의 생활비($1138)도 인도($440)보다 약 2.6배 높습니다.

- 한국 vs 베트남

생활비 및 급여 비교 : 이 웹사이트는 한국과 베트남 간의 생활비와 급여 차이에 대한 자세한 분석을 제공합니다. 한국의 세후 평균 월급($2364)이 베트남($459)보다 약 5배 높은 것으로 나타났습니다. 하지만 한국의 생활비(1138달러)도 베트남(643달러)보다 약 1.7배 높습니다.

1.5.3 엔지니어링 산업에 대한 결론적 의견

엔지니어링 산업은 끊임없이 진화하며 항상 새로운 트렌드가 등장합니다. 지속 가능성과 환경적 책임에 대한 강조 증가와 IIoT의 부상은 업계를 형성하는 몇 가지 중요한 추세입니다. 또한 이러한 추세는 혁신을 주도하고 기업에 운영을 최적화하고 비용을 절감하며 효율성을 향상시킬 수 있는 새로운 기회를 제공합니다.

엔지니어링 산업의 경우 이러한 동향을 최신 상태로 유지하고 경쟁력을 유지하는 데 필요한 기술에 투자하는 것이 매우 중요하다고 생각합니다. 따라서 엔지니어링 기술의 전망에 의한 엔지니어링 산업 중점 3가지 Key words중 우선으로 생각되는 "Data Management", "Engineering by Integrated System"(Piping Design Automation System & cost : Aspen Optiplant, Plant Stream, Smart MTO, ACCE etc.) 2가지 key word는 운영과 사용으로 정확성이 크게 향상시키고 프로세스 시뮬레이션 및 추정 도구와 통합된 기술을 통해 시간을 최소 50% 단축하고 최상의 설계를 더 빠르게 식별하며 비용을 최대 30% 절감할 수 있는 것으로 설명되고 있습니다. 따라서 비즈니스 생산성과 효율성이 향상될 수 있는 방향과 마지막 key word인 "Global Operation"을 통해 보다 다른 창의적 가격 경쟁을 갖추는 것으로 지역별 가격 경쟁력을 세밀하게 검토 진행하여, 틀을 벗어난 사고와 혁신적인 서비스 형태의 비즈니스 모델을 탐색한다면 오늘날 수시로 변모하는 디지털 세상에서 확실한 수익성을 유지할 수 있는 방안으로 생각합니다.

관련된 자료 수집과 검토를 진행하며 엔지니어링을 분야에서 Project 진행에 관련 공종의 지휘자 역할을 담당하는 것으로 생각되는 배관 엔지니어로서 다가오는 혁신은 우리에게 많은 변화와 상당한 파장을 일으킬 것으로 생각되어 엔지니어링 기술전망(Trends)에 대한 분석과 방향을 정리하여 의견을 제시하오니 업무진행에 많은 참고와 도움이 되길 기대합니다.

02

Code & Standard에 대한 이해와 역사

2.1 General

Process Plant를 구성하는 각종 기기와 부품들은 다양한 유형과 크기로 제작되고 있으며 사용되는 재질도 다양합니다만, 이들은 일반적으로 국제 표준 또는 특정 국가의 국가 표준에 따라 제조되고 있습니다. 이들 표준에 규정되지 않은 경우에는 제작자 협회에서 자체적으로 작성한 규격이 수용이 되는 품목도 있습니다. 또한 일부 특별하게 생산자가 제한된 독점 품목은 제작자 자체 규격이 국제 표준을 대체하는 경우도 있습니다.

국제 표준과 규격 중 플랜트 설비에 적용되는 Code & Standard는 대부분 기술 선진국인 미국 (American Society of Mechanical Engineers, ASME)에서 제정된 것이 적용되고 있으며 이들 코드의 발전을 위한 갱신을 위해 분야별 기술 위원회를 중심으로 각 산업의 주체가 모여서 해당 설비의 규격에 관한 협의를 지속하고 있습니다. 이러한 과정을 거쳐 수정 보완된 Code는 전 세계적으로 진행되는 산업발전을 뒷받침하고, 경제성 및 안전성을 보장하기 위해 실험 Data를 반영하여 현재에 이르렀습니다.

Process Plant Engineering에서 정유 및 석유화학 산업의 대부분의 플랜트 시설의 공정 배관 설계는 ASME B31.3 코드를 사용합니다. 배관 설계자는 이 코드의 요구 사항과 사업주가 설정한 추가 요구 사항을 준수하는지 확인할 책임이 있습니다.

ASME Code B31.3의 배경의 이해와 활용에 아래의 내용을 참고해주십시오.

- ASME 코드 : American Society of Mechanical Engineerings(미국기계학회)
  - 기계에 관한 표준을 정립합니다.
  - 보일러 및 압력용기의 설계, 제작, 검사에 관한 기술 기준 제시
  - 1880년 설립 후 현재까지 다양한 조직의 전문가들이 회원으로 등록되어 있음
  - ANSI(미국표준협회)와는 별개이며 ANSI 표준 중 일부가 ASME로 이관되어 표준보다는 코드의 성격을 띠는 표준이 있음
  - 장치에 대한 약 600종의 코드 및 표준이 제정되었습니다.
  - 개발 조직으로 전 세계에서 가장 오래되고 가장 많이 인정받는 표준 중 하나입니다.
- 주요 기술 선진국에서 사용하고 있는 Code
  ASME(미국), BS(영국), DIN(독일), JS(일본), KS(한국), ISO(EU) 등

2.2 Code & Standard 사용

배관은 국제 코드 및 표준의 적용을 받습니다. 특정 프로젝트에 참조할 코드와 표준은 고객의 선호도와 현지 규정에 따라 다릅니다.

2.2.1 코드(Code)

코드는 하나 이상의 정부 기관에서 채택하고 법의 힘을 가지고 있는 강제적 사양이며, 비즈니스 계약에 통합되었을 때 표준으로 이야기합니다.

Piping Codes
배관 코드는 엔지니어링, 설계, 제작, 재료 사용, 파이프 및 배관 시스템의 테스트 및 검사 요구 사항을 정의합니다. 각 코드에는 코드 범위에 따라 정의된 제한된 관할권이 있습니다.

2.2.2 표준공업규격 및 단위계(Standard & Unit System)

1) 표준(Standard)

표준은 일련의 기술 정의 및 지침으로 정의할 수 있습니다. 또한 디자이너 및 제조업체를 위한 지침이며, 품질을 정의하고 안전 기준을 수립하는 공통 규정 역할을 하는 임의적 사양입니다.

Piping Standards
배관 표준은 플랜지, 엘보, 티, 밸브 등 배관 구성 요소에 대한 응용 설계 및 시공 규칙과 요구 사항을 정의합니다. 표준에는 표준에 의해 정의된 범위가 제한되어 있습니다.

2) 단위계(Unit System)

표준공업규격과 요소별 측정 단위가 명확하고 통일되게 설계에 적용되었는지 확인해야 합니다.
예) ASTM, ISO 표준 사양 : 반드시 충족해야 하는 요구 사항
예) 회사가 제공한 사양, 제품 사양

3) 표준(Standard)이 필요한 이유는 무엇입니까?

표준은 제품, 관행, 방법 또는 운영에 대한 엔지니어링 또는 기술 요구 사항을 확립하는 문서로 아래 목적을 가집니다.
- 사용자의 품질에 대한 신뢰 구축
- 요구 사항이 표준화되어 생산 비용이 낮아집니다.

2.2.3 Code & Standards가 필요한 이유

Cost를 절감할 수 있습니다. 관련 시스템의 안전을 확보할 수 있습니다. 관련 시스템에 대한 교체 및 비교 등을 쉽게 할 수 있습니다. 복잡함을 해결할 수 있습니다. 세계적으로 통일된 작업을 할 수 있습니다.

2.2.4 Project에 적용하는 Engineering Rule System 정의

Project Engineering Work를 수행 시 관련된 Code 및 Standard를 적용할 때 Hierarchy 이해와 활용에 부분적인 혼선이 자주 발생합니다. 이에 관련된 기준을 아래 표 2-1과 같이 정리하였습니다.

Law	Engineering Rule	Example
International Law	CODE	ASME, API, NFPA OSHA
Constitutional Law	Client's Requirement	ITB(Invitation to Bid)
		Contract
		BEDD(Basic Engineering Design Data)
Law	Specification, Procedure	Engineering Specifications
Ordinance	Instruction	Work Instruction, Job Instruction
Regulations & Rules		
Customary Law	Manual	Manual In Department(Sv-xxx)
	Engineering Practice	PIP

표 2-1 Engineering Rule System 정의

2.3 ASME Code 발전과 현재

Codes는 1880년대부터 1900년대 초반까지 증기선의 보일러 폭발에 의한 대량 인명 피해 사례를 계기로 해당 기기의 안전성 확보가 필요한 것을 깨닫고 설계 기준의 필요성이 대두되면서 발전하였습니다.

1907년 매사추세츠주에서 보일러의 설계, 제작, 관리에 대한 법령을 발효하였습니다. 이후 여러 주에서도 법령을 만들었습니다. 그러나 이러한 법령이 각 주마다 차이가 있고 적용하는 데 문제가 있어 통합의 필요성이 제기되었으며 1915년 2월에 보일러 통합코드(Section1 Power Boiler)가 발표되었습니다. 추가 Section도 그 이후 11년에 걸쳐 제정되었습니다. 이러한 Code들은 보일러의 설계, 제작, 건설 등 각 분야의 전문가들로 구성된 Committee가 만들었으며, 이 위원회의 역할은 Safety Rule을 제정하고 해석하는 것이었습니다.

또한 Pressure Piping을 위한 Code는 압력용기 Code와 거의 같은 배경에서 대두되었으며 국가적 Piping Code의 필요성 때문에 ASA(American Standards Association)에서 ASME의 요청에 따라 1926년 3월 B31 Committee을 시작으로 설계, 부품 등에 적용할 코드를 제정하였습니다.

1978년 The American Standard Committee가 ASME에 의해 운영되고 ANSI/ASME Code를 재구성하였으며 1980년 Chemical Plant and Petroleum Refinery Piping Code가 발전하여 현재의 ASME B31.3이라는 이름으로 사용되고 있습니다.

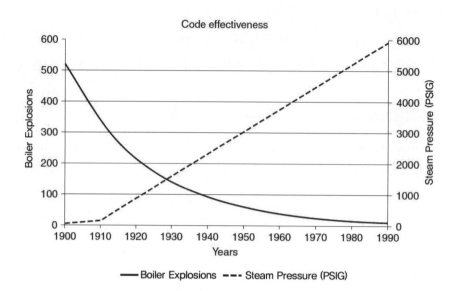

그림 2-1 Effect of Codes on Pipeline Safety

Introduction of various codes development with brief piping history

코드는 모든 산업 분야에서 발생할 수 있는 사례를 다룰 수는 없습니다.

따라서 불충분한 코드 범위를 다루기 위해서는 추가로 위험 관리를 통해 정량화된 방법을 적용할 필요가 있습니다.

2.3.1 ASME(American Society for Mechanical Engineers) Code Book 구성

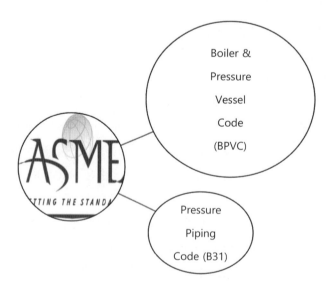

그림 2-2 Boiler and Pressure Vessel Codes(BPVC)

BPVC : 보일러 및 압력 코드의 설계, 제작 및 검사 표준 12권으로 다음 표 2-2로 구성되어 있습니다.
Pressure Piping Code(B31)는 다음 Section에서 상세히 언급하겠습니다.

Section	Parts, Section or Division	Titles
I		Power Boilers
II		Materials
	Part A	Ferrous Material Specifications
	Part B	Nonferrous material Specificatioins
	Part C	Specifications for Welding Rods, Electrodes, and Filler
	Part D	Metals
III	Subsection NCA	Properties
	Division 1	General Requirements for Division 1 and Division 2
	Subsection NB	Class 1 Components
	Subsection NC	Class 2 Components
	Subsection ND	Class 3 Components
	Subsection NE	Class MC Components
	Subsection NF	Components Supports
	Subsection NG	Core Support Structures
	Appendices	
	Division 2	Code for concrete Reactor Vessels and Containments
IV		Heating Boilers
V		Nondestructive Examination
VI		Recommended Rules for the Card and Operation of heating Boilers
VII		Recommended guidelines for the Card of Power Boilers
VIII	Division 1	Pressure Vessels
	Division 2	Pressure Vessels − Alternative Rules
IX		Welding and Brazing Qualifications
X		Fiver−Reinforced Plastic Pressure Vessels
XI		Rules for in−service Inspection of Nuclear Power Plant Components

표 2-2 Boiler and Pressure Vessel Codes(BPVC) Section 구성

2.3.2 Understanding of Pressure Piping B31 구성

B31은 미국기계엔지니어협회(ASME)에서 개발한 압력 배관 코드로 전력 배관, 연료 가스 배관, 공정 배관, 액체 탄화수소 및 기타 액체를 위한 파이프라인 운송 시스템, 냉장 배관 및 열 전달 구성 요소 및 건축 서비스 배관을 다루고 있습니다.

다음은 ASME B31에서 다루는 표준 목록입니다.

B31.1 − 2012 − Power Piping

B31.2 − 1968 − Fuel Gas Piping

B31.3 − 2012 − Process Piping

B31.4 − 2012 − Pipeline Transportation Systems for Liquid Hydrocarbons and Other Liquids

B31.5 − 2013 − Refrigeration Piping and Heat Transfer Components

B31.8 − 2012 − Gas Transmission and Distribution Piping Systems

B31.8S — 2012 — Managing System Integrity of Gas Pipelines

B31.9 — 2011 — Building Services Piping

B31.11 — 2002 — Slurry Transportation Piping Systems

B31.12 — 2011 — Hydrogen Piping and Pipelines

B31G — 2009 — Manual for Determining Remaining Strength of Corroded Pipelines

2.3.2.1 Process Piping B31.3 Code

배관 시스템의 Requirements for Materials, Components, Design, Fabrication, Assembly, Erection, Examination, Inspection and Testing of Piping 등의 내용으로 구성되어 있으며 일부 회사는 국가 및 산업 부문 표준에 따라 자체 내부 배관 표준을 작성하여 사용하기도 합니다.

1) 적용되는 Plant 범위

• For Petroleum Refineries

• For Chemical and Pharmaceutical Plants

• High — Pressure Section

• Different Degrees of Fluids Safety Concerns

• Non — Metallic Section Included

• Most Broadly Applicable Code

2) ASME 31.3 배관 설계 지침과 규칙

• 치수 요구 사항 및 압력 온도 등급을 포함하여 적용 가능한 재료 사양 및 구성 요소의 표준화

• 파이프 지지대를 포함한 구성 요소 및 어셈블리 설계에 대한 요구 사항

• 압력, 온도 변화 및 기타 힘과 관련된 응력, 반응의 평가 및 제한을 위한 요구 사항 및 데이터

• 재료, 구성 요소 및 접합 방법의 선택 및 적용에 대한 지침 및 제한

• 배관의 제작, 조립 및 설치에 대한 요구 사항

• 배관 검사, 검사 및 테스트를 위한 요구 사항

3) 배관(Piping)

유체 흐름을 전달, 분배, 혼합, 분리, 배출, 계측, 제어 또는 중단시키는 데 사용하는 배관 구성 부품이 조립된 상태를 이야기하며, 배관 시스템(Piping System)은 동일한 설계 조건에 따라 상호 연결된 배관을 이야기합니다.

• 프로세스(Process) 정의

특정 공정(Process)이 수행된 일련의 활동으로 원료(Raw Material)를 유용한 제품(Useful Product)으로 전환하도록 하는 과정을 말하며 공정 배관(Process Piping)은 산업에서 원재료를 유용한 제품으로 변환하기 위해 사용되는 기기와 기기의 상호 연결 배관을 말합니다.

프로세스 유체 서비스(Fluid Service) 구별

- 'D' Fluid Service : 불연성, 무독성으로 인체 조직에 손상을 주지 않은 유체
  (압력 $10.5kgf/cm^2$ 이하, 온도 $-29{\sim}186°C$)
- 'M' Fluid Service : 작은 유체 누수에도 인체에 손상을 주는 유체
- High Pressure Fluid Service : 설계 온도, 재료 그룹이 ASME B16.5 PN20(Class 2500)을 초과하는 유체
- Normal Fluid Service : 상기 범위에 속하지 않는 모든 유체(대부분의 유체가 포함됨)

- 유틸리티(Utility) 정의

유틸리티란 특정 공정의 생산(Product)에 직접 원료로 투입되지 않으나, 플랜트 운전 조건을 유지하거나 안전 유지 등에 필요한 스팀, 각종 물, 플랜트 공기, 제어 공기, 질소, 연료 가스를 위시하여 전기, 플레어 등을 말합니다.

상기와 같은 유틸리티 공급원의 역할은 매우 중요하며 어느 한 유틸리티 시스템 중단은 플랜트 운전 중단을 야기할 수 있습니다. 유틸리티 시스템은 플랜트의 생산품/완제품이 아니지만 발전소 등 운영에 중요한 역할을 하는 시스템으로 유틸리티 시스템 없이는 어떠한 설비도 작동할 수 없습니다.

유틸리티 배관은 각 다른 공정 영역에서 요구되는 스팀, 식수, 플랜트 공기, 제어 공기, 질소, 연료 가스 등과 같은 필요한 유틸리티 공급원 역할을 하는 배관 시스템을 말합니다.

2.4 Future Direction of Code 활용

Codes의 발전은 증기선의 보일러 폭발에 의한 대량 인명 피해 사례를 통해, 해당 기기의 설계, 제작, 검사 등 관련 기준의 필요성이 대두되면서 발전하였으나 이 코드는 모든 산업 분야에서 발생할 수 있는 대상을 다룰 수는 없습니다.

플랜트 설비에 적용되는 Code & Standard 대부분은 기술 선진국인 미국(American Society of Mechanical Engineers, ASME)에서 만들어진 것으로 각 산업의 주체가 서로 모여 기술 발전, 경제성 및 안전성을 고려하여 지속적인 협의와 실험 등으로 일정 범위 이상의 안전성을 고려하는 기준을 제정 적용하는 정성적 평가(Plant Layout Evaluation by Qualitative Evaluation) 방법을 통하여 현재와 같이 발전하여 전 세계에서 사용되고 있습니다.

따라서 일정 코드 범위를 벗어난 부분이나 분야를 다루기 위해서는 위험 관리를 통해 정량적 평가(Plant Layout Evaluation by Quantitative Evaluation) 방법을 적용할 필요가 있습니다. 과거 정량적 평가를 진행하기 위하여서는 많은 양의 Data를 신속하게 처리하고 분석할 수 있는 시스템이 요구되므로 운영 등이 어려워 정성적 평가에 의존하여 수행하였으나, 이제는 지속적인 시스템의 발전으로 정량화 작업이 가능하여 Code를 통하여 Cover할 수 없는 사항 등은 Risk Management를 통한, 즉 정량적 해석 ALARP(As Low As Reasonably Practice) 적용을 검토하여 경제적 설계가 가능한 방법으로 발전하도록 하여야 한다고 생각합니다.

2.4.1 정성적 평가(Plant Layout Evaluation by Qualitative Evaluation)

정성적 평가란 '왜'와 '어떻게'에 초점을 맞추어 사람들의 경험에 대한 이해를 우선시합니다. 정성적 평가는 덜 유형적인 요소를 고려하고 확실한 사실과 데이터보다 정성적 반응에 더 많이 의존합니다. 따라서, 관련 자료는 인터뷰(경험), 포커스 그룹, 관찰, 설문지, 실험을 포함하며 사건, 행동 및 프로세스는 정확하고 신뢰할 수 있어야 합니다.

정성적 접근 단계
- 평가 목표/목적 개발
- 평가 문제 개발
- 이용 가능한 학술 및 정량적 데이터 검토(국가 및 지역)
- 토론 및 동의 : 최상의 데이터 수집 방법(초점 그룹, 실험 관찰, 인터뷰 등)
- 평가 계획 개발
- 모집 평가 과목
- 평가 활동 시행
- 데이터 분석
- 평가 보고서 작성, 조직과 검토 및 발표

정성적 평가는 코드 규정 및 응용 프로그램 확인 및 경험과 점검 목록을 기반으로 플랜트 레이아웃을 설계하는 방법입니다.

이 방법을 사용하면 Code에 익숙한 숙련된 사람들을 통해 안전 검증을 신속하게 할 수 있는 장점이 있습니다. 그러나 경험을 바탕으로 한 검토이므로 새로운 프로세스에 적용할 때 문제가 발생할 가능성이 있으며 기적용된 기존 공장의 경우 안전 측면에서 과도하거나 균일한 표준을 적용하여 부적절한 설계를 유발할 가능성이 높습니다.

2.4.2 정량적 평가(Plant Layout Evaluation by Quantitative Evaluation)

정량적 평가란 '무엇'과 '얼마나 많은'에 초점을 맞추어 수량을 우선순위로 합니다. 즉, (숫자로 이야기함) 정확하고 대표적이어야 합니다. 즉, 통제된 연구, 반실험 설계, 2차 데이터를 기반으로 합니다.

정량적 접근 방법
- 검토 : 섭취 및 배출 양식, 이미 수집 및 정리된 데이터(Excel, 기타.)
- 이미 수집된 데이터의 분석 및 검토
- 데이터 수집 시스템 사용 검토
- 토론 및 동의 : 최상의 데이터 수집 : 설문 조사, 사전 테스트 등
- 평가 계획 작성
- 데이터 수집

- 데이터 분석, 결과 쓰기
- 평가 보고서 작성, 조직과 검토

정량 설계는 기존 설계 방법인 경험과 코드, 표준 방법 대비 해당 항목에 대하여 프로젝트의 특성, 위험 분석의 적용 및 작업 절차에 따라서 세부 계산을 수행하여 안전을 확인하고 사용 가능한 범위를 판단하여 설계를 진행하는 방법을 말합니다.

	정량적 조사	정성적 조사
데이터 수집의 형태	숫자화된 데이터	숫자가 아닌 설명형 및 시각적 데이터
데이터 수집의 기간	짧은 기간	긴 기간
조사의 문제점	추정과 기존 조사 절차에 따름	조사의 문제점과 방법이 주제에 대한 이해가 깊어짐에 따라 진화함
문맥의 조작 가능성	있음	없음
조사 절차	통계의 처리 절차에 의존	데이터를 설명 형식으로 기술이 가능하도록 분류 및 조직화하는 방법에 의존
참여자의 상호 작용	거의 없음	폭넓은 상호작용
근원적인 믿음의 배경	우리는 매사를 측정, 이해, 일반화할 수 있는 안정되고 예측 가능한 세상에 살고 있다.	사람이나 집단에 따라 특정 시작이나 문맥은 상황에 따라 서로 다른 의미를 갖게 된다. 따라서 이 세상은 같은 데이터라 하더라도 여러 가지 서로 다른 의미를 갖고 있다.

표 2-3 정량적/정성적/ 특성의 개요

2.4.3 정량적 해석 ALARP(As Low As Reasonably Practice) 이해

1) ALARP가 의미하는 것

'ALARP'는 '합리적으로 가능한 한 낮음'의 약자입니다. 'SFAIRP'('So Far As Is Reasonably Practicable')는 '합리적으로 실행 가능한 한'의 줄임말입니다. 두 용어는 본질적으로 동일한 것을 의미하며 핵심은 '합리적으로 실행 가능'이라는 개념입니다. 여기에는 문제를 해결하는 데 필요한 문제, 시간 및 비용에 대한 위험을 평가하는 것이 포함됩니다.

2) ALARP가 중요한 이유

합리적으로 실행 가능한 한 낮은 '또는 ALARA('As Low As Reasonably Achieable' 합리적으로 달성 가능한 한)'를 나타내는 ALARP은 중요한 안전 관련 시스템의 규제 및 관리에 자주 사용되는 용어입니다. ALARP의 원칙은 잔류 위험이 합리적으로 가능한 한 감소되어야 한다는 것입니다.

허용 가능한 위험을 확인하는 데 있어 중요한 원칙은 '합리적으로 실행 가능한 만큼 위험을 줄이는 것'(ALARP)입니다. 다음 그림 2-3의 전체 운영 및 특성을 참조하기 바랍니다.

위험이 ALARP인지 여부를 판단할 때 일반적으로 다음 요소가 고려됩니다.

- 허용 가능한 위험 한계와 관련된 위험 수준
- 위험 감소 조치를 이행하는 데 드는 비용(돈, 시간, 문제 및 노력)
- 그에 따른 후속 위험 감소 간의 불균형
- 위험 감소 조치의 비용 효율성
- 잘 확립된 관행 준수
- 지역사회 및 기타 이해 관계자와의 협의를 통해 밝혀진 사회적 우려

따라서 ALARP 평가 및 데모는 본질적으로 질적 및 양적입니다. 달성된 생명 안전 혜택에 비해 생명 안전 위험 감소를 달성하는 비용의 효율성을 고려하는 것은 정량적인 측면입니다.

Code 범위를 벗어나면 우리는 무엇을 해야 하나?

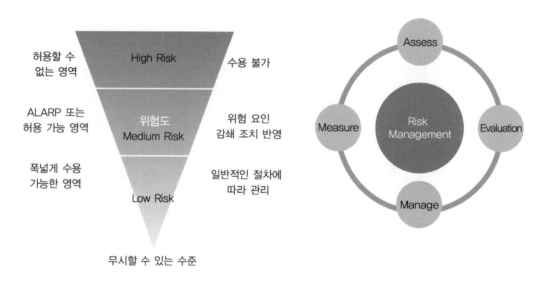

그림 2-3 ALARP Overview Characteristics

ALARP(As Low As Reasonably Practice) 검토 프로세스
다음은 ALARP 절차의 요구 사항을 충족하기 위해 수행해야 할 단계를 나타냅니다.

1단계: HSE(Health Safety Engineering) 연구 보고서에서 생성된 자료에 따라서 ALARP의 필요 여부를 판단합니다. 이러한 것은 모든 프로세스 장치, 오프사이트 및 유틸리티 시스템이 포함됩니다. 또한 설계 진행 과정에서 추가로 다른 상황이 발생할 수 있는 상황도 포함되어야 합니다.

2단계: 각 장치에 대한 ALARP 워크시트를 작성합니다. 특히 식별된 위험이 일반 위험인지 또는 특정 위험인지 정의합니다. 일반적인 위험의 경우 참조 문서를 생성하는 ALARP 검토가 중앙에서 구성될 것이고 이렇게 하면 동일한 위험에 대해 ALARP를 고려할 때 중복되는 노력을 피할 수 있습니다. 특정 위험에 대해서는 위험 저감에 기여할 수 있지만 지나치게 비쌀 수 있는 다른 조치들을 나열하는 것이 중요합니다. 이후 ALARP 검토 중에 과도한 비용/제한적 편익 때문에 제거

되거나 추가로 고려할 수 있습니다.

3단계 : ALARP 팀은 개별적으로 또는 미팅을 통해 각 유닛의 워크시트를 검토합니다. 이는 초기 프로세스 엔지니어링 과정 중에 완료하는 것이 이상적입니다. 그러나 최소한 HAZOP 연구 전에 합의된 안전 개선 사항이 통합될 수 있도록 ALARP 검토를 수행해야 합니다.

4단계 : 추가 ALARP 연구가 필요할 수 있는 영역을 식별하고 해당 ALARP 팀과 함께 이러한 영역을 검토합니다.

5단계 : 적절한 ALARP 문서로 HSE 검토 중에 제기된 ALARP 조치 사항을 종료하고 프로젝트 설계/사양에 대한 권장 변경 사항을 프로젝트 관리자에게 제출하여 승인을 받으십시오. 최종 문서가 문서 보관소에 등록되었는지 확인합니다.

이 절차의 목적은 ALARP가 고위험 영역 위주로 적용된 것이지만, 그러나 엔지니어가 보건, 안전 또는 환경의 개선 영역에 대한 아이디어를 지속적으로 창출하도록 장려하는 것이 중요합니다.

컴퓨터 기술의 비약적인 발전으로 정량적 설계의 유용성이 증대되어 성능 위주의 설계(Performance Based Design) 방식이 해외 Project 중심으로 적용되기 시작하여 위험성 평가(Hazard Analysis)를 이용한 Plant Layout 설계가 보편화되고 있습니다. 기존의 Code 위주의 정성적 설계 방식과 다른 정량적인 예측 결과를 바탕으로 한 설계가 경제적이고 안전한 Plant Layout 설계를 수행할 수 있는 기반을 제공하는 것으로 판단되고 있습니다.

그러나 이 정량적 설계 방법은 기존의 방법에 비해 상당한 기술력과 시간 및 비용이 요구되는 기법으로 소규모 사업보다는 대형 사업에 적용하는 것이 적합하며 소규모 사업의 경우는 법규나 Code를 적용하여 정성적 Plant Layout의 안전성을 검토하는 것이 경제적 측면에서 타당합니다.

또한 최근 빈번해지고 있는 국내 석유화학공장 사고의 선례에 비추어 국내에서도 점진적으로 사고의 발생 및 확산을 방지하기 위해 제도 도입으로 1996년 PSM(Process Safety Management)를 시행하게 되었으며 정량적인 분석에 근거한 설계를 실시하는 것이 사고 위험성 감소 측면에서 바람직하며 향후 엔지니어링사의 경쟁력 우위에 가장 중요한 요소로 자리 잡고 있음이 확인되었습니다.

Example 사례 연구 :

정량적 평가(Plant Layout Evaluation by Quantitative Evaluation)

사례 1. Ethylene Tank PSV용 Tank Flare 설치 여부 검토

대형 Ethylene Plant에 적용된 사례로 기존 Tank Area 내에 설치될 Ethylene Tank 상부의 PSV(Pressure Safety Valve)의 Outlet의 분출 가스의 위험도에 따른 별도 Tank Flare 설치가 요구되었습니다.

- 문제점 및 해결 내용 : 기존 Tank Area 내에 설치되는 신설 Ethylene Tank에 적용할 Tank Flare 설치에 충분한 공간을 확보하기가 어렵습니다. 이에 PSV Outlet Gas량 및 분산 등을 정량적으로 분석하기 위하여 'PHAST' 시스템으로 Flare Gas의 분산량과 범위를 정량적으로 계산하여 운전자 인체에 유해가 없음을 확인하여 Tank Flare 설치 없이 진행한 필자의 경험 사례를 간략히 설명하고자 합니다.
  - 사용 Program : 'PHAST'는 Process Hazard Analysis Tool의 약자로 노르웨이−독일 합자회사인 DNV−GL에서 개발한 장외 영향 위험성 평가 프로그램입니다.
  *장외 영향 위험성 평가: 화학 사고가 미치는 영향 범위가 사업장 외부의 사람이나 환경에 미치는 영향의 정도를 분석하여 위험성 수준을 결정하는 평가

적용 : PSV Outlet Ethylene Gas Direction Check

그림 2-4 (L) Ethylene PSV Centerline, Concentration Distance (R) Cloud Footprint

PHAST는 액면 확산과 증발, 인화성 및 유독성 영향을 포함하여 초기 단계에서 원거리 확산의 분석(그림 2−4)을 통해 잠재적 사고의 가능성을 검사합니다. 그리고 대기의 유해 화학물질의 농도가 지정된 수준을 초과하는 유해성 거리를 최대 확산 거리로 계산해 대기 이동 및 확산을 나타낼 수 있을 뿐만 아니라 다양한 모듈을 바탕으로 화재, 폭발, 누출 현상을 효과적으로 모사할 수 있습니다.

'PHAST'를 사용하면 다양한 위험 유형에 따른 사고 가능성을 신속하고 정확하게 평가할 수 있습니다. 이를 사용하여 위험성 평가를 실시하기 위해서는 사고 결과 평가에 대한 전문적 기술과 프로그램 자체 특성을 자세히 알고 있어야 한다고 생각합니다. 이러한 프로그램을 사용하여 공정 시설에서 야기되는 위험 요소를 평가하여 불필요한 설비를 설치하지 않을 수 있습니다.

사례 2. Guide for Hazard Analysis 적용 사례

위험 요소 해석에 대한 업무를 수행하기 위해서는 상당한 기술력과 필요한 인력이 확보되어야 하므로 소요 일정, Project 규모와 특성 등을 고려하여 적용하는 것이 바람직합니다. 이에 사업 특성에 따라 Hazard Analysis의 적용 방안 및 업무의 Procedure 정립, 제도상의 적용 사례를 보완 검토하여 기준을 정립, 적용하여야 합니다.

적용된 Large Gas & Refinery, Petrochemical Complex에 적용되는 Hazard 해석에 대하여 기준을 아래 표 2-4에 정리하여 제시하오니 참고 바랍니다.

Criteria	Code based review	Hazard Analysis based review
Risk	Low risk(Off site)	High risk (Gas & Refinery, Petrochemicals)
Project size	Small (Small off site, Pump, Station)	Large (Refinery, Gas Complex)
Characteristics	Revamping and Typical plant	New and Complex revamping plant

표 2-4 Guide for Hazard Analysis 적용 사례

03

Piping Design Role
& Responsibility

3.1 General

Process Plant Project의 엔지니어링 업무를 수행하려면 여러 부서가 하나의 팀으로 상호 유기적인 관계를 유지하면서 업무를 수행하여야 하므로 배관 팀은 물론 상대방의 업무의 범위와 역할도 함께 명확히 인식하는 것이 매우 중요합니다. 이에 대형 Plant Project 수행을 위한 Piping Engineering & Design에 있어 참여 구성원의 업무 범위와 역할과 책임의 한계를 분명히 하고, 각 분야별 업무 분장에 따라 산출물(Product) 이해와 상호 협조를 위한 Report, Information 등을 작성하여 설계에 반영하도록 업무 협조하는 것이 중요한 것으로 사료되므로 업무와 R & R(Role & Responsibility) 사항을 상세 설명하고자 합니다.

3.1.1 Process Ethylene Plant 전경

그림 3-1 Ethylene Plant 전경

3.2 Piping Engineering & Design 소개

3.2.1 Piping Engineering의 중요성

배관 설계란 단어 그대로 풀이하면 관을 배치하는 설계를 말합니다. 즉, 기기와 기기를 Process에서 규정한 대로 적절한 배관 부품을 이용하여 연결해나가는 설계 과정을 총칭하는 것으로 플랜트 전체의 미관은 물론 건설비용과 건설 후 운전 조작에 미치는 영향이 다른 부서의 설계에 비해 상대적으로 큰 분야라는 데 이의를 제기하는 사람은 없습니다. 또한 연결된 기기들이 최상의 운전 성능을 유지하고 Plant를 효율적으로 Operation하는 데 매우 중요한 영향을 미치는 것이 배관 설계라고 할 수 있기 때문에 배관 설계자는 Plant와 관련되는 광범위한 연관 관계를 이해하고 이론이나 실무를 습득하고 아울러 오랜 경험을 쌓아나가야 합니다. 또한 설계 과정에서 설계 정보를 주고받아야 할 부서도 가장 많을 수밖에 없는 업무 특성에 따라 관련 부서들과의 업무 관계를 충분히 이해하고 공정, 기계, 토목, 구조, 전기, 계장 등과 밀접한 Coordination을 유지하면서 전체적으로 넓은 시각을 갖고 업무를 진행해야 합니다.

3.2.2 Piping Work Flow 상호 관계

설계 결과에 따라 성능상, Plant 운전 조작상 매우 중요한 영향을 미치기 때문에 배관 설계자는 다음과 같은 기본적인 상호 관계 Work Flow를 이해하여야 합니다.

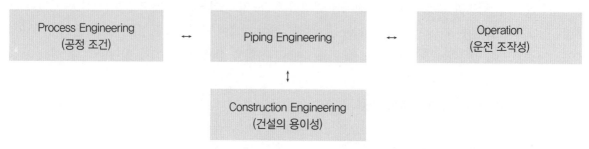

그림 3-2 Piping Work Flow 상호 관계

3.2.3 Piping Basic Design 이해

1) Line Schedule

하나의 Process는 많은 Line과 기기로 연결되어 있으며, 각 Line 내를 흐르는 유체의 종류와 운전 조건도 다양합니다. 이러한 Line을 각 유체별로 일련번호를 부여하여 List화 한 것을 Line Schedule (또는 Line Index)이라 합니다. 여기에는 흐르는 유체의 종류와 형태, 온도 및 압력의 정상 운전 조건 및 설계 조건 등이 기입되어 있으며, 보온의 필요 유무, 두께, Commodity Category 등이 기입되어 있어 각 Line에 대한 배관 설계의 중요한 설계 기준이 되고 있습니다.

2) Plot plan

Plot Plan이란 어느 Process Plant를 구성하는 기계 장치 및 구조물의 배치를 나타내는 Drawing을 말하며 이 Plot Plan이 설계 업무의 출발점이 됩니다. 양호한 Plot 배치야말로 그 Process Plant의 성능과 경쟁력을 결정하는 Key Point가 될 뿐만 아니라 다른 부서의 설계 진행에도 제1의 기준이 되므로 Plot Plan을 작성할 때에는 여러 연관 부서의 의견을 취합하고 다음과 같은 관점을 고려해야 합니다.

가. 경제적일 것

Engineering 업무의 기본적인 목표는 연구, 실험 등에 의한 결과에 경제적인 가치를 부여하는 작업이라 할 수 있는데, 특히 Plot Plan 결정에는 경제성을 최우선순위에 두어야 합니다. 안전과 운전 효율을 떨어뜨리지 않는 한 가급적 적은 부지 면적으로 하고, 대구경 배관과 고가의 특수 자재 물량을 최소화하여 자재비 및 인건비가 최소화되도록 하여야 합니다.

나. 미관이 좋고 조작이 쉬울 것

일반적으로 복잡한 배치는 미관도 나쁠 뿐만 아니라 조작도 불편한 경우가 대부분입니다. 가급적 동종의 기기는 함께 모아 Commodity의 Flow가 자연스럽고 방향성을 유지하여 조작이 용이하고 미관이 양호하게 배치하여야 합니다.

다. 안전성이 있을 것

아무리 경제성이 있고 우수한 제품을 생산하는 공장이라도 안전성이 없으면 가치가 없는 것입니다. 따라서 각종 안전 규정, 소방법 등 법규 등에 벗어나지 않는 배치가 되어야 합니다. Process Plant의 Plot Plan을 결정할 때는 그 Process의 특성을 잘 파악하고 하기 자료를 참고하여 작성하여야 합니다.

- Job Instruction
- Site의 기상 조건
- 사업주의 방침
- Process Flow Diagram
- 각종 설비 설계 자료
- 관계 법규(소방법, 건축법 등)

3) Planning Design

가. Routing Study

Routing Study는 상세 설계도의 작성을 위한 기초 작업으로 Piping & Instrument Diagram(P & ID) 및 Utility Flow Diagram(UFD)에 기초하여 Plot Plan상에 각 기기의 주요 연결 배관 Layout을 개략적으로 작성하는 것으로 다음과 같은 항목에 중점을 두어 Study를 합니다.

나. Plot Plan에 대한 검증

작성된 Plot Plan 초안이 플랜트의 배치상의 경제성, 미관, 운전자의 동선 및 설치 작업에 예상하지 못했던 문제는 없는지 점검하는 과정으로 Plot Plan에 대한 Study를 합니다.

다. Main Pipe Rack Routing

Main Rack 예상 구조물 상부에 유틸리티 라인을, 하부에 프로세스 라인을 배치하고 전기, 계장 설계자로부터 케이블 덕트의 정보를 받아서 필요한 공간을 반영하여 Main Rack 구조물의 Rack Span과 폭을 결정하고 Loading Data를 작성하여 구조 설계 담당자에게 제공합니다.

라. Major Structure Study

일부 기계장치는 프로세스 내용물의 Hydraulic(Commodity의 자연스런 Flow) 문제로 인해 지상에 설치할 수가 없고 구조물을 설치하여 필요한 높이를 유지시켜야 합니다. 이를 위해 구조물을 설치하여 기기와 배관을 배치하고 이에 따른 접근 수단을 구조물에 반영하여야 합니다.

마. Underground Piping Study

대구경 유틸리티 라인을 포함하여 프로세스 드레인, 공장 부지의 우수 배수 라인 등이 지하에 매설됩니다. 드레인 라인은 프로세스에 따라 복수의 System이 적용될 수 있으며 포켓이 없이 규정된 일정 경사도를 유지하여 도중에 유체가 Flow를 방해하게 해서는 안 됩니다. 또한 복잡한 플랜트의 경우 전기, 계장 케이블 역시 지하에 매설되므로 사전에 전기, 계장 설계자와 지하 공간 배치에 대한 Coordination을 하여 배관의 Route와 Elevation을 결정하여야 합니다.

바. Electric Cable Duct의 Routing Study

사. Instrument Duct의 Routing Study

아. Battery Limit Connection

Off Site나 O.S.B.L(Out Side Battery Limit) 등 다른 Contractor의 업무와 경계 지점의 배관 연결 조건(배관의 배열, Elevation, 연결 방법 등)에 대한 정보를 Owner 또는 관계자에게 제공하여야 합니다.

자. Fire Fighting Study

Plant 내의 기기가 담고 있는 Commodity에 대하여 소방법 및 NFPA Code가 규정하고 있는 기기 사이의 최소 이격 거리 및 소방 설비의 적정성을 점검하고 화재가 발생한 경우를 가정하여 작업자의 탈출로 점검을 위한 Routing Study로서 필요한 자료로 구비해야 할 것은 다음과 같습니다.

- Job Instruction
- Process Flow Diagram
- Equipment List
- Sketch Drawing
- Plot Plan
- Key Plan
- Other Information

4) Equipment Nozzle Orientation

Nozzle Orientation이란 Tower, Vessel, Heat Exchanger, Reactor, Dryer 등 기기의 Nozzle 및 운전자가 이들에 접근하기 위한 Platform 및 Ladder 등의 배치도를 말합니다. 배관 설계자는 기기의 Orientation을 정하고 여기에 맞추어 배관을 연결하여 Routing Study를 해보고 필요한 조정 작업을 거쳐 Nozzle Orientation을 확정하며 특별히 Top Nozzle이 Platform과 간섭이 생기는 경우 필요로 하는 Top Nozzle Elevation과 함께 기계부에 Information Drawing을 제공합니다. 이때 주의할 점은 Nozzle의 배치가 기기의 고유 기능에 영향을 주어서는 안 됩니다. 따라서 배관 설계자는 기기 내부의 구조 등을 이해하기 위하여 사전에 Licensor Package를 포함하여 제작자가 제공한 상세 도면을 충분히 숙지하고 Information Drawing을 제공하여 제작자가 제작도 작성 과정에서 문제를 제기하지 않도록 유의하여야 합니다.

가. Tower/Stripper의 Nozzle Orientation 작성 시 고려 사항

① 기본적으로 파이프랙을 향하는 쪽을 Nozzle 방향으로 하고 그 반대편을 Access Way로 하여 Platform/Ladder가 위치하도록 합니다.

② 위와 같은 기준에 맞추어 Tower Internal Tray Layout을 결정합니다.

③ Tray를 배치한 상황에서 기기의 상부에서부터 해당 Nozzle의 Elevation에 Nozzle이 설치될 수 있는 Orientation 범위를 확인하여 배관 Layout을 거쳐 Orientation을 상부의 Nozzle부터 순서대로 결정하는 것이 편리합니다.

④ Specification에서 정하고 있는 Platform 사이의 최소 이격 거리와 Nozzle 설치를 위한 공간을 고려하여 Platform/Ladder의 설치를 결정합니다.

⑤ 일정 중량을 초과하는 Valve 등을 Handling해야 하는 Platform이나 Top Platform에는 지상의 Laydown Area를 고려하여 Davit 위치를 결정합니다.

나. Tank의 Nozzle Orientation Drawing 작성 시 고려 사항

① Tank의 Piping Typical Arrangement에 대한 고려

② 방유제의 유무, 종류, 크기 등 법규에 대한 고려

③ 설치 높이에 대해서 영향을 주는 요소에 대한 고려

④ Maintenance 및 운전자의 접근로에 대한 고려

⑤ Nozzle Orientation과 Platform/Ladder의 고려

⑥ Information Drawing과 Tank 제작도의 상관 관계 검토

다. Heat Exchanger의 Nozzle Orientation Drawing 작성 시 고려 사항

① Heat Exchanger의 종류와 치수, 특징 등을 고려

② Piping의 Typical Arrangement에 대한 고려(Saddle의 Fixed Side 결정)

③ 설치 높이에 대해서 영향을 주는 요소에 대한 고려

④ Maintenance에 대한 고려

⑤ Platform을 필요로 하는가 고려

⑥ Davit을 설치하는 경우의 조건 고려

Nozzle Orientation Drawing은 Process및 Basic Design Data를 정확하게 파악하여 각 Nozzle의 상호 관련성 등 각 장치의 기능을 충분히 살릴 수 있도록 하여야 합니다. Nozzle Orientation의 결정에 영향을 미치는 Requirement는 일반적으로 Licensor Package의 해당 기기 Data Sheet 또는 P & ID의 Note에 자세히 언급되어 있으므로 반드시 숙독하여야 합니다.

5) Civil & Structure Information

가. Civil & Structure Information Drawing은 배관 설계뿐만 아니라 각 설계 부서별로 해당 Information을 작성하여 Civil & Structure 설계 부서에 제공합니다. 여기에서는 배관 설계 관련 사항만을 설명합니다.

나. Civil Information Drawing의 작성 범위는 최소한 다음 사항을 포함하여야 합니다.

① Plot Plan Information

각 기기 및 구조물의 위치 및 형상에 대한 상세와 보안상 법령의 적용을 받는 기기 등을 고려, Area별로 요구 사항을 구분하여 Inform Drawing을 작성합니다. 기기 등 다른 부서 공급 아이템의 기초의 형상이나 Loading Information은 공급을 책임지고 있는 부서에서 제공하게 됩니다.

② Major Structure에 대한 Information Drawing에는 구조, 치수, Platform, Stair & Ladder뿐만 아니라 배관의 Support Loading Information을 제공하여야 합니다. Structure 상에 기기가 설치되는 경우에는 기기 자체의 Loading Data는 기계 부서에서 제공하게 됩니다.

③ Main Rack에 대한 Information

Main Pipe Rack의 단수, 폭, Span 및 각 Bent에 대한 Loading Data를 제공하여야 하며 각 Unit별 Battery Limit 근처에 Valve Station이 설치되는 경우 등 Platform, Ladder가 설치되는 경우에는 이들에 대한 Information Drawing을 작성합니다.

④ Control Room & Electric Room 등 전기, 계장 설계 대상물에 대한 Information

전체 구조 및 내부 Layout 등은 전기, 계장 등 해당 설계 부서에서 작성하고 배관에서는 Plot Plan 상에 안전거리 등을 고려하여 정확한 위치를 결정하여주게 됩니다.

⑤ Small Structure에 대한 Information

Valve의 조작을 위한 Platform, 운전자의 보행을 위한 Overbridge 등 잡다한 구조물에 대한 Information Drawing을 작성하여 제공합니다.

⑥ Local Foundation에 대한 Information

배관의 Local Support를 위한 기초의 형상, 크기 및 Supply Scope와 Loading Data를 결정하고 Location을 Plot Plan 상에 Marking하여 Information을 작성하여 제공하여야 합니다.

⑦ Insert Plate에 대한 Information

Utility Station이나 벽면을 따라 설치되는 배관 등의 Support를 위해 구조물에 Insert Plate를 설치하여야 할 경우에는 Insert Plate의 위치와 크기, 형상을 Loading Data와 함께 제공하여야 합니다.

⑧ Underground 배관의 Pit의 Information

지하 배관에 Valve가 설치되는 경우 Valve Pit의 위치, 크기, 형상 등의 Information을 제공하여야 합니다. Valve Handle이 지상으로 노출되거나 Pit Cover의 보호 등을 위하여 Guard Post를 설치하여야 하는 경우에는 이에 대한 Information도 포함하여 제공하여야 합니다. 일반적으로 Surface Drainage System은 토목에서 Handling하지만 Process Area에서 배출되는 Hydrocarbon 등이 유출될 위험이 있는 경우 또는 Trench Sewer 배치가 필요한 경우 Project별로 상황에 따라 이에 대한 계획을 수립하여 Inform Drawing을 작성합니다.

6) Piping Study Drawing(Planning Drawing)의 작성

가. 목적 및 중요성

배관은 기본적으로 하나의 기기에서 다른 기기로 특정 Commodity를 옮기는 수단에 불과하지만 제한된 공간에서 배관의 Route를 결정하는 과정에서 많은 구조물, Platform 또는 제3의 Equipment 등 걸림돌을 만나게 됩니다. 여기에 더해서 기기의 운전을 원활하게 하고 유지 보수에 필요한 공간과 접근로를 확보하고 각종 계기의 관측이 가능하도록 하는 등의 조건을 만족시키는 배관 설계를 위해서는 실로 종합적 시각이 필요합니다.

배관 설계자는 Process Plant 설계에서 배관만의 외눈박이 엔지니어가 아니라 전 부서에 걸친 상호 관계의 이해를 바탕으로 주도적 위치에서 플랜트를 구성하고 필요 정보를 제공하고 각 기기들에 대한 상세 부분을 충분히 숙지한 상태에서 설계 결과물을 제공해야 합니다.

이 초기의 결과물이 바로 배관 Planning Drawing으로서 Arrangement Drawing의 작성을 위한 기초가 됩니다. 이 Drawing은 각 Area별로 분할하여 일정한 Scale로 작성되며 도면의 상호 연

관 관계는 전 도면을 취합한 Key Plan에 나타내게 됩니다.

Planning Drawing 작성 시 일반적인 주의 사항은 다음과 같습니다.

① 장치를 전체적인 관점에서 미관과 Balance를 고려하고 항상 일관된 사고를 갖고 계획해야 합니다.

② 장치에의 접근성 및 조작이 용이하도록 계획하여야 합니다.

③ 대구경 또는 특수 자재에 배치의 우선순위를 두는 등 경제성을 고려하여야 합니다.

④ 비상시의 탈출로 확보 및 안전 공간 확보 등 안전성을 고려하여야 합니다.

⑤ Laydown Area 확보 등 공사 및 Maintenance를 충분히 고려하여야 합니다.

이 단계에서 결정된 설계는 다음 단계에서 진행될 Plant 설계 전체에 결정적인 영향을 미치게 됩니다. 따라서 Planning 단계에는 풍부한 경험과 설계 능력이 있는 설계자가 담당하는 것이 일반적이며 단계별로 다른 부서의 의견과 검토를 받아 필요한 내용을 다음 단계의 설계에 반영하여 시행착오를 최소화해야 합니다.

나. Planning Drawing 작성에 필요한 자료

① Basic Piping Design Data

② P & I Flow Diagram

③ Utility Flow Diagram

④ Plot Plan

⑤ Routing Study Drawing

⑥ 배관 설계 기준

⑦ 배관 재료 사양(Piping Material Specification.)

⑧ Engineering Drawing

⑨ Civil & Structure 개략 Information

⑩ 회전기의 Reference Drawing

⑪ 계장품의 Reference Drawing

다. 주요 업무 내용

Planning Drawing 작성 과정에서 배관 설계자가 담당해야 할 업무는 대략 다음과 같습니다.

① Plot Plan(각 Area별)
  ◦ Major 기기 간 치수 및 상세 치수 결정
  ◦ 보안상 및 Maintenance에 대한 고찰
  ◦ Owner Requirement에 대한 고찰

② Main Rack & Sub-Rack
  ◦ Pipe Rack의 배치 및 단수, 폭, Span, Loading Data의 결정
  ◦ Pipe 배열의 결정
  ◦ Platform 및 Stair의 Information 작성

③ Major Structure
  ◦ 기기의 설치를 위한 Major Structure의 층수, 층간 높이, Beam의 Span, Column의 배열

및 Access way 결정

④ Electric Cable Duct 및 Instrument Duct의 Route, 폭, 높이의 Information을 접수하여 설계에 반영

⑤ Nozzle Orientation의 Information 작성
- Tower, Tank, Drum의 Orientation 결정
- Heat Exchanger의 Orientation 결정
- Pump, Compressor 등 회전 기기의 Orientation 결정

⑥ Support용 Clip의 Information 작성
- Tower, Tank, Drum 및 Exchanger의 Support용 Clip에 대한 Information 작성

⑦ Small Structure Information 작성
- Valve 조작을 위한 Platform이나 Operator를 위한 Overbridge 등의 Information 작성

⑧ 응력해석
- Pump Nozzle에 가해진 힘과 Moment의 Check
- Turbine 또는 Compressor에 가해지는 힘과 Moment의 Check
- Equipment Nozzle에 대한 Check
- 예상되는 배관의 진동에 대한 조치
- 배관에 대한 응력의 Check

⑨ 안전변의 반력 계산
- 계산 결과에 대한 List로 Support 및 Piping 보강의 설계에 반영합니다.

⑩ Major Support의 결정
- Anchor Point, Directional Stop의 개소, Spring Support 설치 개소 Guide Point 등을 결정

⑪ Operation을 위한 검토
- 조작 Valve의 위치 Check
- Vent, Drain의 유무 Check
- 운전할 때 필요한 Area가 확보되었는지 여부
- Gravity Flow 등 Process상의 요구 사항 점검

⑫ Vendor와의 Tie-in Point 업무 & Scope
- Tie-in, Nozzle의 위치. Elevation 및 형상. Material Take Off, 제공 범위 확인

⑬ Insert Plate의 Information 작성
- 배관의 Support를 위해 구조물에 Insert Plate가 필요한 경우 이들의 Elevation, 크기, 형상의 결정, Loading Data의 결정

⑭ 배관 Support용 Major Local Foundation의 Information 작성
- Location 및 Marking
- Loading Data(수직력, 수평력)
- 기초의 형상 및 크기

⑮ Tee의 보강 계산

    ◦ 보강 필요 유무의 확인 및 Detail Drawing 결정

⑯ Hose Station의 설치 장소 결정

⑰ Fire Fighting 관계 Study

    ◦ 소화 설비의 Area 구분 및 Hydrant 위치 결정

    ◦ 관련 법령에 따른 인허가 관련 자료 제공

⑱ Battery Limit Connection Information 작성

    ◦ 제3의 계약자와 업무 Scope가 나누어지는 Tie-in Point의 배관 설계 정보를 제3자에게 제공하여 상대의 설계와 일치시키기 위하여 도면과 함께 각 Line별 유체명, 압력, 온도, 유량의 기입 및 Support를 Mark하여 Information을 제공합니다.

3.2.4 Detail Design

1) Key Plan

Key Plan은 단위 Process Area 또는 Unit 내의 전체 배관 평면 도면에 분할 작성된 개별 도면의 경계선을 명기한 것으로 Planning Drawing 및 Piping Arrangement Drawing의 Index 역할을 합니다.

Key Plan은 Plot Plan을 기초로 하여 초안이 작성되며 일정한 축척에 맞추어 분할하여 작성된 Planning Drawing(Study Drawing)이나 Piping Arrangement Drawing을 최종적으로 도면의 축척을 무시하고 전체를 한 평면에 이어 붙여놓은 것으로 해당 Area의 Plan Drawing의 구성 내용을 나타내게 됩니다. 따라서 개별 배관 도면이 해당 Area의 어느 위치에 있는지를 식별하는 데 Key Plan이 쓰이기도 하며 도면 관리나 Engineering Schedule의 작성 기준 및 관리 자료로 이용되기도 합니다.

2) Arrangement Drawing

가. 개요

Arrangement Drawing은 Piping Planning Drawing이 완성되면 Vendor Drawing 등 상세 제작 도면을 반영하여 최종 단계로 착수하게 되는 것으로서, Process 장치의 배관도 작성은 전문적인 표현 기법 및 풍부한 지식을 동원하여 건설 현장의 건설 공사 과정에 애매하거나 해석상의 혼란이 생기지 않게 하여야 합니다.

나. 배관도 작성에 필요한 자료

① A.F.D(Approved for design) P & ID

② Utility Flow Diagram

③ Plot Plan

④ Line Schedule(line list)

⑤ Piping Design Specification

⑥ 관련 기기 Drawing

⑦ Instrument 관련 Drawing 및 Information

⑧ Piping Planning Drawing

⑨ 기타 배관 부품 Drawing

3) Underground Piping

가. 지하에 매설하는 배관을 Underground Piping이라고 합니다.

　　Underground Piping은 주로 대구경 공업 및 냉각 용수관, 소방수 등 Utility Line에 적용하게 되며 이들을 Pipe Rack 상에 설치하는 경우 구조물의 구조가 커지게 되어 경제성이 떨어질 뿐만 아니라 공간의 제약 등 지상 배관에 비해 유리한 점이 많습니다. 위와 같은 Utility Line은 아니지만 기기에서 배출되는 Drain 또는 우수 등을 처리하기 위한 Drain System과 Sewer System은 Line의 속성상 Gravity Flow가 필요하므로 Underground 배관에서 빼놓을 수 없는 대상이 됩니다.

나. 매설 배관에 사용되는 배관 재료로는 주철관, 각종 Coating관(Asphalt, 수지 등), Concrete관, 합성수지관, 강관 등이 있으며 해당 Commodity의 화학적 특성, 사용 목적, 경제성 등을 고려하여 선택되고 있습니다.

다. Underground Piping Drawing에는 배관 Route와 Size, Elevation, Slope 등이 기입되며 지상 배관과의 조합이 잘 이루어져야 하며, Utility 배관의 Elevation은 배관의 동파를 방지하기 위하여 매설 깊이를 동결선 이하로 하여야 합니다.

4) Piping Support

배관의 길이가 일정 한계를 벗어나면 처짐과 Commodity의 열로 인해 팽창이 생기게 되며 이로 인해 국부적인 Force 및 Stress가 발생하게 됩니다. 이를 자재가 감당할 수 있는 범위 이내로 관리할 수 있도록 하기 위해 배관에 Support를 설치하게 됩니다. Pipe Support의 종류는 다양하지만 일반 구조물을 이용한 Resting, Guide, Anchor 등이 있는가 하면, 일정한 Movement(이동)를 흡수할 수 있는 특별한 구조의 Pipe Hanging Device 등 특수한 종류의 Support도 있습니다. 상세한 Pipe Support에 대하여는 제8장을 참조하시기 바랍니다. 다만 배관 도면에는 Stress Analysis 결과가 반영된 Support의 종류와 위치가 분명히 표시되어 운전 시 뜻하지 않은 문제가 발생하지 않도록 하여야 합니다.

5) Heat Tracing

Heat Tracing은 배관 내부에 흐르는 유체 또는 기체가 일정 온도를 유지할 수 있도록 하기 위하여 배관 외부에서 전기를 이용한 Heating System을 적용하거나 Steam Tube로 배관을 감싸고 외부에 보온재를 덮어서 단열이 될 수 있게 하는 것을 말합니다. 이렇게 함으로써 배관 내부의 유체가 응고 또는 점도가 너무 높아지는 것을 방지하여 배관 내의 유체의 흐름을 원활하게 하고 Process Condition을 유지하게 합니다.

상기에 설명한 Piping Basic Design & Detail Design 내용은 배관 설계를 위해 기본적으로 이해하여야 할 사항으로 Tool의 변화에 스스로 융통성을 갖고 업무에 적용하여야 합니다.

3.3 배관 엔지니어의 역할과 책임(Role and Responsibility)

3.3.1 General

앞에서는 배관 엔지니어가 해야 할 업무의 종류와 결과물, 그리고 각 결과물의 특징과 용도 등을 살펴보았습니다. 여기에서는 배관 설계를 담당하는 각 전문 분야의 담당자별로 상세한 업무 내역과 보고 체계 등에 대하여 살펴보겠습니다. 제1장에 조직에 대한 설명이 있었습니다만 여기서는 상설 정규 부서 조직보다는 Project Task Force 조직도 상의 보고 라인을 기준으로 설명하겠습니다.

3.3.2 Piping Engineer의 역할과 책임

배관 설계 업무를 맡고 있는 구성원의 전문 분야에 따라 직책에 부여하는 용어는 외부인에게는 낯설기 때문에 업무의 내용을 쉽게 이해하기 어려운 경우도 있을 것입니다.

PLE(Piping Leader Engineering)라는 호칭 역시 그 기능이나 직위는 Plant Engineering과 같은 매우 좁은 특정 산업계에서만 적용되고 있습니다. 이 용어는 프로세스 플랜트 엔지니어링 및 건설 현장 이외에는 널리 알려지지 않고 있습니다.

1) PLE(Piping Leader Engineering)

PLE는 주요 프로세스 플랜트 프로젝트에서 배관 관련 엔지니어링 활동의 모든 것을 책임지는 위치에 있는 사람입니다. PLE는 그 역할과 책임을 수행하기 위해서 다음과 같이 4개의 소그룹을 두어 아래의 업무를 수행합니다.

Piping Design : 플랜트 및 배관 레이아웃 및 배관 설계 문서를 담당
Piping Materials Engineering : 시공용 배관 자재의 Specification 및 배관 자재 정의
Piping Material Control : 배관 물량 산출, 배관 자재 명세서 및 구매, 및 관리 지원
Pipe Stress Engineering : 배관 Stress Analysis 및 Specialty Pipe Support Design

PLE는 기술적으로 전문가이며 인적자원 관리자이자 생산 관리자입니다. 그는 전체 플랜트 및 기기의 배치에 대한 책임자이며, 프로젝트의 프로세스 시스템 배관에 대한 기술적인 정의를 내릴 책임과 이와 관계를 지고 있는 많은 인력을 감독할 책임이 있습니다. PLE는 수행한 업무의 결과물에 대한 품질 및 일정 관리에 대하여 책임을 져야 합니다. PLE는 또한 프로젝트에서 부여한 예산과 Outsourcing을 관리하여야 합니다. 실제 PLE의 책임은 엔지니어링 회사의 운영 방침이나 고객, 프로젝트의 형태 및 수행 지침 그리고 시공 철학에 따라 상당히 달라질 수 있습니다.

PLE의 업무 범위

- Proposal의 추진을 위해 Proposal Team의 일원으로 발주처와의 Pre－Bid Meeting에 참여하여 Project의 성격과 특성을 파악하여 대응책을 제시합니다.
- Project에서 수행해야 할 배관의 실질적인 작업 범위를 결정합니다.
- Piping 업무 수행 방법과 배관에서 제공할 내용물을 결정합니다.
- 배관 설계를 위한 투입 인력 및 작업 예상 시간을 산정합니다.
- 배관 자재별 자재비 예산서를 작성합니다.
- 엔지니어링 타 부서와 연관 업무 선후 관계를 협의하여 실행 가능한 상세 배관 작업 수행 일정표를 작성합니다.
- 모든 배관 활동 계획을 세웁니다.
- Electronic 또는 Hard－Copy Data Files 또는 필요 Data를 체계화합니다.
- 적정 인력 자원의 요구 및 이들의 활동을 관리합니다.
- 프로젝트에 비용의 발생에 영향을 줄 수 있는 Scope Change 또는 추세의 파악과 보고
- 인건비 예산의 지출 및 생산성을 파악하여 Trend를 예상하고 보고합니다.
- 즉각적이고 정확한 상황 보고서를 준비합니다.
- 프로젝트의 완성 및 마감을 관리합니다.

➤ 필자는 The Process Plan Project 수행에서 비중을 많이 차지하는 배관 설계 PLE의 중요성을 인식하고 전문 분야에 대한 자긍심과 의무를 강조하고자 하며, 경험으로 느껴진 의견을 다음과 같이 기술합니다.

➤ PLE가 성공하기 위하여 갖추어야 할 기량이나 기술이 많다고는 하나 가져야 할 성격상의 특성은 특별히 정해진 것은 별로 없으며 오히려 단순합니다.

각 PLE는 인생살이의 경험도 다르고 경험한 프로젝트의 형태도 다르며 개인적인 습관도 다를 것입니다. 한 고용주 밑에서 함께 수년간 일해온 두 PLE일지라도 서로 닮거나 같은 방식으로 생각하지는 않을 것입니다. 그러나 책임자로서 그들을 규정하는 성격상의 기본적인 특성은 동일합니다. 필자는 이러한 성격상의 특성을 기술적인(T : Technical) 면과 행정적인(A : Administrative) 면 그리고 지도력(L : Leadership) 면으로 인용해보겠습니다. 이 주요 세 가지 특성 외에 또 다른 개성(P : Personality)이라는 특성이 삼각형의 중심에 자리 잡게 됩니다.

PLE는 이와 같은 T－A－L－P 삼각형을 기초로 평가될 것입니다. 어떤 사람을 PLE 위치로 승진을 시키고자 하는 대부분의 관리자는 그 개인의 특성들 중에 T－A－L－P의 측면을 먼저 고려할 것입니다.

이 세 가지(기술, 행정, 리더십)의 성격적 특성은 앞에서 설명한 삼각형의 삼면을 형성하지만 삼각형의 한가운데는 네 번째 특성으로서 모든 것 중에서 가장 중요한 특성, 즉 매력적이고 흥미로운 개성이 자리 잡고 있습니다. 이를 P로 나타내며 Personality를 뜻합니다.

➤ T－A－L－P란 무엇인가?
➤ T는 Technical을 뜻합니다.

어느 두 PLE도 똑같은 지식 배경을 갖고 있지 않을 것이며 PLE가 기술적인 견지에서 알아야 할 필요가 있는 것이 무엇인가에 대한 단순 명료한 정의란 있을 수 없습니다. 그러나 가장 좋은 방법은 가급적 많이 알아야 한다는 것입니다. 이는 PLE는 프로젝트의 배관 부문을 수행하기 위한 플랜트 레이아웃과 배관의 각 서브그룹 관리 및 배관 작업 활동과 예산에 관해 깊이 있는 지식을 가져야 한다는 것을 말합니다.

➤ A는 Administrative를 뜻합니다.

문서화 작업을 좋아하지 않는다면 어떤 지도자 역할을 맡아도 힘든 시기를 겪을 것입니다. 엔지니어링과 건설 사업에는 많은 문서화 작업이 필요합니다. 기록으로 남겨야 할 것과 준비해야 할 예산서와 다듬어나가야 할 일정표가 있고 인력의 평가서를 준비해야 하고 타임 시트를 승인해야 할 일이 있습니다. 읽고 기록해야 할 보고서가 있고 추적 관찰해야 할 예산서 등 이런 문서 리스트는 이외에도 많습니다. 행정상의 의무와 문서화 작업은 짜증스러울 수 있고 기가 질릴 수도 있습니다. 문서화 작업을 간과하거나 하지 않은 채 방치해서는 안 됩니다. 열쇠가 되는 것은 필요한 것이 무언가를 배우고 조직화하고 빠르고 간결한 문서화 작업 방법을 터득하고 이를 실행하는 것입니다.

➤ L은 Leadership을 뜻합니다.

리더가 되는 능력은 학교에서 완전하게 배울 수 있는 게 아닙니다. 리더는 꼭 감각을 지녀야 하는 것도 아닙니다. 리더는 사람들을 뒤처지지 않게 하고 그들이 공감이나 동조를 하지 않는 목표를 달성하게 하도록 독려합니다. 리더는 하고자 하는 목표가 가치가 있으며 논리적이고 달성 가능한 것임을 확신시키고 사람들이 그 목표에 도달하기를 원하는 분위기를 만들어가면서 앞장서는 것입니다. 리더는 요청해야 할 사람이 누구인지와 요청해야 할 것이 무엇인지를 알 것입니다. 리더는 그 어떤 사람보다도 2, 3개월 앞서서 생각합니다. 리더십의 또 다른 면은 올바른 수단과 올바른 해답과 과제에 필요한 최적의 장소와 그 장소에 모든 것이 구비될 수 있도록 업무 수행 조직을 구성하는 능력입니다.

➤ P는 Personality를 뜻합니다.

개성은 기술적인 문제에 관하여 얼마나 많이 아느냐의 문제는 아닐 것입니다. 이는 또한 문서화 능력이나 기록화, 타임 시트 승인 등을 얼마나 잘하느냐의 문제도 아니고 지시를 내릴 때 얼마나 영리하느냐의 문제도 아닐 것입니다. 개성이 주어진 일에 적합하지 않다면 배관 엔지니어링 리드의 역할을 하는 데 매우 힘든 시간을 보내게 될 것입니다.

한 사람의 PLE가 된다는 것은 무엇을 의미할까요?

장차 PLE이 되려고 하는 사람은 다음과 같이 말하는지도 모릅니다: "나는 배관을 알지. 나는 내 일을 알고 있지." "나는 이 일을 20년 동안이나 해오고 있는걸." "우리 배관쟁이들은 배관 평면도를 그리고, 단면도를 그리고, 때로는 아이소메트릭 도면도 그리지." "때로는 사양서와 스탠다드도 있지만 그건 엔지니어들의 몫이지." 여기서 우리는 중요한 점을 발견하게 됩니다. 배관이라는 것은 배관 평면도나 단면도 그리고 아이소메트릭 도면만을 말하는 것이 아닙니다.

• 쟁이 : 그것과 관련된 일을 직업으로 하는 사람의 접미사로 그런 사람을 낮추어 이를 때 쓰는 말

(필자는 낮추어 말하는 것이 아니고 보다 더 전문성을 강조한 의미로 사용함)

PLE라 함은 전체 그림을 명확하고 제대로 볼 수 있게 해주는 사람을 의미합니다. PLE는 사용할 수 있는 인적, 물적 자원이 무엇인지를 알고 그 자원을 관리할 수 있고, 책임을 이해하고 프로젝트에 부과된 배관의 모든 일에 대한 의무를 받아들이고 회사에서는 배관이 총체적인 책임을 진다는 것을 인식해야 합니다. PLE로서의 당신과 당신이 함께 일하는 사람들은 책임 관계를 그렇게 인식할 필요가 있습니다.

당신은 누구를 위해 일을 합니까? 필자는 소규모 회사나 대기업에 고용됨으로써 생기는 장단점을 논하지 않겠습니다. 회사의 크기에 따른 규모가 프로젝트의 수행이나 실제 PLE의 책임과 역할을 변하게 하지 않습니다. 그러나 필자는 사람마다 다른 의견과 행동을 보면서 각 개인이 누구를 위하여 일하는가에 대한 이해와 상대하는 사람에 대한 적정한 우선순위가 무엇인가를 중요하다고 느끼는 것이 개개인의 성향이고 개성이라고 생각하며 그 개성에 대하여 이야기하고자 합니다.

개성은 다음에 이야기하고자 하는 세 가지의 의미와 사고를 통하여 능동적인 자세를 갖는 것을 의미하며, 전문가의 특성입니다. PLE는 이를 갖추어야 한다고 생각합니다.

> 첫째, 당신은 당신 자신을 위해 일합니다. 여기서 말하는 당신이란 실제 당신 자신, 당신의 배우자, 당신의 가족을 포함합니다. 우리 각자는 제일 먼저 우리 자신과 가족을 스스로 돌봐야 한다는 것을 이해할 필요가 있고. 우리가 만약 그렇게 하지 않는다면 타인들을 위하여 선하고 적절한 일을 할 수 없을 것입니다.

> 둘째, 당신의 전문직(적어도 이번만은)은 배관이라는 인식을 가져야 합니다. 당신은 당신의 전문직으로서 직업에 대한 의무감을 가져야 합니다. 만약 당신이 윤리의식이나 기술적인 진정성에 적당히 타협을 한다면 당신은 당신 자신과 전문가로서의 자존감에 상처를 입게 될 것입니다. 일을 제대로 훌륭히 하면 당신은 당신의 직업 세계에서 전문가로 자리매김하게 될 것입니다. 이렇게 함으로써 당신은 다음에 선호하는 보직에 선발되거나 더 높은 등급으로 승진할 수 있게 됩니다. 그러면 다음에 사람들을 끌어 모아 프로젝트를 구성할 때 당신을 원하게 하여 당신이 남들과 달라 보이게 합니다.

> 셋째, 당신은 한 회사의 배관 팀에 고용되어 있습니다. 당신이 회사에 고용되어 있는 동안은 그 회사가 이 세상에서 가장 훌륭하고 중요한 회사입니다. 당신은 이 회사를 실제로 좋아하지 않을는지도 모르고 당신의 남은 여생 동안 거기에 머물 계획을 하고 있지 않을는지도 모릅니다. 아무래도 상관은 없지만 그 회사에 있는 동안 당신은 그 회사에 충성심이라는 빚을 지고 있는 것입니다.

> 최종적으로 당신은 현재 고객을 위해 한 프로젝트에 배치되어 있습니다. 이 고객은 당신이 제공해야 할 최선을 기대하고 있습니다. 당신은 여전히 한 회사의 배관 팀에 있으며 당신은 여전히 배관쟁이입니다. 당신은 정직함과 전문가로서의 윤리의 견지에서 스스로 책임을 져야 합니다. 당신은 클라이언트에게 모든 책임이 있습니다. 다만 간접적으로 당신이 프로젝트 매니저에 대한 의무를 충족시켰을 때에는 클라이언트에 대한 의무를 만족시킨 셈이 될 것입니다. 책임을 진다는 것의 의미는 당신이 보고해야 할 사람에게 그 책임에 대하여 충분히 설명할 수 있음을 말합니다.

> 우리가 만들고자 하는 성과품들은 결국 사람의 정성적 요소에 많이 좌우됩니다. 한 Project에서 비중을 크게 차지하는 배관 리더의 중요성에 관해 필자는 상기에 언급된 T−A−L−P를 갖추어 지휘자 역할을 하는 PLE의 정성적 자세의 중요성을 다시금 강조하고자 합니다.

2) Piping Design Group/Unit, Area(PDG)는 PLE에게 보고하고 지시를 받습니다.

PDG는 통상적으로 대형 Process Plant의 Task Force에서 가장 큰 단일 그룹입니다. Unit/Area Lead Piping Designer는 통상적으로 Project의 Detailed Design Stage를 담당하여 업무를 수행할 디자이너를 개괄적으로 감독하기 위하여 지명됩니다. Lead Designer는 Job Kick－off Meeting 시에 참여가 가능해야 하고 초기부터 프로젝트에 깊숙이 참여하여야 하고 Lead Designer로 선발된 사람은 PLE를 보좌하고 함께 배관 업무를 수행합니다.

배관 설계 팀은 Overall Plant Layout에 대하여 대표적으로 책임이 있습니다. 그러나 다른 엔지니어링 주체가 Plant Layout에 대한 주도권을 행사하는 몇몇 유형의 플랜트가 있을 수는 있을 것입니다. Refinery, Petroleum, Chemical, Petrochemical, Power, Fiber, 기타 많은 사업을 취급하는 대부분의 주요 프로세스 플랜트 프로젝트는 기본적으로 배관 설계 팀이 작성한 플랜트 레이아웃 및 기기 배치도를 가지고 수행하며 본 PDG(Piping Design Group)는 통상적으로 Project Master Plot Plan 도면을 생산합니다. PDG는 확정적이고 최종적인 기기 위치 및 배열에 대한 책임이 있습니다. 기기의 배치는 프로세스의 요구 사항을 고려할 때 그 목적에 부합하여야 할 것으로 PDG는 모든 배관도의 작성 진행과 플랜트의 물리적 공간의 확보 필요성과 이격 거리를 정리하기 위하여 다른 엔지니어링 그룹과 함께 연대하여 작업할 책임이 있습니다.

Piping Design Group(PDG)은 모든 배관의 Route를 결정해나가는 과정에서 적정한 지지물을 확실히 설치하고 모든 배관의 Flexibility를 확인하여야 하며 배관 설계 팀은 모든 In－Line Instruments가 적합하게 설치되고 모든 기기 및 배관이 프로젝트 설계 요건에 부합하는 것을 보장하여야 합니다. 배관 설계 팀은 운전, 유지보수, 안전 및 시공성을 위한 기준을 고려하여야 합니다. 프로젝트에서 시행한 추진 일정표상의 각종 행위 중에서 중요한 사항 중의 하나는 모든 일이 빠짐없이 시행되었다는 최종적인 확인입니다. 이를 위해서 PDG가 선택하는 방법은 여러 가지가 있을 수 있습니다. 이를 위한 방법은 Piping Designer가 P&ID에 Isometric의 연속성을 확인하기 위하여 'Yellow－off.'를 시행하는 것으로 한 Set의 최신 마스터 P&ID에 맞추어 Isometric 하나하나에 따라 노랑 색칠을 해나가게 하는 것입니다. 이와 같은 활동이 종료된 후에는 P&ID 상의 모든 배관과 배관 관련 아이템에 노랑 색칠이 되어 있어야 할 것입니다. Isometric 상에 누락된 무엇이 있거나 P&ID에 나타나 있는 어떤 것이 Isometric 상에 맞지 않는 위치 또는 Orientation이 있는 때에는 Designer가 필요한 Action을 취할 필요가 있습니다. 상기와 같은 방식은 고전적 방법으로 간과될 수 있을지 모르나 요즘 3D Modeling을 통하여 산출되는 Piping Isometric을 사용하는 것에 대하여 동일한 방법을 적용할 수 있을 것입니다. Isometric 도면이 구매, 제작, 설치를 위하여 프로젝트에 제출될 기본적이고도 최종적인 배관 설계 도서라면 이 도면은 P&ID에 대하여 반드시 Cross－Check되어야 할 중요 산출물이기 때문입니다.

배관 설계 산출물에 포함되어야 할 리스트는 다양하며 Project별로 상이한 형태의 산출물이 존재할 수 있겠으나 PDG가 작성할 배관 설계 산출물 리스트는 다음을 포함해야 할 것입니다.

- Piping Design Specifications
- Project Plot Plan(Overall Plant) 및 Unit Plot Plan(s), ELP라고도 알려져 있습니다.
- Piping Transposition(Piping One Line), Geographic Schematic이라고도 알려져 있습니다.
- Piping Standards 및 Piping Details

- Vessel Orientation Layouts 및 Equipment Layout Studies
- Piping Drawing Indexes
- Piping Plans 및 Piping Sections(Elevations)
- Piping Isometrics
- Heat Tracing Drawings
- Piping Demolition Drawings
- Piping Tie-In Drawings 및 Tie-In List
- Demolition 및 Removal Drawings

➢ 배관 디자이너는 특별히 Revamp Project에서는 사전에 현장을 확인할 필요가 있으며, 기존 도면이 현장의 현재의 모습 그대로 되어 있을 것이라는 가정은 하지 않는 것이 좋습니다. 기존 도면이 실제 현장의 모습과 일치하는지 일을 시작하기 전에 반드시 점검하여야 합니다.

➢ 주요 Process Plant Project의 설계에서 컴퓨터를 이용한 설계(3D CAD Model)로 진행할 경우 특별히 배관 설계가 Model 관리에서 큰 역할을 해야 할 것입니다. 모든 부서가 프로젝트의 실제 현장에서처럼 단 하나의 3D CAD Model에서 함께 일을 진행해야 합니다. 만일 어느 한 그룹이 3D CAD Model에 함께 참여하지 않는다면 그 Project는 Model을 전혀 가지고 있지 않은 것과 같이 현장에서 시행착오를 많이 겪을 수밖에 없습니다. 3D Modeling에는 모든 사람이 참여하여야 하며 그렇지 않으면 보여주기 이외에 아무런 성과도 얻을 수 없게 되므로 Coordination과 Communication이 필수적입니다.

3) Piping Materials Engineer(PME)는 PLE에게 보고하여야 합니다.

자재의 중요성을 고려하여 PME는 PLE 팀에 지명되는 첫 멤버가 되곤 합니다. 입찰서의 기술 부분 평가에 PME가 필요한 항목으로 지정된 때에는 입찰 준비 단계에서 이미 지명이 되어야 합니다. PME는 시공에 소요될 모든 배관 시스템의 배관 자재를 망라하는 Master Specification을 결정해야 할 책임이 있습니다. 시공을 위한 배관 공사 관련 자재의 공급에 대한 정의가 포함되어야 하는 것은 물론입니다.

Piping Materials Specification에는 Pipe, Valves, Fittings, Flanges, Bolts/Nuts, Gaskets, Branch Connections, Fabrication Criteria(PWHT), 그리고 Installation Criteria(seal welding)를 포함합니다.

Piping-Related Materials Specification은 Insulation, Paint, 기타 Special Coatings도 포함하게 됩니다. Client 및 Process Engineers로부터 제공받은 Data를 이용하여, PME는 Piping Material을 위한 Detailed Specifications을 결정하게 됩니다. Specifications은 각 Commodity가 Code에서 허용하고 있는 Pressure/Temperature Ranges를 기술하게 됩니다.

소요 자재에 대한 초기의 정의와 프로젝트에 구체적으로 적용될 Piping Material Line Class Specification의 진행은 Piping Team의 초기 작업 계획을 위해 우선적으로 필요합니다.

대부분의 Project에서는, Piping Material Line Class의 75~80%는 일반 사항에 언급된 Project Scope Data로부터 쉽게 결정될 수 있을 것입니다. Steam, Condensate, Natural Gas, Fuel Oil, Domestic Water, Plant Air, Instrument Air, Cooling Water, Nitrogen 등을 포함하는 Utility Service는 기존

Project Data를 이용하여 쉽게 정리할 수 있을 것이며 정상적인 경우에는 Long Delivery 자재는 아닐 것입니다.

고온, 고압을 포함하는 Process Stream은 공급자도 제한되고 구매 기간도 길 뿐만 아니라 해외 자재를 필요로 할 것입니다. 이러한 자재에 대한 Process와의 초기 Coordination은 자재 구매의 성공에 필수적입니다. 또한 Material Selection Diagram(MSD)의 작성은 Project에서 필요로 하는 자재 유형의 적절한 정의를 위해 꼭 필요한 일입니다. 만약 이와 같이 중요한 과정이 무시되거나 너무 늦어진다면 프로젝트는 힘들어지며 이를 회복하기 위해서는 추가 비용이 들게 될 것입니다.

몇몇 회사에서는 PME가 P & ID상의 각 라인에 대하여 Line Class를 선정할 책임이 있을 수 있습니다. 이를 위해 Line Class Specification 작성을 연습하는 일환으로, PME가 전 라인에 대하여 초기의 Line Index도 작성할 수 있을 것입니다. 이 문서는 Line List, Line Index, Line Designation Table, 또는 그 외의 다른 이름으로도 불릴 수 있습니다.

PME의 또 하나의 중요한 임무는 Specialty Item을 정의하고 적절한 Specification을 제공하는 것입니다. Piping Material Line Class Specification에 모든 배관 자재를 누락 없이 전 품목을 기술하는 것이 항상 가능하지 않을 수 있습니다.

특정 Project만 아주 드물게 쓰이는 몇몇 품목에 대하여는 PME가 특별히 취급하여야 할 필요가 있습니다. Injection Quills, Pig Launchers and Retrievers, Swivel Joints, 또는 Loading Arms와 같은 아이템이 그러한 종류에 속합니다.

이 책에서는 이들은 간단하게 Specialty Item이라고 칭하겠습니다. PME는 업무를 진행하는 과정에서 그러한 자재에 대한 사용 목적, Design 및 Operating Condition을 정의하기 위하여 Process Engineer와 같이 협의를 한 후 배관 디자인 담당자, 그리고 기기의 요구 사항을 만족시키기 위하여 한두 개 Vendor와 함께 Specification을 확정할 필요가 있을 것입니다.

➢ 일반적으로 PME가 제공할 배관 아이템 리스트는 다음을 포함하게 될 것입니다.

- Piping Material Line Class Specifications
- Piping Material Purchase Specifications 또는 Technical Notes
- Insulation Specifications
- Pipe Painting Specifications
- Piping Line List
- Specialty(SP) Item Specifications
- SP Item List

4) Piping Materials Controller 역시 PLE에 업무 진행 사항을 보고합니다.

Piping Material Control(PMC) 기능은 기본적으로 자재의 수요 및 수급 계획에 대하여 PLE와 같이 책임을 지게 됩니다. 회사에 따라서 PMC 기능이 존재하지 않을는지도 모르고 기능적으로 다른 부서에 보고를 할 수도 있을 것입니다. 그러나 프로젝트에서 요청이 있을 때에는 PMC가 모든 배관 자재의 통제에 대한 책임을 지게 됩니다.

배관 자재에 대한 책임이라 함은 자재를 산출하고, 자재 목록을 작성하고, 배관 자재의 수량을 요약하고, 견적 요청서를 작성하고, 입찰서를 평가/요약하고, 배관 자재 발주서를 작성하고, 현장 도착 일정 계획을 작성하는 것을 포함합니다.

PMC가 작성할 배관 자재 관련 문서는 다음을 포함합니다.

- Bill of Material for Each Piping Document
- Bill of Material Summaries
- Special Take−off Summaries(Large Diameter 또는 Long delivery Valves)
- Piping Material Procurement Request for Quote(RFQ) Draft
- Piping Material Procurement Purchase Order(PO) Draft

5) Pipe Stress Engineer는 PLE에 보고를 합니다.

Pipe Stress Engineer(PSE)의 기능은 모든 배관의 Stress Analysis 및 Specialty Pipe Support Design에 대하여 PLE와 함께 책임을 집니다. PSE는 모든 Spring Hanger Supports, Expansion Joints, 또는 Piping Stability Strut Devices에 대한 Specification을 작성할 수도 있습니다. PSE는 Job Type 및 Project Criteria에 따라서 응력해석 대상으로 선정된 배관을 검토하고 승인을 하기 위하여 배관 디자이너와 긴밀하게 협의하여야 합니다.

PSE가 작성하게 될 배관 관련 문서는 다음을 포함하여야 합니다.

- Spring Hanger Specifications
- Expansion Joint Specifications
- Piping Sway Strut Specifications
- Formal Stress Calculations
- Deadweight, Wind, and Force and Moment Loading for Pipe Supports or Equipment Nozzles

앞에서 설명한 바와 같이 "앞에서 말한 네 개의 그룹이 그 모든 것을 다 합니까? 그러면 PLE는 무얼 합니까?"라고 질문할 수 있습니다.

PLE는 전통적으로 프로젝트에 배정된 초기의 배관 엔지니어입니다. 그는 사업의 초기 계획 단계에 이미 관여했을 것이며 PLE는 사업의 배관 업무 범위에 대한 초안에 대하여 책임이 있고 PLE는 초기의 작업량 추정치와 스케줄을 갖고 있을 것입니다. 참석하여야 할 회의도 많으며 작업 현장이나 고객의 사무실도 방문하게 될 것이고 작업 수행을 심사숙고하여 작업 계획도 세우게 될 것이고 조금 시간이 지나 작업이 진행되면 작업이 계획에 따라 제대로 되는지를 확인하기 위하여 모든 작업을 검토할 것입니다.

그리고 PLE도 역시 주기적인 보고를 할 책임이 있습니다. 부서장에게 주간 및 월간 보고를 하는 것이 통상적입니다.

배관 설계 책임자는 네 개 그룹 구성원의 역할과 상호관계를 조율하고 일정에 맞추어 결과를 도출하는 오케스트라 지휘자의 역할을 합니다.

회사에 따라서 배관의 프로젝트 수행은 두 가지의 전통적인 형태 중의 하나를 선택할 것입니다. 이들 두 형태라 함은 일반적으로 통상 기능 부서 형태로 알려진 것과 Project Task Force 형태를 말합니다. 회사의 크기는 프로젝트 수행의 형태를 선택하는 데 어떤 영향도 없습니다. EPC 및 EPCM 업계의 대형 엔지니어링 회사들은 일반적으로 Project Task Force 형태로 프로젝트를 수행하는 것이 효율적이라는 것을 경험을 통해 알고 있습니다.

소규모 회사와 아주 작은 프로젝트를 수행하는 대형 회사는 통상 기능 부서 형태를 적용할 것입니다. 기능 부서 형태는 장점이 있으며 회사 규모가 크건 작건 그 형태가 적절할 때에는 이런 형태의 조직을 사용할 수 있습니다.

Project Task Force 형태 역시 프로젝트를 진행하는 동안 한 장소에 사람들을 모아서 작업자 각자의 의사소통 라인을 단축할 수 있는 장점이 있습니다. 일부 회사에서 사용하는 특별한 프로젝트 수행 조직은 이 책에서 언급하지 않았습니다. 어느 쪽이든 각각 장점이 있으므로 일방적으로 긍정적 또는 부정적으로 평가해서는 안 될 것입니다.

오랫동안 지속되어온 산업계의 전통과 모든 프로세스 플랜트 디자인 과정의 속성 때문에 배관이 프로젝트의 다른 모든 태스크포스 그룹에게는 최대의 간섭 지점이 되고 있고 배관은 또한 다른 많은 태스크포스 작업 활동에서 적절하고 때를 놓치지 않기 위한 핵심 열쇠가 되고 있습니다.

PLE는 프로젝트의 생산 라인의 시작과 끝에 이르는 과정에서 배관의 역할을 충분히 이해할 필요가 있습니다. 배관은 지금이나 미래에도 혼자만의 조직일 수 없습니다. 또한 배관이 프로젝트에 관여하는 가장 중요한 그룹만도 아닙니다. 배관은 오로지 프로젝트가 잘 진행되도록 하는 중요한 그룹 중 하나일 뿐입니다.

3.4 Piping Design Input & Output Control

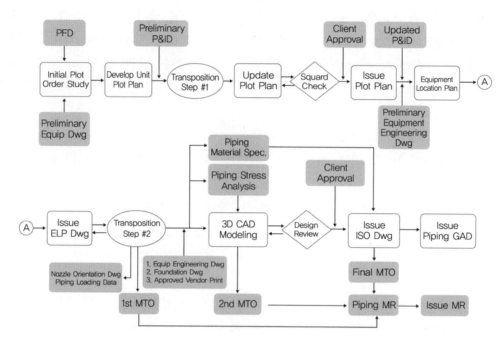

그림 3-3 Piping Design Input & Output Control

※ Note

Transposition Step #1 : 중요 Line들을 짧고 경제적으로 검토, 설계하면서 도면을 작성한다.

Transposition Step #2 : Equipment Location Plan IFC용으로 Issue하고 필요시 Update한다.

3.5 Piping Group별 Work Activity

3.5.1 Piping Leader Engineering

➤ Project Planning Documents to Review

1. Contract Documents
2. Level−3 Schedule
3. Material Supply Schedule
4. Engineering Execution Plan

> Checklist : Basic Engineering Package Review
> Checklist : Piping Project Start Kick Off Meeting

➤ Planning Documents to Prepare

Project Startup Documents

1. Contract Review Action Log
2. Highlights of Contract
3. Listing Scope of Work for Piping Department.
4. Pre−Engineering Survey for Offshore Platform
5. Project Startup Checklist
6. Document Criticallity

➤ Manhours Management

1. PID Line count for Manhour Estimation
2. Manhour Estimation

> Piping Design Manhours Estimation
> Piping Material Control Manhours Estimation
> Piping Material Engineering Manhours Estimation
> Piping Engineer Manhours Estimation
> Piping Stress Analysis Manhours Estimation

3. Manhour Progress Report
4. Manhour Planning
5. Additional Manhour Log

➤ Manpower Planning

1. Organisation Chart
2. Contact List
3. Manpower Mobilization Plan

    4. Variation Order

    5. Signature Matrix

    6. List of Signatories

➢ Progress Reporting

    1. Weekly Progress Report

    2. Behind Schedule Report

    3. Bi-Weekly Project Report

    4. Monthly Action Plan

    5. Closeout Status Report

➢ Design Coordination Documents

    1. List of Validated Spreadsheets

    2. Design Instructions/Work Instructions.

    3. Change Management(DCN/FCN)

    4. Technical Document Register

    5. File Lists and Labels

    6. Job Notes

    7. Hold List Register

    8. Need List

➢ Quality Control

    1. ISO Audit Instructions

    2. Engineering Error Log

    3. Lessons Learnt Implementation Tracker

➢ After Project Completion

    1. Job Close Out Report

    2. Lessons Learnt

3.5.2 Piping Design Group

Plant Layout, Piping Engineering & Design, Spool Fabrication, Winterizing & Heat Tracing, Insulation, Hydrotest Diagram etc. 그 밖에 필요한 Piping Specification 작성

- Client의 요구 사항, 법규, 경제성, 안정성, 운전 용이성, 시공성이 용이하도록 기기 배치, Building의 배치, 도로 계획 등을 포함한 Plot plan을 작성합니다.
- Engineering 타 부서와 함께 시공성에 대한 검토
- Work Schedule 작성 및 M/H(Man−Hour) Estimates
- Underground Piping Design
- 타 부서가 필요한 Information의 송부(Equipment Nozzle Orientation Drawing, Structure Information, Pipe Rack 등 각종 Loading data 작성)
- Piping Plan Drawing. 작성(2D→3D PDS, PDMS, SP 3D)
- Construction & Fabricator를 위한 Piping Isometric Dwg. 작성
- Piping Support Location 선정 및 Dwg. 작성
- 구매용 Piping Bill of Material Take−Off
- 시공 현장 지원 및 Inspection

3.5.3 Piping Material Engineering

- Material Class Spec, Purchase, Fabrication, Test & Examination(NDE)
- Specification 작성
- Piping Material 중 열처리 관련 사항 작성
- Process와 Design Criteria Matching을 하여 Piping Material Selection, Class 결정, Corrosion Rate 등을 결정합니다.
- Engineered Item Data Sheet 작성
- RFQ, PO Document 작성
- TBE 수행
- Material Status 파악

3.5.4 Piping Material Control Engineering

- Bill of Material for Each Piping Document
- Bill of Material Summaries
- Special Take−Off Summaries(Large Diameter 또는 Long Delivery Valves)
- Piping Material Procurement Request for Quote(RFQ) draft
- Piping Material Procurement Purchase Order(PO) draft

3.5.5 Piping Stress Engineering

- Piping Stress Analysis 대상, Analysis 방법, 규모 등을 법규에 맞도록 선정하고 수행
- 안전하고 경제적인 설계가 이루어지도록 평가
- Stress Analysis 관련 Items(Expansion Bellows, Spring Hangers, Slide Plates, Anti-vibration Devices etc.)의 선정 및 구매 행위
- Piping Support Structure 강도 계산
- 타 부서에서 필요한 Load값 송부(Equipment Nozzle, Structure, Vessel Clip)

3.6 Piping Engineering 성과품(Deliverables)의 종류

1. Cover Sheets and Drawing, Model Indexes
2. Plot Plan
3. Key Plans

   Piping Arrangement Key Plan

   Model Key Plan

   Module Key Plan

   Construction Work Package(CWP) Key Plan
4. Location Plan

   Equipment Location Plan(ELP)

   Tie-in Location Plan

   Utility Station Location Plan

   Safety Shower and Eye Wash Location Plan

   Heat Tracing Manifold Location Plan
5. Piping Arrangements Drawing
6. Piping Isometric Drawing, Logs
7. Tie-in List, Isometrics Drawing
8. Demolition Drawings
9. Piping Support Detail Drawing
10. Piping Stress Analysis Report
11. Piping B/M Report
12. Piping Typical Standard Drawing
13. Fire Fighting System
14. HVAC & Plumbing System
15. Specification for General Design
16. Piping Material Specification

17. Fabrication Specification
18. Purchase Specification
19. Test & Examination
20. Construction Specification

3.7 3D Graphic Software(S/W)

- PDS/SP3D : 미국 Intergraph/Hexagon사에서 개발한 Plant 설계용 3D CAD S/W로 기존 Plastic Model의 장점을 Computer를 이용 Modeling하여 화면상에서 타 구조물과 간섭 또는 최적 설계 방법을 찾아 설계할 수 있습니다. 또한 시공 시의 순서대로 Computer를 이용하여 가상 건설을 할 수 있으므로 시공 시의 문제점을 미리 발견할 수 있습니다. 또한 도면 역시 Modeling을 이용하여 Piping 관련 도면(Isometric Drawing)을 자동 추출할 수 있습니다. 그러나 위와 같이 잘 운영하기 위해서는 각종 설계 자료가 잘 준비되어 있어야 합니다.
- PDMS : AVEVA 영국
- Aspen－OptiPlant : 미국 Aspen Technology, Inc.사에서 개발한 Piping for 3D Auto－Routing 로 FEED, Proposal, Conceptual Design Work에 사용되는 장점이 있습니다.

3.8 계산용 S/W

- CAESAR II :
  배관 열 응력 및 진동 해석을 수행
- Flow Master －LIQT 386
  배관계의 수격 현상 및 Network Balance를 계산
- HVAC Load Calculation, Duct Sizing 등을 계산
- 기타 계산용 S/W
- 배관 두께 계산
- 배관 Branch 강도 계산
- 배관 지지 간격 계산
- 지하 배관 강도 계산
- 저장 Tank Wall의 변형량 계산

04

Plant Layout

4.1 General

본 Chapter에서는 Process Plant 설비의 Engineering 단계에서 가장 중요한 역할을 하는 Plant Layout 의 Engineeing Work와 Designer의 역할과 책임에 대하여 설명합니다. 또한 Project Data를 사용하는 방법과 여러 단계의 설계 활동의 착수 시점과 Plant Layout에 접근하는 기본적인 방법 및 절차를 설명합니다. 또한 Plant Layout의 결과물인 Plot Plan/Equipment Location Dwg는 Engineering 과정에서 작성되는 가장 핵심이 되는 결과물 중 하나로 Project에 관여하고 있는 대부분 공종에서 사용하고, 입찰 단계에서 최종 시공 단계까지 사용됩니다. 이에 실행된 Ethylene Project Plant Layout 사례를 통하여 순차적으로 이해하도록 설명하겠습니다.

- Plant 면적 및 경계 결정
- Unit 구획
- 기기 배열
- 도로 폭 및 방향 결정
- Rack의 폭과 높이 결정
- Platform의 위치 결정
- 각종 Building 위치 결정

4.2 Plant Layout 기초

4.2.1 Plant Layout Engineer & Designer

Plant Layout Designer는 기본적으로 기기의 배치 및 각 설비를 연결하는 배관 설계 기술을 갖추고 있어야 합니다. 배관 설계자는 Plant 설비의 배치와 관계된 각종 문제의 해결 능력과 상식적인 판단력을 갖추어 기술적인 능력을 발휘할 수 있는 기회를 갖게 됩니다. Process 설비들은 짧은 시간 내에 유지 보수, 안전, 품질 규정에 적합한 Engineering이 이루어져야 하며 설계에는 시공성, 경제성, 그리고 운전의 편리성이 고려되어야 합니다. 이러한 목적을 달성하기 위한 설계 도구들이 연필을 이용한 수작업으로부터 Computer Graphic으로 바뀌었다 해도 Plant Engineer & Designer의 책임와 역할은 변하지 않았습니다.

Plant Layout Engineer & Designer는 Project 개념을 정하는 검토 단계에서 Layout에 관련된 각종 자료를 준비하고 정리해나가야 하며 이를 위해서 다음과 같은 역량이 뒷받침되어야 합니다.

- 기본 상식 및 이론에 관한 설명 능력
- 특정 Plant 설계에 관한 지식
- 기기의 유지 보수 및 운전에 대한 일반적 이해
- 주어진 시간 내에 시공성과 원가 절감을 고려하여 안전하고 효율적인 Layout을 할 수 있는 능력
- 창의적인 사고 능력
- 시장에서 구할 수 없는 부품의 적용을 피할 수 있는 충분한 경험

- 타 부서의 설계의 기본적인 역할에 대한 이해 및 이 부서들의 설계 자료를 활용할 수 있는 능력
- 불분명하거나 의심되는 자료를 명확히 해석하여 적용할 수 있는 능력
- Project를 위해 최선의 선택을 할 수 있도록 기여하는 대안 제시 능력
- 분명하고 간결한 문서를 작성할 수 있는 능력
- 외부로부터 문제가 제기될 때 자신의 설계를 방어할 수 있는 능력

Plant Layout Engineer & Designer의 역할과 책임은 각 사의 형태에 따라 다르게 운영되기도 하였으나 최근에는 구분 없이 진행되는 경우가 대부분입니다.

4.2.2 Engineer & Designer의 역할과 책임

그림 4-1은 Plant Layout Designer가 Engineering 전 단계에서 관계를 가지고 일을 풀어나가야 할 사람, 부서, 요소를 보여주고 있습니다. Project의 Engineering Cost의 핵심 요소가 될 Plot Plan, 기기의 배치, 배관 설계의 주요 활동은 Project 관리, 시공, Engineering 기타 지원 부서의 핵심 관리 영역이 되고 있습니다.

Designer는 Engineering 과정에서 쓰인 자신의 시간과 노력이 시공 기간 단축에 기여하고 나아가 전체 Project 원가를 줄이는 데 핵심적인 요인이 된다는 점을 인식하여야 합니다. Designer가 Layout을 구상하는 과정에서 시공성에 대한 인식이 확실해야 하는 이유가 바로 여기에 있습니다.

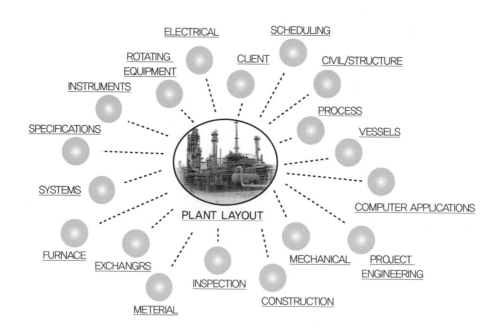

그림 4-1 Plant Layout Interface

4.2.3 Project Input Data

Project를 수행하는 동안 방대한 양의 Input 자료가 있으나, 이러한 자료는 다음의 세 가지 종류로 크게 나뉩니다.

- Project 설계 도서 : Client 또는 Project Team으로부터 주어집니다.
- Vendor 자료 : 기기 및 특별한 Bulk Item이 이에 포함됩니다.
- Project 내부에서 만들어진 Engineering 자료

Project 설계 도서에는 Plant의 위치 및 주변 도로, 철로, 수로 등 지리적인 자료와 해당 국가의 법령, 지형조건, 기후조건 등이 포함됩니다. Project 설계 자료는 부지가 기존 시설에 있는지 신설 부지에 있는지를 나타내주며 이 자료는 Plot Plan을 정하는 데 일반적으로 필요합니다.

Preliminary Vendor 자료는 배관 Layout을 위해 필요하나 최종 제작 승인 도면은 상세 설계 단계 이전에는 일반적으로 필요하지 않습니다.

Project 내부에서 만든 Engineering 자료는 Design 조직 내의 지원 부서에 제공됩니다. 이 자료는 Vendor 자료가 입수되면 Vendor 자료로 대체되며 Project 초기 단계에서 사용하기에는 불편이 없습니다.

4.2.4 Plant Layout Step

Plant 설계는 일반적으로 Conceptual, Preliminary 또는 Study, 상세 설계의 3단계로 진행됩니다.

1단계 : Conceptual Design은 Sketch 등을 이용한 최소의 자료를 이용하여 Plot Plan 또는 배관 Layout 개념도가 작성될 때 행해집니다.
2단계 : Preliminary 또는 Study 설계 단계에서는 확인되지 않은 자료를 이용하여 설계가 진행되며 이 단계의 설계는 추후의 상세 설계 또는 기기 구매를 위하여 제작자의 확인용으로 사용됩니다.
3단계 : 상세 설계에서는 구조물 등 관련 부서로부터 시공용으로 확정된 자료를 접수하여 사용되며 유체역학상의 문제가 해결되고 확정된 Vendor 자료를 이용하여 설계를 진행하게 됩니다.

최적의 Plant를 건설하기 위한 Plant Layout Design의 역할의 중요성은 Preliminary 또는 Study 단계에서 결정됩니다. 그림 4-2에서 설명하고 있는 개념도는 단계별 역할의 연관 관계를 나타내며, 각 단계별로 타 부서로부터 접수해야 할 자료와 배관 Designer가 제공해야 할 자료를 나타내고 있습니다.

Project 일정에 따라 이러한 단계별 시행은 여러 가지 사유로 불가피하게 생략할 수밖에 없는 변수를 안고 있지만 각 담당자의 효과적인 시간 활용을 위해서는 최적의 조건임을 설명하기 위하여 예시한 것입니다.

Study 단계에서 Project가 성사되기도 하고 Cancel되기도 합니다. 이러한 단계별 접근이 합리적이기는 하나 지나치게 단계별 적용을 고수하면 불필요한 노력이 반복 투입되어 상세 설계 단계에서 회복 불능 상태를 초래하기도 합니다.

Project 진행은 속도와 품질을 고려하여 일을 한 번에 올바르게 시행하는 것이 이상적인 Project의 운용

이라 하겠습니다.

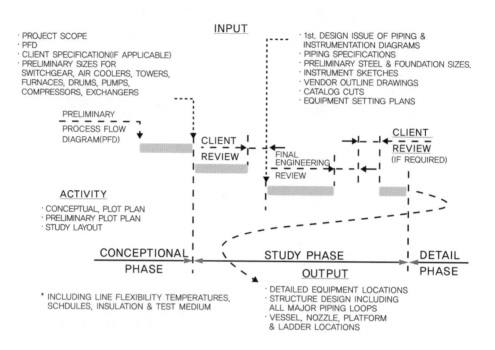

그림 4-2 Logic Diagram

4.3 Plant Layout Specification

산업 전반에 걸쳐 사용되고 있는 용어인 Specification(사양서)은 각 구성 요소의 설계, 제작 과정에서 가해지는 제한 요건을 제시하며, 구매, 시공, 설계되는 거의 모든 일들이 Specification에 의해 통제됩니다. Specification은 모든 산업 전반에 걸쳐 통일성과 호환성을 갖게 하고 품질 향상에 기여하게 됩니다. Plant Layout Designer에게도 Specification은 업무를 수행하는 데 기준이 되며 모든 당사자와의 거래의 필수 도구인 셈입니다.

Project 사양에 정해진 사항을 지키지 않거나 무시했을 경우 더 많은 원가를 투입해야 하거나 Design 품질에 영향을 미치게 될 것입니다. Specification은 Plant Layout에 있어서 기기의 배치, 운전, 보수 정비, 안전에 관한 요구 사항을 제시하며 법률로 정해진 요구 사항을 상세히 규정합니다.

4.4 Plant Layout 원칙

Plant Layout Engineer와 Designer는 개인별로 일정한 원칙을 가질 필요가 있습니다. Client의 사양, 일정상의 제약, 설계 자료의 제한 등 여러 조건이 Project마다 상당히 다를 수도 있으나 Engineer와 Designer가 가져야 할 업무의 진행 형태는 기기 위치 결정 시 연결되는 주요 배관을 함께 고려하며 산만한 배치를 피하고 밀도를 유지할 필요가 있습니다. Engineer와 Designer가 기억해야 할 한 가지 원칙은 하나의 라인을 설계함에 있어서 해당 라인만을 생각하는 것은 피하라는 것입니다. 즉, 하나의 기기와 다른 기기를 연결하는 배관을 설계함에 있어서 그 주변 배관과의 상관관계를 이해하기 전에 결정을 해서는 안 된다는 것으로 한 Area를 설계함에 있어서도 해당 Area만 생각하여 설계를 끝낼 수 있을지는 모르나 이런 결과는 전체적으로 기기와 배관 배치에 있어서 일관성을 잃게 됩니다.

일정 Area의 기기와 주요 배관은 최종 배열이 확정되기 전에 반드시 전체적으로 검토해야 하며 이러한 검토는 P & ID와 주요 배관의 Free Sketch 등의 세밀한 검토를 통해 이루어져야 합니다. 이렇게 함으로써 기기와 주요 배관이 질서정연하게 배치될 수 있습니다.

4.5 Plot plan 작성 Flow Chart

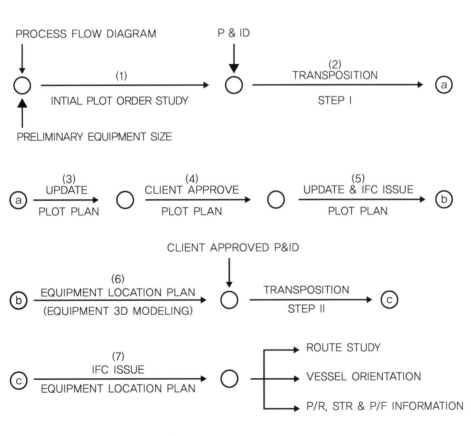

그림 4-3 Plot Plan Process Flow

(1) PFD와 Preliminary Equipment Size를 토대로, 필요하다면 타 부서의 자문을 받아 Initial Plot Plan을 작성합니다.

(2) 중요 Line들을 짧고 경제적으로 설계하면서 Transposition Step I Dwg.을 작성합니다.

(3) Squad Check 후 Comment들을 반영합니다.

(4) Client Review용으로 Issue합니다.(Rev.A)

(5) Client Comment 접수 후, 관련되는 타 부서들과 같이 검토한 후 필요한 수정을 하고 IFC용으로 Issue합니다.(Rev.0)

(6) Equipment Location Plan 작성을 시작합니다.(IFR Issue)

(7) Transposition Step II 과정을 거쳐 Equipment Location Plan을 IFC용으로 Issue하고 필요하다면 Plot Plan을 Update합니다.

4.6 Plant Layout 시 고려 사항

본 사항은 사업부(Client)의 요구 사항 및 계약자(Contractor) 고려 사항 등으로 구별할 수 있으나 어느 하나 간과하여 진행할 수 없습니다. 이에 아래 사항에 대한 구체적 내용을 상세히 설명합니다.

1) Safety를 최우선적으로 고려
2) Process Rquirment
3) Maintenance 측면 고려 사항
4) Operability
5) Cost 측면 검토
6) Constructability
7) Others

4.6.1 최우선 고려 사항 및 주요 역할

1) Safety를 최우선적으로 고려

화재 발생 시 위험을 최소화하기 위하여 바람의 방향을 고려한 Layout을 하여 기기 간 & 건물 간 이격 거리를 확보하고 위험 설비물 안전 대책을 강구하여 도피 경로를 확보하고 각 Unit의 면적 제한을 고려하며 Platform의 Ladder 및 도피 경로 확보, 소방시설 및 장비 접근, 도로의 폭 및 방향을 결정하여 소방법의 규정 위치에 소방시설을 확보합니다.

Plant 내에서의 안전 대책으로는 다음의 것들이 있습니다.

• 도로, 조작용 통로의 확보(폭 및 높이)
• Ladder, 계단, Platform의 확보(구조 및 Size)
• 각 장치, 기기 간의 적정 간격(Min. 이격 거리)

- 방폭벽, 방유제의 설치(구조 및 Size)
- 소방 설비의 설치(위치 및 종류) 소화전 Monitor 및 Safety Shower 등 안전 설비의 위치 선정

Plant 외에서의 안전 대책으로는 다음의 것들이 있습니다.

- 주거지 등에 대한 제한(폭발, 화재, 지진 등에 대한 Min. 거리)
- Plant 면적의 규제(면적률)
- 소음 규제(음량 제한)
- 배출 Gas 규제(성분 및 함량)
- 배출액의 규제(성분 및 함량)

이상의 항목에 대한 수적 기준은 각종 법규에 정해져 있습니다.

2) Process Requirement

Client 요구 사항 및 P & ID 및 Instrument의 요구 사항을 만족시킬 수 있도록 기기 위치 및 노즐의 위치를 확정하여야 합니다.

3) Maintenance 측면 고려 사항
- 기기 Drop Area 확보(Exchanger, Control Valve…)
- Hose Station 위치 결정
- 크레인 및 운반차의 접근성을 고려

설비의 유지 보수를 위한 설비의 접근에 장애가 생기지 않는 공간을 확보하여야 합니다.

4) Operability
- 작업의 빈도에 따라 Platform 여부 결정
- 원료 및 제품의 반출 위치 결정
- Davit 설치 결정
- 운전자의 접근성을 고려합니다.

구조물과 이에 부수되는 계단, 사다리 및 Platform의 설계는 기기의 운전, 유지 보수, 작업자의 안전을 보장할 수 있도록 기기에로의 접근 방법 및 공간 확보를 고려하여야 합니다.

5) Cost 측면 검토
- 설계상 Process Flow의 이동을 적게 하고, 취급의 간소화는 물론 배관 물량을 최소화
- Feed가 들어오는 방향부터 Process가 시작

- Process Flow의 순서에 따라 기기 배열
- Critical Pipe를 가장 짧게 할 것(대구경 합금강관, Gravity Flow Line, Pump Suction Line 등)
- 부지 면적의 최대 활용(3차원적 배열) Plant Area는 최소로 합니다.
  기타 전기 배선을 고려한 Control Room 및 전기실의 위치 선정, Rack의 단수, 높이, 폭 및 위치 검토, Platform의 필요성 및 대안 검토

6) Constructability
- 대형 기기의 운반 및 설치 방법 확인(대형 Truck, Crane 등)
- 지반의 내력 확인(기초 Pile의 유무, 지반 개량 등)
- 현장 조립 공사 용지의 확보
- 건설 순서의 파악(매설물과 기기 운반의 관계)
- 인접 Plant의 영향 고려

기기 위치를 결정하기 위해서는 대형 기기의 설치와 관련된 특별한 사항, 시공 순서 등을 고려하여야 합니다. 기기 위치를 결정함에 있어서 Center Line, Tangent Line 또는 기기 Base Plate 기준 등 표시 방법은 선택의 문제지만 최소한 기기의 좌표와 Elevation이 도면에 표현되어야 합니다.

7) Others
- 기상 조건
- 입지 조건
- 적용 법규 조사
- 손해보험과 제품 반출
- Utility의 공급 및 배수 위치
- Battery Limit 주변 조건
- Future Area 유무를 확인합니다.
  관련 Code 및 Standard의 우선순위는 Licenser Requirement, Local Regulation & International Code 순서로 합니다.
  관계 법규(소방법, 고압 GAS법, 액화 GAS법, 산업안전보건법 등)

4.6.2 Reference

Plot의 기기 사이의 이격 거리 설계 기준은 아래 자료를 참고하십시오.

IM2.5.2 - 1996 Plant Layout and Spacing for Oil & Chemical Plants IRI(Industrial Risk Insurers) Information

KFS 701-1991 석유화학 공장 배치 및 이격 거리 기준(한국 화재보험협회)

API RP 500A Recommended Practice for Classification of Location for Electrical Installation In petroleum Refineries

PIP PNC-0003 Process Unit and Offsite Layout Guide

4.7 Plant Layout 결론

Good Plant Layout이란 아래의 항목을 반영한 Equipment Location을 확정하는 것이라고 생각합니다.

- 경제적인 설계
- 미관이 좋을 것
- 조작이 쉬울 것
- 유지 보수가 용이할 것
- 안전성이 있을 것
- 현장 건설에 어려움이 없을 것
- 기타 사업주의 요구 사항이 반영되어야 합니다.

상기 결론에 언급한 사항을 고려하여 Plant Layout 초기 도면에 개념적으로 Process Unit을 배치하고 기기를 배열하며 이를 점차적으로 완성시켜나갑니다. 이 과정에서 주요 지상 배관의 배열 및 지하 시설의 배치를 고려하며 기기의 배치에 따라 관련되는 구조물 및 부대설비의 배치를 정해야 합니다.

완성 단계의 Plot Plan은 주요 Unit 및 해당 Unit 내의 기기의 배치와 이를 위한 구조물의 위치를 나타내며 Client로부터 주어진 사양, 법령의 구비 요건, 그리고 Engineering 관행에 맞는 제반 요건을 갖춘 것을 말합니다

배관 엔지니어가 상기와 같은 역할을 수행함에 있어서 비용을 발생시키는 재작업을 없애고 일정 기간 내에 적정한 설계를 수행하기 위하여 프로젝트에 관여하고 있는 타 부서 설계자 및 시공 담당자와 긴밀한 관계를 유지하는 것이 중요합니다.

4.8 근원적 안전공학 개념 이해

프로젝트에서 Plant Layout 업무는 몇 가지 중요한 단계를 거치며 최적의 레이아웃을 얻기 위해 여러 분야 간의 인터페이스가 필요합니다. 첫 번째 단계는 일반적으로 초기 전체 플롯 계획 또는 사이트 마스터 계획 개발을 포함합니다. 이 단계에서는 상세한 플롯 계획을 개발하는 데 사용할 수 있는 세부 정보가 충분하지 않습니다. 프로젝트를 시작할 때 플롯 계획을 개발하려면 프로젝트 수명주기 동안 일상적인 운영 및 유지 보수를 위해 플랜트, 인력 및 환경에 최대한의 안전을 제공하기 위해 ISD(Inherently Safer Design) 원칙을 따라야 합니다. 요즘 기업에서는 본질적으로 안전한 플랜트는 운전비용을 낮추어 수익성이 더 높다는 사실을 이해하고 본질적으로 안전한 설계를 하는 것이 필수 요건이 되었습니다.

4.8.1 Inherently Safer Design

화학 공정 안전관리에 대한 전통적인 기존 접근 방식은 공정에서 위험의 존재와 규모를 수용한 상태에서 그 위험 가능성을 관리하는 데 집중되었습니다.

근원적으로 안전한 설계(Inherently Safer Design)란 무엇을 의미합니까?

본 사항의 개념에 매우 잘 맞는 단어로 '고유/내재'에 대한 사전적 정의 중 하나는 '영구적이고 분리할 수 없는 요소로 존재하는 것'입니다. 이는 안전이 추가되는 것이 아니라 프로세스에 '내장'되어 있음을 의미합니다. 근원적 안전 설계는 위험 요소를 제어하지 않고 제거해야 합니다. 위험 요소를 제거하는 수단은 프로세스 설계가 기본이 되어 프로세스를 변경하여 '고유/내재'한 것들을 근원적으로 제거하여 안전을 확보하는 것을 이야기합니다.

화학 플랜트의 설계 및 운영에서 안전 문제를 해결하는 방법으로 위험 가능성에 기반하여 위험을 제어하는 안전은 '안전'이 아니고 '안전'을 본질적으로 확보하기 위해 위험 요소를 제어하지 않고 제거하는 다른 접근 방법으로 안전한 설계를 하는 방식을 근원적 안전 설계(Inherently Safer Design) 방법이라 합니다.

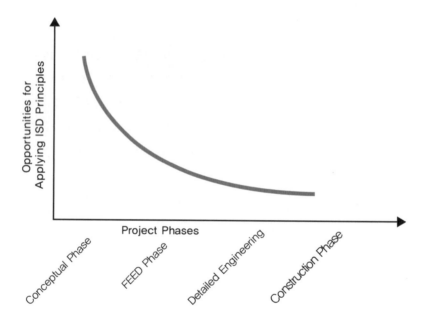

그림 4-4 Inherently Safer Design 적용 Phase

본질적으로 안전한 설계(ISD)의 원칙을 잘 이해하고 그림 4-4를 참조하여 초기 단계 Plot Layout 업무에 적용하는 것이 중요합니다. 이러한 원칙은 육상 및 해상 시설 모두에 적용됩니다.

4.8.2 ISD(Inherently Safer Design)의 목표

공장 설계에 ISD(Inherently Safer Design) 원칙을 적용하는 기본 목표는 위험을 제거하거나 줄여서 안전 시스템 및 관리 제어의 필요성을 최소화하는 것입니다. 플랜트 설계에서 ISD 원칙이 구현되지 않으면 결과는 잔류 위험을 관리하고 완화하기 위해 엔지니어링 및 절차적 제어에 더 많이 의존하게 됩니다.

- 위험 감소 : 탄화수소 또는 기타 위험 물질을 줄이면 누출 위험을 줄일 수 있습니다. 재고를 감소시키면 또한 저장 및 취급 시설의 크기가 작아지므로 비용을 절감합니다.
- 심각도 감소 : 현장 직원의 안전 위험 수준은 최소 허용이 가능하며 합리적으로 실행 가능한 한 범위 준수와 인접 시설 및 지역 사회에 대한 안전 및 환경 위험 수준은 범위 내에서, 합리적으로 실행 가능한 한 범위 준수로 심각도를 감소시킵니다.
- 결과 감소 : 화재 또는 폭발 사고로 인한 자산 손상 또는 파괴로 인한 생산 손실을 최소화합니다.

4.8.3 Plant 기기 이격 거리 준수

플랜트 간의 이격 거리는 유닛 간에 안전한 거리를 유지하거나 유닛 간에 물리적 장벽을 제공하여 달성할 수 있습니다. 이 분리에는 두 개의 전체 플랜트 단위 또는 블록 간의 분리가 포함됩니다.

Plot Plan 계획의 초기 단계에서는 두 개의 전체 플랜트 단위 간의 분리에 중점을 둡니다. 즉, 전체 플랜트 장치에 대한 ISD 요구 사항에 중점을 둡니다. 일반적으로 기기 간의 최소 간격은 다음 요구 사항을 충족해야 합니다.

- 공장 및 시설의 정상 운영 및 유지 보수를 위해 공장 직원이 안전하게 접근할 수 있도록 합니다.
- 공장 장치가 화재와 관련된 인접 시설에서 화재 및 폭발 위험에 노출될 가능성을 최소화합니다.
- 소방 및 비상 대피를 위한 안전한 접근을 허용합니다.
- 화재 또는 폭발 시 비상 정지 작업을 수행하기 위해 중요 비상 시설에 안전하게 접근할 수 있도록 합니다.
- 국가, 주 및 지역 규정과 안전 규정을 준수해야 합니다.
- 비용 효율적인 레이아웃을 제공해야 합니다.

최소 분리 거리를 결정할 때 잠재적 위험 물질 방출의 결과 모델링을 사용하여 식물, 환경 및 사람에 대한 위험을 결정해야 합니다.

4.8.4 Utility(저위험 지역)와 Process(고위험 지역) 분리

유틸리티 서비스는 일반적으로 함께 그룹화되고 비위험 지역에 위치하여 필수 유틸리티 서비스가 비상 상황에서 유지될 수 있도록 합니다. 이를 위해서는 소방수 펌프에 대한 화재 및 폭발 손상의 위험을 최소화하기 위해 소방수 펌프를 공정 공장, 저장 및 적재 구역으로부터 적절한 거리에 유지해야 합니다.

1) 자연 환기
폭발성 가스 혼합물이 형성될 가능성을 제거하기 위해 가능한 경우 자연 환기를 사용해야 합니다. 장비의 위치와 방향은 자연 환기가 가능해야 하며, 데드 포켓은 폭발성 가스 축적 가능성을 높이기 때문에 제거해야 합니다.

2) 탱크 Area 및 저장 장치의 위치

본질적으로 안전한 설계의 원칙은 매우 큰 탄화수소 재고 또는 유해 화학물질이 정상적인 플랜트 작동에서 떨어진 곳에 위치하도록 하는 것입니다. 플롯 계획의 제약으로 인해 그렇게 할 수 없는 경우 Deluge 시스템, 원격 비상 정지, 수동 화재 방지, 폭발 방지와 같은 위험 감소 조치를 고려해야 합니다.

3) 플레어의 위치

플레어는 열복사, 점화 및 증기 구름의 잠재적인 원천이므로 공정 시설, 저장 구역, 유틸리티 구역 및 관리 건물에서 멀리 떨어져 있어야 하며, 플랜트로 불어오는 주된 풍향의 맞바람 방향(Upwind) 에 설치되어야 합니다.

4.8.5 Plot Plan Planning의 예

아래 그림 4-5는 일반적인 Plot Plan으로 플랜트 단위의 상대적 위치를 설정하는 데 사용됩니다.

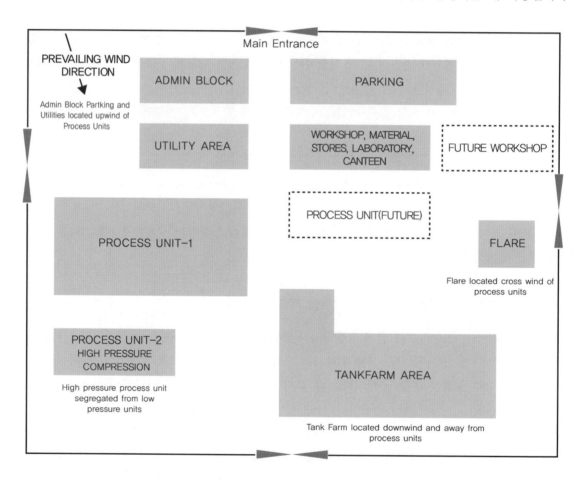

그림 4-5 Example of Overall Site Plan

1) 건물 : 사무실, 실험실, Maintenance Shop 등 사람이 상주하는 건물은 화재원으로 고려해야 하므로

공정 지역 및 저장 탱크 지역으로부터 먼 곳에 배치하여야 합니다.

2) 공정 영역 : 부하를 잘 견디는 토양, 중앙 영역, 유틸리티 영역 및 건물의 역풍 또는 측풍이 있는 평평한 영역에 위치합니다.

3) 유틸리티 영역 : 공정 영역으로부터 먼 곳에, 탱크 팜 영역보다 높은 고도에 위치합니다.

4) 탱크 팜 : 프로세스 및 유틸리티 영역에 인접하여 바람이 불어오고 프로세스 및 유틸리티 영역보다 낮은 고도에 위치합니다.

5) 플레어 : 다른 모든 시설에서 멀리 떨어진 사이트 구석에 위치합니다. 바람이 부는 곳이나 사람이 많이 통하는 지역의 옆바람, 탱크 팜보다 높은 고도에 위치합니다.

4.9 Plant Layout Study

💬 **사례 연구 : Ethylene Project Plot Layout Studies**

본 절에서는 Plant Layout 시 고려할 사항과 이론적 The Principles of Inherently Safer Design in Plot Plan Development을 바탕으로 필자가 실행하였던 Ethylene Project의 Plot Layout 설계 진행 과정을 순차적으로 설명하여 이해를 돕고자 합니다.

4.9.1 General Information

Feed : Ethane, Propane

Product : Ethylene, Propylene(100MTPY)

Prevailing Wind : NNW form true North, Maximum : 42.7ms−1

Project Size : 483m×319.5m/Unit: 483m×196.5m

Project Location in the Industrial Area

그림 4-6 Project Location in The Industrial Area

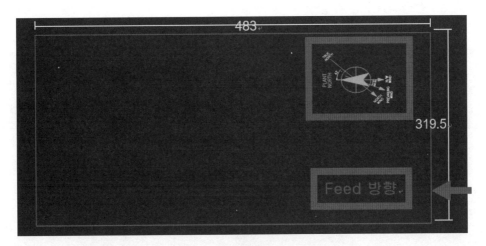

그림 4-7 Base of Plot Plan

4.9.2 Safety Factor/Prevailing Wind에 대한 Data 검토

- 연중 빈도가 가장 높은 바람(Prevailing Wind)의 방향(계약서)을 확인합니다.
- 공공건물 & 주거 지구는 바람을 가장 먼저 맞는 곳에 위치합니다.
- Process Area 내 발화원(Flare Stack, Furnace)은 바람을 가장 먼저 맞는 곳에 위치합니다.

상기와 같이 안전 관련 사항을 Project BDD(Basic Design Data) 계약서 및 PFD, P & ID, Equipment List를 통하여 검토합니다.

4.9.3 Plot Area 선정의 우선순위 결정

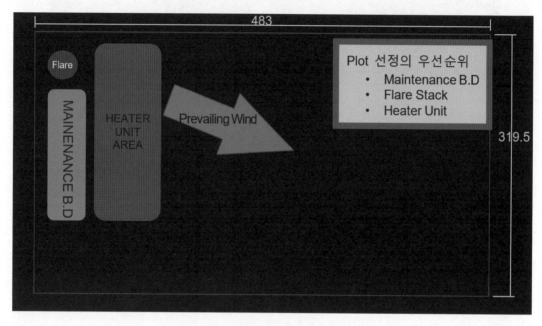

그림 4-8 Plot Area Safety Review

1) 공정의 특성에 맞게 Road를 경계로 하여 Area 구분

2) Plot 선정의 우선순위는
   • Maintenance 빌딩

3) 최우선순위 Items 선정 배치
   • Flare Stack
   • Heater Unit 위치를 우선 고려하여 선정합니다.
     Note : P & ID, Equipment List를 통하여 Fire Equipment(Flare Sys. Boiler, Incinerator, Heater etc.)를 구별하여 Up - Wind 방향에 위치를 선정합니다.

4) Area의 구분: 공정의 특성에 맞게 Road를 경계로 하여 Area 구분
   • 접근성을 높이고 설계상의 편의, 최단거리 설계를 통한 원가 절감
   • P & ID를 상세 검토하여 시스템별 Grouping 작업을 통하여 Hot, Quench, Compressing, Cold, Product 등으로 구분하며 Ethylene Plant에서는 주로 4개 Area로 구분하도록 추천합니다.

5) Main Rack 구성 → 각 Area의 Feed In/Out 및 Product In/Out 고려
   Note : Ethylene Flow Schematic : 전체 Process와 Flow의 흐름을 이해하고 Cracking → Quench → Compression → Chilling & Fractionation → Product Area를 정리하여 순차

적으로 구역을 배치하는 작업을 구상합니다.

4.9.4 Process System Group 단계에 의한 Plant Layout

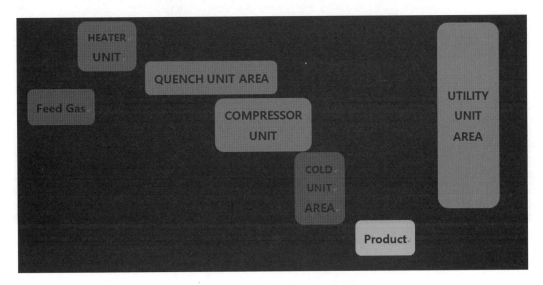

그림 4-9 Process System Group 검토

4.9.5 풍향과 Process System Group을 고려한 상세 Layout

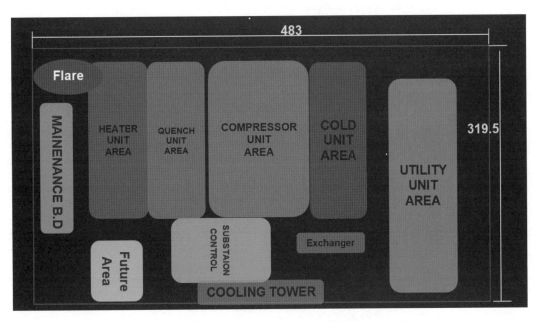

그림 4-10 Conceptual Layout Studies

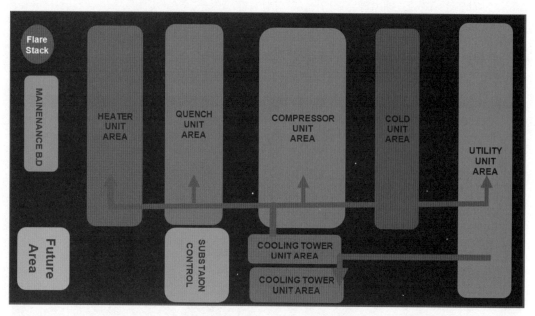

그림 4-11 Detailed Plant Layout Studies

4.9.6 기타 부속 건물 배치/Substation, Control Room

1) Control Room 및 전기실은 Plant의 거의 중앙에 위치
2) 건물의 주위 15.2m 이내에 가연성 물질을 취급하는 기기, 배관을 설치하는 것은 삼가 할 것
3) 한쪽 이면은 경계선으로 향해서 출입이 용이할 것

4.9.7 각 Area의 넓이의 제한

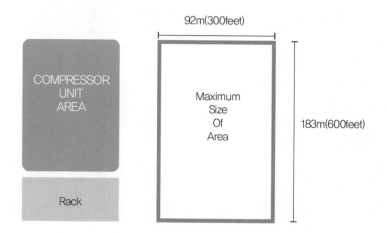

Note : IRI Code에 명기된 Area의 면적 및 92×183m(300×600feet) 거리에 대한 내용은 일반적으로 안전설비 (Fire Monitor 등) 등의 방사 유효거리 약 75m를 기준으로 합니다. 국내 고압가스 법규에서는 최대 20,000m² 이내로 규정하고 있습니다.

4.9.8 Code 및 Local 규정에 따른 Plot Plan 상의 Area 구분

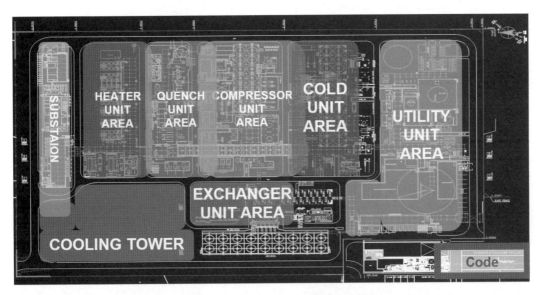

그림 4-12 Ethylene Area Classification

상세 Area Classification

1) Plant 내의 유체의 종류에 따라 인화성 물질을 취급하는 경우 NFPA 및 API RP500에 따라 Area Clarification을 적용하여야 합니다.(인화물질 제조 공정은 모두 API RP500의 적용을 받습니다.)

2) 인화성 물질을 취급하는 Process Equipments와 건물(Admin. BLDG, Utility BLDG, Warehouse, Control Room, MCC, Transformer, Substation, Elec. M/H) 등은 Hazardous Area를 벗어난 지역에 배치합니다.

3) 일반적으로 Source Point는 인화성 물질을 취급하는 Vessel, PSV, Valve, Vent & Drain 등을 말하며 BLDG 및 Non-Hazardous Equipment(Plant Air Compressor, Steam Condensate Drum 등)는 Source Point와 수평 거리로 15m 이상 이격시켜야 합니다. 따라서 BLDG 주위에 설치되는 Pipe Rack의 배관에서 Valve, PSV, Vent 및 Drain을 설치할 때는 이격 거리를 고려 후 설계하여야 합니다.(특히 Process Unit의 Battery Limit에 설치되는 Unit Block Valve와의 이격 거리를 유지해야 합니다.)

4) 고압가스법

안전 구역 : 최대 20,000m^2 또는 연소열량 6×10^8kcal 이하

안전 구역과 안전 구역과의 거리 : 최소 30m 이상 유지

제조소의 경계면까지의 거리 : 최소 20m 이상

안전 분구는 폭 5m 이상의 통로에 의하여 구획

4.9.9 Road 계획 검토

- Road를 Loop 형태로 계획하여 비상시 접근 및 도피가 가능
- Road의 폭은 Min. 4m 이상(일반적으로는 6m 이상)

  차량의 빈도와 크기, 건설 장비, 보수 등을 감안하고 적어도 2면은 도로와 접해 있는 것이 안전상 필요하며 도로를 막다른 길로 할 경우 그 길이와 폭에는 제한이 있습니다.

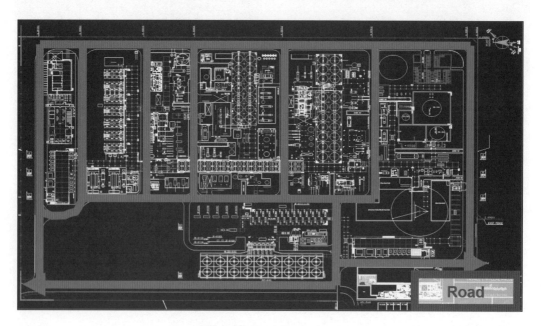

그림 4-13 Road Configuration

Plant Entrance Roads

1) Material : Asphalt Concrete(Road), Gravel or None(Side Walk), (Two Lanes & Two Shoulders)

2) Overall Width : 9m Excluding 2m Wide Shoulder

3) Lane Width : 6m Excluding 1.5m Wide Shoulder

4) Side Walk(Shoulder) : 9m Road는 2m Shoulder, 6m Road는 1.5m Shoulder

5) Normal Min. Radius : 9m Road는 13m, 6m Road는 9m

4.9.10 Equipment Erection 검토

Tower(H＝100m)와 같은 대형 기기는 Erection Clearance를 확보해야 합니다.

또한 관련 기기의 이송 경로 및 설치 시 아래 그림 4－14 Crane의 Rigging Plan을 시공 팀과 협의하여 Location을 결정합니다.

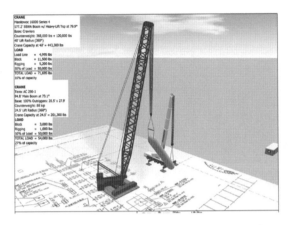
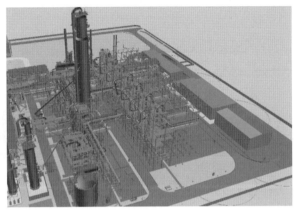

그림 4-14 Rigging Plan

4.9.11 Maintenance

Maintenance가 필요한 기기에 대한 Access 경로와 Maintenance에 필요한 Space는 아래 그림 4－15, 4－16과 같이 반드시 확보하여야 합니다.

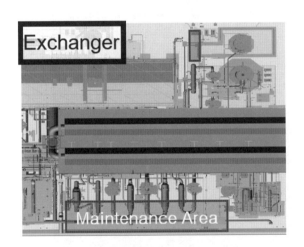
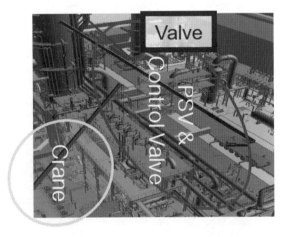

그림 4-15 Maintenance Area of Exchanger   그림 4-16 Maintenance Area of PSV

열교환기 Bunddle의 방향을 도로 방향으로 위치하여 Maintenance를 고려하였으며 Control Valve 및 PSV의 Location 등을 Crane의 Access을 고려하여 설계를 진행하였습니다.

4.9.12 Underground에 배치해야 할 Items 검토

1) Drainage System

    A. Rainy Water Sewer

    B. Oily Water Sewer

    C. Chemical Water Sewer

    D. Sanitary Drain

    E. Closed Drain System

2) Fire Water System/Potable Water System

3) Cooling Water Return & Supply(최근에는 A/G로 설치하는 추세)

4) Electric Cable(최근에는 A/G로 설치하는 추세)

각 Item에 대한 기본 설계는 'Drainage System에 대한 Project 초기 또는 각 EPC사의 사내 업무 분장'에 따릅니다. 기본적으로 Process Unit의 경우 U/G GAD에 모든 U/G 지장물을 표현해야 하며 이에 따른 간섭이 발생할 경우 관련 부서 토목, 건축 및 전기 팀 등 관련 부서와 협의하여 공기 및 공사비가 최소가 되도록 조정합니다.

4.9.13 Project Final Plot Plan

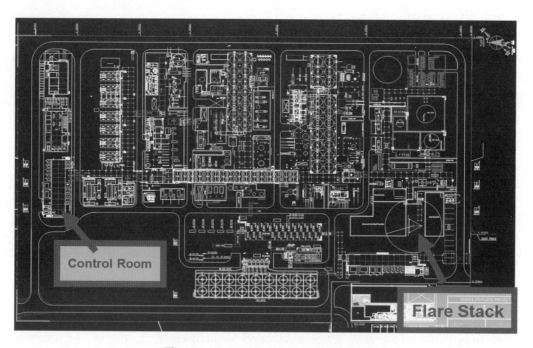

그림 4-17 Ethylene Final Plot Plan Study Dwg

1) PJT의 예외 사항 적용

    • 초기 설계 시 북쪽에 큰 도로가 위치하고 있어 Flare stack 위치를 남쪽 아래로 수정하였습니다.

- Code & Standard의 원칙과 위배되나 불가피한 상황에서 남쪽 아래로 변경하고 관련 법규 준수를 위하여 Flare Stack의 높이를 일정 수준 이상 높이고 추가하여 안전성을 검증하여 진행하였습니다.
- 양보할 수 없는 두 가지 우선순위가 대립할 때 사업주와 협의하여 조정 진행합니다.

상기와 같이 Ethylene Project를 기준으로 단계적 Plot Plan 진행 과정을 설명하였습니다. 본 설명을 참조하여 Process Plant Layout에 많은 도움과 참고가 되길 바랍니다.

Process Plant Layout의 진행은 개념설계(Conceptual Design) 역량 확보에 중요한 부분으로 경험과 지식의 힘을 바탕으로 합니다. 앞으로 시간을 들여 경험과 지식을 축적하고 창조적 아이디어를 모으는 체제를 갖출 때 역량 있는 엔지니어가 탄생하고 성장할 수 있으리라 생각합니다.

05

Piping Drawing

5.1 General

본 Chapter에서는 Process Plant 배관 설계 업무 수행에 필요한 도면과 결과로 산출되는 도면의 종류를 설명하고 각 도면의 이해와 활용에 대하여 간략히 설명합니다.

5.2 Piping Drawing 종류

Plot Plan Drawing(Equipment Location Drawing)
Piping Arrangement Drawing
Piping Isometric Drawing/Spool Drawing
Piping Support Drawing

5.2.1 Plot Plan Drawing(전체 공장 배치도)

전체 Plant의 각 Unit를 모두 합쳐서 나타낸 Overall 도면으로 Plot Plan/Equipment Arrangement(공장 배치 상세도)로 사용하며 각 Unit별로 세부적인 기기, 도로, 건물, Pipe Rack 등의 자세한 위치, 크기 등을 표기하여 나타낸 도면입니다.

5.2.2 Piping Arrangement Drawing

Piping Routing Study 도면을 이용하여 작업한 내용을 3D Piping Model을 이용하여 생성하며 모든 배관 Line을 평면도로 나타낸 도면입니다.

- Piping Conceptual Drawing : 기기와 기기 사이의 배관 연결 관계를 척도 및 층고 개념 없이 Plot Plan 등에 선으로만 나타냄으로써 전체적인 배관 구성을 파악하기 위하여 작성된 도면이며, 다음 단계에서 수행하는 Piping Routing Study 도면의 기본이 되나, 정식 제출 도면은 아닙니다.
- Piping Routing Study Drawing : 완성된 Piping Conceptual Drawing 도면을 기본으로 하여 정해진 척도(스케일)에 맞추어 실제 설계를 하며 Piping Arrangement Drawing(Piping Plan Drawing)의 기초 도면입니다. Manual로 작성하는 것이 일반적이며 역시 정식 제출 도면은 아닙니다.

5.2.3 Piping Isometric Drawing/Spool Drawing

3D Piping Modeling에 의해 생성되며 Piping Line을 입체적으로 표현하고 그 위에 치수 및 Detail 사항과 배관 자재 산출 등을 기입한 배관 공사용 도면입니다.

5.2.4 Piping Support Drawing

각 Piping Lines에 대하여 시스템 안정성을 위하여 배관계에 작용하는 하중, 열팽창에 의한 변위량, 열

응력 등의 자료를 반영하여 배관 지지물을 설계한 도면으로 보편적으로 Standard와 위치에 따른 Special Support Drawing으로 구성되어 있습니다.

5.3 Drawing Issue by Stage

- Preliminary − Basic information for Equipment, Piping and Instrument
- Approved for Planning(AFP) : For Planning of Detail Engineering
- Approved for Design(AFD) : For Detail Design
- Approved for Construction(AFC) : For Construction
- As Built : Construction 과정에 발생한 수정 사항을 모두 반영한 최종 도면
  상기 용어는 도면 출도 시 기술(Description란)되는 것으로 책임과 역할(Status)을 명시하는 것으로 각 사 및 Project별로 정의하여 사용합니다.

5.4 Piping Drawing(Sample)

5.4.1 Plot Plan Drawing : 구상도면, 공장의 기계 배치도

본 도면에는 관련 기기의 Name, Coordination, Elevation 등의 Data가 명기됩니다.

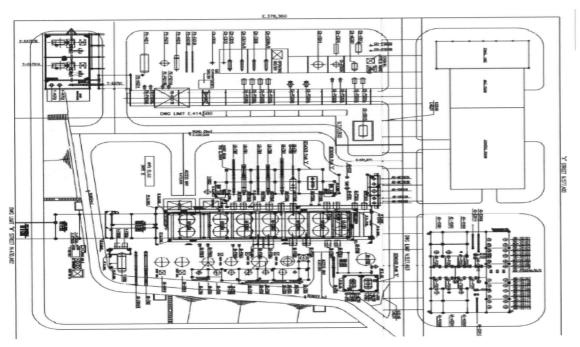

그림 5-1 Plot Plan/Equipment Location Drawing

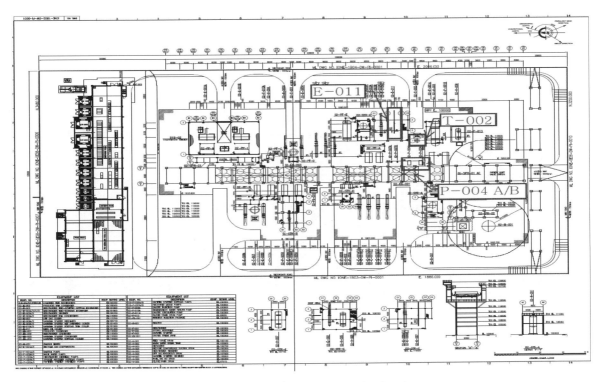

그림 5-2 Plot Plan/Equipment Location Drawing

5.4.2 General Arrangement Drawing(Plan Drawing) : Piping Plan

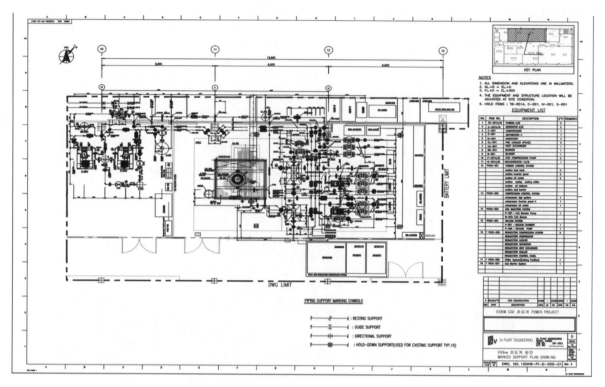

그림 5-3 Piping Plan/Piping Arrangement Drawing(2D)

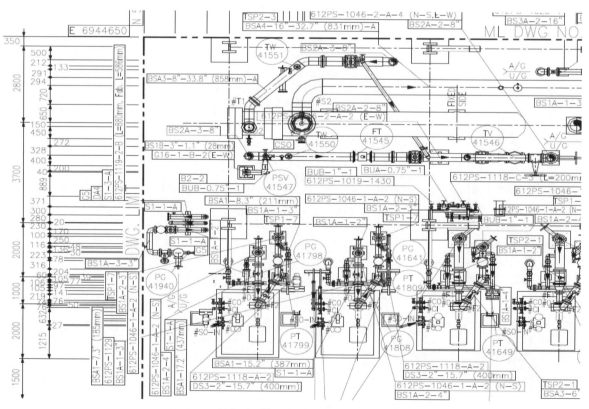

그림 5-4 Piping Plan/Piping Arrangement Drawing(3D)

5.4.3 ISO Drawing(For Construction 도면)

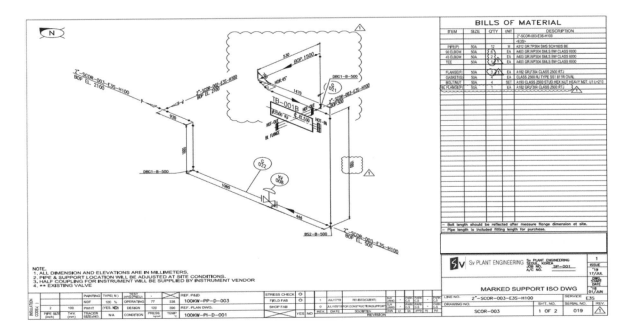

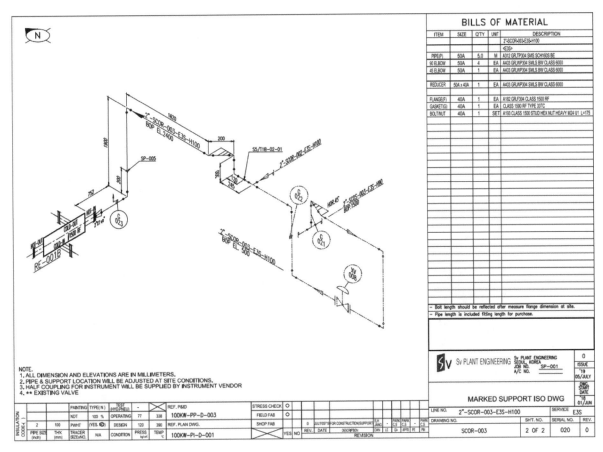

그림 5-5 Piping Isometric Drawing

5.4.4 Piping Support Drawing

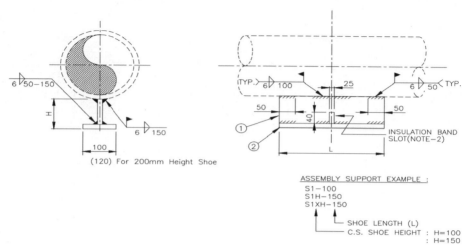

그림 5-6 Piping Support Standard Drawing(Shoe)

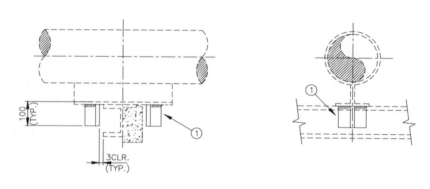

그림 5-7 Piping Support Standard Drawing(Direction Stopper)

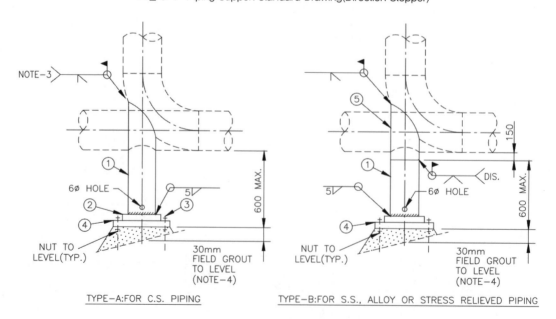

그림 5-8 Piping Support Standard Drawing(Stanchion/Dummy)

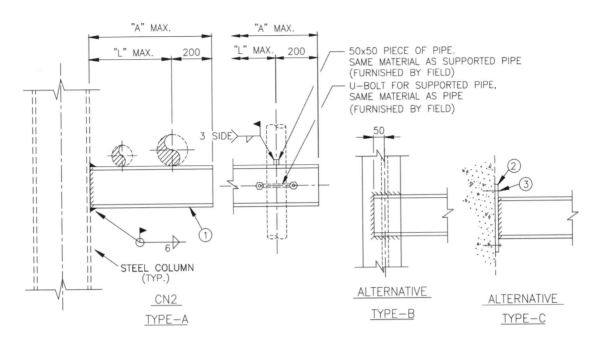

그림 5-9 Piping Support Standard Drawing(Structure)

5.4.5 배관 설계 산출물을 위한 관련 도면

1) Process Flow Diagram(PFD)

공정 흐름 다이어그램(PFD)은 플랜트의 주요 공정 단위 또는 장비 간의 공정 흐름을 개략적으로 보여줍니다. PFD라고 하는 프로세스 흐름도는 프로세스 작업의 논리적 순서를 보여주고 주요 프로세스 시스템 구성 요소 간의 관계를 보여줍니다.

PFD는 축척이 반영된 도면이 아니며 서로에 대한 장비 또는 공정 장치의 상대적 위치 또는 Elevation(높이)을 보여주지 않고 흐름의 순서와 방향만 보여줍니다.

배관 분야의 경우 PFD는 모든 주요 라인에 대한 배관 검토가 PFD(Process Flow Diagrams)를 기반으로 수행될 수 있기 때문에 플롯 작업에 활용됩니다.

UFD(유틸리티 흐름도)는 PFD와 유사하며 공정 유체 대신 공기, 기기 공기, 질소 또는 식수와 같은 유틸리티 서비스를 보여줍니다.

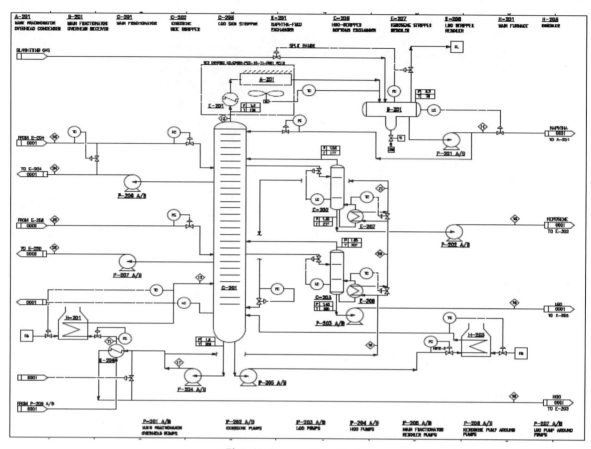

그림 5-10 Process Flow Diagram

2) Piping and Instrumentation Diagram(P & ID)

P & ID(Piping and Instrumentation Diagram)는 플랜트의 모든 공정 장치 또는 장비 간의 공정 흐름과 제어장치를 표현한 것입니다. P & ID의 그래픽 표현에는 플랜트 시설을 설계, 시공 및 운영하는 데 필요한 장비와 관련 기기 간에 연결된 모든 배관이 포함됩니다.

P & ID는 '공정 부서'에서 작성하는 가장 중요한 문서 중 하나입니다. 이것을 작성하려면 일반적으로 배관 및 계측 분야와 상당한 조정과 협조가 필요합니다. P & ID는 프로젝트에 대한 더욱 상세한 엔지니어링을 통해 모든 분야가 진행되는 기준을 형성합니다. 공정 장비 항목을 나타내는 데 사용되는 기호는 일반적으로 공정 흐름도 또는 PFD에 표시된 것과 동일합니다. P & ID는 주요 프로세스 시스템 구성 요소 간의 관계를 보여주고, 축척이 반영된 도면이 아니며 서로에 대한 장비 또는 공정 장치의 상대적 위치 또는 Elevation(높이)을 보여주지 않습니다.

배관 엔지니어는 설계를 진행하면서 각 부서의 Comment 또는 Vendor 자료의 반영 등에 따라 P & ID를 수시로 변경하는 것이 불가피하다는 속성을 이해하여 최신 버전의 P & ID를 확인하고 작업하는 것이 매우 중요합니다.

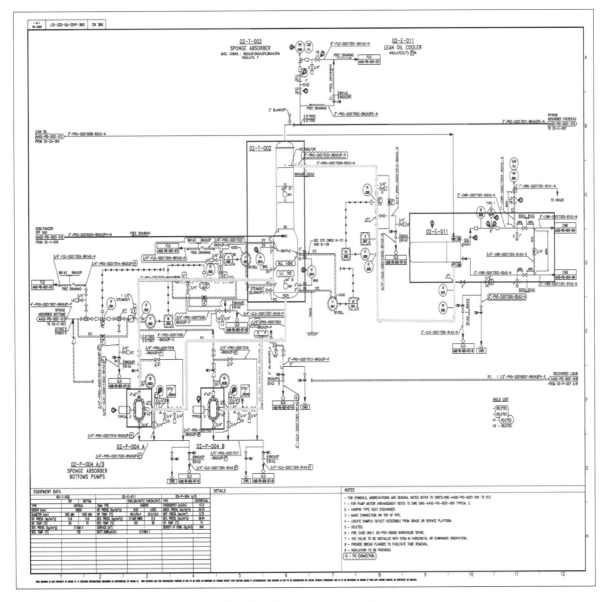

그림 5-11 Piping & Instrument Diagram

3) Engineering Drawing

기기 설계 및 관련 공종 업무 진행에 참고가 됩니다. 기기 제작자는 본 Data(Engineering Dwg)를 이용하여 제작 설계 및 도면 작성을 진행할 수 있으며, 또한 관련 공종에서 노즐 위치, 스펙 등에 대하여 의견을 Comment하고 협의하여 최종 기기 도면 승인(기기 Vendor Dwg)과 제작을 진행할 수 있습니다.

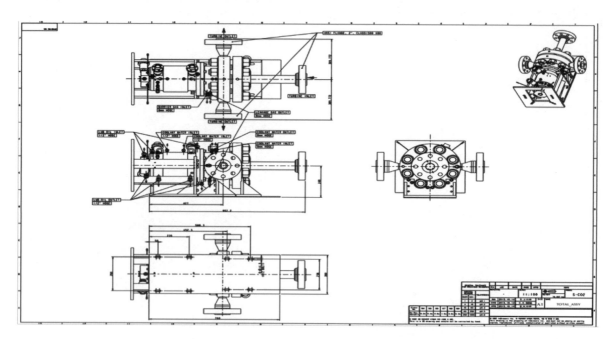

그림 5-12 Equipment Engineering Drawing(by Vendor)

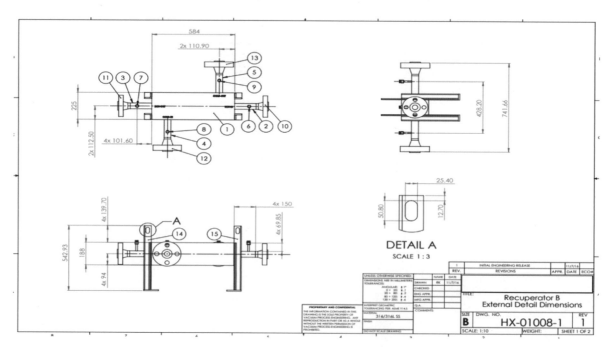

그림 5-13 Equipment Engineering Drawing(by Vendor)

5.5 As-Built Drawing

As-Built는 설계 도면대로 시공해야 하지만 현장 여건상 또는 다른 지장물, 발주처의 추가 요청, 법규, Code 적용 등 여러 가지 상황에 따라 도면대로 시공하지 못하고 현장에서 설계를 변경하여 시공한 것을 다시 도면에 반영하여 발주처에 제출하는 것을 말합니다.

5.5.1 제출 도면

계약서 상에 제출 도면이 서술되어 있지만 아래 사항이 거의 필수적으로 제출됩니다. Project 초기에 사업주와 협의하여 사전 필요 유무를 확인하여 진행하는 것이 바람직합니다.

1) Plot Plan/Equipment Arrangement Drawing
2) Above Piping Drawing Index and Piping Plan Drawing
3) Underground Piping Drawing Index and Piping Plan Drawing
4) 3D Model File
5) Isometric Drawing(file로 제출)
6) Piping Material Specification
7) Piping Stress Analysis Report
8) 인허가 관련 도면
9) 그 외 발주처가 지정한 도면, Report, Specification etc.

5.5.2 AS-Built 반영 방법

현장 Field Engineer의 현장 Follow-up 과정에서 수정, 변경 시 FCN(Field Change Notice)을 발행하며 간단한 변경 및 Human Error 등은 ROI(Request of Information)로 처리하며 또한 시공 팀으로부터 변경되어 시공된 Mark-up Dwg을 접수하여 현장 FE 또는 본사에서 최종 도면에 반영합니다

통상 AS-Built 도면을 발주처에 제출하고 승인을 받아야 설계가 종료되고 그 이후 Maintenance, 하자 보증 기간을 거쳐 Project가 최종 종결됩니다.

5.6 도면 이해와 활용

1) Piping Plan Drawing 이해와 활용

최근 배관 설계 관련 도면은 3D Modeling의 도입으로 작업이 완료되면 Piping Plan과 관련된 Isometric Drawing 산출물을 얻을 수 있습니다. 이런 각 도면은 기기 위치의 좌표와 치수로 명기되고, 또한 본 도면에 표현되는 모든 약호와 Symbol은 P & ID의 정보에 의하여 처리되어 매우 복잡하고 이해가 어려운 경우가 많습니다. 따라서 처음 접하는 경우 도면의 이해와 활용이 상대적으로 어려운 경우가 많습니다. 결국 Process P & ID의 이해가 반드시 동반되어야 합니다. 현장에 3D Model이 준비되어 있지 않은 경우에 사업주나 현장에서 요구하는 변경 작업을 도면을 통하여 진행하는 경우 아래와 같은 방법으로 순차적으로 이해와 활용을 진행할 수 있습니다. 좌표를 통한 위치 파악과 약호와 Symbol에 대한 이해와 해석을 통하여 도면 수정 작업을 진행할 수 있습니다.

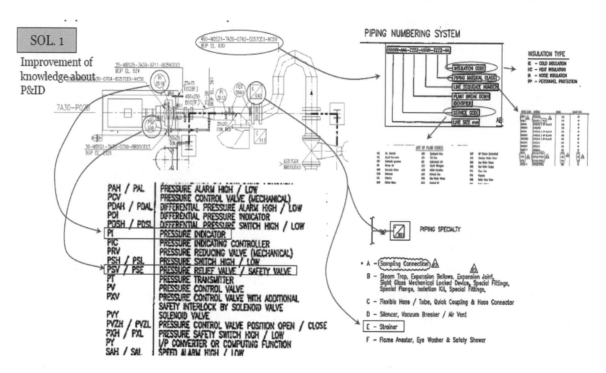

그림 5-14 Piping Plan Drawing 이해(With P & ID Drawing)

2) Engineering Equipment Drawing 이해

배관 설계는 관련된 기기와 기기를 연결하는 설계이므로 관련 기기에 대한 연결부의 모양과 기기에 대한 상세 형상을 이해하여야 합니다. 평면도로 표현된 기기의 도면을 3D, Isometric View로 변환하여 이해할 수 있도록 다음과 같은 순차적 방법을 제시합니다.

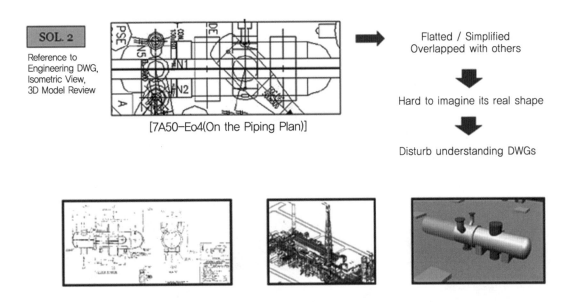

그림 5-15 Engineering Drawing 이해(With 3D Modeling)

3) P & ID Drawing 이해

본 도면은 배관의 길(Route)에 대한 상세 정보를 제공하는 기본 도면으로 배관 설계에 가장 중요한 정보 도면이며 배관에 요구되는 사항 및 기타 관련된 정보 등이 표현되어 있습니다. 또한 본 도면은 관련된 PFD/BDD, Process Specification 등이 반영된 것으로 P & ID의 요구 사항과 약호 및 Symbol 등은 아래와 같은 방법으로 사전에 완전히 해석하고 이해하여 설계 업무를 진행해야 합니다.

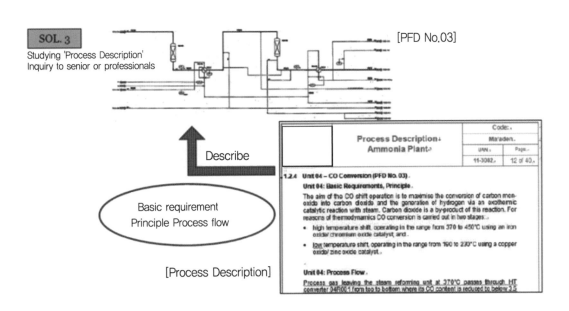

그림 5-16 P & ID Dwg 이해(With Process Specification)

4) 배관 설계 관련 도면 이해

배관 설계 도면은 아래와 같은 관련 정보에 의거하여 작성한 것으로 연관된 정보에 대한 정확한 이해와 적용으로 결과물이 만들어집니다.

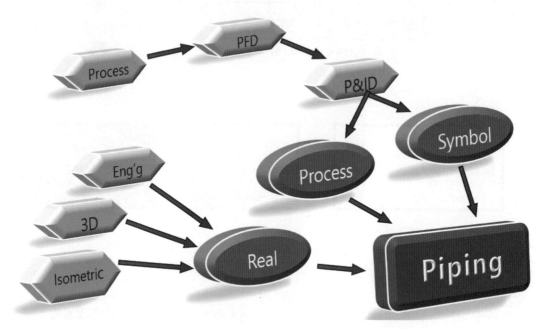

그림 5-17 Piping Drawing vs Others 연결(With 3D Modeling)

06

Piping System Design

6.1 General

Piping System Design을 할 때는 Process Plants 내에 있는 여러 종류의 기기에 요구되는 사항을 이해하고, 또한 Process의 요구 사항 등을 사전 검토하여 배관 설계를 진행하여야 합니다.

본 Chapter에서는 대표적인 기기별 Piping System Design에 대하여 상세히 설명하고자 합니다. Pipe 내에 이송되는 유체의 종류와 특성에 따라 Process Line과 Utility Line으로 구별하고 흐르는 특성에 따라 Line Routing Requirement가 다르게 적용하도록 한 P & ID의 Special Note, 또는 Projec의 요구 사항을 이해하고 적용하여야 합니다. 이러한 사항에 대한 적용 방식과 내용은 각 엔지니어링사별로 상세한 Design Manual 등이 존재하므로 보다 Basics한 사항을 중점으로 설명하고자 합니다.

6.2 Piping System Design

6.2.1 배관의 정의

- 배관(Piping)은 유체 흐름을 전달, 분배, 혼합, 분리, 배출, 계측, 제어 또는 중단시키는 데 사용되는 배관 구성 부품이 조립된 상태를 이야기합니다.
- 배관 시스템(Piping System)은 동일한 설계 조건에 따르는 상호 연결된 배관을 이야기합니다.

6.2.2 프로세스(Process) 정의/ASME B31.3

- 특정 공정(Process)이 수행된 일련의 활동으로 원료(Raw Material)를 유용한 제품(Useful Product)으로 전환하도록 하는 과정을 말합니다.
- 공정 배관(Process Piping)은 산업에서 원재료를 유용한 제품으로 변환하기 위해 사용되는 기기와 기기의 상호 연결 배관을 말합니다.
- 프로세스 유체 서비스(Fluid Service) 정의
  - 'D' Fluid Service : 불연성, 무독성으로 인체 조직에 손상을 주지 않은 유체
    (압력 10.5kgf/cm^2 이하, 온도 $-29 \sim 186°C$)
  - 'M' Fluid Service : 작은 유체 누수에도 인체에 손상을 주는 유체
  - High Pressure Fluid Service : 설계 온도, 재료 그룹이 ASME B16.5 PN20(Class 2500)을 초과하는 유체
  - Normal Fluid Service : 상기 범위에 속하지 않는 모든 유체(대부분의 유체가 포함됨)

Process Piping 설계를 진행하기 위해서는 상기의 카테고리를 이해하고 설계 진행의 우선순위에 참고하여야 합니다.

6.2.3 유틸리티(Utility) 정의

- 유틸리티란 특정 공정의 생산(Product)에 직접 원료로서 투입되지 않으나, 플랜트 운전 조건을 유지하거나 안전 유지 등에 필요한 스팀, 각종 물, 플랜트 공기, 제어 공기, 질소, 연료 가스를 위시하여 전기, 플레어 등을 말합니다.
- 유틸리티 배관은 각 다른 공정 영역에서 요구되는 스팀, 식수, 플랜트 공기, 제어 공기, 질소, 연료 가스 등과 같은 필요한 유틸리티를 공급하는 배관 시스템을 말합니다.
- 유틸리티의 역할은 매우 중요한 요소이며 어느 한 유틸리티 시스템 중단은 플랜트 운전 중단을 야기할 수 있습니다. 유틸리티 시스템은 플랜트의 생산품/완제품이 아니지만 발전소 등의 운영에 중요한 역할을 하는 시스템입니다. 유틸리티 시스템 없이는 어떠한 설비도 작동할 수 없습니다.

6.3 Utility Piping System Design

6.3.1 Utility System 종류

1) 공업용수 시스템 : 식용수, 공정수, 연수, 온수, 멸균수, 냉각수, 플랜트수
2) 증기 시스템 : 멸균 증기, 고압 증기, 저압 증기 및 증기, 온수 분배 헤더 및 배관, 재킷 처리 배관, 관련 순환 회로, 증기, 온수 배관 및 재순환 펌프 설치
3) 압축 공기 시스템 : 압축 공기 시스템 및 살균 공기, 제습 공기, 탈유 공기, 가열 공기, 서비스 공기, 계기 공기
4) 질소 시스템 : 불활성 가스(Nitrogen System), 반응기의 계측기 퍼지, 밸브 실 퍼지, 압축기 실 시스템 퍼지
5) 화학물질 시스템
6) 기타 시스템 : 열전달 유체, 냉동 시스템, Electricity, 폐수 처리 등

6.3.2 공업용수 Sources 및 처리

1) 자연수(Raw Water)

가. 강, 저수지, 호수(Surface Water)

나. Ground Water(Well)

① 자연수는 처리 시스템을 통하여 공업용수(UW), 식용수(PW), 소방수(FW) 등으로 공급 처리된 용수 : 공업용수(UW), 소방수(FW) 등에 사용
② 바닷물 : 담수화 처리(Desalination) 후 공업용수 사용
③ 배관 : C.S를 주로 사용하며, U/G 설치 시는 부식 방지를 위하여 PE Coating 배관을 설치하고 용접 부위는 테이프로 Lapping 처리합니다.

2) 식용수 시스템 사용

- 안전 샤워 / 눈 세척, 화장실, 주방 및 탈의실 등에 사용

- 안전을 위해 다른 수도 시스템과 분리된 시스템
- 배관 : 일반적으로 아연 도금된 강관을 많이 사용하였으나 사업주의 특성에 따라 최근 스테인리스 강 또는 GRE 등을 사용합니다.

3) 소방 시스템 사용처 : 소방 및 시스템을 보호하며, 소화전, 모니터, 델 루지, 스프링클러에 사용
- 배관 재질 : 지하 배관은 PE 코팅된 CS 또는 GRE, GRP 등을 주로 사용하고 지상 배관은 CS 용접 연결 방식에서 시공이 편리한 무용접형 빅타올릭 형관 이음(Victaulic Joint)을 사용하기도 합니다.

4) 해수의 특성
- 지구상에서 가장 풍성함, 전형적인 해수 조성(용존 고형물 약 3.5%)
- 강한 부식 및 파울링 경향, 해양 생물이 자라는 환경(해조류, 물고기 및 조개류)
- 해수용 배관 : CS에 콘크리트, 시멘트 라이닝 방식 또는 비철 배관으로 RTRP(GRE, GRP), 이중 SS, Ni 합금 등을 사용합니다.

5) 냉각수 공급 시스템의 유형은 3가지 종류로 구분
- 순회 냉각 시스템 : 해수, 강물
- 폐쇄(재순환) 시스템
  폐쇄 냉각 루프를 통한 해수 냉각
  (중동 국가, 발전소 및 바다 근처의 거대한 타워)
  냉각 시스템이 있는 냉각수 냉각 시스템
  폐쇄형 냉각 루프가 있는 건식(간접 공기) 타워
- 개방(재순환) 시스템(증발 시스템)
  자연 통풍 냉각탑
  기계 설비 냉각탑 시스템
  (일반적으로 많은 정유 및 석유화학 플랜트에 설치됨, 일반적으로 흡출 통풍 팬(IDF))

6) 냉각수 순환 시스템 설계
   가) 펌프 설계
   - CW 펌프 설계 헤드 : 40~60m
   - 유량 여유 : 펌프 정격의 10% 여유를 포함하여 최소 순환 여유 10~20% 고려
   - CW 시스템 압력 분석은 적절한 냉각수 분포를 보장하기 위해 전체 시스템의 압력 분포를 평가하며 플랜트의 B/L에 유량 제한 오리피스를 추가하여 잘못된 분배, 흐름을 방지해야 합니다.
     ∘ 상용 압력 분배 검토 소프트웨어
       Fathom(by Flow Technology)
       Pipenet(by Informer Technologies, Inc)

나) CW Basin 설계
- 사용량(LLL~NLL) : 일반적으로 15분
- 펌프 피트 설계 및 구성 : ANSI/HI(Hydraulic Institute)
- 대용량 Basin 설계 검증 : CFD(전산 유체 역학), 모델을 이용한 설계 검증

6.3.3 스팀(Steam System)

1) 증기(Steam)

물이 증발된 상태(Vapour)로 존재하는 것을 말합니다. 물이 증기로 변환되기 위해서는 현열 (Sensible Heat)과 잠열(Latent Heat)이 필요하고 이 중에서 현열보다는 다량의 잠열이 필요합니다.
- 현열 : 물질이 상태 변화 없이 온도만 변화하는 과정으로 대기압 상태에서 일정한 용기에 물을 담고 가열하여 물의 온도가 올라가지 않는 온도(100°C)까지 흡수된 열을 현열이라고 함
- 잠열 : 물질이 온도 변화 없이 상태만 변화하는 과정에 필요한 열을 말하며, 대기압 상태에서 물을 가열하면 물의 표면에서 증기가 발생함. 이때 온도는 변하지 않고 물이 증기로만 바뀌는 과정이 발생하고 물에 가하는 열은 상태(물 → 증기)만 변한 것을 잠열이라고 함

2) 산업의 용도
- 발전
- 가열 공정 스트림, 스팀 제거
- 크래커, 수소 플랜트의 공급 원료 가공
- 분무화, 그을음 날림, 탱크 가열, 라인 추적 등

가. 스팀의 장점
- 물은 쉽게 입수할 수 있고 값이 쌈
- 증기는 청결하고 순수하며 안전하고 내열성이 뛰어남
- 프레스/온도 관계로 인해 스팀을 쉽게 제어할 수 있음
- 높은 잠열
- 증기는 일정한 온도에서 열을 방출함

나. 스팀 공급 시스템(정유 및 석유화학 제품의 일반적인 스팀 레벨)
- 60barg 이상 – 전기 Generation
- 42barg – 스팀 터빈
- 10.3barg – 소형 증기 터빈, 난방 및 미국
- 3.5barg – 난방, 미국

다. 스팀 밸런스 다이어그램
- 각 증기 수준에 대한 물질 수지가 있는 전체 증기 시스템 표시

- 증기 헤더 및 압력 제어 개념 표시
- BFW, 스팀 및 응축 시스템의 모든 주요 장비를 보여줌

라. 증기 분배 헤더의 압력 제어
- 각 단계의 압력 감소 제어, 대기 또는 벤트 응축기로의 과도한 증기
- 과열 상태에서 증기 공급

3) 스팀 시스템 배관 고려 사항
- 고온(550°C), 고압력(110kg/cm²) 등을 갖고 있습니다.
- 427°C 이상 시 Alloy Material를 고려합니다.(배관 자재 납기가 깁니다.)

스팀 배관 시스템 설계 : 보일러 출구로부터 터빈 입구 밸브에 연결되는 배관은 ASME Code[ASME 코드 규정 적용 범위(ASME Jurisdictional Limits)] 승인된 배관 자재를 사용하여야 합니다. 고온, 고압 배관은 열 응력해석을 반드시 실시하여야 합니다.(Loop 설치 등 검토)

응축수(Condensate Steam) 시스템은 Slope로 유체 흐름이 자유롭게 하여야 하며 응축수에 의한 수격 현상을 제거하기 위한 Slope, Steam Stack, Drip-Port 등을 고려하여야 합니다.

[ASME 코드 규정 적용 범위(ASME Jurisdictional Limits)]

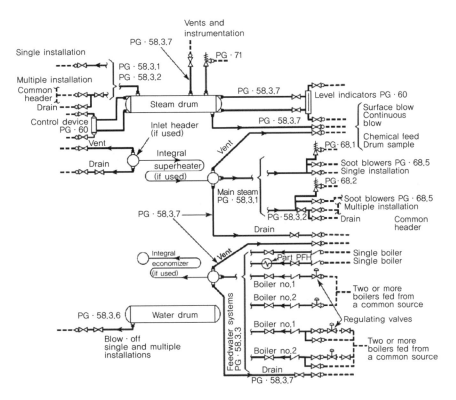

그림 6-1 ASME Administrative Jurisdiction and Technical Responsibility

Note : ASME Code Stamp에 요청되는 Pipe vs Others Code를 명확히 구분하여 배관 구매 업무를 진행하여야 하며 Code 형태에 따른 발주 및 납기 일정을 확인, 관리하여야 합니다.

6.3.4 공기(Air System)

압축 공기는 사용자에 따라 아래와 같이 시스템 구성이 달라집니다.

1) 사용자

가) 플랜트 에어 사용자

- 유틸리티 스테이션, 촉매 충진 및 회수(일반적으로 별도의 공기 시스템)
- 건조기를 통한 제어 공기 공급 장치

나) 제어 시스템 에어 사용자

- 제어 밸브 및 비상 정지 밸브(ESV)
- 연소용 원자로 장치 정화(예: Sulfur Reactor, RFCC Catalyst 재생기)

2) 공기 압축기 선택

- 에어 컴프레서의 수는 일반적으로 2개 이상(보통 2개)
- 유형 및 용량 :

로터리 스크루 및 레시피 : 300~1,800Nm^3/h(오일 프리)

로터리 스크루, Reci. 센트리 : 1,800~3,600Nm^3/h(오일 프리)

통합 원심분리기 : 3,600Nm^3/h 이상(오일 프리)

3) Air Dryers Heatless Air Dryer Schematic

각 드라이어 설비당 용기 2개, 건조용과 재생용으로 구분됩니다. 따라서 백업 계획에 따라 예비 Unit 요구 사항 확인을 반영할 필요가 있습니다. 입구 프리 필터, 출구 후 필터 및 수분 모니터링 재생법을 고려한 설비를 구성합니다.

가) 일반적인 시스템 압력

- 공기 압축기 배출구 : 8.5barg
- PA/IA 공급 압력 : 8barg
- 프로세스 배터리 한도에서 PA/IA 압력 요구 사항 : 7barg

4) 배관 고려 사항

- 배관 재질 : 일반적으로 아연도금 CS를 사용하나, 이물질에 의한 문제를 최소하기 위하여 IA에 적용되는 배관은 SS를 사용합니다.(사업주의 선택 사항)

6.3.5 질소 시스템(N_2)

질소는 공기 또는 공정상 가스와 접촉하는 것으로 장비, 밸브 및 기기를 보호하기 위해 불활성 가스로 사용합니다.

1) 일반적인 경우
   - 반응기의 계측기 퍼지
   - 밸브 실 퍼지
   - 압축기 실 시스템 퍼지
   - Blanketing 드럼 및 탱크(간헐적인 경우)
   - 유지 보수를 위해 셧 다운을 위한 질소 퍼지
   - Reactors의 비상 퍼지

2) 배관 고려 사항
   Utility Station에 설치되는 사용 단말부를 처리할 때 질소의 누수를 방지하기 위하여 반드시 Flange를 설치하여 안전을 확보하여야 합니다.

6.3.6 화학물질 시스템

촉매 및 화학물질은 각 공정 또는 설비 단위에 대해 Process 요구에 맞추어 제공됩니다.

1) 화학물질 관리
   - 개별 단위 촉매 및 화학물질은 촉매 및 화학 처리 엔지니어가 전체를 통합하여 처리합니다.
   - 대부분의 작은 도징 약품은 공급자 표준 용기에 담아 화학 창고에서 보관하고 공급함
     (U & O 엔지니어의 특별한 취급을 요구하지 않음)
   - 대량 저장이 필요하고 플랜트의 많은 사용자가 사용하는 화학물질은 U & O에서 처리함
   - 일반적으로 공정 기술 담당자 관리 항목
     가성 소다(일반적으로 50중량% 용액으로 전달됨)
     황산(일반적으로 98% H_2SO_4)
     아민 및 용매(많은 경우, 공정 IBL에 포함됨)
   - 화학 업체들은 탱크로리로 벌크 화학물질을 공급하며, 이소 탱크($20m^3$) 벌크 화학 제품을 배달하려면 관련 제품의 하역을 위해서 탱크로리 및 이소 탱크 모두에 대한 하역 설비가 제공되어야 합니다.

2) 배관 고려 사항
   화학물질의 상하차(Loading/Unloading)를 위한 배관 연결 지역에는 작업 도중 발생되는 Leak를 고려하여 일정 Curbed Area에 강산 서비스에 대한 Acid Proofing 처리를 하고 제한지역 내 Spill Wall/Dike 등을 설치하여 위험 화학물질의 유출을 방지해야 합니다.

6.3.7 기타 시스템

기타 진공 시스템 등은 일반적으로 공통 배관 라인을 통해 여러 프로세스 용기에 연결되어 질소 블로팅, 드럼에서 헤드 탱크 채우기 및 한 용기에서 다른 용기로의 이송에 앞서 공정장치를 비우기 위해 사용됩니다. 이러한 배관은 진공에 대하여 견딜 수 있도록 Vacuum Calc. 검토, Stiffener Ring 설치 등을 확인하여야 합니다. 그 외 플랜트 폐수는 특성에 따라 산화, 환원, 중화, 응집, 침전, 흡착 등의 물리·화학적 처리와 생물학적 처리 등을 단독 또는 조합해서 시행하고 플랜트 폐수 처리 설비는 하역(Loading & Unloading)이 편리한 지역에 배치하며, 처리수 배관은 지역 배수로에 연결이 가능하도록 합니다.

6.3.8 Utility Piping Lines Design Basis

1) 유지 관리 및 경제성을 고려하여 그 배관에 사용되는 설계 기준, 규격 등은 통일된 것을 사용합니다.
2) 사고가 발생했을 때에는 시스템 장치별로 다른 시스템 장치에 영향을 미치지 않도록 각 시스템 장치의 출구와 입구에 메인 밸브를 설치합니다.
3) 각 시스템 Header 장치의 유틸리티 노즐 끝부분은 미래 배관의 증설을 고려하여 블라인드(Blind) 플랜지로 막습니다.
4) Plant 전체에 지원되는 시스템으로 Header의 구성 시 각 Unit에 균일하게 배분되도록 배치되어야 합니다.
5) Header에서 Unit별 분배 시 Block이 가능하도록 Block 밸브를 설치합니다.
   (사고 관리, 공사 관리를 위해 중요한 사항입니다.)
6) 공장(Plant) 내 설비의 유지 및 관리를 위하여 Utility Station을 일정 거리에 설치합니다.

6.3.9 Utility System 배치 및 전반적인 레이아웃 설계

일반적인 배치는 법규상의 요구 조건은 물론 대기 및 부지 조건에 적합해야 하며 기기는 독립적인 운전 및 가동 중단이 가능하도록 그룹별로 위치하도록 해야 합니다. 기기는 운전, 보수 및 안전 거리를 만족할 수 있도록 배치되어야 하고 운전상의 필요나 안전상의 문제에 의한 별도의 요구사항이 없는 한 기기는 연결 배관을 최소화하기 위하여 공정 순서에 따라 배치합니다.

1) Utility System 배치
   다양한 프로세스 설계 케이스 또는 작동 모드를 포괄하는 유연성을 제공하도록 하여야 합니다.
   신뢰도 : 예비, 백업 등이 사용자에게 보장되어야 합니다.
        (초기 설계 단계에서 20~30%의 성장 마진으로 설계 반영)
   안전 : 플랜트 안전 확보, 소방, HSE 조치하며, 정적이고 신뢰할 수 있는 유틸리티 공급
   경제 : 운영 비용 최소화, 즉 최적화
   유연성 : 다양한 공정 설계 사례 및 운영 모드를 다루기 위해 미래 확장 등을 고려하여야 합니다.

따라서 유틸리티 설계자는 전반적인 플랜트 설계 개념 및 공정 특성을 파악하여야 합니다.

2) 플랜트의 유틸리티 시스템 배치도에서 고려 사항
- Utility 공급 설비는 Process 설비 등 위험 지역으로부터 가능한 한 멀리 배치합니다.
- 보일러 설비는 화재원이므로 화재 예방을 위하여 주풍향을 고려하여 Upwind에 배치합니다.
- 수전 설비도 Spark 등의 원인으로 화재원이 될 수 있으므로 가연성 유체를 취급하는 기기의 Upwind에 배치하는 것이 바람직합니다.
- Cooling Tower는 물방울이 다량 발생하므로 Process Unit나 사람이 거주하는 건물의 Upwind는 피해서 배치합니다.

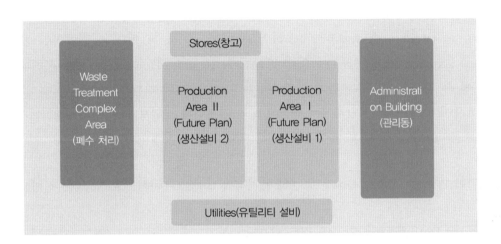

그림 6-2 Utility System Layout

6.4 Process Piping System Design

공정 배관(Process Piping)은 산업에서 원재료를 유용한 제품으로 변환하기 위해 사용되는 기기와 기기의 상호 연결 배관을 의미합니다. ASME B31.3에 정의된 프로세스 유체 서비스(Fluid Service) 카테고리를 이해하고 설계 진행의 우선순위에 참고하여야 합니다.

6.4.1 Process Piping Lines Design Basis

PFD, P & ID를 Study하여 아래와 같은 사항을 이해하고 Line Study 진행 순서를 결정하고 업무 Planning을 하여 실시합니다.

PFD, P & ID : Plot Plan 작성 시 필요(Block Diagram)

P & ID : Routing study + Arrange Dwg

1) Plot 작성 : PFD 및 P & ID를 가지고, 도로 구획 및 P/Rack, Unit순으로 잡아갑니다.
   Process Flow에 따른 Unit 배치
2) Routing Study
   Slop & Gravity Line과 대형 관(P/Rack 폭과 높이를 결정지을 만한 배관 Size) 위주로 합니다.

3) 24" 이상 Large Bore Piping을 구별 → Routing Study 적용 Size는 플랜트에 따라 다를 수 있으나, Piping Leader Engineer가 정합니다.

4) Process Requirement에 대한 Line을 구별 : 2 Phase Flow, Slope Line etc.

5) Flange Rating을 순차적으로 구별 검토 : 2500#, 1500# etc.

6) Flare Line은 별도로 관리합니다.

6.4.2 Process Area 내 Utilities Lines Design Basis

해당 Project P & ID에 명시된 Steam, Water, Air, Nitrogen 등을 대상으로 합니다.

1) Area(Unit) Distribution 관계를 구별하여 가장 많은 Area에 연결되는 Line을 우선 검토합니다.

2) Process Requirement에 대한 Line을 구별 : Water Hammer Flow, Slope Line 플레어 헤더 및 배수 라인 등 경사진 파이프는 함께 배치되어야 하며 라우팅이 다른 경우 발생할 수 있는 어려움을 방지하기 위해 설계 초기 단계에서 프로세스 및 유틸리티 라인보다 먼저 라우팅합니다.

3) Flange Rating을 순차적으로 구별 검토 : 2500#, 1500# 등

상기와 같이 Process, Utility Line을 구분하여 각각의 Line을 순차적으로 Study를 진행합니다.

6.4.3 Process Piping Line Route 검토 시 고려 사항

배관 Route Study Design은 복잡한 Activity로 아래 관련된 정보를 충분히 이해하고 진행하여야 합니다.

1) 경제적 설계 : 최단 거리로 이동할 수 있는 Route를 찾습니다.(Elbow Q'ty를 최소화)

2) 간섭을 최소화합니다.

3) Pipe Support가 용이한 곳을 찾습니다.

4) 운전성 확보 : Valve, Instrument 등이 운전에 용이하도록 배치합니다.

5) B/L(Battery Limits) 확인, Valve Location 및 Isolation(Spade & Spacers)의 개념을 충분히 이해하여야 합니다.

6) Valve, Relief Valve 등에 대하여 Rack이나 P/F(Platform), Ladder로부터의 접근성을 이해하여야 합니다.

7) 운전을 위한 운전자의 동선에 따른 Head Room 등 Overhead Piping 기준과 배관 지지물 설치 용이성을 고려해야 합니다.

8) 배관 Way와 Secondary Access way를 고려해야 합니다.

9) 관련 배관 및 기기에 요구되는 냉각수 배관의 A/G, U/G 위치를 사전에 이해해야 합니다.

6.4.4 Process Equipment별 일반적 고려 사항

6.4.4.1 Vessel Piping Design Basis

Process Plant Project에 일반적으로 적용되는 대표적 기기를 선정하여 설명하고자 합니다. 다음 설명

은 기본적인 고려 사항으로, Project 유형 및 특징과 Design Specification에 따라 적용하여 진행하여야 합니다.

그림 6-3 Vertical Vessel Piping
Configuration

1) Consideration
   Process Requirement
   Nozzle Orientation
   Clip Orientation
   Platform Arrangement
   Consider Ladder Direction
   Consider F/F System
   Consider Control/Location of Electrical Equipment

2) Vertical Vessel : 중심선을 직경이 가장 큰 Vessel의 중심선과 일치시킵니다.

3) Horizontal Vessels

이웃하는 Vessel인 경우는 Saddle의 위치를 같게 하여 같은 Foundation을 이용하는 것이 경제적일 수 있습니다. Vessel의 Elevation은 P & ID에 표시가 되어 있으면 필히 따르고, 없으면 Process Team으로 Inform.을 요청하여 Pump N.P.S.H.를 충분히 고려해야 하며, 또한 Vessel에 설치되는 Platform, Stair 및 Ladder를 고려하여 간격을 결정하여야 합니다.

6.4.4.2 Tower Piping Design Basis

1) Consideration

   Process Requirement

   Nozzle Orientation

   Clip Orientation

   Platform Arrangement

   Consider Ladder Direction

   Consider F/F System

   Consider Control/Location of Electrical Equipment

   Tower를 배치할 경우 Platform 설치를 고려하여 주위 Space를 확보하며 특히 여러 개의 Tower를 설치할 때는 Tower에 부착되는 Platform을 공통으로 사용할 수 있도록 고려하고 서로 간섭되지 않도록 하며 기계 팀 및 Process Team과 협의하여 Davit Capacity가 초과하는 중량물을 자주 정비할 필요가 있을 경우 제일 상단에 Maintenance Equipment를 설치합니다.

그림 6-4 Tower Piping
Configuration

6.4.4.3 Exchanger Piping Design Basis

1) Consideration

   Process Requirement

   Consider Exchanger Height

   Consider Nozzle Load

   Consider High Temperature Piping Stress

   Consider Large Scale Support Location

   Maintenance, Consider Operation

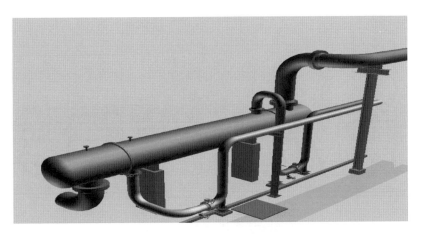

그림 6-5 Exchanger Piping Configuration

2) Shell & Tube Type Exchanger는 Plant의 바깥쪽 방향에서 Tube를 빼내기 위해 Channel Head 부분을 Pipe Rack의 반대편에 위치시키고 Shell Head의 끝을 Aisle Way Reference Line에 일치시키며 비슷한 크기의 Exchanger들은 Channel Nozzle들의 좌표를 일치시킵니다. Tube Pulling Length는 Tube LG.+MIN. 500mm로 작성하고 Maintenance를 위한 Space는 Tube LG.의 2배로 확보하며, Shell & Tube Type Heat Exchangers가 Structure에 설치될 때 H/E의 상단이 Floor로 되어 있어 Crane으로 직접 Access가 곤란한 경우 Maintenance를 위하여 Monorail을 설치하여야 합니다. 이때 가장 상단에 설치되어 Crane Access가 가능한 경우는 제외합니다.

6.4.4.4 Vertical Reboiler Piping Design Basis

1) Consideration

   Process Requirement

   Nozzle Orientation

   Clip Orientation

   Platform Arrangement

   Consider Ladder Direction

   Consider F/F System

   Consider Control/Location of Electrical Equipment

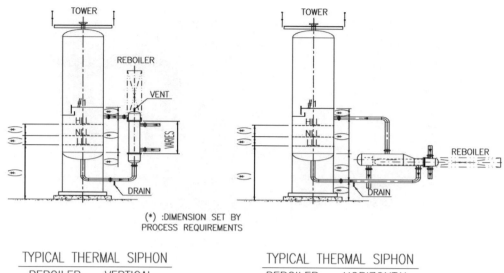

그림 6-6 Vertical Re boiler Piping Configuration

2) Tower와 연결되는 Vertical Type Reboiler는 기계 팀과 협의하여 Tower에서 Support할 것인지 독립 구조로 할 것인지를 결정하여야 합니다. 또한 Operation 또는 Maintenance를 위한 Platform 및 Ladder를 고려하여 배치하며 Reboiler의 Elevation은 Process Team으로부터 Inform.을 확인하여야 하고 Reboiler Lug는 Stress Team과 협의하여 Elevation을 결정하며, Stress Check 결과에 따라 Teflon Sliding Pad 또는 Spring Support 등을 고려합니다.

6.4.4.5 Air Coolers Piping Design Basis

1) Consider Process Requirement

여러 유닛(Unit)과 각 유닛을 통해 제품을 가능한 한 동일하거나 거의 동일하게 분배하도록 배관을 올바로 구성하도록 고려해야 하며 압력 강하를 최소화하기 위해 타워 오버 헤드의 배관을 가능한 한 짧게 만들고 장치 노즐에 과부하가 걸리지 않도록 충분히 유연한 배관 시스템을 확보하여야 합니다. 이에 따라 관련된 배관에 적합한 파이프 지지대 및 앵커를 제공해야 합니다.

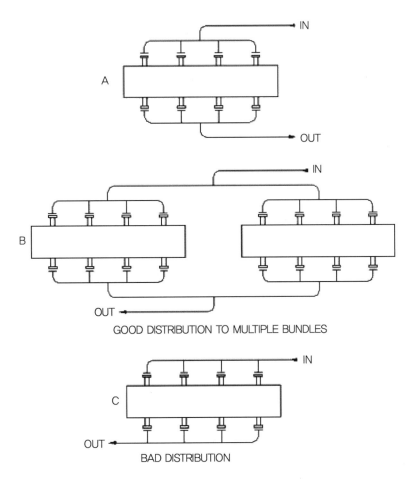

그림 6-7 Air Cooler Header Piping Configuration

상기 그림은 분배를 위한 세 가지 배관 방법으로 A와 B는 좋은 분배를 보여주고 C는 나쁜 분배를 보여줍니다.

2) Air Fin Manifold Layout

　　에어 핀 교환기용 배관을 설계할 때 배관의 기본 규칙을 적용합니다. 배관은 가능한 한 짧고 직접적이어야 하지만 에어 핀 노즐에 과부하가 걸리지 않도록 충분히 유연해야 합니다. 다음 그림은 에어 핀에 연결하는 두 가지 방법을 보여줍니다.

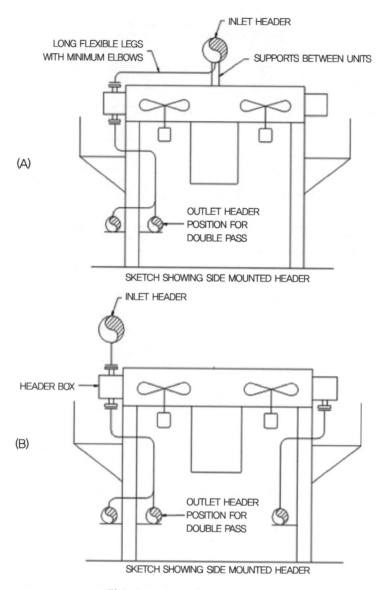

그림 6-8 Air Cooler Header Configuration

Air Cooler는 가급적 그룹으로 배치하여 Fan-Way을 공통으로 사용할 수 있도록 배치합니다.

6.4.4.6 Pump Piping Design Basis

1) Consideration

Process Requirement

Consider Nozzle Load

Consider Vibration

Strainer Type

Consider Maintenance/Operation

Consider Location of Control Equipment

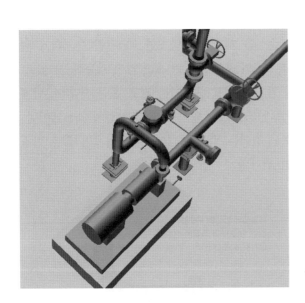
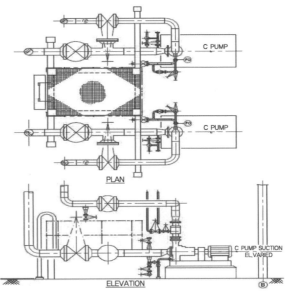

그림 6-9 Pump Piping Configuration

Process Plant의 경우 가장 많이 설치되는 기기가 Pump입니다. 따라서 Pump System에 대한 이해와 고려 사항이 매우 중요하다고 생각되어 보다 상세하게 기술하겠습니다.

펌프의 용량이 크면 펌프 토출 측에서 발생하는 배관 문제점보다 흡입 측면의 문제가 많으며 반복적인 실패의 원인이 될 수 있어 적절하게 해결하지 않으면 잦은 문제를 일으킬 수 있습니다.

배관 설계는 기본 원칙인 Reducer, Run Length, Alignment, Support 등이 자주 무시되어 진동이 증가하고 실 및 베어링의 조기 고장이 발생하게 됩니다. 즉, Process Plant의 운전 고장, Maintenance에 사용되는 시간과 사고 사례의 대부분을 차지하고 있습니다.

2) NPSH Requirements(NPSH 요구 사항)

펌프는 펌프에 필요한 순포지티브 흡입 헤드 NPSH를 유지하기 위해 흡입하는 장비 또는 Tank 근처에 위치합니다. Project 초기 단계의 배관 설계 엔지니어는 기기 배치에 따른 NPSH 제한에 따라 펌프 선택에 영향을 받을 수 있습니다. 따라서 회전 장비 엔지니어와의 적절한 인터페이스가 중요합니다.

3) Suction Piping(흡입 배관)

흡입 배관 크기 및 설계는 펌프 레이아웃의 가장 중요한 측면입니다. 잘못 설계된 흡입 배관으로 인해 많은 원심 펌프 문제가 발생합니다. 잘못 설계된 흡입 배관은 공기 또는 증기 혼입으로 이어질 수 있으며, 펌프에 캐비테이션 및 진동이 발생하여 임펠러, 펌프 베어링 및 실이 손상되고 궁극적으로 펌프의 수명에 영향을 미칠 수 있습니다. 흡입 배관 크기는 펌프 흡입 노즐 크기보다 작아서는 안 됩니다. 대부분의 경우 한 사이즈 더 크며 흡입 라인이 펌프 흡입 노즐보다 크기 때문에 라인에

Reducer가 필요합니다. Reducer는 가능한 한 노즐에 가깝게 설치해야 합니다. 일반적으로 Top Flat Reducer(그림 6−10)는 수평 흡입 라인을 위해 사용되며 이렇게 하면 Reducer에 공기가 갇히지 않습니다. 그러나 Reducer에 갇힌 공기가 작동 중에 펌프로 들어가면 펌프에 심각한 손상을 줄 수 있습니다. 흡입 배관 속도는 일반적으로 마찰 손실을 제한하고 양호한 NPSH를 유지하기 위해 1~1.5m/s 사이로 유지되어야 하고 흡입 배관은 최소한의 구부림과 Pocket 없이 가능한 한 짧고 직선이어야 합니다. 마지막 엘보에서 흡입 노즐까지 직선 파이프의 길이는 펌프 흡입 시 최소 난류를 보장하도록 하며 직선 Line에는 분기 연결 및 밸브가 포함되지 않아야 하지만 임시 스트레이너 설치용 스풀이 포함될 수 있습니다. 유지해야 할 직선 길이는 펌프 유형에 따라 다르며 짧은 반경의 엘보(Short Elbow)는 펌프 흡입에 사용해서는 안 됩니다.

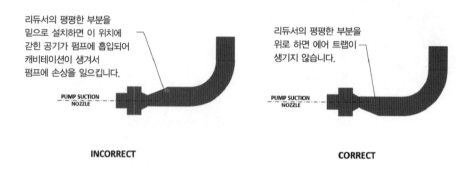

그림 6-10 Pump Suction Top Flat Reducer

4) Pump Location(Pump 배치/위치)

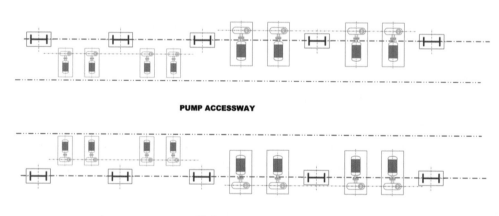

그림 6-11 Pump Location

대부분의 화학 및 석유화학 플랜트에서 펌프는 파이프 랙 아래 또는 근처에 배치합니다. 이는 가능한 한 펌프의 유지 보수를 위해 펌프 드라이버에 편리하게 접근할 수 있는 유지 보수 방법을 고려한 배열이며 유지 보수 또는 작업 통로에 권장되는 너비는 2~2.5m입니다. 이렇게 하면 이동식 핸들링 장비가 유지 보수 통로를 통해 펌프에 쉽게 접근할 수 있습니다. 또한 펌프의 배열은 동일한 In/out Nozzle 중심선/Pump FDN을 따라 유지됩니다. 레이아웃은 또한 유지 보수 및 정렬을 위해 자주 액세스해야 하는 글랜드 실 및 커플링에 좋은 액세스를 제공해야 합니다. 이를 위해서는 펌프와 드라이버의 한쪽에서 자유롭게 접근할 수 있도록 배관을 배열해야 하며 일부 펌프에는 충분히 큰 치수의 실 오일 스키드가 있을 수 있으며 펌프 사이의 간격에 영향을 미칠 수 있습니다.

유사한 유체 서비스 또는 유사한 수준의 위험을 처리하는 펌프는 함께 그룹화하고 다른 수준의 위험을 내포하는 펌프와 적절히 분리하여 화재 또는 폭발로 인한 손상 확대를 최소화해야 합니다. 고압 펌프는 동일한 이유로 공정 장비 및 기타 저압 펌프와 분리해야 합니다. 가연성 제품을 취급하는 펌프는 파이프 랙, 항공기 냉각기 및 장비 아래에 위치해서는 안 됩니다. 펌프 사이의 간격은 유지 보수 요구 사항에 따라 결정됩니다. 대부분의 경우 최소 1m의 간격이 권장됩니다.

5) Other Layout Requirements(기타 레이아웃 요구 사항)
- 흡입 및 토출 배관은 펌프 기초와 독립적으로 적절하게 지지되어야 하며 허용 한계 내에서 펌프 노즐의 부하를 제한할 수 있을 만큼 유연해야 합니다.
- 펌프 흡입에는 시운전 단계에서 필요한 원뿔형 임시 스트레이너를 설치할 수 있는 장치가 있어야합니다.
- 펌프 또는 드라이버의 제거를 용이하게 하기 위해 모노레일 또는 이동식 장비 접근과 같은 영구적인 처리 시설이 있는 경우 펌프 주변에 충분한 공간을 두고 배관을 설계해야 합니다.
- 배관이 리프팅 작업을 방해하는 경우 제거 가능한 Break Flange 등이 설치된 Spool이 있어야 합니다.
- 들어올릴 부품의 무게가 25kg을 초과하는 경우 일반적으로 들어올리는 수단이 제공되어야 합니다.
- 경우에 따라 흡입 또는 토출 배관 또는 둘 다에 Expansion Joint를 사용해야 할 수 있습니다.
- 압력 부하가 펌프 노즐로 전달되는 것을 방지하기 위해 확장 조인트와 펌프 노즐 사이에 파이프 앵커를 제공해야 합니다.
- 펌프 배관의 모든 밸브는 적절한 작동 및 유지 보수를 위해 접근이 가능해야 합니다.

6) Pump Piping Layout Studies(펌프 배관 레이아웃 연구)
펌프에 사용할 수 있는 흡입 수두가 낮으면 측면 흡입 펌프를 권장합니다. 흡입원이 낮은 수준인 경우 펌프는 관련된 Tank 또는 기기 가까이에 있어야 합니다. 다음의 경우 두 가지 라우팅 옵션을 사용할 수 있습니다. Case-1은 흡입 배관 라우팅이 굴곡이 적기 때문에 선호되는 선택입니다. 더 큰 유연성이 필요한 경우 Case-2 라우팅을 고려해야 합니다.

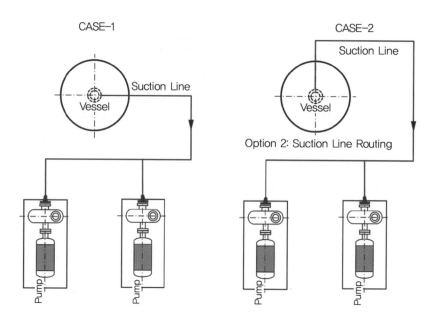

그림 6-12 Pump Suction Piping Configuration

펌프를 설치하는 경우 적절한 펌프 배관 배열에 대한 다음 4가지 간단한 규칙을 따르면 조기 펌프 고장 및 관련 펌프 배관 설계 오류를 피할 수 있습니다.

가. 흡입 배관을 가능한 한 짧게 유지하십시오.

　　펌프 흡입구와 흡입 라인의 장애물 사이에 파이프 직경의 5~10배에 해당하는 직선 배관 유지.

　　참고 : 장애물에는 밸브, 엘보, '티' 등이 포함됩니다.

　　　　흡입 배관을 짧게 유지하면 흡입구 압력 강하가 가능한 한 낮아집니다. 직선 파이프는 펌프 입구에서 파이프 직경에 걸쳐 균일한 속도를 제공합니다. 둘 다 최적의 흡입을 달성하는 데 중요합니다. 이는 펌프 임펠러의 '측면 부하'를 제거하고 균일한 펌프 축 베어링 부하를 생성하는 데 도움이 됩니다.

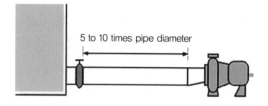

그림 6-13 Pump Suction Piping

나. 흡입 측 파이프 직경은 펌프 흡입구보다 동일하거나 한 크기 더 커야 합니다.

　　흡입 배관 속도는 초당 7~8피트(1.9~2.2m) 이하로 제한되어야 합니다.

다. 흡입 배관에서 공기 혼입 가능성 제거

　　공급 탱크의 적절한 수준의 수두 높이를 유지하여 와류 형성 및 공기 포집을 제거합니다.

흡입 배관에 공기를 가둘 수 있는 높은 포켓을 피하십시오.

공기가 펌프로 들어가는 것을 방지하기 위해 모든 파이프와 피팅 연결 시 Top Flat Reducer를 사용합니다.

라. 배관 배열로 인해 펌프 케이스에 응력이 발생하지 않는지 확인하십시오.

펌프는 흡입 또는 토출 배관을 케이스에 지지해서는 안 됩니다. 배관 시스템에 의해 펌프 케이싱에 가해지는 스트레스는 펌프 수명과 성능을 크게 감소시킵니다.

7) Pump Piping Stress Analysis and Supports

펌프 배관의 응력 분석은 가능한 모든 작동 조건을 고려해야 합니다. 여기에는 펌프의 작동 및 대기 모드, 고장 상태 및 노즐 부하의 과도 현상이 포함되며 흡입 및 토출 배관의 지원과 유연성은 펌프의 노즐 부하가 API 610과 같은 표준에 지정된 것 또는 공급 업체가 제공한 값보다 적도록 보장해야 합니다. 허용되는 노즐 부하는 업셋 조건 동안 노즐에 부과되는 최악의 부하 조건과 비교되어야 합니다. 배관 엔지니어는 공급 업체 또는 코드 허용 가능한 펌프 부하 값을 준수하여, 배관 부하로 인해 커플링 불일치가 발생하지 않도록 보장하여야 합니다. 배관 시스템에 스프링 행거를 사용하는 경우 첫 번째 스프링 행거는 흡입 또는 토출 배관의 무게, 그 내용물 및 해당되는 경우 단열재를 지탱하도록 설계되어야 합니다. 현장 변화를 고려하려면 수평 방향의 펌프 노즐에 인접한 지지대는 조정 가능한 것이 좋습니다.

6.4.4.7 Compressor Piping Design Basis

압축기 레이아웃은 공정 플랜트에서 가장 중요한 요소로 이상적인 작동, 유지 보수 및 시공 편리성이 보장되어야 합니다. 압축기는 가스를 고압으로 압축하는 데 사용되며 이것은 압축기가 가스의 부피를 기계적으로 줄임으로써 달성됩니다.

압축기 종류는 Positive-Displacement, Centrifugal and Axial Compressors 등으로 양 변위, 원심 및 축 압축기는 공정 플랜트 시설에서 많이 사용되는 가장 일반적인 세 가지 유형입니다. 이는 비교적 작은 장비에서 대량의 가스를 처리할 수 있으며 다양한 드라이브(예 : 전기 모터 및 증기 또는 가스 터빈)를 가질 수 있습니다.

상세 관련 압축기 레이아웃 설명은 6.8 Piping System Design Studies와 Chapter 10. Ethylene Piping System Studies에서 적용된 사례를 참조 바랍니다.

1) Types of Compressors in Process Plants :

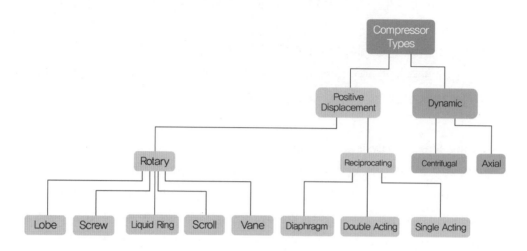

그림 6-14 Compressor 종류

2) Compressor Drives/압축기 드라이브

압축기에 가장 널리 사용되는 드라이브는 전기 모터, 증기 터빈 및 가스 터빈입니다. 이 중 전기 모터는 레이아웃 관점에서 보면 가장 단순한 유형의 드라이브입니다.

3) Compressor Auxiliary Equipment/압축기 보조 장비

원심 및 왕복 압축기와 그 드라이브에는 작동을 지원하기 위해 다양한 보조 장비가 필요합니다.(Seal System, Lube Oil System 등)

4) Compressor Maintenance/압축기 유지 보수

압축기는 복잡한 장비이며 잦은 유지 보수가 필요합니다. 이들은 유지 보수 중에 다루어야 할 무거운 부품이 있습니다. 이들은 종종 큰 배관이 부착되어 있습니다. 이러한 모든 것들은 컴프레서 레이아웃 중에 고려해야 합니다.

5) Compressor Equipment Layout/압축기 장비 레이아웃

컴프레서 장비 레이아웃에는 선택한 구조 유형(예 : Lay Down Area 포함 또는 제외)에 따라 컴프레서와 함께 다양한 보조 장비의 상대적 위치 설정이 포함되어 진행합니다.

6) Compressor Piping Arrangement/압축기 배관 배열

압축기 레이아웃을 하는 방법에는 그림 6-15 Reciprocating Compressor, 그림 6-16 Centrifugal Compressor 등 여러 가지가 있지만 이러한 기계의 특성 측면과 경제적인 요구 사항을 준수하면서 작동, 유지 관리 및 안전을 최적화하는 설계가 가장 잘 접근하는 방법으로 생각됩니다.

7) Consideration

    Process Requirement

    Consider Nozzle Load

    Consider High Temperature Piping Stress

    Consider Large—Scale Support Location

    Consider Vibration

    Consider Maintenance/Operation

    Consider F/F System

    Tie—in Check

    Consider Location of Control

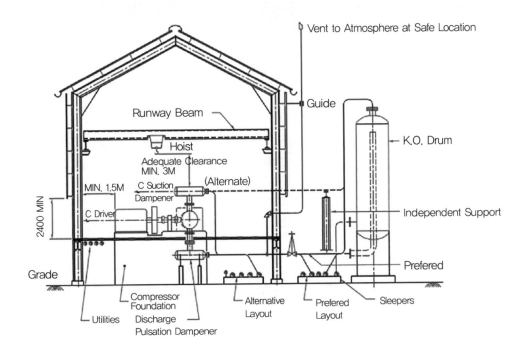

그림 6-15 Reciprocating Compressor Configuration

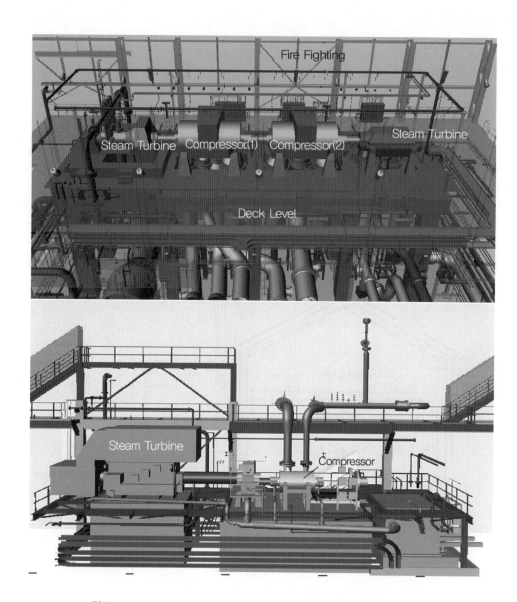

그림 6-16 Centrifugal Compressor Configuration and Section View of Shelter

6.4.4.8 Heaters Piping Design Basis

Heater는 공정 플랜트 내 Fire Equipment 종류로 안전에 관하여 상세하게 검토하여 진행하여야 합니다. 즉, 그 Unit 내에서 바람이 불어오는 방향 쪽(Upwind)이거나 혹은 그 옆쪽에 위치시키며 Heater와 직접 연관된 기기(Air Preheater, Decoking Drum 등)를 제외하고 다른 기기들과는 최소 15m 이상 간격을 유지시킵니다.

Heater의 형태 및 Tube Bundling, Air Handling System을 고려하여 배치합니다.

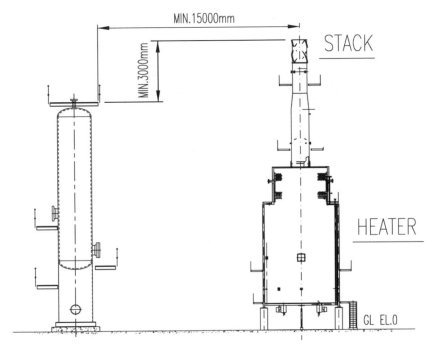

그림 6-17 Heater Section View

Vertical Heater의 Burner는 Bottom에 위치하며, Box Type Heater의 Burner는 Bottom, Side 또는 End 부분에 위치하며 Peep Hole, Access Door, Burner, Soot Blower, Valve 주위에는 Platform을 설치하고, 특히 Peep Hole, Access Door 근처에는 배관을 피합니다.

Heater의 Bottom Structure는 일반적으로 2,000~2,500mm를 기준하여 높이를 정하며, 이 경우 Burner의 Gun Tip을 Removal할 수 있는 Space를 고려하여야 합니다.

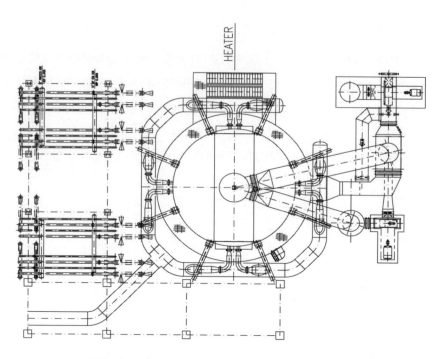

그림 6-18 Plan View of Process Piping in vertical Heater

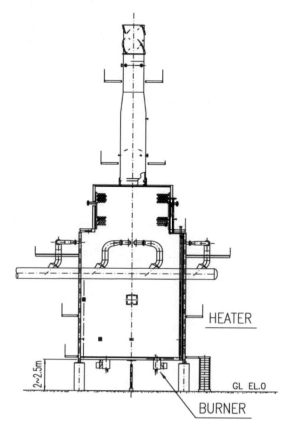

그림 6-19 Section View of Process Piping in Vertical Heater

6.4.4.9 Tanks Piping Design Basis

1) Tank 설계에 대한 간략한 이해 및 배치

Local Regulation이나 각 Project Specification을 만족하도록 배치하여야 합니다. 특히 Oil이나 Chemical. Gas 등 위험물을 저장할 때에는 관련된 기관들마다 소방법 등 규정의 차이가 있으므로 면밀한 검토가 요구됩니다. 일반적으로 On-Site 내의 인화성 물질을 보관하는 Tank는 Process 내의 타 기기와 9,000mm 이상 이격시켜야 하며, Dike를 설치하고, Dike 내에는 동종의 탱크 이외의 기기를 설치해서는 안 됩니다.

2) Tank Type 종류

- Cone/Flat Roof Tank : 석유화학 및 기타 저압에서 저장되는 제품을 취급합니다.
- Floating Roof Tank : 내용물의 기화에 의한 손실 방지, 화재 위험도 감소를 위해 주로 정유시설에 적용합니다.
- Low Temperature Storage Tank : 기체를 액화시켜 저장합니다. 이러한 탱크에서 사용하는 제품에는 암모니아(-28°F), 프로판(-43.7°F) 및 메탄(-258°F) 등이 포함됩니다.
- Horizontal Pressure Tank(Bullet) : 양 끝 부분이 타원형, 반구형 등으로 고압 저장에 사용됩니다.
- Horton Sphere Tank : 대용량의 유체나 Gas를 압력을 가하여 저장할 때 사용합니다.

Roof Tank(Cone/Flat Type)

Low Temperature Tank

Horizontal Pressure Tank(Bullet)

Hortonsphere Tank

그림 6-20 Tank 종류 View

3) Tank Piping Design 시 고려 사항

Pipe Way의 설치, Tank Nozzle Orientation 결정, Tank의 Elevation및 Projection의 결정, 즉 Tank의 설치 높이, Tank의 Low Liquid Level은 Pump Suction보다 높게 설치되어야 합니다. Tankage Area Piping Layout 시 배관 응력해석 대상 Line이거나 Dike를 통과하는 배관의 Routing 은 Line Expansion을 충분히 고려하여야 합니다. 또한 Tank의 Settlement값을 확인하여 Tank에 근접한 First Pipe Supports는 위치와 Supports Type 선정에 특히 신중하여야 합니다.

6.4.4.10 Package Items Piping Design Basis(Water Treatment System)

1) Consideration

- Pressure Gage Location
- Location of Orifice
- Location Between Level Gage and Ladder
- Overflow and Drain Nozzle
- Location of Sample Connection
- Location of Spectacle Blind
- Location of Nozzles Near Platform
- Strainer and Drain Nozzle for Pump Outlet
- Location of Reducer
- Platform and Ladder for Twin Vessels

그림 6-21 Package System Configuration

대형 Plant Project의 경우 많은 System들이 Package Items으로 발주되어 초기 설계 반영에 어려움이

있으며 상기에 언급된 사항을 Vendor와 사전 협의를 통하여 적기에 자료를 입수하여 설계에 반영하여 현
장 긴급 자재 발주를 최소화하고 시공성을 확보할 수 있도록 하여야 합니다.

6.4.4.11 Space Allocation Design Basis

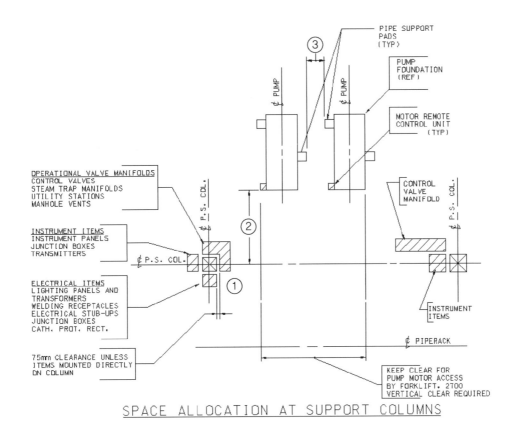

SPACE ALLOCATION AT SUPPORT COLUMNS

그림 6-22 Space Allocation at Rack Columns

Rack Column을 기준으로 여러 공종(전기, 제어 등)과 사전에 Space 배정 기준을 협의하여 진행하는
것이 매우 중요하다고 생각됩니다.

이는 아주 쉬운 일이지만 업무 진행 시 반복적으로 간섭에 의한 재설계가 발생하는 것이 일상적이므로
상기와 같은 원칙을 Project 초기에 협의하여 적용할 필요가 있습니다.

① Space Allocation : Control Valve Manifold Space, Utility Station, Instrument Items, Electrical
   Items

② Pump Arrangement for Horizontal Type Pump 배열
   • Discharge Nozzle을 Line-up하는 방법
   • Driver(Motor) 측 기초 단면을 Line-up하는 방법

- Pump 측 기초 단면을 Line – up하는 방법

③ Pump Foundation과 기타 장애물과의 간격

Pump 간의 Access Way, Pump Foundation관 배관 및 기타 장애물(Pump Switch 등) 간의 간격은 최소 750mm의 유효 통로를 확보해야 합니다.

6.5 Process Requirement

P & ID를 보면 일부 Line 상에 No Pocket, Free Draining, Slope, Gravity Flow, Two Phase가 적혀 있습니다. 이렇게 Line 상에 기재된 상기의 개념들의 의미와 어떤 경우에 적용되는지를 정확히 이해하여 Line 구성 시에 해당 Line의 Requirement에 따라 배관을 구성하여야 합니다.

본 사항들은 보통 P & ID 내 General Notes and Symbols에 기재되어 있습니다.

6.5.1 Slope

Slope(기울기)는 Free Draining과 유사하나 다른 점은 Line이 기울어져서 일정한 방향으로 Free Draining이 되어야 한다는 점입니다. 이때 요구되는 Slope량은 P & ID에 Slope 명기 시 함께 기울기를 표시하거나 P & ID Note에 명기합니다.

예) 1:100 Slope이 명기되어 있는 경우, 100m당 1m 높이의 기울기를 의미합니다.

- Elevation changes continuously downward only. No pockets are permitted.
- Specific slopes required are shown by symbol

(A < B El. Shall be low and have slope. No low/high pocket.)

6.5.1.1 No Pocket

Pocket이란 배관상에 Equipment나 Pipe Rack 등의 Elevation 차이로 Pipe Line이 위/아래로 꺾이면서 Pipe가 Pocket 형상을 띠는 것을 말합니다.

Pocket은 아래로 꺾인 Low Pocket과 위로 생긴 High Pocket으로 구분됩니다.

- No liquid pockets in the line and line may contain gas pockets

(Steam condensate line conceptual design)

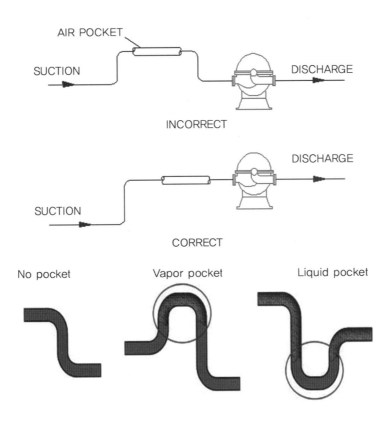

그림 6-23 Pocket Piping Configuration

Vapor line에 Low Pocket이 생기면, Saturated Vapor가 작은 Pressure Drop에도 민감하게 반응하여 Pipe가 꺾여 올라가는 구간(Elbow)에서 Liquid가 발생할 수 있습니다.

발생된 Liquid는 Low Pocket 구간에 걸려 정체되고 Two Phase Flow가 형성되므로 Flow상을 변화시켜 Bubble Flow, Plug Flow, Slug Flow 등이 발생하여, Pressure Drop이 더욱 증가하고 Liquid Hammering으로 인한 Erosion, Vibration 등의 문제가 야기됩니다.

• Solution

High Pocket, Low Pocket으로 인한 문제를 피하기 위해 P & ID상에 'No Pocket'이라고 언급이 되어 있으면 배관 팀에서는 이 요구 사항에 맞게 배관을 구성하여야 합니다. 일반적으로 No Pocket이라 하면 Liquid Pocket만 생기지 않도록 요구하는 경우이고, Free Draining이라 하면 Liquid/Vapor Pocket 둘 다 생기지 않도록 요구하는 것입니다.

Elevation상 Pocket 설치가 불가피할 경우 Vapor Line의 경우에는 Drain Boots 설치 및 Low Pocket 구간에 Steam Tracing을 하여 Condensate가 발생하지 않도록 하며 또는 Liquid Trap 혹은 Knock Out Drum을 설치하여 발생하는 Liquid를 빼낼 수 있도록 하는 방법을 선택할 수 있고 Vapor Line의 경우에는 High Point에 Vent Valve를 설치하여 발생한 Vapor를 빼낼 수 있도록 합니다.

6.5.2 Free Draining

Free Draining이란 자유롭게, 자체적으로 Draining이 될 수 있도록 배관 구성을 하라는 의미입니다. 즉, High Pocket이나 Low Pocket이 생겨 Flow가 흐르다 중간에 정체되는 구간이 없도록 구성하라는 의미이며, 이렇게 구성하려면 배관 Elevation이 Flow가 흐르면서 아래로만 흐르도록 구성해야 합니다.

- Elevation changes are downward only. No pocket are Permitted. Pipe can be Horizontal
- No liquid pockets in the line and No gas pocket in the line.
  (A<B El. Shall be low and No low/high pocket. control v/v, shut down v/v etc.)

Free Draining은 Flare가 Line 상에 정체되면 안 되기 때문에 PSV Inlet/Outlet Line 등 Flare Header Line에서 흔히 볼 수 있으며 Flare Line은 Free Draining이 되는 동시에 일반적으로 Slope Piping이 되도록 구성합니다. 이때 Slope의 기울기는 Project마다 기준이 있습니다.

6.5.3 Gravity Flow Line

Gravity Flow란 Pipe를 통해 액체 혹은 기체를 이송할 때에 보통 Pump나 Compressor 등으로 밀어주어 이송하게 되는데, 그런 힘이 없이 자중에 의한 흐름으로만 이송할 수 있도록 하는 배관을 의미합니다.

- Elevation downstream never exceed inlet elevation and Line may contain gas and/or liquid pockets
  (A<B El. Shall be low and in the middle of low/high Pocket be admitted)
- Elevation downstream never exceed inlet elevations. Line may contain gas and/or liquid pockets.

6.5.4 Two Phase Flow

Two Phase Flow는 말 그대로 배관상에 흐르는 유체가 액체와 기체가 섞여 있는 경우를 이야기하며 P & ID에 명시되어 있는 경우 배관 팀에서는 Anchor security를 고려할 수 있도록 합니다.(Two Phase Flow는 외부 가열의 결과로 순수한 액체에서 증기로 전환되는 흐름, 분리된 흐름, 입자, 액적 또는 기포의 형태로 한 상이 존재하는 분산된 2상 흐름과 같은 다양한 형태로 발생할 수 있습니다.)

Anchor Security라는 말의 의미는 Two Phase Flow의 경우 Vibration이 발생할 수 있으므로 이를 막고자 단단하게 배관을 고정시킬 수 있도록 구성하라는 의미입니다.

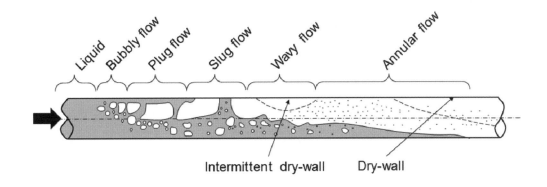

그림 6-24 Two Phase Flow 종류

6.6 배관 진동에 대한 이해

플랜트의 배관 응력해석은 크게 나누어 정적(Static)인 해석과 동적(Dynamic)인 해석이 있습니다. 그 중 정적인 해석의 요소가 되는 무게나 열팽창에 의한 응력해석은 설계 과정에서 충분히 고려해야 합니다. 정적해석의 허용 응력 평가 기준은 통상적으로 하루에 한 번 운전 과정을 거치는 것으로 계산하여 약 7,000Cycle(365 Cycle/year×20year) 정도를 피로 파괴 기준으로 ASME B 31.3 Code에서 규정하고 있으며 Chapter 8에서 상세히 설명했습니다.

이에 더하여 실제적으로 Plant 시운전, 운전 중 많이 발생되는 진동에 대한 동적(Dynamic)인 해석의 이해와 해결 방안의 중요성을 고려하여 배관 진동에 대하여 간략히 설명합니다.

6.6.1 배관 진동의 종류

배관 진동에 대한 동적인 해석을 위해서는 설계 단계에서 진동을 고려하여 설계하는 예지 설계 방법과 시운전 단계에서 진동을 측정하여 해석하는 방법 두 가지가 있습니다. 배관 진동 현상은 진동 발생 원인에 따라 그 종류가 매우 다양하여 설계 단계에서 진동 발생을 예측하여 설계에 반영하기가 쉽지 않습니다. 또한 수많은 배관 진동 모드에 따라 거동 양상과 설계 방안이 각각 달라지게 되어 설계 단계에서 모든 진동 모드를 반영하여 설계하면 지나치게 보수적인 설계가 되기도 합니다.

배관 진동의 형태는 정상 상태의 진동(Steady State Vibration)과 일시적인 진동(Transient Vibration)의 두 가지 형태로 구분됩니다. ASME Code Section Ⅲ에 따르면 정상 상태에서의 진동에 대해서는 배관 설계 및 배관 지지에 의해서 진동을 최소화하여 허용 한계의 진동 범위 내에서 설계하여야 하며, 일시적인 진동의 경우에는 배관계의 외적, 내적인 힘으로 야기되는 충격 하중을 고려하여 배관 설계를 하여야 합니다.

1) 정상 상태 진동(Steady State Vibration)

정상 상태 배관 진동은 비교적 긴 주기로 반복하여 발생합니다. 회전 또는 왕복동 기기와 같이 기기 자체의 진동이나, 유체의 압력에 의한 맥동이 배관계에 작동하여 발생하는 진동 형태가 있으며, 와류와 같은 유체 유발에 의한 진동, 바람에 의한 진동 형태 등이 정상 상태의 배관 진동에 속합니다.

- 펌프의 압력맥동(Pump Induced Pressure Pulsation)에 의한 진동
- 난류(Turbulence Flow)에 의한 진동
- 와류(Vortex Shedding)에 의한 진동
  유체 공동과 유체 증발(Flow Cavitation & Flashing)에 의한 진동
  - 초기공동(Incipient Cavitation)
  - 임계공동(Critical Cavitation)
  - 초기 손상 공동(Incipient Damage Cavitation)
  - 질식공동(Choking Cavitation)

2) 일시적인 진동(Transient Vibration)

상대적으로 짧은 주기로 발생하며, 배관계의 축 방향으로 커다란 주파수와 하중이 작용하는 진동 형태로 수격 현상에 의한 진동 형태 또는 안전 밸브의 작동에 의한 진동 형태 등 과도한 동적 배관 진동의 유형을 말합니다.

- 수격 현상(Water Hammering or Steam Hammering)에 의한 진동
- Two Phase Flow로 인한 Slug Force에 의한 진동

6.6.2 배관 진동의 설계 기준

현재까지 배관 진동에 관한 동적인 설계 기준은 정적인 설계 기준과 같이 이론 및 실험에 의해서 구체적으로 상세히 확립한 연구가 미진한 상태입니다. 이는 배관 진동의 종류가 다양하고 진동 실험 자체가 힘들며, 진동실험의 결과를 모든 배관 진동에 일률적으로 적용하기가 쉽지 않기 때문입니다. 따라서 배관계와 관련된 기기를 중심으로 기기의 원활한 작동을 위한 배관 진동 범위를 제시하거나, 진동으로 인한 응력을 안전한 설계 기준으로 제시하는 정도가 있습니다. 일반적으로 다음과 같이 배관계의 구성 특징에 따라서 설계 기준을 각기 다르게 적용하고 있습니다.

6.6.2.1 정상 상태 진동(Steady State Vibration)의 설계 기준

1) 일반 배관계의 진동 설계 기준

일반 배관계에서 발생하는 진동을 주기적인 조화 진동으로 고려하여 배관 재질의 내구 응력을 설계 기준으로 평가합니다. 한편 ASME OM, Part 3 Para. 3.2.1.2(ASME OMa−S/G−1991 STD Pat3 원자력 배관의 진동 기준서)에 따르면 ASME B 31 Piping에 대한 언급이 있으며 이를 이용한 배관 진동의 허용 응력의 기준은 다음과 같습니다.

$$Salt = C2\ K2/Z \times M \leq 0.8\ Sel$$

여기서 C2 = 이차응력지수
K2 = 국부응력지수

Sel = 응력 반복회수 10^{11}번에서의 내구한도

(탄소강은 0.8SA＝10,000psi, 스테인리스강은 13,600psi)

Salt = 계산된 스트레스 강도(psi)

Z = 단면계수(in^3)

C2K2 = 2i

i = 응력강화계(Stress Intensification Factor)

2) 회전 기기의 배관 진동 설계 기준

회전 기기에 의해서 전달되는 배관 진동은 조화함수로 표현되며, 이때 발생하는 주기적인 조화 응력은 배관 재질의 내구응력을 기준으로 평가합니다. 한편 회전 기기의 주파수와 배관계의 고유 주파수의 관계를 다음과 같은 범위로 설계 기준에 적용하기도 합니다.

Fp > 1. 5Fe

여기서 Fp : 배관계의 1차 고유 진동수

Fe : 회전 기기의 최대 진동수

3) 왕복동 기기의 배관 진동 설계 기준

내연기관의 작동에 의한 가진 진동수는 다음의 식으로 계산되며, 배관계의 고유 진동수를 4번째 가진 진동수보다 크게 되도록 배관 설계를 하여 공진 범위에서 벗어나도록 합니다.

fn > 4ff1 = ff = 4(RPM/60)(Nc)(Fc)

여기서 fn : 배관 고유 진동수(Cycle/sec)

RPM : 최대 엔진 속도(Revolution per minute)

ff1 : 1차 가진 진동수(Cycle/sec)

ff : 4차 가진 진동수(Cycle/sec)

Nc : 주 배관에 연결된 기기의 실린더 수

Fc : 작동 실린더 수

4) 바람과 지진에 의한 배관 진동의 설계 기준

바람에 의해서 발생하는 배관계의 진동수는 다음의 식으로 구해지며, 아래와 같이 배관계의 고유 진동수와 비교하여 공진 범위에서 벗어나도록 설계합니다.

W = 0.19(V/D)

0.5 > W/Wn > 1.3

여기서 W : 바람에 의한 가진 진동수

Wn : 배관계의 고유 진동수

V : 바람의 속도

D : 배관의 외경

지진에 의한 배관 진동은 USNRC Regulatory Guide 1.61과 ASME Code Case N-411에서 배관계의 Damping Value를 0.01에서 0.05 범위의 값을 설계에 적용하도록 제안하고 있으며, Damping Factor에 따른 주파수와 속도에 대한 설계 응답 선도를 제시하고 있습니다. 한편 ASME B31.3에 따르면 허용 응력의 1.33배 값을 바람과 지진에 의한 설계 기준으로 적용하도록 제시하고 있습니다.

6.6.2.2 일시적인 진동(Transient Vibration)의 설계 기준

배관의 일시적인 진동은 주로 배관의 처짐과 반력을 근거로 평가합니다. 일시적인 진동 현상에서 재질의 피로 현상은 진동으로 인한 교차응력의 횟수가 적기 때문에 그리 문제시되지 않습니다. 일시적인 진동에 의한 배관계의 큰 움직임은 배관 응력을 크게 증가시킬 뿐만 아니라 배관 지지대를 손상시키기도 합니다. 작은 분기관의 파손이나 연결된 기기에 과도한 하중이 작용하기도 하지만 가장 빈번히 발생하는 현상은 배관 지지물의 손상입니다. 따라서 일시적인 진동에 의한 과도 진동에 대한 대책은 주로 배관계의 움직임을 조절하여 배관 지지대와 기기로 하여금 진동에 의한 하중을 감당하게 하는 것입니다. 정상 진동과는 달리 배관 재질의 내구한도 적용을 받지 않으며 일반 배관 코드의 허용 응력을 적용합니다.

6.6.3 진동 해석 평가

6.6.3.1 정상 상태의 진동

일반적으로 가장 심각한 정상 상태 진동은 최대 유량 또는 최소 유량 조건하에서 발생합니다. 일단 운전 모드가 설정되면 전체 배관계의 진동을 조사하여 진동이 가장 심각한 운전 모드를 우선 육안검사를 통해 파악하게 됩니다. 사람의 능력으로 감지할 수 있는 진동 레벨은 배관의 파괴를 일으키는 진동 레벨보다 매우 적은 수준까지 감지할 수 있음을 보여주고, 따라서 육안검사는 진동으로 인한 떨림과 소음을 감지하는 데 매우 효과적이라고 볼 수 있습니다. 특정 배관계가 진동이 심각(High Frequency=14Hz)하다고 판정되면 진동이 심각한 부분의 변위를 Peak to Peak로 측정하고 동시에 정성적 분석도 해야 합니다. 또한 진동이 매우 적다고(Low Frequency=4Hz) 판정된 경우에도 적어도 한 지점은 측정하여 보고서에 기록되어 추후 참고 자료로 활용하게 합니다.

6.6.3.2 정성적 분석(Qualitative Assessment)

정성적 분석은 진동 측정 및 평가 방법에 의해 정량화될 수 없는 진동 원인과 영향을 찾아내어 평가하는 방법이며 정량적 분석과 함께 만족되어야 합니다. 정성적 분석의 항목은 다음과 같습니다.

1) 배관 지지물

배관 진동은 마모, 나사산 연결부의 이완, 피로 손상 등으로 배관 지지물에 악영향을 줄 수 있습니다. 그 영향이 심각하다면 다음에 소개하는 정량적 분석 방법을 충족시키더라도 배관 지지물의 손상 또는 파괴가 또다시 배관 진동 응답에 큰 영향을 줄 수 있기 때문에 정성분석에 의해 평가해야 합니다. 큰 배관 진동 하중이 구조물에 작용할 때는 구조물 응력해석을 수행해야 하며 배관 지지물에 대하여 다음과 같은 정성분석을 완료해야 합니다.

- 나사산 연결부의 이완 또는 너트의 분실 여부 확인. 고주파수의 진동은 나사산 연결부를 이완하는 경향이 있으므로 이런 현상이 발견되면 고주파수 진동임을 알 수 있습니다.
- 가이드 지지물과 배관 사이의 마모 확인. 진동은 배관의 외벽과 지지물 부품의 마모를 일으키고 특히 스너버(Snubber)는 정상 상태 진동에 의해 내부 마모를 일으킬 수 있고, 또한 클래비스 핀과 클램프 사이의 마모의 원인이 되기도 합니다.
- 배관 클램프의 회전, 이탈 확인

2) 기기

배관 진동은 펌프, 밸브, 오리피스, 인라인 계기와 연결 기기에 악영향을 줍니다. 정성분석을 해야 할 항목은 다음과 같습니다.

- 공동현상은 정량적 분석에 의해 평가할 수 있는 진동이지만 또한 밸브의 내부 표면, 배관 하단부, 오리피스에 마모, 침식과 점식을 발생시키며 따라서 매우 큰 소음을 동반하는 공동현상으로 정성적 분석을 만족시키지 못하는 경우가 있습니다.
- 펌프 주위의 진동은 펌프의 정렬 불량, 베어링 마모, 유동저항, 공동현상 또는 불균형에 의해 발생합니다.
- 밸브에서의 고주파수 진동은 밸브 내부의 공진을 발생시킵니다.
- 분기관은 헤더 배관 진동에 의해 영향을 받을 수 있고 헤더의 진동수가 분기관의 구조물 진동수와 같을 때 분기관은 직접 큰 영향을 받을 수 있습니다. 또한 헤더 배관의 압력맥동에 의해 분기관이 음향공진을 할 때에도 분기관이 큰 영향을 받게 됩니다.

6.6.3.3 정량적 분석/진동 측정

정성적 분석이 끝나면 진동을 측정하게 됩니다. 통상 배관계는 감지할 수 있는 진동이 여러 지점에 존재하는데 모든 지점을 측정할 필요는 없고 가장 심각하다고 판단되는 지점들을 측정하여 자료로 이용하면 됩니다. 그렇지만 항상 최대 진동 변위 지점이 심각한 진동 지점을 뜻하는 것은 아닙니다. 예를 들어 강성이 큰 부위의 진동변위는 유연성이 충분한 지점의 큰 진동 변위보다 더 큰 응력을 발생시킬 수 있으므로 가장 심각한 진동 측정 지점을 정확히 판단하는 데는 많은 경험이 필요합니다.

일단 진동 측정 지점이 결정되면 변위를 Peak to Peak로 측정해야 하며 또한 FFT(Fast Fourier Transformation)로 지배주파수(Predominant Frequency)를 얻어 문제를 해결하는 데 이용합니다. 즉, 진동 측정 후 기록해야 할 정보는 다음과 같습니다.

- 진동 측정 범위
- 진동 측정 방향
- 최대 변위(Peak − Peak)
- 지배주파수

1) 단순보 해석 방법(Simple Beam Analogy)으로 진동 측정이 완료되면 상세한 컴퓨터 시뮬레이션 해석을 하기 전에 적격심사기준(Screening Criteria)의 도구로서 단순보 해석 방법을 이용하여 허용 변위 기준을 설정하고 측정치와 비교하여 진동의 심각성을 판단합니다. 단순보 해석은 간단하면서도 보수적인 방법이기에 이에 의해 설정된 허용 변위보다 측정 변위가 작으면 그 부분의 진동은 허용될 수 있음을 뜻하나, 측정 변위가 허용 변위보다 크다면 컴퓨터 시뮬레이션 해석을 수행하여야 합니다.

   허용 변위 기준(Allowable Displacement Limit) 설정 기준은 ASME Om Part. 3 Para. 5.1.1에 소개되어 있습니다. 언급된 허용 변위 공식은 두 가지의 다른 경계 조건, 즉 'FIXED − FIXED'와 'FIXED − GUIDE'를 가진 균일 분포 하중을 받는 단순보의 처짐을 가정하여 최대 인장 강도가 80 ksi보다 적은 탄소강을 기준으로 도출하여 적용하고 있습니다.

2) 컴퓨터 시뮬레이션 해석 방법으로 컴퓨터를 통하여 시뮬레이션을 하기에 앞서 배관계에 작용되는 가진함수(Forcing Function)를 구하는 일입니다.

   실제로 근접한 가진함수를 구하는 일이야말로 배관계의 동적해석 과정에서 가장 중요하고도 어려운 과정입니다. 가진함수를 입력하여 해석 후 얻은 변위와 측정에 의한 변위를 비교하여 측정변위를 해석 변위로 나눈 비율(Normalization Factor)을 구하여 이 중의 최댓값을 배관계 전체에서 구한 응력값에 곱합니다. 이 수정된 응력값을 허용 응력(피로한도)과 비교하여 검증하는 것입니다.

상기 내용은 배관 설계자의 개략적 개념의 이해를 중점으로 기술하였습니다. 진동 관련 사항을 응력해석 담당자의 영역으로만 생각하는 것을 벗어나 배관 설계 진행에 도움이 되기를 기대합니다.

6.6.4 배관 진동에 대한 고려 사항

배관 진동의 대부분을 차지하는 것은 유체 유동 특성에 의한 진동으로 그 심각성은 알지만 적절한 분석 방법과 조치 방안이 널리 알려져 있지 않아 접근하기가 까다롭게 인식되어왔습니다. 그러나 배관계 진동에 대한 종류별 이해와 분석 과정을 통하여 그 특성을 배관 설계에 반영할 수 있게 된다면 진동의 안전성 판단은 물론이고 문제점 해결에 크게 도움이 될 수 있습니다. 즉, 도식화된 정상 상태 진동(Steady State Vibration)의 설계 기준에 따른 진행보다 기정형화된 Data의 정확한 이해와 적용이 필요합니다. 동시에 일시적인 진동(Transient Vibration)의 경우 Process Simulation 진행으로 관련 System에 대한 요구 사항(P & ID 명기: Anchor Security)이 최우선으로 설계에 반영되어야 합니다. 또한 특정 기기(Reciprocating

Compressor 등)의 경우 관련 Dynamic/Pulsation Study 등의 해석을 하여 사전 진동에 대한 문제점을 제거하여야 합니다.

그리고 배관 응력 평가 중 Dynamic Study 과정에서는 비율(측정 변위/해석변위) 중 가장 큰 값을 선정한 후 이 값을 배관계 전체의 계산된 응력에 곱하여 허용 응력(내구한도)과 비교하여 평가합니다. 이때 보편적으로 피팅류에서 허용 응력을 초과하는 경우가 발생되는데 SIF값의 적절한 사용 여부를 검토하고 또한 이를 위해 FEM(Finite Element Method)을 활용할 수도 있습니다.

6.7 주요 배관 시스템 문제 유형 및 대책

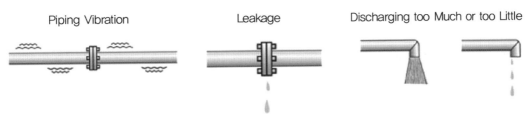

그림 6-25 배관 시스템 문제 유형

플랜트 공장의 주요 발생 문제로는 배관 시스템 누수, 진동 및 유량의 문제 등이 있습니다.

- Flange 연결 부위의 체결 불량으로 발생하는 누수(Alignment, 개스킷 문제 등)
- 스팀 배관에 응축수에 의한 진동이 발생(Two Phase, Hammering 현상 등)
- 관경 계산 오류로 인한 부적절한 유량 이동으로 정격 출력 부족 현상 등이 있음

6.7.1 배관에서 Two Phase 흐름에 대한 문제점을 최소화하는 방안

안전한 유량 흐름을 얻기 위해 가능한 한 차압이 허용되는 최소 라인 크기를 조정하고 저부하 조건의 배관을 다른 한쪽으로 변경하여 파이프당 질량 유속을 증가시킬 수 있게 By Pass Piping를 고려하여 설계합니다. Process Simulation 진행으로 관련 System에 대한 요구 사항(P & ID 상 Anchor Security 명기)이 설계 반영에 최우선으로 진행되어야 합니다.

Two Phase 흐름으로부터 배관 시스템을 보호할 수 있는 Support와 구조물을 배치하여 설치합니다. (예 : 액체 슬러그, 원주막 유동(Annualr)으로부터 방향 전환 시 Impact force가 발생할 수 있는 곳에 고정 서포트를 설치합니다.)

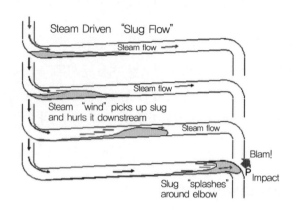

그림 6-26 Two Phase Flow

1) 응축수의 Two Phase Flow 문제점

스팀 배관계의 시운전 중에 응축수에 의한 Impact Force(Water Hammer)로 인해 발생하는 현상으로 굉음을 동반하며 축 방향에 힘이 발생하여 구조물 및 배관 지지물이 파손되어 연관된 기기의 변형 및 파손이 발생합니다.

- 대책 : Drip Port 설치, Steam Stack, Line Slope, Support 추가 설치

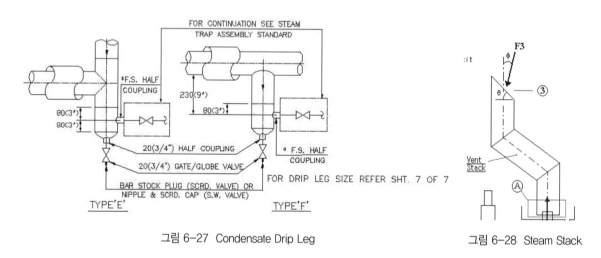

그림 6-27 Condensate Drip Leg

그림 6-28 Steam Stack

Steam Stack 배관은 파이프 랙 쪽 용기 주위에 반경 방향으로 배치하거나 인접한 장비와 정렬해야 합니다. 플랫폼, 사다리, 맨웨이, Instrument 및 낙하 구역에 접근할 수 있는 충분한 공간을 남겨두어야 합니다.

2) 수격현상

- Surge : 일반적으로 장거리 공업용수 배관에 설치된 펌프, 밸브 등이 라인 시스템의 끝에서 운전 실수 등으로 갑자기 밸브를 닫게 되는 경우 압력파가 배관에서 전파될 때 발생되는 유량, 유압

충격 현상을 말합니다. 이 압력파는 소음 및 진동으로 배관 파손에 이르는 주요 문제를 일으킬 수 있습니다.

- Water Hammer : Two-Phase 액체가 가지고 있는 운동에너지가 압력에너지로 변환되어 관 내부에서 탄성파가 왕복하게 되어 발생되는 충격 현상을 이야기합니다. 이런 현상은 배관의 방향 전환 부분에 주로 일어납니다.

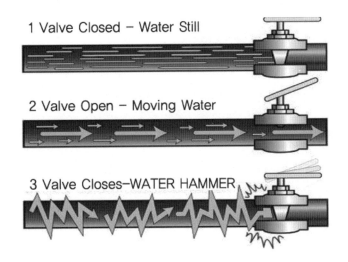

그림 6-29 Water Hammering View

- 대책 : 감압 밸브 설치, 배관 두께 조정 등.

6.7.2 공동현상(Cavitation)

유체의 흐름 중 미소한 양이 기기 표면에서 액체로 둘러싸인 상태에서 기화하는 현상으로 이런 공동화를 공동현상이라고도 합니다.

고체와 액체의 상대속도가 매우 큰 경우에 고체 표면의 일부에서 액체의 정압이 액체의 포화 증기압보다 작아질 때 일어납니다. 펌프의 임펠러와 선박의 스크루 등에서 발생합니다.

캐비테이션과 플래싱이 일어나면 성능이 떨어지고 손상하는 경우도 있습니다.

- 대책 : 펌프 입구에 일정한 거리를 확보하고 전단에 ECC Reducer를 설치합니다.

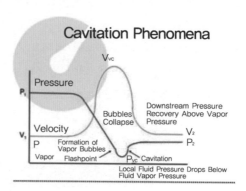

그림 6-30 Cavitation & Erosion Phenomena

6.7.3 주요 진동 현상에 대한 이해와 대책

	Type of Vibration	해석 프로그램(AutoPIPE Solution)
1. Mechanical	A. Machinery Unbalanced Force and Moments	Harmonic Displacement Analysis : 설치된 관련 기기의 Alignment 등의 문제로 발생하는 것
	B. Structure Borne Vibrations	
2. Pulsation:	Flow induced vibrations due to compressors & pump	Harmonic Force Analysis : 주로 맥동이 발생하는 기기에 설치된 배관계에서 발생 (기기 고유 진동, 유체 진동, 배관계의 진동을 구분 검토하여 공진 현상을 제거)
3. Pressure Surge, Hydraulic Hammer : 공업 용수 등 장거리 이송 배관 2-Phase의 배관		Force Time History

표 6-1 주요 진동 현상에 대한 이해와 대책

6.7.4 Valves Problems

프로젝트 건설 중에 발견된 단일 밸브 문제로 재구매 및 재시공을 하여 전체 공기가 지연되거나 시운전 등에 문제를 일으킬 수 있습니다. 일반적인 프로젝트는 여러 밸브 패키지를 주문하는데 대형 Project의 경우 최대 30,000개의 밸브를 포함할 수 있습니다.

무게는 1킬로미터에서 70톤까지, 설계 온도는 섭씨 영하 196℃에서 800℃까지 다양합니다. 밸브의 수리 및 교체로 프로젝트 일정이 지연되어 추가 비용이 발생할 수 있으므로 당연히 가능한 한 배관 설계 및 구매 업무에 가능한 내용을 반영하여 이를 방지하여야 합니다.

1) 밸브 문제의 여섯 가지 범주

주조 결함

기어 박스 누수

플랜지 손상

부적절한 제품 설계

액추에이터의 정렬 불량

페인트 문제

2) 문제 해결 방법

기술적 접근 방식 : Lesson & Learned(제조업체 조사 프로그램, 중요 배관 밸브 구분, Engineering 참고의 부분)로 구성, 관리합니다.

Lesson & Learned는 제조업체 방문 조사와 관련 세부 사항과 모든 작업 문제에 대한 기록이 포함된 데이터베이스를 유지하는 것입니다.

발주 업무 진행 시 표준 밸브에서 중요한 밸브를 분리하여 제조업체를 평가하고 Lesson & Learned의 반영 사항을 확인하는 작업을 반드시 실시합니다.

6.7.5 Pump Alignment

석유화학, 화학 및 정유 분야에 사용되는 원심 펌프는 설치 중, 작동 중, 서비스 및 유지 보수 후에 정기적으로 정렬을 확인합니다. 모터－펌프 정렬은 모터와 펌프 사이의 샤프트 중심선을 정렬하는 프로세스입니다. 일반적으로 Process Plant에서 가장 많은 기기인 Pump의 고장 원인을 분석하여 보면 기계적 문제, 성능(NPSH), 진동, 축 오정렬 등 여러 가지 원인이 있습니다. 그중 37% 정도가 진동 및 오정렬에 의해 발생하는 것으로 알려져 있습니다. 펌프 주위의 진동은 펌프의 정렬 불량, 베어링 마모, 유동저항, 공동현상 또는 불균형에 의해 발생합니다. 이러한 문제를 해결하지 않으면 시스템에 펌프 또는 모터의 조기 고장을 비롯한 여러 문제가 발생할 수 있습니다.

- Misalignment 결함 원인 : Imbalance Impeller, Impeller Instability, Bent Shaft, Pipe Stresses Anti－Friction Bearing, Sleeve Bearing, Resonance, Looseness
  - Pump Miss Alignment(오정렬) 모습
    두 샤프트의 중심선 사이의 각도, 두 샤프트의 중심선 사이의 수직 수평 오정렬 모터와 펌프 사이의 샤프트 중심선에 두 샤프트 중심선이 평행하지 않습니다.

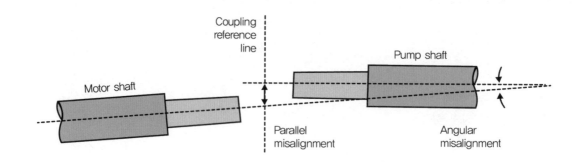

그림 6-31 Shaft Miss Alignment on a Common Plan

따라서 오정렬 발생 요인 중 다음 배관 설계 관련 사항의 내용을 상세 반영하여 Pump Piping Design 업무를 진행하여야 합니다.

- Stress Analysis에 따른 Support 설계 미준수
  Spring Support Locking Device 관리 부족
  Expansion Joint Control Rod & Anchor Support
- Pump 주변 배관 Support의 설계 부족 및 Adjustable Support 기능 미흡

6.7.5.1 Pump Piping 설계 시 고려 사항

Pump 주변 배관은 유체의 온도와 압력에 따라 해석하고 열팽창에 대한 적절한 정렬을 확인해야 합니다. 펌프 배관의 응력을 분석할 때는 가능한 모든 작동 조건을 고려해야 합니다. 여기에는 펌프의 작동 및 대기 모드, 고장 상태 및 노즐 부하의 과도 현상이 포함됩니다.

흡입 및 토출 배관은 배관의 형상과 Pipe Support & Expansion Joint 등을 사용하여 펌프의 노즐 부하가 API 610과 같은 표준에 지정된 것 또는 공급 업체가 제공한 값보다 적도록 보장해야 합니다.

또한 배관 엔지니어는 허용되는 노즐 부하는 업셋 조건 동안 노즐에 부과되는 최악의 부하 조건과 비교해야 하며 공급 업체가 제공한 값 또는 코드 허용 가능한 펌프 부하값을 준수함으로써 배관 부하로 인해 커플링 불일치가 발생하지 않도록 보장하여야 합니다.

배관 시스템에 스프링 행거를 사용하는 경우 첫 번째 스프링 행거는 흡입 또는 토출 배관의 무게, 그 내용물 및 단열재를 포함하여 설계해야 합니다.

또한 현장의 주기적 정비를 고려하여 수평 방향의 펌프 노즐에 인접한 Support는 조정 가능한 지지대를 제공하는 것이 좋습니다. 이에 현장 설치 및 Maintenance 기간 중 가장 많이 발생하는 Spring Support & Expansion Joint의 문제점에 대하여 아래와 같이 간략히 기술하오니 참조 바랍니다.

1) Pump Piping Adjustable Support & Spring Support
   가. Maintenance를 고려한 Support 설계
      Suction/Discharge Line에 Adjustable Type Support를 설치하며 열팽창을 고려하여 Spring

Support 설치 시, 정상 운전 전 Spring Support Stopper를 반드시 제거합니다. 보수 작업 동안에는 제거된 Stopper는 반드시 재설치하여 소성 변형을 방지하여야 합니다.

나. Support Spring Support Locking Device 관련

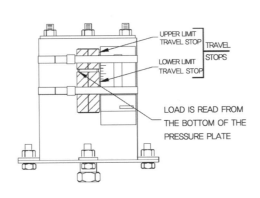

그림 6-32 Variable Spring Hanger Locking Device View

가변 하중 지지대(Variable Spring Hanger & Support)는 그림 6-32와 같이 Spring Plate의 상하에 잠금 너트(Locking Device)가 고정되어 납품되므로 정상 운전 전 잠금 장치를 아래와 같이 풀어야 합니다.

- 스프링 판 상부 너트는 상부에 완전 밀착할 때까지 위로 올립니다.
- 스프링 판 하부 너트는 해체하여, 추후 사용 목적으로 상단 플레이트 상단에 보관합니다.
- 과중량용 가변 하중 지지대의 경우, 잠금 장치와 잠금 볼트를 해체하여 보관합니다.
- Hanger Record Sheet를 작성 관리합니다.

주의: 가변 하중 지지대 본체의 다른 너트는 손대지 말 것

2) Pump Piping Axial Expansion Joint
대형 Cooling Water Pump의 흡입 및 토출 배관에 설치되는 익스팬션 조인트는 온도에 의한 배관의 팽창 및 수축 및 진동을 안전하게 흡수하면서 부품을 함께 고정하거나 지반 침하 또는 지진 활동으로 인한 이동을 허용하도록 설계된 어셈블리입니다.

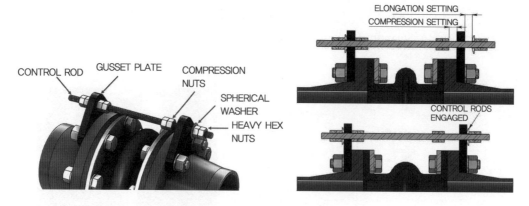

그림 6-33 Typical Control Rod Assembly Components/Effects of Pressure Thrust

가. Control Rod Function : 조인트가 특정 이동 범위 내에서 자유롭게 움직일 수 있도록 하면서 조인트가 압력 추력으로 인해 과도하게 늘어나는 것을 방지하는 것입니다.

고압 배관 시스템에서 컨트롤 로드(Control Rod)는 조인트에 대해 미리 지정된 성장량에 도달하면 거싯 플레이트와 맞물려 조인트가 더이상 늘어나는 것을 제한합니다. 이때 컨트롤 로드는 파이프 플랜지에 작용하는 추가 추력을 흡수하여 인접한 장비에 가해지는 응력의 양을 제한합니다. 컨트롤 로드의 사이즈 계산은 압력 추력을 기반으로 합니다. 조인트의 공칭 내경(ID) 및 아치 형상은 최대 라인 압력에서 파이프에 적용될 추력을 계산하는 핵심입니다. FSA(Fluid Sealing Association)에서 정한 산업 표준에 따라 컨트롤 로드와 거싯 플레이트는 재료 항복 강도의 65% 이하를 견디도록 설계되었습니다.

나. Axial Expansion Joint Control Rod Compression Nut Device 관련

Axial Expansion Joint Control Rod Compression Nut는 그림과 같이 Control Rod 좌우에 잠금 너트(Locking Device)가 고정되어 납품되므로 정상 운전 전 잠금 장치를 아래와 같이 설계된 값에 조정합니다.

① Elongation Setting에 맞추어 너트를 조정합니다.

② Compression Setting에 맞추어 너트를 조정합니다.

③ Maintenance 작업 시 해체된 Expansion Joint는 제거된 Nuts를 반드시 설치하여 소성변형을 방지합니다.

6.8 Piping System Design Studies

 사례 연구 : Compressor System Piping Studies in Compressor Area

본 사항은 대형 Ethylene Plant의 Cracked Gas Compressor에 연결되는 Inlet/Outlet Process Line에 대한 Process Flow 이해와 관련 기기 연결 시 검토 및 고려 사항 등의 순서로 Compressor 주변 Piping Route& System Studies 과정을 설명하고자 합니다.

기기 노즐/배관에 대한 응력해석 사항은 Rotating Equipment의 필수적이고, 매우 중요한 검토 사항이나 아래 Studies는 배관 Route Design을 중심으로 설명하여 생략하였습니다.

6.8.1 Main Compressor의 사전 특성 파악

- Heavy Equipment
- Many Auxiliary Facilities
- Located on Second Floor
- Many Coordination Points
- Critical Path & Long Delivery
- Maintainability

기기의 형상 및 Coordination Point of Equipment Design을 관련 Vendor Dwg 확인 검토하며 일반적으로 대형 기기의 Data는 배관 설계 일정과 차이가 날 수 있으므로 능동적으로 기계 설계 팀과 협조하여 Vendor와 사전 협의를 거쳐 상호 이해와 협조를 바탕으로 진행합니다.

그림 6-34 Centrifugal Compressor Configuration

6.8.2 Main Compressor의 Process System 검토

P & ID Studies를 통하여 System의 압축 순서를 이해하고(그림 6−36) 관련하여 연결되는 Equipment Location을 Plot Plan에서 파악하여 배관의 연결을 구상하고 경제성, 배관 지지물 조건 등을 고려하여 기기 단계별 순차적 흐름도를 간략히 정의합니다.

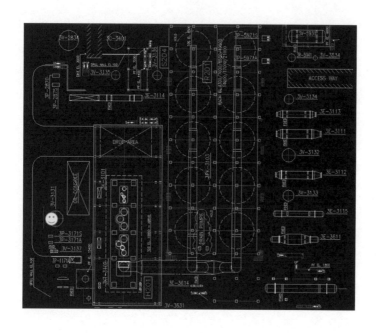

그림 6-35 Equipment Location

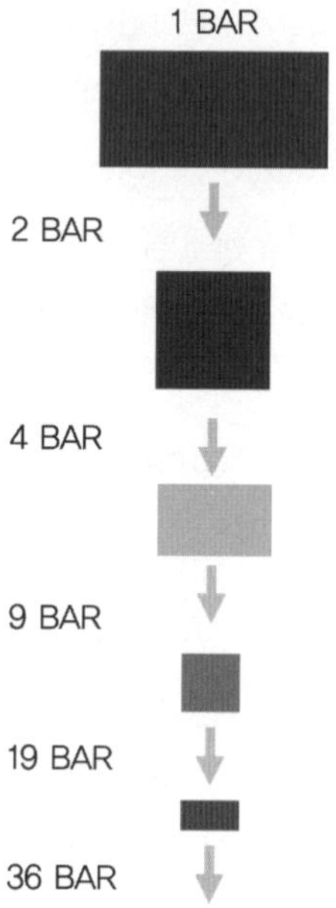

그림 6-36 압축 순서

6.8.3 Plant Layout의 기기의 Location을 Process Flow 측면에서 이해하기

Minimize Energy Loss Minimize, Piping Materials Efficient, Space Efficient, Operation Minimize Str./Civil Quantity 등을 확인하여 표현된 그림과 같이 ① → ② → ③ → ④ → ⑤ 순서로 기기의 배열과 연결 배관의 흐름이 자연스럽게 연결될 수 있도록 배열 흐름을 확인하고, 이미지를 3D로 머릿속에 형상화하여 구성을 검토하고 또한 Piping Route 중첩을 피하여 System 연결을 순차적으로 검토하여 진행합니다.

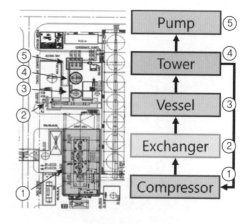

그림 6-37 Equipment Flow Sequence

6.8.4 Compressor System Piping Studies in Compressor Area

Piping System을 검토하여 Line의 Route를 결정하는 것은 종합예술로 관련 기기의 정보 및 사업주의 요구 사항을 고려하여 진행하여야 합니다.

1) 기기의 특성 파악
2) 기기의 형상 및 Coordination Point of Equipment Design 확인 검토
3) P & ID Studies를 통하여 System의 압축 순서를 이해
4) 연결되는 Equipment Location을 Plot Plan에서 파악
   Minimize Energy Loss, Minimize Piping Materials, Efficient Use of Space, Efficient Operation, Minimize Str./Civil Quantity
   배관의 연결을 구상하고 경제성, 배관 지지물 조건 등을 고려
   상기와 같이 설치를 순차적 흐름도를 간략히 정의하여 결정합니다.

Piping Design은 25% Knowledge, 25% Experience, 50% 감각적인 Sense라고 합니다. 따라서 상기와 같이 순차적으로 해당 System을 이해하고 진행하면 좋은 배관 설계가 될 수 있다고 생각합니다.

07

Piping Material

7.1 General

본 Chapter는 파이프 자재를 설명하며 파이프 재료의 특징, 피팅 적용 및 부식 등 재료 선정을 위한 기술 및 Code, 검사, Material Specification을 포함한 전체 배관재 구매 등의 프로세스를 다룹니다.

Process Piping은 Vessel이나 Process 설비의 유체 운반에 사용되며, 유틸리티 배관은 증기, 공기, 물 등의 운반에 사용됩니다. 파이프, 피팅, OSHA(Occupational Safety and Health Administration) 규정 등에 관한 것들은 전체를 커버하지 못하고 간략히 구성하였습니다. 그러나 배관 재질의 기본 특성과 이해, 재질 선정 시 고려해야 할 기본 항목들을 보다 상세히 기술하여 배관 엔지니어가 실무에 적용하는 데 도움이 되도록 정리하였습니다.

7.2 Pipe and Tube

파이프(Pipe)는 Process, Utility 유체 등의 압력 서비스를 운반하는 데 사용되는 둥근 관형 또는 중공 실린더입니다. 또한 구조용으로도 사용될 수 있으며 파이프 및 튜브 생산에 관하여는 다양한 정부 표준이 존재합니다.

파이프는 농경사회로부터 오랜 기간 우리의 실생활에 다양하게 사용되었으며 제작자의 생산 설비 능력이나 사용자의 요청에 따라 사이즈(Size) 및 길이(Length) 등이 산업표준 이외에도 맞춤형으로 제조되기도 합니다.

튜브(Tube)는 기계 부속품(열교환기)으로 사용되거나, 계측기(Instrument) 에어 주입을 위한 맞춤형 크기와 중공 단면을 가지며 다양한 직경 및 두께로 만들어집니다.

튜브는 일반적으로 비원통형 섹션(즉, 정사각형 또는 직사각형 튜브)으로도 생산됩니다.

7.2.1 Pipe와 Tube의 차이점

파이프는 공칭 직경(NPS)으로 크기를 나타냅니다. 하나의 공칭경은 외경이 일정하게 정해져 있으나 공칭경이 모든 배관에서 내경 또는 외경을 말하는 것은 아니며 크기에 따라 다음과 같은 관계를 가집니다.

Pipe Size 12" 이하 : OD > NPS > ID

Pipe Size 14" 이상 : OD = NPS

Pipe Thickness in Schedule No. : 스케줄 넘버라는 일정 값을 지정하여 두께를 나타냅니다.

튜브는 항상 외경을 호칭으로 사용하기 때문에 외경과 이름이 같습니다.

Tube Size Always - in OD

Tube Thickness Always : mm or Inch의 고정 숫자로 두께를 나타냅니다.

7.2.2 Markings on Pipe and Tube

제작 시 파이프 및 튜브에 표시해야 하는 일반적인 정보, 요구 사항은 다음과 같으며 반드시 표시되어 야 합니다.

- 전체 길이
- 공칭 파이프 크기(공칭 직경)(두께)
- 사양
- 등급
- 제조 방법(용접 방법 Seamless or Welded)
- Heat Number
- 제조업체 이름 또는 기호

7.2.3 배관 재질/제작 방식에 의한 분류

1) 배관 재질에 의한 분류

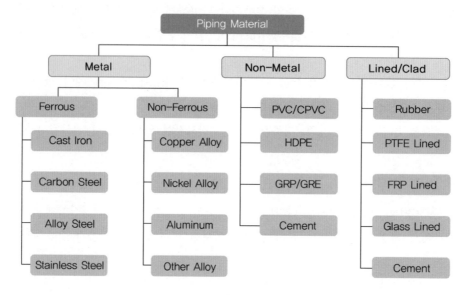

그림 7-1 배관 재질 분류표

2) 배관 제작 용접 방식에 의한 분류

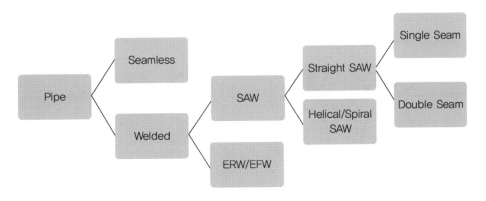

그림 7-2 배관 제작 용접 방식 분류표

- ERW/EFW(Electric Resistance Welded/Electric Fusion Welding) : 가격이 저렴하고 생산성이 높습니다.
- SAW(Submerged Arc Weld) : 용입이 깊고 결함이 잘 생기지 않아서 용접 이음부의 신뢰도가 높고 아크가 보이지 않고(잠호용접) Fume이 작게 발생하여 청정한 환경이 보장됩니다.
- Helical/Spiral Pipe : 나선형 유동을 구성할 수 있어 축방향 체적유량이 직선 배관보다 큽니다.

- 용접이 없는(Seamless Steel : SMLS) 파이프

  용접이 없는 파이프는 아래 그림과 같이 제관기 위에 단단한 빌렛(billet)을 압출하여 중공을 만듭니다. 따라서 이음매 없는(Seamless) 파이프는 일반적으로 제조비용이 더 비싸지만 주로 고온, 고압 배관 시스템에 사용됩니다.

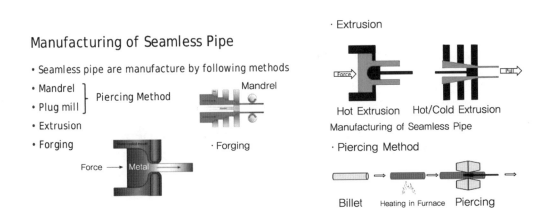

그림 7-3 SMLS 배관 제작도

- 용접 파이프(Seam : SEM)

  용접 파이프는 압연된 플레이트를 용접하여 제작합니다. 용접 방법으로 ERW(Electric Resistance Welded) 또는 EFW(Electric Fusion Welded)가 있으며 일반적으로 모재를 원형으로 Roller로 성형하여 용접합니다. 그러나 용접 이음새(Seam)가 잘 보이지 않습니다. 이음새(Seamless)가 없는 것보다 공차가 크며 대량으로 제조가 가능하며 가격이 더 저렴합니다.

일반적으로 대구경 파이프(약 10" 이상)는 ERW이거나 수중 아크 용접(SAW) 파이프 등으로 제작합니다. 용접이 있는 배관은 주로 온도와 압력이 낮은 일반 배관 시스템에 사용됩니다.

(Plat Bending/Forming for Welded Pipe)

(ERW or EFW Pipe)

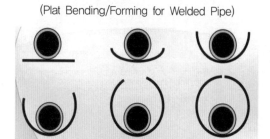
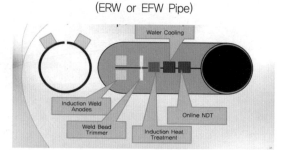

그림 7-4 SEM 배관 제작도

7.2.4 Non Destructive Tests for Pipe and Tube

배관 제작의 최종 단계로 품질관리 및 보증을 위하여 파이프 또는 튜브를 손상시키지 않는 방법으로 비파괴 검사가 사용됩니다. 일반적으로 사용하는 NDT(Non Destructive Test)는 아래와 같이 다양합니다. 이러한 비파괴 검사는 플랜트 건설 현장의 배관 공사, 즉 파이프 피팅 용접 공사 후 품질관리 등에 동일하게 적용되고 있습니다.

1) 초음파 테스트(Ultrasonic Testing)

초음파 테스트에서는 커플링 매체를 통해 초음파 음파를 발사하여 테스트할 재료에서 인터페이스 비율이 바운스되며 나머지는 재료에 들어가고 내부 표면에서 트랜스 듀서가 전기 에너지로 변환하여 외부 표면에 나타납니다. 그런 다음 결과를 음극선 관에서 모니터링합니다. 표준과의 편차가 표시되므로 이를 관찰하여 균열 또는 내부 결함을 판별합니다.

2) 와전류 테스트(Eddy Current Testing)

와전류는 코일을 감아서 재료에 와전류를 유도하는 것으로 재료를 둘러싼 두 개의 좁은 검색 코일을 사용합니다. 어떤 재료의 불연속성은 전기 조건을 비교하여 발견합니다.

두 개의 검색 코일을 이용하여 고장 신호가 증폭되어 보일 수 있고, 음극선 관 또는 가청 신호를 만들어 검색합니다.

3) 수압 테스트(Hydrostatic Testing)

수압 시험은 가장 일반적으로 많이 사용하는 것으로 시험할 관에 물 또는 다른 액체를 완전히 채워서 실시하는 압력 시험 방법입니다. 지정된 압력을 요구되는 시간 동안 액체에 가하고, 시험체의 바깥쪽에서 누설 여부를 육안으로 관찰합니다. 압력관의 압력을 받는 부분에 일정한 수압을 가해서 누설, 변형의 유무 및 그 정도를 조사하는 시험입니다.

4) 자기 입자 테스트(Magnetic Particle Testing)

철, 니켈, 코발트 및 합금과 같은 자성 재료로 만들어진 부품의 균열을 탐지하는 데 사용되는 비파괴 검사 프로세스입니다. 자성 재료는 종종 강자성(Ferromagnetic)을 띠는데, 이는 자화에 대한 민감성이 높음을 의미합니다. 자기 입자 검사는 자기장을 사용하여 부품에 균열이 있을 수 있는 위치를 결정하는 프로세스입니다. 이 테스트 방법은 재료의 불연속성을 감지하려 할 때 사용됩니다.

5) 방사선(X-Ray) 검사(Radiographic Testing)
일반적으로 용접 부분의 결함 여부를 검증하는 데 사용됩니다. 용접 또는 용접 영역에 X-Ray 감지 필름을 둘러싸고 X-Ray를 투사하면 용접의 아래쪽에 판독 결과가 표시됩니다. 필름(현미경 사진) 및 사양에 따라 결함 여부를 판단합니다.

6) 염료 침투 시험(Dye Penetrant Testing)
균열을 감지하는 데 사용되며 주변에 염료를 뿌려 결함을 찾습니다. 테스트를 위해 염료를 뿌린 후 침투 시간이 지나면 잉여 염료를 제거하고 그런 다음 영역에 흰색 현상액을 뿌립니다. 모든 결함은 염료를 흡수하는 현상액으로 인해 착색된 선 또는 반점 균열을 나타냅니다. 보다 민감한 결과가 필요한 경우 형광 염료가 사용됩니다. 자외선으로 볼 때 결함은 높은 형광선 또는 반점으로 나타납니다.

7.2.5 Material Traceability

파이프 및 튜브는 제작 시 일반적인 정보, 요구 사항 등을 반드시 표시해야 합니다. 따라서 관련된 파이프의 제조 표준에는 제작한 Pipe(Heat Number)에 대한 일반적인 화학적 구성 요소 Test 및 기계적 강도 테스트에 대한 내용이 기록됩니다.

파이프의 Heat는 모두 동일한 캐스트 잉곳에서 단조되므로 화학적 구성 요소가 동일하며 기계적 테스트 결과는 동일한 열처리 과정으로 확보될 수 있습니다. 제조업체는 화학적 구성, 기계적 강도 테스트 등의 처리 과정을 수행하고 이것을 추적할 수 있는 보고서를 반드시 구성하여 작성합니다. 이 MTR(Material Traceability Report)로 참조되는 테스트 보고서에 의해 재료 관련 사항을 추적할 수 있습니다.

중요한 프로세스에 적용되는 배관재는 이러한 테스트에 대하여 제3자에 의한 검증을 필요로 할 수 있습니다. 이 경우 독립적인 실험실에서 인증된 재료 시험 보고서(Certified Material Test Report)를 작성하며 그 내용을 재료에 Marking하여 이 재료 전체의 추적을 보장합니다. 재료 증명서에 표시된 성분 및 화학 성분 구성 요소가 실제 사용된 자료와 이 서류 사이의 일치 여부를 추적할 수 있도록 하는 것은 중요한 품질 보증 문제(Quality Assurance)입니다. 파이프에 재료가 잘못 사용되는 오용을 방지하기 위한 예방 조치도 취해야 합니다.

파이프 재료의 오용 여부에 대한 추가 검증을 위한 파이프 재질 식별 방법으로 PMI(Positive Material Identification) 방법 등을 이용할 수 있습니다.

7.2.6 주요 Metal/Non Metal Pipes

7.2.6.1 Metal Pipes and Tubes

금속 파이프는 일반적으로 강철(Steel) 또는 철(Iron)로 만들어집니다. 배관재로 쓰이는 금속의 화학 성질 및 배관재의 끝부분 마무리는 용도와 형태에 따라 달라집니다. 일반적으로 금속 배관은 흑색강, 탄소강, 스테인리스강 또는 아연도금강, 황동 및 연성 철과 같은 강 또는 철로 만들어질 수 있습니다. 강철(Steel) 또는 철(Iron)이 서비스 유체에 적용할 수 없거나 중량이 문제가 되는 경우 알루미늄 파이프 또는 튜브가 사용될 수 있습니다.

알루미늄은 냉매 시스템에서와 같이 열전달 튜브에 많이 사용됩니다. 아울러 구리 배관은 가정용 열 배관 시스템에서 열전달이 필요한 곳에 사용될 수 있습니다(즉, 라디에이터 또는 열교환기 등). 그러나 Stainless Steel, Nickel Alloy, 티타늄 합금은 내식성이 중요한 공정 시스템의 고온 및 고압 배관에 사용됩니다.

1) Steel Pipes and Tubes
- 강철(Steel) 종류는 3가지로 분류 가능합니다.
  Law Carbon steel : 탄소 – 0.05~0.25%
  Medium Carbon Steel : 탄소 – 0.25~0.5%
  High Carbon Steel : 탄소 – 0.5~2%
- 프로세스 배관에는 아래 Carbon Steel 등급을 주로 이용합니다.
  Pipe : ASTM A53 Gr A/B, A106 Gr A/B/C, API 5L Gr B, A333 Gr 1/6
  Wrought Fittings : ASTM A234 Gr. WPA/B, A420Gr. WPL6
  Forged Fittings : ASTM A105, A350 Gr LF1/LF2
  이들은 가격이 저렴하고 구매가 쉬우나 상대적으로 내식 성능이 떨어집니다.

2) Stainless Steel Pipes and Tubes
스테인리스 스틸 파이프(Stainless Steel Pipes) 및 튜브(Tubes)는 부식 및 산화에 대한 저항, 고온에 대한 저항, 청결 및 낮은 유지 보수 비용 및 스테인리스 배관과 접촉하는 재료의 순도를 유지하기 위한 목적 등 여러 가지 이유로 사용됩니다. 스테인리스 스틸은 60가지 이상의 등급이 있습니다. 내식성을 갖는 스테인리스 스틸의 성능은 철 합금에 최소 12% 크롬을 첨가함으로써 달성됩니다. 스테인리스 스틸은 고유한 내식 특성으로 인해 두께가 얇은 배관 시스템을 설계할 수 있습니다.

대표적인 Type 304 스테인리스는 일반적인 내식성 튜브 및 파이프 응용 분야에 가장 널리 사용되며 화학 플랜트, 정유 공장, 제지 공장 및 식품 가공 산업에 사용됩니다.

Type 304 스테인리스 스틸의 최대 탄소 함량은 0.08%입니다. 이 재질은 입계에서 발생하는(a carbide precipitation at the grain boundaries which can result in inter−granular corrosion) 입계부식(Inter−Granular Corrosion)으로 인해 400~900°C의 온도 범위에서 장시간 노출 시 사용하지 않는 것이 좋습니다.

Type 304L 스테인리스 스틸은 최대 탄소 함량이 0.03%로 유지되어 탄화물 생성을 최소화하고 더 심한 부식 조건에서 용접하여 사용할 수 있다는 점을 제외하면 Type 304와 동일합니다.

Type 317 스테인리스 스틸은 2~3% 몰리브덴의 첨가로 인해 다른 크롬 니켈 합금보다 내공성이 훨씬 뛰어납니다. 산, 소금물, 황수, 해수 또는 할로겐 염이 있는 경우 특히 유용합니다.

Type 316 스테인리스 스틸은 아황산염 제지 산업 및 화학 플랜트 장치, 사진 장비 및 플라스틱 제조에 널리 사용됩니다. Type 304L과 마찬가지로 Type 316L은 최대 탄소 함량이 0.03%로 유지됩니다.

- ASTM : A312 GR. TP304./L, TP316./L, TP321
- 부식에 강합니다.
- 가격이 비쌉니다.
- 열 팽창량이 높습니다.

3) Alloy Steel
- 합금강은 재료의 특성 개선을 위해 합금 요소가 추가된 것을 말합니다.
- Low Alloy Steel : Alloying Elements < 9%
- High Alloy Steel : Alloying Elements > 9%
- 구성 요소 특성 : Cr- Mo
- ASTM : A335 GR. P1, 11, 22, A234 Gr.WP11 / WP22
  이들은 용접성이 좋으며 고온에 강합니다.

7.2.6.2 주요 Non Metal Pipes and Tubes

Non Metal Pipes는 다양한 재료로 만들 수 있습니다. Non Metal 파이프 제조에는 세라믹, 유리섬유, 콘크리트, 플라스틱 및 금속에 라이닝(Lining)을 포함한 재료가 있습니다.

- 콘크리트 및 세라믹
- 플라스틱
- 유리(Glass) 또는 Lined Pipe 등이 있습니다.

1) 콘크리트 및 세라믹 파이프
   파이프는 콘크리트 또는 세라믹 재료로 만들 수 있습니다. 이 파이프는 보통 중력 흐름이나 배수와 같은 저압 어플리케이션에 사용하며 콘크리트 파이프에는 일반적으로 Bell Joint 또는 계단식 피팅이 있습니다. 그리고 설치 시 다양한 밀봉 방법이 적용됩니다. 부식성 화학물질에 노출될 수 있는 지하 배수관에 세라믹 파이프가 사용됩니다. 이들 파이프의 유형은 해당 직경에 비해 상대적으로 저렴하며 거친 현장 조건에서 쉽게 설치할 수 있습니다.

2) 플라스틱 파이프
   플라스틱 파이프, 튜브는 경량, 내화학성, 비부식성이 필요한 곳에 널리 사용됩니다. 이런 특성 및 연결 용이성을 갖는 플라스틱 재료는 다음과 같이 다양합니다.

폴리염화비닐(PVC), 염화폴리염화비닐(CPVC), 섬유강화플라스틱(FRP), 강화폴리머모르타르(RPMP), 폴리프로필렌(PP), 폴리에틸렌(PE), 고밀도 폴리에틸렌(PEX), 폴리부틸렌(PB) 및 아크릴로니트릴부타디엔스티렌(ABS) 등이 있습니다.

- PVC(Polyvinyl Chloride) : 60°C 플라스틱 파이프로 폴리염화비닐을 말하며 금속 배관의 대체품입니다. PVC는 강도, 내구성, 쉬운 설치 및 저렴한 비용으로 널리 사용되는 플라스틱입니다.
- CPVC(Chlorinated Polyvinyl Chloride) : 염화 능력을 최대화한 최고 90°C, 열가소성 수지로서 CPVC의 내성이 강할수록 상업용 및 산업용으로 유용합니다. 응용 범위가 넓기 때문에 CPVC는 일반적으로 PVC보다 가격이 비쌉니다.
- HDPE(High−Density Polyethylene) : 충격하중에 강하며 Plant 내 지하 매설 소방용 배관을 포함한 물 배관에 사용됩니다.
- GRP/E(Glass Fiber Reinforced Plastic/Epoxy) : 금속성 대비 연결 비용 가격이 저렴하여 공용수 해수 배관에 주로 사용됩니다. 유리섬유강화플라스틱(GRP)은 섬유로 강화된 폴리머 매트릭스로 만들어진 복합 재료입니다. GRP 파이프는 내식성, 내후성, 육안검사 등 환경 친화성 및 내구성을 위해 설계되었습니다.

  GRE와 GRP의 주요 차이점은 유리섬유를 접착하는 데 사용되는 수지의 차이입니다. GRP 파이프는 Polyester Resin을 사용하고 GRE 파이프는 Epoxy Resin을 사용합니다. GRE 파이프는 GRP 파이프에 비해 더 높은 온도를 견딜 수 있으므로 산업 응용 분야에 사용됩니다.

  사양에서는 압력 유무에 관계없이 물 공급(음료 또는 생수)에 사용되는 유리섬유강화플라스틱 (GRP/GRE) 파이프 및 피팅의 설계, 제작 및 테스트에 대한 최소 기술 요구 사항을 정의합니다.
- PTFE(Polytetrafluoroethylene=Teflon) : 기계의 마찰, 마모에 강하여 PTFE는 배관 산업 외부에서도 사용됩니다. 절연 및 부식 방지를 위한 나사 등에 Lining하여 사용합니다.

7.2.7 중동 Project 수행 시 가장 많이 사용되는 Non Metal Pipes(GRP) 상세 이해

중동지역 Project의 경우 강우량이 미미하여 공업용수를 해수로 많이 사용하고 있습니다. 따라서 Project에 필요한 Cooling Water는 대부분 해수를 사용하고, 배관 재질은 GRP를 가장 많이 사용하고 있습니다. 이에 상세 사항을 간략히 설명하여 이해를 돕고자 합니다.

Non Metal Pipes GRP는 제작 방법, 물성치의 특성, 현장 설치 방법 등이 각 제작사에 따라 차이가 있으므로 제작사가 제공하는 Specification에 따라야 합니다. 강화 열경화성수지 압력 배관(Reinforced Thermosetting−Resin Pipe, RTRP)의 적용은 내식성, 강도 및 내구성으로 인해 화학 플랜트, 석유 및 가스 시설, 물 및 하수 시스템에 사용으로 성장했습니다. FRP, GRP, GRE 및 GRV는 배관 시스템 제조에 사용되는 수지 시스템에 따라 각각 다른 이름으로 불리는 특정 유형의 RTRP 파이프의 약어입니다. RTRP는 유리섬유 강화재, 열경화성 플라스틱 수지 및 첨가제로 구성된 복합 재료입니다. RTRP 복합재는 유리섬유 강화로 강도를 얻고 수지는 내식성을 갖게 하며 유리 유형, 수지 유형, 유리섬유의 배향 및 첨가제 사용을 조합하여 다양한 복합 재료를 이용, 제조할 수 있습니다.

Glass and Resin Types

일반적으로 사용되는 유리(Glass) 유형은 다음과 같습니다.

- E－Glass 또는 전기 유리는 강도가 높기 때문에 구조층에 사용되며 로빙, 매트, 직물 또는 잘게 잘린 섬유의 형태로 사용됩니다.
- C－Glass 또는 화학 유리는 내화학성으로 인해 초기 부식 장벽 표면에 대한 보강재로 사용합니다.
- ECR－Glass는 E－유리와 유사하지만 삼산화붕소와 불소가 없기 때문에 환경 친화적인 것으로 간주됩니다. E－유리에 비해 ECR 유리는 내화학성 및 내열성이 우수하고 유전 강도가 높습니다.

일반적으로 사용되는 수지(Resin) 시스템은 다음과 같습니다.

- Polyester Resin(이 파이프를 GRP－유리 강화 폴리스터 배관 시스템이라고 함) 50~75°C의 온도 범위에 적용하며, 사용이 쉽고 가격이 저렴합니다.
- Epoxy Resin(이 파이프를 GRE－Glass Reinforced Epoxy Piping System이라고 함) 높은 기계적 성질과 140°C/wet, 220°C/dry에 적용됩니다.
- Vinylester Resin(이 파이프는 GRV－Glass Reinforced Vinyester 배관 시스템이라고 함) 높은 화학적 성질과 환경에 견디고 기계적 성질이 Polyster Resin보다 높습니다.

RTRP 배관에서 중동지역에 가장 많이 사용되고 있는 Glass Reinforced Plastic or Polyester(GRP)에 대한 재질 선정, 사용 목적, 연결 방법, 시공을 포함한 추가 고려 사항 등을 기술하여 GRP 시스템 설계에 도움이 되고자 합니다.

7.2.7.1 GRP Material 특성

1) General
   - Classification by Material
     - RTRP : Reinforced Thermosetting－Resin Pipe
       ∘ GRE : Glass Reinforced Epoxy
       ∘ GRP : Glass Reinforced Plastic or Polyester
       ∘ GRV : Glass Reinforced Vinylester
     - RPMP : Reinforced Polymer－Mortar Pipe
   - Purposes of Using GRP
     ∘ Corrosion Resistance : Additional lining and exterior coating are not required
     ∘ Light Weight : 1/6 weight of similar steel product
     ∘ Electrical Nonconductive: Cathodic protections are not required
     ∘ Low maintenance Cost : It does not rust, is easily cleaned
     ∘ Client's Requirement on ITB
   - Application
     - Corrosive Chemical Process, Desalination, Potable Water, Sanitary Sewers

- Slurry Piping, Storm Sewers, Water Distribution & Water Transmission

2) RTRP(GRP) 배관 사용의 장점
- GRP 배관은 해수, 산 및 기타 화학물질을 포함한 광범위한 서비스에 내식성이 강합니다.
- 유리섬유 배관은 강철보다 훨씬 가볍기 때문에 현장 설치 및 운반을 위해 무거운 장비가 필요하지 않습니다.
- 부드러운 내부 라이너로 인해 유리섬유 배관의 마찰 계수가 낮아 펌핑에 필요한 마찰 손실 및 에너지 소모를 낮추어줍니다.
- 유리섬유 배관은 주변의 토양 및 지하수 조건으로 인해 부식되지 않습니다. 따라서 매설된 유리섬유 배관을 사용하면 외부 부식 방지 및 음극 보호 장치가 필요하지 않습니다.
- RTRP(GRP) 배관은 해양 생물에게 영양을 공급하지 않으므로 오염이 발생하지 않습니다. 그러나 장기간 정체된 파이프에서 파울링이 발생할 수 있습니다.

3) Manufacturing Process
- Filament Winding

  필라멘트 와인딩 공정에서 유리섬유 로빙 또는 로빙 테이프는 수지로 적셔지고 필요한 구조 두께에 따라 특정 패턴으로 맨드릴에 감깁니다.

  권장 권선 각도는 $54° \pm 2°$입니다. 이 와인딩 각도는 RTRP 파이프에 최적의 축 및 후프 강도를 제공합니다. 제조 방법은 유리섬유 대 수지 비율을 높이고 벽 두께를 낮춥니다. 파이프가 맨드릴에 감기기 때문에 내경이 고정되고 외경은 파이프의 벽 두께에 따라 달라집니다.

  ASTM D 2996은 필라멘트 와인딩 공정으로 제조된 최대 24인치의 기계 제작 강화 열경화성 수지 압력 파이프(RTRP)를 다룹니다.

- Centrifugal Casting

  원심 주조 공정에서는 수지와 유리섬유 보강재를 금형 내부에 적용하여 외경이 일정하게 유지되고 파이프 내경은 보강재 벽 두께에 의해 결정됩니다. 이 제조 방법은 가장 일관된 기계적 특성과 치수 공차를 제공합니다.

  ASTM D 2997은 원심 주조 공정으로 제조된 기계 제작 유리섬유 강화 열경화성수지 압력 파이프를 다룹니다.

• Filament Winding

• Centrifugal Casting

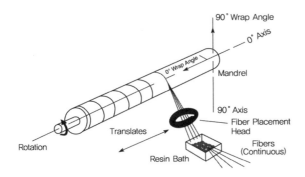
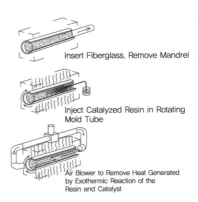

그림 7-5 GRP Pipe 제작 공정

• Typical construction of Filament Wound RTR Pipe

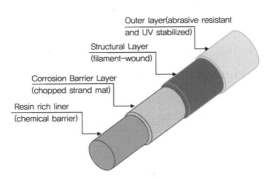

그림 7-6 GRP Pipe Layer 구성

• Resin - Chemical & Physical Property
  - Polyester Resins(GRP) : Large-Diameter Piping, Sewer Piping, Excellent water, Chemical and Acid resistance, Up to 95°C
  - Epoxy Resins(GRE) : Smaller-Diameter Piping(< 30 in.)
    Fire water for UL/FM, Hydrocarbon, Caustic, Up to 125°C
• 대표적인 Manufacturer
  - Middle East Asia : FPI, UAE/AMIANTIT, Saudi Arabia
  - South East Asia : AMERON, SINGAPORE
  - Other Area : SMITH FIBERCAST, USA, FIBERBOND, USA

7.2.7.2 GRP 배관 설계 시 고려해야 할 Design Criteria

1) Common Consideration
  • Surge Analysis for Safe Design :

- 배관의 전체 길이가 1km 이상의 경우와 Pump Discharge에 설치되는 Check Valve Type은 Non-Slam Type을 고려합니다.
- Installation, Inspection and Test Procedure
  - Shop과 현장에서 사용될 Consumable Materials and Extra Tools와 품질관리를 위한 Test Method 등을 사전 협의하여야 합니다.
- Scope of work between Purchaser and Manufacturer
- Boundary Condition at Tie-In

2) Consideration for A/G & U/G
- Above Ground System
  - 일반적으로 Stress Analysis & Support Design은 제작사가 사전에 상세 Support 제작 등 기술적 사항 제공 범위 등을 확인해야 합니다.
  - U/V Protection을 적용 시 Cost가 10~20% 증가합니다.
  - Maintenance, Operation and Construction 시 중장물 장비, 대형 트럭을 제한합니다.(필요 시 보강 및 Protection Cover 사용)
  - Protection for fragile parts(Small pipe)
    ◦ Erect Guard Posts Around Fragile Parts to Protect GRP
- Under Ground System
  - 내압에 의해 연결 부위에 발생되는 Thrust Force를 고려하여 Anchor Block 설치를 고려합니다.
  - Pipe Thickness는 Soil Condition과 Water Level(buoyancy) 및 배관 상부를 통과하는 장비의 Live/dead load 등을 평가 반영하여 결정합니다.
  - Observance of Construction Procedure
    ◦ Code and manufacture recommendation
    ◦ Soil preparation for installation
    ◦ Learning program for worker

3) Construction Method(Joint)
유리섬유 배관은 다음에 설명하는 다양한 접합 시스템을 함께 사용할 수 있습니다. 조인트의 압력 등급은 배관의 압력 등급보다 크거나 같아야 합니다.
- Joint Method
  - Unrestrained Joint
    ◦ Internal Pressure (○), Axial Tensile Load (×)
    ◦ Lower Cost, Anchor Block is required.
  - Restrained Joint
    ◦ Internal Pressure (○), Axial Tensile Load (○)

∘ Higher Cost, Anchor Block is NOT required.
• Unrestrained Joining System
  − Gasket−Seal Joints
    ∘ Bell and Spigot

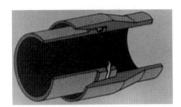

Single−Gasket Bell−and−Spigot Joint

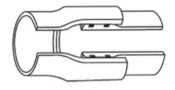

Double−Gasket Bell−and−Spigot Joint

Single−Gasket Spigot

Double−Gasket Spigot

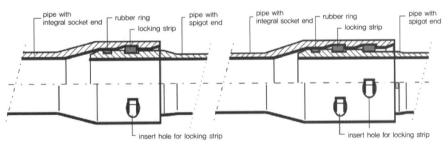

∘ Gasketed Coupling Joints

Gasketed Coupling Joints

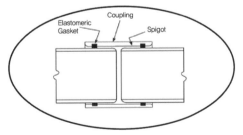

Gasketed Coupling Joints−Cross Section

그림 7-7 Unrestrained Joining System

고무 실 조인트는 배관 끝단의 추력 압력을 견디도록 설계되어야 합니다. 이 조인트는 잠금 키가 있는 나사식 또는 소켓 유형 중 하나일 수 있으며 서비스 유체와 호환되는 O-링으로 밀봉됩니다. 제조업체는 기계식 조인트의 고유한 디자인을 가지고 있습니다.

- Restrained Joining System
  - Adhesive-Bonded Joints

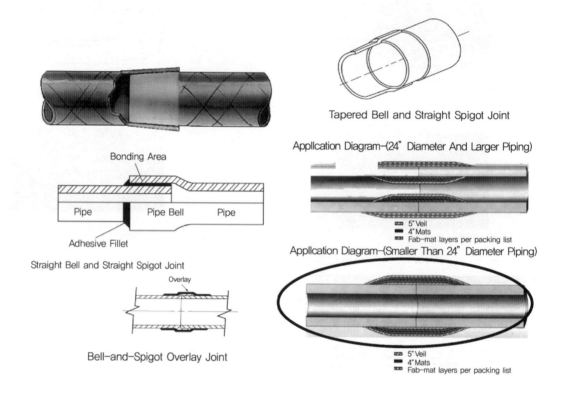

그림 7-8 Restrained Joining System

합침(용접) 유리섬유 재료로 조인트를 감싸서 마감합니다. 접촉 성형 파이프 및 피팅의 경우 조인트는 ASTM D6041의 섹션 6.2에 따라 만들어져야 합니다. 일반적으로 16인치 이상의 대형 파이프를 연결하는 데 적합합니다. 파이프와 피팅 조인트는 수지 합침 유리섬유 재료로 조인트를 감싸서 먼저 설치하여 만듭니다.

- Restrained Joining System Advantages and Disadvantages of Each Method

	Adhesive Bonded	Butt and STrap
Good	· Lower first time cost · Less labor intensive · Good under simple tensile and pressure testing · Under extremely adverse installation condition	· Most reliable joining method · Excellent mechanical properties · Axial and bending strength greater than pipe · No special tooling required
Bad	· Less reliable joining method · Very weak under bending · NDT, outside of field hydrotesting and some X－ray, unavailable · Installation time can equal the butt & sTrap	· Higher first time cost · Labor intensive · Some installation experience required · NDT limited to visual inspection, cure testing, and hydrotesting

표 7-1 GRP Restrained Joint 장단점

4) RTRP Piping Applicable Standards

ISO 14692－1	Petroleum and Natural gas Industries － Glass－Reinforced Plastics(GRP) piping － Part 1: Vocabulary, Symbols, Applications and Materials
ISO 14692－2	Petroleum and Natural Gas Industries － Glass－Reinforced Plastics(GRP) Piping － Part 2: Qualification and Manufacture
ISO 14692－3	Petroleum and Natural Gas Industries － Glass－Reinforced Plastics(GRP) piping － Part 3: System Design
ISO 14692－4	Petroleum and Natural Gas Industries － Glass－Reinforced Plastics(GRP) Piping － Part 4: Fabrication, Installation and Operation
ASTM C581	Standard Practice for Determining Chemical Resistance of Thermosetting Resins Used in Glass－Fiber－Reinforced Structures Intended for Liquid Service

7.3 Fitting & Main Components

7.3.1 Fitting이란

Plant에서 이송하는 배관의 방향 변경 및 배관의 크기 변경 또는 주배관에서의 분기 등에 사용되는 배관재로서 철판 또는 파이프를 이용하여 제작하거나 단조판으로 조형물을 기계 가공하여 제작합니다.

Definition
- 사전적 의미 – 부속품, 비품, 부속 기구류 등
- 배관 자재로 주인 Pipe를 서로 연결/나눔/꺾음 등에 사용하는 부속품

7.3.2 Fitting의 분류

1) 이음 방법에 따른 분류
   - Butt-welding Fitting
   - Socket Welding Fitting
   - Thread Fitting
   - Flanged Fitting

2) 재질에 따른 분류
   - Ferrous Material(Application Code/Standard ASTM Part A)
   - Non Ferrous Material(Application Code/Standard ASTM Part B)

7.3.3 Fitting의 종류와 용도

1) Butt Weld Fittings

   45 Degree and 90 Degree Long Radius Elbows, 45 Degree and 90 Degree Short Radius Elbows, 3D Bends, Equal Tees, Reducing Tees, Equal Crosses, Reducing Crosses, Concentric Reducers, Eccentric Reducers, Stub Ends

2) Threaded Fittings

   45 Degree and 90 Degree Elbows, Equal Tees, Reducing Tees, Equal Crosses, Reducing Crosses, Concentric Swages, Eccentric Swages

3) Socket Weld Fittings

   45 Degree and 90 Degree Elbows, Equal Tees, Reducing Tees, Equal Crosses, Reducing Crosses, Concentric Swages, Eccentric Swages

   Olets : Weldolet, Sockolet, Thredolet, Sweepolet, Nipolet

4) Unions : Threaded Unions. Socket Welding Unions

5) Flanges

   Flange는 주기적인 Inspection이나 Maintenance를 필요로 하는 부분과 Equipment 또는 Valve와 연결되는 부분이나 Future 확장을 위한 Pipe 끝부분에 사용됩니다.

   Flange 종류 : Slip-on, Welding Neck, Lap Joint, Threaded, Socket Welding, Blind

   Flange Face 종류 : Raised Face(RF), Flat Face(F.F), Ring Type Joint(R.T.J)

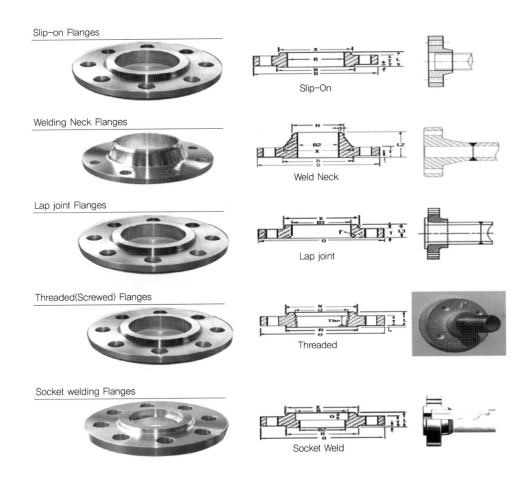

Slip-on Flanges

Slip-On

Welding Neck Flanges

Weld Neck

Lap joint Flanges

Lap joint

Threaded(Screwed) Flanges

Threaded

Socket welding Flanges

Socket Weld

그림 7-9 Flange 종류

6) Gasket

Gasket은 압력용기, Flange, 기계의 고정 접합면 등에 Bolt로 체결하여 누설을 방지하기 위한 것으로 유체의 종류, 압력, 온도 등의 사용 조건에 따라 여러 종류의 형상, 재질 등이 사용됩니다.

SEMI- Metallic Gasket : Spiral Wound Gasket, Metal Jacketed Gasket

Non-Metallic Gasket : Graphite Sheet Gasket, PTFE Gasket

Metallic Gasket : Ring Joint Gasket

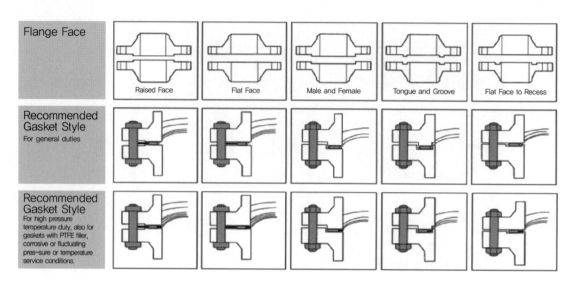

그림 7-10 Recommended Gasket Style

7) Bolts & Nuts

배관계에 속하는 플랜지류의 체결에 이용되는 것으로 기기와 배관이 플랜지로 접속되는 곳이나 플랜지 연결 밸브, 플랜지 부착 배관 부속품 등의 연결 장소에 이용됩니다.

Bolt의 형상 : Machine bolt, Stud Bolt

Nut 형상 : 보통형, 양면형

플랜지를 체결하는 데 쓰이는 볼트의 길이는 플랜지 두께, 너트의 높이 및 Gasket의 두께에 약간의 여유분을 더하여 최소 길이가 정해집니다.(Refer : ASME B16.5 Pipe Flanges and Flanged Fittings)

7.3.4 Main Components

7.3.4.1 Valves

밸브는 배관 엔지니어링의 주요 구성 요소입니다. 주요 기능, 유체 유형 및 기타 작동 매개 변수에 따라 다양한 밸브가 사용됩니다. 자주 사용되는 밸브 유형은 게이트 밸브, 글로브 밸브, 볼 밸브, 체크 밸브, 버터플라이 밸브 등이 있습니다.

밸브는 배관의 중간이나 용기에 설치하여, 유체의 유량이나 압력 등의 제어를 하는 장치로서 내부 판으로 아래 기능의 하나 또는 여러 역할을 복합적으로 수행하도록 설계됩니다.

- 유량 단절, 분리(On-off Service)
- 유량 조절(Throttling or Flow Control)
- 유량 역류 방지(Preventing of Reverse Flow)
- 압력 조정(Pressure Control)
- 한 방향 유량 조정(Directional Flow Control)

- 시료 채취(Sampling)
- 유량 제한(Flow Limiting

1) 밸브 종류별 기능 분류

밸브 종류	기능			
	차단/분리	유량 조절	압력 조절	방향 전환
Gate Valve	yes	no	no	no
Glove Valve	yes	yes	no	yes(note 1)
Angle Valve	yes	yes	no	yes
Check Valve	note 2	no	no	no
Ball Valve	yes	note 3	no	yes(note 4)
Butterfly Valve	yes	yes	no	no
3 - Way Valve	yes	yes	no	yes
Safety/Relief Value	no	no	yes	no
Stop check Valve	yes	no	no	no
Plug Valve	yes	note 3	no	yes(note 4)
Diaphragm Valve	yes	no	no	no

표 7-2 밸브 종류별 기능 분류

Notes : 1. Angle Globe 밸브는 흐름을 직각 방향으로 변경할 수 있습니다.
2. Stop Check 밸브는 차단, 분리 등으로 사용할 수 있습니다.
3. Ball, Plug 밸브는 유량 조절에도 사용할 수 있습니다.
4. Multiport Ball, Plug 밸브 등은 방향 전환 및 유량을 혼합하는 곳에 사용할 수 있습니다.

2) Valve의 주요 기능

유량 조절 : 유체의 흐름을 제어하는 부분(Stem, Plug, Gate)으로 Stem의 회전으로 조절됩니다.
Bonnet : 밸브 몸체의 밀봉(Seal)을 담당하는 부분으로 아래 3가지 Type을 적용합니다.

- Screw Type : 값이 싸고 간단한 설계지만 작고 낮은 압력에서만 사용
- Union Type : 밀봉 작용이 견고하며 자주 해체해야 하는 곳에 사용
- Flange Type : 높은 온도와 압력과 큰 사이즈의 밸브에서 사용

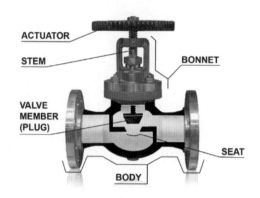

그림 7-11 밸브 구성

3) Valve 종류 : Process Plant에 대표적으로 사용되는 Valve를 중점으로 설명합니다.

Piping Materials : Gate Valves

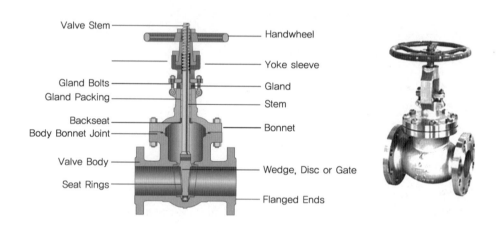

그림 7-12 Gate 밸브 구성

게이트 밸브는 선형 모션 On－Off 또는 차단 밸브이며, 게이트 밸브는 흐름을 막기 위한 실(Seal)을 형성하기 위해 밸브 시트와 접촉하는 두 개의 안착 표면을 갖는 디스크 또는 웨지로 구성됩니다. 쐐기의 상류 흐름 방향과 하류 측 사이의 압력 차이로 인해 쐐기 또는 디스크가 하류 시트에 힘을 가하여 쐐기의 하류 측에서 더 효과적인 밀봉을 생성하고, 디스크 및 시트의 침식으로 인해 누출이 발생할 수 있으므로 게이트 밸브는 흐름을 조절하는 데 사용되지 않습니다. 부분적으로 열리거나 닫힌 위치의 게이트 밸브는 진동에 취약하며, 빠르고 빈번한 작동이 필수적인 경우 볼 밸브 및 플러그 밸브와 같은 1/4 회전 밸브의 사용을 고려해야 합니다.

- 게이트 밸브는 디스크 설계에 따라 크게 분류할 수 있으며 다양한 디스크로 제공됩니다.
  - Wedge Type Disks : Solid Wedge, Flexible Wedge, Split Wedge

– Parallel Disks : Conventional Parallel Disk, Conduit Gate, Knife Gate

평행 시트가 있는 병렬 디스크 게이트 밸브를 제외하고 다른 유형이 있습니다. 즉, 솔리드 웨지 게이트 밸브, 플렉서블 웨지 게이트 밸브 및 분할 웨지 게이트 밸브로 아래 그림 7-13을 참조 바라며 쐐기 모양은 V 자형 시트를 가지고 있습니다. 그중 웨지 게이트 밸브는 가장 일반적으로 사용되는 밸브이며 모든 위치에 설치할 수 있습니다.

- 솔리드 웨지(Solid Wedge) : 솔리드 웨지 디스크는 단순하고 저렴한 설계로 인해 가장 일반적으로 사용됩니다.
- 플렉시블 웨지(Flexible Wedge) : Flexible Wedge 게이트 밸브에는 둘레가 잘린 디스크가 있습니다. 얕은 절단은 유연성이 떨어지고 더 깊은 절단은 더 많은 유연성을 제공합니다. 플렉시블 웨지 게이트 밸브는 종종 증기 시스템에 사용됩니다. 플렉시블 게이트는 라인이 가열될 때 디스크가 시트에 결합되는 것을 방지하여 밸브 바디에 약간의 왜곡을 일으킬 수 있습니다.
- 분할 웨지(Split Wedge): 분할 웨지 게이트 밸브는 볼 및 소켓 디자인입니다. 분할 웨지 게이트 밸브에서 두 디스크 반쪽은 디스크가 안착 위치로 완전히 내려진 후 스프레더에 의해 자체 시트에 대해 바깥쪽으로 밀립니다.

Solid Wedge Disk   Split Wedge Disk   Flexible Wedge Disk

그림 7-13 Gate 밸브 Wedge 종류

- Gate Valve의 특징
  - Gate Valve는 On-Off 용도로 사용되며 유체의 양의 제어에는 쓰이지 않습니다.
  - Gate Valve는 완전한 개폐를 목적으로 하는데 이 밸브는 유량의 흐름에 저항이 거의 없습니다.
  - Gate 또는 Wedge를 들어올림으로써 완전 개방을 하게 됩니다.
  - 유체의 흐름에서 난류의 발생과 압력의 감압 또한 적습니다.
  - Gate Valve는 Wedge와 수직 평판을 유동의 흐름이 자연스러워질 때까지 Wheel을 돌려서 열어 조정할 수 있습니다.
  - 적은 밸브 저항을 요구하는 관내 유동을 설계할 때 완전 개방과 완전 폐쇄의 용도로 대부분

쓰입니다.
- 직선의 유동을 가능하게 합니다.

- Gate Valve의 대표적인 종류
  1) Solid Wedge Type Gate Valve
     ◦ Wedge와 Seat은 마모 방지 경화 코팅이 되어 있으며 Disc의 이동로를 따라 디스크 이동 시 완전히 Guide되지 않으면 떨림이 발생할 수 있습니다.
     ◦ 증기, 물, 기름, 공기, 가스 등을 포함한 대부분의 유체에 적합합니다.
  2) Parallel Seat Type Gate Valve
     ◦ Disc의 모형이 평행하게 되어 있으며 Disc가 이중으로 되어 있고 그 사이 스프링이 들어 있어 덜컹거림을 방지할 수 있습니다. Stem과 Bonnet의 응력은 Wedge Gate Valve보다도 소량입니다.
     ◦ 액체 탄화수소와 가스에 사용합니다.
  3) Flanged and Butt-Welded Gate Valves
     ◦ 밸브 양쪽에 플랜지를 설치하여 개폐구를 연결하고, 용접 타입 밸브는 용접을 이용하여 개폐구를 연결합니다.(용접 Type은 고온 고압에 주로 사용합니다.)

Piping Materials : Globe Valves

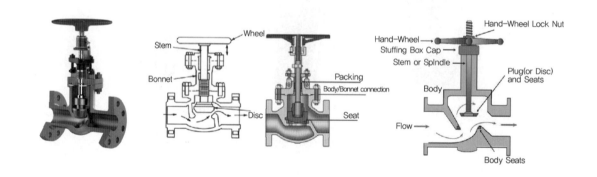

그림 7-14 Globe 밸브 구성

글로브 밸브는 디스크 아래쪽에서 압력을 받으므로 이로 인한 압력과 유속의 강하로 밸브의 침식을 제거하는 데 도움을 주며, 밸브는 난류 생성과 압력 강하가 직선 유동의 밸브보다 크게 작용합니다.

- 글로브 밸브는 유속을 감속시키는 형태의 설계로 유량의 양을 조절할 수 있습니다.
- 유량의 제어에는 좋은 특성을 가지고 있지만 유량의 이동 형태에 의해 상당히 높은 저항이 걸리게 됩니다.
- 글로브 밸브는 표준 배관 라인에서 스팀, 오일, 물 등과 같은 유체의 흐름에 쓰입니다.(Globe

valve with metallic seat)

- 뜨겁고 차가운 유체를 수송 및 유량을 조절하는 것이 글로브 밸브의 표준적인 형태입니다.
- 사용 온도는 10℃에서 350℃까지이고 압력은 25bar까지 적용됩니다.
- 높은 온도와 압력하에서 Seat의 재료는 금속으로 만들어집니다.(Globe valve with high-temperature soft seat)

Piping Materials : Ball Valves

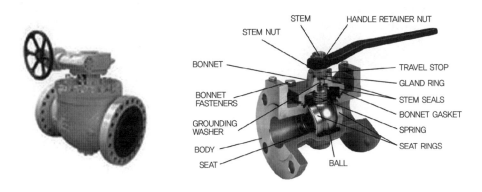

그림 7-15 Ball 밸브 구성

볼 밸브는 On-Off 또는 차단 밸브입니다. 볼 밸브는 1/4 회전 밸브이며 빠르고 빈번한 작동이 필수적인 곳에 사용됩니다.

볼 밸브의 장점

- 볼 밸브는 회전 운동 밸브이며 밸브를 열거나 닫는 데 1/4(90° 회전)만 필요합니다. 이로 인해 빠르게 작동하므로 비상 정지 애플리케이션에 권장됩니다.
- 볼 밸브는 소프트 시트 설계로 제공되므로 깨끗한 유체 서비스를 제공하는 곳에 사용되고 기포 차단이 가능합니다.
- 볼 밸브는 게이트 밸브에 비해 더 작은 공간에서 사용이 가능합니다.
- 볼 밸브는 윤활이 필요하지 않습니다.

볼 밸브의 단점

- 일반적으로 볼 밸브는 스로틀 링(Throttle Ring) 특성이 상대적으로 낮습니다. 스로틀 링 위치에서 볼 밸브 시트는 부분적으로 노출되고 고속 흐름의 충돌로 인해 빠르게 침식됩니다.
- 배관 내부의 파편이나 고체 입자는 볼 아래의 구멍과 스템 또는 트러니온(Trunion) 영역에 둘러싸고 가라앉아 갇힐 수 있습니다.

Piping Materials : Check Valves

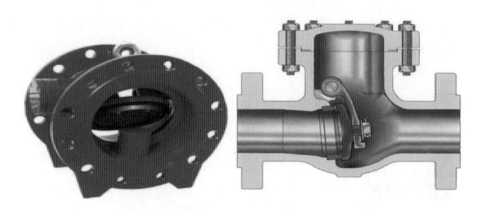

그림 7-16 Check 밸브 구성

일반적으로 체크 밸브는 역류를 방지하기 위하여 사용되며 펌프 토출구에서 Water Hammer(수격현상)를 방지하기 위하여 많이 사용됩니다. 일반적으로 Non-Return Valves, Reflux Valves, Flap Valves, Retention Valves, Foot Valves 등이 알려져 있으며 한쪽 방향의 흐름에는 개방되고 반대 방향으로의 흐름이 생길 경우 스스로 폐쇄가 됩니다.

Check Valve의 종류
- Swing Check Valves
- Tilting Disk Check Valves
- Lift Check Valves
  - Disk Check
  - Piston Check
  - Ball Check
- Duo-Check Valves

1) Swing Check Valve : 기본적으로 직선 유동을 제공함에 따라 난류의 생성은 적은 편입니다.
- Swing Check valve는 개방 시에 상대적으로 높은 저항을 유발시켜 유체의 유선에 Flap이 떠 있으므로 난류(Turbulence)를 발생시키기도 하여 반복되는 역류로 인해 덜컹거림이 유발되기도 합니다.(덜컹거림 현상 발생)
- 맥동(Pulsation)에는 적합하지 않습니다.

장점
- 작은 크기는 보통 낮은 압력에서 사용되며 탄성 중합체(Elastomer)와 같은 디스크를 사용합니다. 이것은 힌지를 설치하지 않고 작동하지만 역류에 의해 입구 쪽으로 튀어나가게 하지 않기 위하

여 강성의 플레이트를 중합체 디스크 뒤에 덧대어 붙여 작동하게 하여 사용합니다.

2) Titling Disc Check Valves
- 디스크가 압력의 중심선에서 피벗을 중심으로 기본적으로 닫혀 있는 상태로 있습니다.
- 한쪽 방향으로 흐름이 시작되면 최소의 저항으로 개방하게 되고 압력이 줄어들면 폐쇄가 되고 역류를 방지할 수 있습니다.

3) Lift – Type 체크
밸브류는 글로브 밸브나 앵글 밸브와 결합하여 쓰이며 서지(Surge)와 유동의 방향이 자주 바뀌는 시스템에 쓰입니다.
- Guided or Lift – Type Disc Valves
  - 밸브는 디스크나 플러그가 자동적으로 운전된다는 점만 제외하고 글로브 밸브와 형상이 비슷합니다.
  - 한 방향으로 유동이 시작되면 디스크와 플러그가 열리고 역류가 시작되면 역방향 압력에 의해 디스크 또는 플러그가 Seat에 안착되어 흐름을 차단하게 됩니다.
- Piston Check Valves
  밸브는 완충장치(Dashpot)를 가지고 있고 Lift – Type Check Valve와 유사하지만 완충기가 존재하므로 충격을 감소시킬 수 있고, 밸브들은 유량이 정방향으로 흐를 때 밸브가 열리고 유량의 흐름이 없을 때도 제자리로 이동합니다.
- Ball Check Valves
  밸브 안에 볼을 넣어서 한 방향으로 유동성이 생기면 볼이 상승하여 개방이 되지만 역류가 생길 경우는 볼이 하강하여 폐쇄가 됩니다.
  이 밸브는 다른 체크 밸브보다 점도가 높은 유체의 유동에 더욱 적합하게 쓰입니다.

4) Double – Plate Swing Check Valve
- 두 개의 플레이트가 장착된 스윙 체크 밸브는 펌핑 시스템에서 주로 쓰입니다.
- 일반적으로 수처리, 관개용(Irrigation), 순환라인 등의 산업 공정에서 쓰이고 있습니다.

Piping Materials : Butterfly Valves

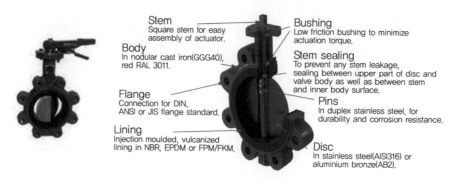

그림 7-17 Butterfly 밸브 구성

버터플라이 밸브는 On-Off 밸브 또는 차단 밸브이며, 버터플라이 밸브는 직선 흐름 구성의 1/4 회전 밸브로 대형 버터플라이 밸브의 경우 다른 유형의 밸브에 비해 무게, 공간 및 비용이 절감됩니다. 움직이는 부품의 수가 적고 유체를 가둘 수 있는 포켓이 없기 때문에 일반적으로 유지 보수가 적은 밸브이며 또한 버터플라이 밸브는 상대적으로 낮은 압력에서 대량의 액체 또는 기체를 처리하고 부유 고체가 많은 슬러리 또는 액체를 처리하는 데 특히 적합합니다.

- 밸브는 평판의 디스크를 이용하여 90°의 회전으로 On/Off를 제어할 수 있습니다.
- 높은 온도와 압력하의 대용량 시스템에서 사용 가능하며 밸브의 크기를 대형으로 할 수 있는 장점이 있습니다.
- 독성과 부식성의 유체를 포함하여 광범위로 쓰이고 있습니다.
- 화학 공정에 이용되는 버터플라이 밸브는 디스크 판을 부식과 마모에 강한 재료를 사용하여 만듭니다.
- 물의 유량 제어에 사용되는 버터플라이 밸브는 물과 접촉하는 곳에 고무를 안쪽에 부착하여 (Rubber Lining) 사용합니다.
- 매우 높은 부식성과 내마모성을 가진 유체에서는 세라믹과 스테인리스 등과 같은 재료를 사용하기도 합니다.
- Butterfly Valve의 장점
  - 큰 공간과 많은 무게를 필요로 하지 않으며 적은 공정으로 생산이 가능합니다. 가격도 경제성이 있으며 레버, 기어박스, 엑추에이터로서 90°의 조작으로 쉽게 구동이 가능합니다.
  - 유지 보수가 쉽고 적은 부품들이 사용됩니다.
  - 30°에서 70° 사이의 개방에서 선형적인 유체의 유동이 적합하게 만들어집니다.
  - 액체를 비롯하여 기체, 극저온(Cryogenic), 스팀, 물 공급 등 다방면에서 쓰이고 있습니다.
  - 큰 사이즈의 밸브는 금속과 복합 재료로 구성되고 플레이트의 윗부분에는 힌지가 존재하고 수직면에서 비스듬히 설치되어 있습니다. 이는 정방향의 유량의 개방을 돕고 역류가 생길 경우 폐쇄 시 밀봉(Sealing)을 원활하게 하고 높은 압력 시에 충격을 줄이기 위한 설계가 가능한

장점이 있습니다.

- Butterfly Valve의 단점
  - 배관을 통과하는 유체에 고체물질이 섞여 있는 경우 디스크 폐쇄 시 고착화 같은 문제가 생겨 디스크가 작동을 멈추고 손상을 입을 수 있습니다.
  - 혼합된 유체의 흐름에 사용이 어렵고 순수한 유체의 유량의 흐름에 사용됩니다.

Piping Materials : Needle Valves

그림 7-18 Needle 밸브 구성

Needle valve는 유량조절 및 액체 투여에 사용되는 작은 밸브입니다.

Piping Materials : Plug Valves

그림 7-19 Plug 밸브 구성

Plug Valves는 코크 밸브라고 하며, 테이퍼형 디스트뿐만 아니라 원통형 디스크도 가지고 있습니다. 플러그 밸브는 On-Off 또는 차단 밸브이며, 1/4 회전 밸브이며 빠르고 빈번한 작동이 필수적인 곳에 사용됩니다.

Piping Materials : Safety and relife Valves

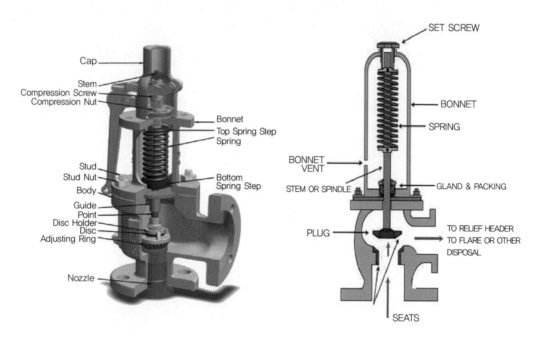

그림 7-20 Safety and Relife 밸브 구성

Plant Operator와 플랜트 기기를 보호할 필요가 있는 경우에 설치하는 밸브입니다.

- 이 밸브는 디스크와 Seat 사이에 장착되어 있는 스프링이 미리 결정되어 있는 압력 수준보다 클 경우 자동적으로 밸브가 열리게 설계되어 있습니다.

1) Safety Valve

작은 압력 범위에서 개방과 폐쇄가 동작을 하게 되었기 때문에 유입관과 토출관에 대해 정확하고 세심한 설계가 필요합니다. Vessel과 배관에 수직으로 장착되게 하여 유체의 흐름을 방해하지 않아야 합니다. 밸브는 밸브의 유입관이 노즐보다 직경이 작으면 안 됩니다.

- Safety Valves 기능별 분류
  - Low-Lift Safety Valve는 자동으로 들어 올려진 디스크의 높이 위치에 따라 방출되는 관의 넓이가 결정됩니다.
  - Full-Lift Safety Valve는 자동으로 들어 올려진 디스크의 높이와 상관없이 방출되는 토출관의 넓이가 같습니다.
  - Pilot-Operated Safety Valve는 직접적으로 하중을 받은 유로(Pilot)에서 방출되는 유량에 의해 시작되고 조정됩니다.

2) Safety Relief Valve

자동적으로 가스, 수증기, 액체를 미리 결정된 안전 압력을 초과하는 것을 막기 위하여 설계되었습니다. 급격하게 완전 개방되는 형태와 압력에 따라 비례해서 개방되는 형태가 있습니다.

- Liquid Relief Valve
  - 대부분 유체에 대해서 미리 결정된 압력의 크기를 초과할 경우 자동적으로 유체를 방출합니다.
  - 릴리프 밸브의 개방 압력은 조절 나사로 조절할 수 있습니다.
- Pressure Relief Valve
  - 압력 용기나 압력이 가해지는 시스템을 보호하기 위하여 설계된 밸브입니다.
  - 과도한 압력이 가해질 경우 안정된 상태가 될 때까지 유체의 흐름을 차단하게 됩니다. 급격하게 개방되거나 압력에 비례해서 개방되는 형태가 있고, Pilot에 의해 작용되는 형태도 있습니다.

3) Safety and Relief Valve의 차이점

세이프티 밸브는 디스크가 더욱 빠르게 들어 올려지기 위하여 Seat 위에 걸려 있으며 순간적인 개방을 하게 설계되어 있습니다. 릴리프 밸브는 밸브가 개방되어 있거나 폐쇄되어 있을 때나 항상 압력에 노출되어 있는 부분은 같습니다. 릴리프 밸브는 완전 개방에 다다를 때까지 서서히 증가하는 압력에 맞추어 점진적으로 들어 올려집니다.

Piping Materials : Special Valves

그림 7-21 Special 밸브

EPC 산업에는 일반 밸브와 함께 다양한 종류의 특수 밸브가 사용됩니다.

7.3.4.2 Strainer

배관 속에 흐르는 유체의 불순물이나 공장 건설 당시 배관 속에 들어 있는 이물질 또는 오물 찌꺼기를 제거하여 중요한 설비(펌프, 컴프레서 및 컨트롤 밸브 등)를 보호하기 위하여 사용합니다.

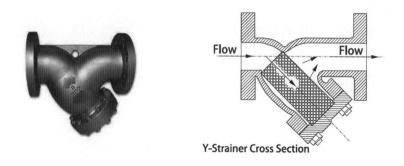

그림 7-22 Strainer 구성

Strainer 종류 : Temporary Strainer, Cone Type Strainer, Flat Type Strainer, Permanent Strainer, Y−Type Strainer, T−Type Strainer, Bucket Type Strainer etc.

7.3.4.3 Steam Traps

증기와 응축수를 공학적 원리 및 내부 구조에 의해 분리하여 자동적으로 응축수를 배출하여 효율적인 증기 사용을 할 수 있도록 만들어진 일종의 자동 밸브 형태입니다.

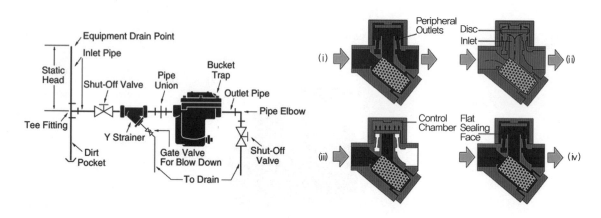

그림 7-23 Steam Trap 구성

Steam Traps의 종류 : Thermodynamic Trap, Thermostatic Trap, Bellows Type, Bimetallic Type Mechanical Trap, Ball Floating Trap, Bucket Type Trap etc.

7.4 배관 관경 선정

최적의 배관경을 선택하기 위해서는 운전 시 요구되는 계산 관경과 선정된 관의 시장 가격 합이 최소가 되는(=Least Annual Cost) Size를 알아내야 합니다.

배관 관경은 배관 압력 손실(ΔP)과 제한된 유속(Limiting Velocity)을 기준으로 계산하여 정합니다. 사용되는 압력 손실(ΔP)과 유속(Velocity) 값들은 다년간 경험에 의한 기준치 문헌이나 회사에 따라 약간씩 다르나 최신 발행된 배관경 기준 Data를 이용하여 계산합니다. 배관 구경 선정 작업은 P & ID 작성 시 하는 작업 중의 하나로 모든 배관 구경은 일반적으로 유체의 유속에 의해 결정합니다. 그런 다음, 배관 ISO-Metric 도면이 완성되어 배관의 실제 모습이 확정되면, 초기에 유속에 의해 선정된 배관 구경이 적정한지 거리와 형상에 의한 압력 손실 등을 각 시스템 배관별로 해당 설계 지침에 따라 확인하며, 필요에 따라 배관 구경을 변경하기도 합니다.

배관 구경 선정을 위해 사용하는 유체의 평균 유속은 대부분 유사한 유속을 사용하며, 최대 및 최소 유속을 갖는 일정한 범위의 자료를 사용합니다. 또한 일반적으로 최대 유속은 침식이나 소음, 진동을 방지하기 위하여 적용하며, 최소 유속은 일반적으로 경제성의 관점에서 적용됩니다. 일부 유체의 경우에는 배관 내에서의 침전을 방지하기 위해 최소 유속을 규정하는 경우도 있습니다.

Piping Specification						Velocity(m/sec) vs Flow Rate(m³/hr)										
Nominal Size	Class	O.D (mm)	I.D (mm)	TH (mm)	Area (cm²)	0.8ᵐ/s	1.0ᵐ/s	1.2ᵐ/s	1.5ᵐ/s	1.8ᵐ/s	2.0ᵐ/s	2.2ᵐ/s	2.5ᵐ/s	2.8ᵐ/s	3.0ᵐ/s	3.3ᵐ/s
1 1/2	PVC	48.0	40.0	4.0	12.56	3.62	4.52	5.42	5.78	8.14	9.04	9.94	11.30	12.66	13.56	14.92
	sch 40	48.6	41.2	3.7	13.32	3.84	4.80	5.76	7.20	8.64	9.60	10.56	12.00	13.44	14.40	15.84
	sch 10	48.6	43.0	2.8	14.51	4.18	5.22	6.24	7.83	9.40	10.44	11.48	13.05	14.62	15.66	17.23
2	PVC	60.0	51.0	4.5	20.42	5.88	7.35	8.82	11.03	13.23	14.70	16.17	18.38	20.58	22.05	24.26
	sch 40	60.5	52.7	3.9	21.80	6.28	7.85	9.42	11.78	14.13	15.70	17.27	19.63	21.98	23.55	25.91
	sch 10	60.5	54.9	2.8	23.66	6.82	8.52	10.22	12.78	15.34	17.04	18.74	21.30			

(Line Sizing Pressure Drop & Velocity Limitations)

표 7-3 유량에 따른 배관의 선정표(Sample)

Service			Friction Drop (kg/cm² per 100m)	Allowable Velocity (m/sec)
Pump Suction				
	Non−boiling Liquid			
	Line Size,	< 8"	0.22~0.33	0.9~1.5
		≥ 8"	0.22~0.33	1.83max
	Boiling		0.07~0.11	0.30~0.9 (Note1)
Pump Discharge				
	General		<0.44	—
	Long Header		<0.22	—
	Line Size	≤ 4"	—	1.5~2.1
		6"	—	3.0max
		≥ 8"	—	3.65max
Rebolier Lines				
	Trap out/Inlet		0.03~0.07	0.9~1.5
	Return		0.07max	—
Cooling Water				
	Main Header		<0.33	Refer to Pump
	Branch Lines		<0.66	Discharge Lines
	Sea Cooling Water		—	4.5max
Amine				
	Rich amine		—	0.9~1.5max for C.S. pipe
	Hot lean amine		—	6.0max for S.S. pipe
	Lean amine		Refer to Pump Suction	6.0max
			/Discharge	—
Sour Water				
	Above 120°C		—	1.5max for C.S. pipe / 3.0max for S.S. Pipe
	Below 120°C		—	3.0max for C.S pipe / 4.6max for S.S pipe

표 7-4 Line Sizing Pressure Drop & Velocity Limitations

Service		Allowable Velocity (m/sec)	Remarks
물 or 유사 유체		1.0~ 3.0	
응축수		1.5~2.0	
해수		1.2~2.0	
탈기 해수		2.0(Max)	
증기			
	저압 증기	1.5~30	$2.0kg/cm^2$ 이하
	고압 증기	30~60	$7.0kg/cm^2$ 이상
공기		15~30	

표 7-5 일반적으로 배관에 적용 & Velocity Limitations

배관경 계산 시 일반적으로 상기 표 7-3, 7-4, 7-5를 참조하며 대부분의 경우 최대 및 최소 유속의 일정한 범위를 기준으로 유속을 사용하여 진행합니다. 관련 계산식으로는 유속, 배관 내 압력 손실, 유량 계산식 등이 있으며 아래는 간략하게 대표적인 유속에 의한 배관경 계산식을 설명합니다.

- 유속을 고려한 배관 Size 계산식

$$d = \sqrt{\frac{Qw}{3600v} \cdot \frac{4}{\pi}}$$

Qw : 액체의 유량(m³/h)

d : 배관 내경(m)

v : 물의 유속(m/s)

예) 물의 유량이 500lpm(Qw), 유속 기준은 4.5m/sec일 때 배관 사이즈를 계산하시오.

$$\pi/4 \times (ID/1000)^2 \times v \times 1,000 \times 60 = lpm$$

$$ID = \sqrt{(lpm)/v \times 4 \times 1,000^2 / (\pi \times 60 \times 1,000)}$$

$$= 48.56mm$$

* 유속이 너무 빠른 경우 배관의 수명에 영향을 주고, 유속이 너무 느린 경우 관경이 커서 배관 물량 증가(Cost)가 발생합니다.(배관 관경 결정의 근본은 경제성에 좌우됩니다.)

7.5 배관 공칭 Size & 두께 계산

7.5.1 Introduction to Pipe Sizes

배관 크기는 과거 생산 기준과 현재의 생산 기준의 변화로 파이프 크기가 혼동될 수 있습니다. 동(구리) 파이프의 역사도 비슷합니다. 일반적으로 배관 직경은 '공칭(Nominal)'으로 사용되며 파이프 외경은 피팅과 일치시키는 데 중요한 요소입니다. 또한 PVC 파이프도 공칭 파이프 크기를 사용합니다.

7.5.2 공칭(Nominal) 파이프 크기 및 공칭 직경

공칭 파이프 크기(NPS)는 크게 북미 표준과 유럽 표준이 사용되고 있습니다. 인치(Inch)를 기준으로 하는 공칭 파이프 크기(NPS)는 북미 표준이며 두께는 Schedule(Sch.)로 표시합니다. 유럽에서는 북미의 NPS와 동등한 것으로 독일 DN(Diamètre Nominal/Nominal Diameter) 규격이 있으며 크기는 밀리미터로 표시합니다.

- DN 350(NPS 14")보다 작은 파이프 크기의 경우 밀리미터로 바로 환산 시 상이한 경우가 있습니다.
- 예를 들어 NPS 2"와 DN 50은 동일한 파이프이지만 실제 OD는 2.375" 또는 60.325mm입니다. 실제의 OD Data를 얻을 수 있는 유일한 방법은 규격 테이블에서 찾아보는 것입니다.
- DN 350(NPS 14") 이상의 파이프 크기의 경우 NPS 크기는 실제 직경은 인치 단위이며 DN 크기는 NPS 곱하기 25와 같습니다.
- 예를 들어 NPS 14"는 OD는 14인치 또는 355.6mm이며 DN 350과 동일합니다. 지정된 파이프 크기에 대해 외경이 고정되어 있으므로 내경은 파이프의 두께에 따라 다릅니다.

NB(Normal Bore)라는 용어도 NPS와 같은 의미로 자주 사용됩니다. 같은 크기의 배관 외경은 두께와 상관없이 동일하므로 서로 맞출 수 있으며 파이프 크기와 두께는 다음을 포함한 다양한 국제 표준에 지정되어 있습니다.

DIN EN 10217−7/DIN EN 10216−5

BS EN 10255 in the United Kingdom and Europe

API Range Eg: API 5L Grade B

ASME SA106 Grade B(Seamless carbon steel pipe for high temperature service)

ASTM A312(Seamless and welded austenitic stainless steel pipe)

ASTM C76(Concrete Pipe)

ASTM D3033/3034(PVC Pipe)

ASTM D2239(Polyethylene Pipe)

7.5.3 International Standards for Pipe Sizes

1) Pipe SIZE는 호칭 구경(Nominal Diameter/Bore : ND, NB)으로 부릅니다.
   * 관 부품은 바깥 지름이 지정되어 있으나 호칭경과는 정확히 일치하지 않습니다.

2) Pipe Wall Thickness 지정은 압력을 기준한 Schedule을 사용합니다.

- Wrought Steel Pipe : Sch.20, 40, 80, 160, STD, XS, XXS
- Stainless Steel Pipe : Sch.5S, 10S, 20S, 40S, 80S
- Cu−Ni Pipe : 2.0, 2.5, 3.0, 3.5, 4,5, 5.5, 7.0mm

3) End Type :
배관 구매 시 현장에 설치되는 용도에 맞추어 End Point를 아래와 같이 지정 발주하여 시공의 연결 작업에 차질이 생기지 않도록 하여야 합니다.
- 나사(Thread End)(TE) : ASME B1.20.1(NPT)
- 평면(Plain End)(PE), 바벨(Bevel End)(BE): ASME B16.25

4) Hot Dip Galvanized : ASTM A153 탄소강의 부식을 방지하기 위한 아연도금 배관입니다.

7.5.4 Pipe Sizes for Other Materials

강관은 약 150년 동안 생산되어 관련 기준이 정립되어 사용되고 있고 최신 파이프 재료로 쓰이는 PVC와 Galvanized Pipe 등도 강관 기준을 따르고 있습니다. 그러나 재료별 특성에 따라 파이프 크기에 대한 다양한 표준이 있으며 모듈 산업 및 지역에 따라 다르게 사용하기도 합니다. 그러나 파이프 크기 명칭은 일반적으로 강관과 같은 방법으로 사용하고 있으며 외경 및 벽 두께는 재질별로 별도의 규격을 가지고 있습니다.

7.5.5 Pressure Ratings for Pipe and Tube

압력 배관의 제조 및 설치는 B31.1 또는 B31.3과 같은 ASME 'B31' 코드 시리즈의 ASME 보일러 및 압력 용기 코드에 규정되어 있으며, 이 코드는 구속력을 갖고 캐나다와 미국 등에 적용되고 유럽에도 동등한 코드 시스템이 있습니다. 압력 배관은 일반적으로 대기압보다 10~25bar 큰 압력을 전달해야 하는 배관을 말하며, 안전한 작동을 위해 압력 배관 시스템은 제조, 보관, 용접, 시험 등 엄격한 품질 기준을 충족해야 합니다. 공칭 파이프 크기(NPS) 14보다 큰 NPS의 경우 DN은 NPS에 25를 곱한 값입니다.(25.4 아님)

유럽 규정으로 EN 10255, DIN 2448 및 BS 1387 및 ISO 65이며 종종 DIN 또는 ISO 파이프로 명칭합니다.

API 5L, 미국의 ANSI/ASME B36.10M 및 BS를 포함한 표준 영국의 1600 및 BS 1387. 일반적으로 파이프 두께는 다양하게 제작되어 내경(I.D.)이 다를 수 있습니다. Seamless Steel(SMLS) 파이프 두께의 편차는 약 12.5%입니다.

7.5.6 Wall Thickness Calculations for Straight Pipe Under Internal Pressure

재료의 두께를 공칭 두께라고 하며 ASME B31.3 para.304.1의 관 두께 계산 방법을 간략히 설명합니다.

$$tm = (P \times D) / [2 \times (S \times E \times W + P \times Y)] + C$$

tm : 최소 요구 두께, P : 설계 압력, D : 외경, S : 허용 응력

E : 용접 효율, W : 용접 이음 강도 감소 인자, Y : 온도계수

C : 부식 허용치 + 기계적 허용치

- 계산에 적용되는 상세 내용 :

부식 허용치 C/S : 1.5, 3.0mm(시스템 특징에 따라 Process에서 정의)

　　　　　　　 S/S : 0.0mm(시스템 특징에 따라 Process에서 정의)

기계적 허용치 : Steel Plate 제작 시 발생하는 오차를 보정하는 것(ex. 12.5%)

용접 효율　　 : ERW 0.85, SAW 0.95, Coefficient(y) : 재질과 온도 범위에 따라 다름

상기 식에 계산된 tm은 최소 요구 두께로 Corrosion, Erosion, Mechanical 등을 감안한 두께입니다. 그러나 적용 시는 호환성, 시장성, 재고, 표준화, 가용성(Availability)을 검토하여 적용합니다.

- 계산 사례

예) Pipe : NPS 8in. Design Temperature : 260℃(500℉) ca : 1.6mm (0.063 in.) Corrosion/ Erosion allowance, Material : ASTM A53 Gr-BEFW.

Step No.1 : 먼저 공식 1번을 선정하여 계산해보기로 합니다. (설계 시 Designer가 선정하며 상온일 때 네 가지 공식 모두 두께는 비슷한 결과로 산출됩니다.)

$$t = \frac{P \times D}{2(SE + PY)} \qquad t = \frac{5860 \times 219}{2(1300000 \times 0.85 + 0.4 \times 5860)} = 5.7mm$$

D = 219mm(8.625in)

S = 130 Mpa at 482℃(18,900 psi at 500℉)

E = 0.85(Pipe Longi. Shim Weld Joint Quality

　　 Factor: See ANSI B31.3 Table.302.3.4)

Y = 0.4(Value of Coefficient for "$t = <$ D / 6" : See ANSI B31.3

　　 Table. 304.1.1)

tm = 5.7+1.6+0.3(mill under-run tolerance on rolled plate)

Step No.2 : 상업적으로 생산되는 Pipe Schedule에 대입하여 계산값보다 두꺼운 것을 선정합니다. (8in/Sch. 40의 Nominal Wall Thickness가 8.2mm이므로 Sch.40 Pipe 사용이 적절함)

호칭 두께(Nominal Thickness) : 파이프는 외경이 같더라도 용도(사용 압력)에 따라 살 두께가

다릅니다. 그것을 구분하는 것이 바로 호칭 두께(Nominal Thickness), 즉 Schedule입니다.

예) 15A 파이프는 외경이 21.7mm지만 스케줄에 따라 아래와 같이 내경의 차이가 발생합니다.

스케줄(SCH) 40은 살 두께가 2.8mm로 내경은 16.1mm

스케줄(SCH) 60은 살 두께가 3.2mm로 내경은 15.3mm

스케줄(SCH) 80은 살 두께가 3.7mm로 내경은 14.3mm

• Schedule system이란 : Schedule을 Pipe 두께로 정하여 사용하기 시작한 것은 1934년 American Society of Mechanical Engineers(ASME)에서 개념을 아래와 같이 정한 이후입니다.

SCH. No. = $10 \times (P/S)$: P = 압력 kg/㎠, S = 허용 응력 kg/㎠(ASME B31.3)

적용 계산 사례: A53 Gr.B Pipe/운전 온도 500℉/사용 압력 1200psi

$$Sh = 18,900psi$$

$$Schedule = 1,000 \times 1,200/18,900 = 63.5$$

상업적인 Schedule을 적용하면 80/Sch. 사용 가능

• Weight System이란: Standard Weight(STD), Extra Strong(XS), Double Extra Strong(XXS)으로 배관의 살 두께를 나타냅니다.

7.6 배관 자재 선정

자재의 선정은 구매 비용 및 운영 비용을 고려하여 최적화해야 하며, 허용 가능한 수준의 안전 및 신뢰성을 제공하면서 전체 수명주기 비용을 최소화해야 합니다.

탄소 및 저합금강은 일반적으로 화학, 석유화학, 종이, 석유, 가스 생산 및 서비스를 위한 설비에 사용됩니다. 단, 일반적으로 부식이 허용 가능한 범위 내에서 유지되고 재료가 황화물 응력 균열에 대한 내성이 있는 경우에만 적용됩니다. 적절한 부식 허용치를 가진 탄소강은 여러 응용 분야에 적합하며 −29~427℃의 온도에 적용합니다. 탄소강의 예상 부식률은 플랜트 시설의 설계 수명을 결정하므로 필요시 탄소강에 대한 적극적인 보호 수단을 고려해야 합니다. 대부분의 경우 3mm의 부식 허용치는 탄소강 재료의 설계 수명을 충족하는 데 적합한 것으로 간주됩니다. 많은 엔지니어링 조직에서 6mm 부식 허용치는 부식 허용의 상한으로 간주됩니다.

저온용 탄소강은 영하의 온도에 사용되며, 저합금 탄소강은 고온용으로 사용됩니다. 탄소강 다음으로 스테인리스강을 여러 부식성 서비스 응용 분야에 사용할 수 있으며 Inconel 625 및 Incoloy 825와 같은 부식방지 합금을 사용할 수 있습니다. Hastelloy와 같은 스테인리스강의 특수 합금강은 표준 스테인리스 스틸보다 10~20배 비쌉니다. 더구나 용접의 맞춤 및 용접 속도가 느려 설치 비용까지 증가시킵니다.

Metallurgist 또는 Corrosion Engineer는 대부분의 조직에서 재료 선택 기준, 재료 선택 Specification 등을 준비합니다.

ASME B31.3에는 일반적으로 사용되는 금속 배관 재료가 명기되어 있으며 다음과 같은 주요 요소가 재료 선택의 기준이 됩니다.

7.6.1 Physical Properties of Piping Materials

파이프와 튜브가 여러 종류의 다른 재료로 만들어진 이유는 각 재료가 가지고 있는 물리적 특성의 차이점 때문입니다.

각각의 재료는 다음과 같은 서로 다른 속성을 가지고 있습니다.

- 가단성(Malleability)
- 연성(Ductility)
- 취성(Brittleness)
- 경도(Hardness)
- 탄력(Elasticity)
- 전도도(Conductivity)
- 내화학성(Chemical Resistance)/부식성(Resistance to Corrosion)

  - 가단성

    가단성은 금속의 특성으로 압력에 의거하여 균열이나 파열 없이 변형될 수 있습니다. 이 속성은 금속의 변형에 매우 유용하며 시간 소모적인 피팅 없이 신속하게 라우팅을 할 수 있어 튜브 등과 같이 구부려서 필요한 루팅을 결정할 수 있습니다.

  - 연성

    연성은 연장/확장 정도를 설명하는 데 사용되는 기계적 특성입니다. 재료는 파손 없이 소성 변형될 수 있고 연성이 크면 금속을 원하는 단면 모양으로 쉽게 제조할 수 있으므로 제조 비용이 저렴합니다.

  - 취성

    금속이 변형되면서 깨지거나 부서지는 경향을 말하며 취성이 큰 것은 재료의 단점이 되며 이 속성 때문에 취성이 큰 재질은 파이프 또는 튜브 제조에 쉽게 사용되지 않습니다.

  - 경도

    금속의 견고하고 압력에 강한 성질을 말하며 경도가 크면 쉽게 긁히지 않습니다. 경도는 모스(Mohs Scale)값으로 정도를 나타내며 모스값이 큰 금속은 고압 시스템에 이점이 될 수 있습니다. 반면 가공 시 절단(Cutting) 및 제작 시간을 증가시킬 수 있으므로 단점이 될 수 있습니다.

  - 탄성력

    탄성력은 하중에 의해 변형되었다가 하중을 제거하면 원래 치수로 회복될 수 있는 성질을 말하며 이 속성을 이용하여 배관재에 사용됩니다. 운전 온도 차이로 인해 파이프가 확장 또는 수축을 허용해야 하는 배관 시스템에 탄성력이 적용됩니다.

　　– 전도도

　　　전류 또는 열을 전도하는 물질의 특성을 말합니다. 일부 배관에는 높은 열전달을 위해 높은 전도성 금속 시스템을 사용하고, 반면에 열전도를 방지하기 위해 전도성이 낮은 플라스틱 재료를 사용하기도 합니다.

　　– 내화학성/내식성

　　　재료가 플랜트 산업의 부식 작용에 저항하는 정도는 아마도 배관재에 가장 필요한 속성일 것입니다. 내화학성/내식성 배관 재료의 선택은 가격에 가장 큰 비중을 차지합니다.

7.6.2 유체에 따른 배관 자재 선정 기준 : 공정 조건은 재료 선택에 가장 많은 영향을 미침

1) 유체(Service Fluids)

- 부식성 유체 : Sea Water, H_2S, Ammonia, Acids etc.
- 부식성 없는 유체 : Lube Oil, Air, Nitrogen etc.

2) 온도(Temperature)

- 초저온, 저온
- 일반 온도, 고온

3) 압력(High or Low Pressure)

7.6.3 일반적인 배관 자재 선정 기준(Pipe & Fitting Selection)

- 경제성 : 재료비(Cost), 공사비(용접성, 제작성), 감가상각 기간
- 안전성 : 마모, 진동, 재질과 두께, 유체
- 호환성 : 시장성, 재고, 표준화, 가용성(Availability)

7.6.4 배관 재료의 성질(ASTM 내용)

7.6.4.1 탄소강

　탄소강 배관은 화학, 석유화학 및 석유 및 가스 산업 응용 분야에서 가장 많이 사용됩니다. 탄소강은 광범위한 가용성, 고강도 및 다양한 연결 유형 및 피팅의 제조에 큰 이점이 있습니다. 탄소강 파이프는 다양한 등급, 크기, 벽 두께, 길이로 널리 공급됩니다. 탄소 강관은 다른 비철 재료에 비해 가격이 저렴하여 재료비가 저렴하고 특별한 취급이 필요하지 않습니다. 탄소강의 주요 장점은 압연, 성형, 구부러짐 또는 제작이 가능하여 다양한 크기, 모양 및 구성으로 제조할 수 있다는 것입니다. 강철의 연신 특성은 서지, 수격 현상 및 기타 인공 방해로 인한 충격을 받지 않고 응력과 변형을 견딜 수 있도록 합니다.

　탄소강의 분류 및 합금 원소에 따른 일반적 특성

- 강(Steel)은 0.01~2%의 탄소와 적어도 0.25% 이상의 망간 원소를 함유한 합금철(Iron Base

Alloy)이라 할 수 있습니다.

- 불순물(인, 황)의 양은 최소한으로 제한되고 기타 다른 원소가 첨가되면 합금강이 됩니다. 합금강의 Type, Grade는 첨가되는 원소와 그 양에 의해서 결정됩니다. 예를 들면 니켈, 크롬, 바나듐, 텅스텐, 니오븀(Nb) 등의 원소가 5% 이하 첨가되면 저합금강이 되고 12% 이상 첨가되면 Stainless Steel이 됩니다. 합금 원소가 계속 첨가되어 50% 이상이 되어 철(Fe)의 함량보다 많아지면 강으로 분류되지 않고 비철금속이라 총칭합니다.

- 탄소강은 탄소, 망간, 황, 인, 실리콘 이외의 다른 합금 원소를 함유하지 않은 강입니다. 탄소는 강의 강도에 중요한 영향을 미칩니다. 탄소는 0.15%에서 0.8%까지 변할 수 있지만 일반적으로 용접성 그리고 기타 여러 가지 이유 때문에 그 범위는 0.15%에서 0.3%로 제한됩니다. 망간의 함유량은 주로 0.25%에서 1.65%이며 이보다 함유량이 많으면 합금강이라 합니다. 망간 역시 강의 강도를 결정하는 데 필요한 영향을 미치고, 금속 내에서 황과 결합하여 열취성, 입간균열을 방지합니다. 인과 황의 함량은 0.04%로 제한되는데 보다 나은 절삭성이 요구될 때는 예외입니다. 실리콘은 탈산제로서 이용되는데 그 함량은 0.1%에서 0.3% 범위까지 변합니다. 구리는 일반적으로 적은 양이 존재하는데 대기 부식에 의한 저항력을 증대시키기 위해 첨가될 수도 있습니다.

- 탄소강(A53 Gr.B)은 Carbides가 Graphite화되는 현상을 고려하여 일반적으로 427℃ 이하에서만 사용합니다.

7.6.4.2 스테인리스강(A312 Gr TP 304)

스테인리스강은 최소 12%의 크롬을 포함하는 철 합금입니다. 또한 강철의 특성을 실질적으로 변경하기에 충분한 양으로 다른 금속(합금 원소)이 추가된 일반 탄소강으로 간주할 수 있습니다. 저온에서 고온까지 적용 가능합니다만 경제성을 고려하여 고온에 적용하지 않으며 538℃ 이상의 조건이 유지되는 경우 Heat Treated 작업을 하여 사용합니다.

스테인리스강 구성
강철에 추가되는 가장 일반적인 합금 원소는 다음과 같습니다.

- 니켈(Ni) – 저온 성능이 개선되고, 내식성을 강화합니다.
- 크롬(Cr) – 강철의 열처리 및 내식성에 대한 강철의 반응을 개선합니다.
- 몰리브덴(Mo) – 재질의 취성을 줄이고 고온에서 지속적으로 유지할 수 있습니다.
- 망간(Mn) – 강철을 정제하고 강도와 인성을 추가합니다.
- 텅스텐(W) – 적절한 양을 첨가하면 강철이 자체 경화됩니다.

7.6.4.3 합금강(A335 Gr P1)

427°C 이상의 고온, 고압 배관에 적용합니다.

7.6.4.4 Non-Metal

- PVC(Polyvinyl Chloride)

  60°C 플라스틱 파이프는 폴리염화비닐을 의미하며 금속 배관의 대체품입니다. PVC는 강도, 내구성, 쉬운 설치 및 저렴한 비용으로 널리 사용되는 플라스틱입니다.

- CPVC(Chlorinated Polyvinyl Chloride)

  염화 능력을 최대화하여 최고 90°C까지 사용할 수 있는 열가소성 수지로서 CPVC의 내성이 강할수록 상업용 및 산업용으로 유용합니다. 응용 범위가 넓기 때문에 CPVC는 일반적으로 PVC보다 가격이 비쌉니다.

- HDPE(High-Density Polyethylene)

  충격하중에 강하여 Plant 내 지하 매설 소방 배관에 사용됩니다.

- GRP/E(Glass Fiber Reinforced Plastic/Epoxy)

  가격이 저렴하여 공용수 및 해수배관에 주로 사용됩니다.

- PTFE(Polytetrafluoroethylene = Teflon)

  기계의 마찰, 마모에 강하여 마찰력을 감소시키기 위한 Pad의 Lining재로 사용됩니다.

7.6.5 ASTM 재료 시험 특성을 고려한 선택

- 항복 인장 강도(Ultimate Tensile Strength)
- 항복 강도(Yield Strength)
- 탄성한도(Elasticity)
- 변형률(% Elongation)
- 경도(Hardness)
- 거칠기(Toughness)
- 크리프 저항(Creep Resistance)
- 파괴 저항(Fatigue Resistance)

7.6.6 ASTM 재질의 운전 온도 및 용도에 따른 분류

DESIGN TEMPERATURE(℃)		MATERIAL	PLATE	PIPE	FORGING	FITTING	BOLTING
CRYOGENIC TEMPERATURE	-254~-196	STAINLESS STEEL	SA240-304, 304L, 347, 316, 316L	SA312-304, 304L, 347, 316, 316L	SA182-304, 304L, 347, 316, 316L	SA403-304, 304L, 347, 316, 316L	SA320-B8 WITH SA194-8
	-195~-102	9% NICKEL	SA353	SA333-8	SA522-1	SA420-WPL3	
LOW TEMPERATURE	-101~-60	31/2 NICKEL	SA203-D,E	SA333-3	SA350-LF3	SA420-WPL3	SA320-B7 WITH SA194-4
	-59~-46	21/2 NICKEL	SA203-A				
	-45~-30	CARBON STEEL	SA537-CL1 SA516(IMPACT T.)	SA-333-6	SA350-LF2	SA420-WPL6	
	-29~-16		SA516-ALL	SA333-1 or 6			
	-15~0		SA285-C				
INTERMEDIATE TEMPERATURE	1~16			SA53-B SA106-B	SA105 SA181-60,70	SA234-WPB	SA193-B7 WITH SA194-2H
	17~412		SA516-ALL SA515-ALL				
ELEVATED TEMPERATURE	413~468	C-1/2Mo	SA204-B	SA335-P1	SA182-F1	SA234-WP1	
	469~537	Cr-1/2Mo	SA387-12-1	SA335-P12	SA182-F12	SA234-WP12	
		11/2Cr-1/2Mo	SA387-11-2	SA335-P11	SA182-F11	SA234-WP11	
	538~593	21/4Cr-Mo	SA387-22-1	SA335-P22	SA182-F22	SA234-WP22	SA195-B5 SA194-3
	594~815	STAINLESS STEEL	SA204-347H	SA312-347H	SA182-347H	SA403-347H	SA193-B8 WITH SA194-8
		INCOLOY	SB424	SB423	SB425	SB366	
	ABOVE 815	INCONEL	SB443	SB444	SB446	SB366	

표 7-6 온도에 의한 재질 선정표

7.7 Material Specification

파이핑 사양서(Pipe Specification)는 모든 프로젝트의 설계 초기 단계에 준비하는 문서입니다. 주어진 서비스에 대한 파이프 및 파이프 구성 요소에 대한 적절한 재질 선택, 사양 및 재료 등급을 규정하여 제공합니다. 즉, Plant 건설에 필요한 Piping(Pipe, Fitting, Flange, Gasket, Valve, Bolt & Nut)의 각 요소들을 유체의 특성별로 나누어 어떠한 재질, 타입으로 만들어져야 하는지를 본 사양서에 상세하게 기술하여 설계에 적용하고 구매하게 됩니다.

7.7.1 Standard Material Specification에 포함해야 할 사항

- Short Code : 배관 관련 자재의 종류가 매우 많아 일일이 도면이나 컴퓨터에 기입하기에는 많은 불편함이 있어 이를 좀 더 편리하고 간단하게 정의된 기호로 배관 자재를 정의한 것입니다. 각 회사마다 고유 기호를 갖고 운영하고 있습니다.
- Size : 사용되는 배관의 호칭경(공칭경)을 명기합니다.
- Material/Remark : 국제 Code에 규정된 재질 기호로 명기되며 규격 규정 외의 재질을 사용하면 제작자의 재질 기호를 기입합니다.
- Product : 제작 방법을 명기한 것으로 Seamless(SMLS), Weld(W) 일반적인 종류로 나누어 명기합니다.
- End Connection : PE, BE, BW, SW, SCRD(PT/NPT) 등 Random Pipe 마무리 형태를 명기합니다.
- Thickness : Wall의 두께를 명기합니다.
- Class & Rating : 주어진 조건에 부합되는 Code의 규격을 명기합니다.

7.7.2 Material Specification(Ethylene Project Sample)

Sv Sv Plant Engineering	**ENGINEERING SPECIFICATION** PIPING MATERIAL CLASSIFICATION							**SP-PI-S-001**	

REV. MARK	0	1	2	3	4	5	JOB NO :		SP-0001
ISSUE DATE	20.DEC.17	#REF!							

TYPICAL SERVICE	SCOR,SCOS,HRR,HRS							PIPING CLASS	
CORROSION ALLOWANCE	PRESS. (kg/㎠)	TEMP.(°C)	BRANCH CODE	REDUCER CODE				**F4S**	
0.0	<135	<500	T1	R1				1 OF 2	

CODE DESCRIPTION

SIZE		MATERIAL	PRODUCT	END CON.	THICK'S		
P	PIPE;						
1/2	1.1/2	A312 GR. TP321	SMLS	PE	SCH160S		
2	24	A312 GR. TP321	SMS	BE	XXS		
JN	NIPPLE;						
1/2	1.1/2	A312 GR. TP321	SMLS	PE	SCH160S	L75mm	
FIT ELBOW TEE REDUCER							
1/2	1.1/2	A182 GR.F321		SW	Class 6000		
2	2.1/2	A403 GR.WP321	SMLS	BW	Class 6000		
CP	CAP;						
1/2	1.1/2	A182 GR.F321		SW	Class 6000		
2	2.1/2	A403 GR.WP321	SMLS	BW	Class 6000		
CPT	CAP;(SCREWED)						
1/2	1.1/2	A182 GR.F321		NPT	Class 6000		
TH	HALF COUPLING;						
1/2	1.1/2	A182 GR.F321		SW	Class 6000		
LG	PLUG;						
1/2	1.1/2	A182 GR.F321		NPT	Class 6000	ROUND HEAD	

SIZE (INCH)		MATERIAL	RATING	TYPE	FACE	THICKNESS	
F	FLANGE;						
1/2	1.1/2	A182 GR.F321	Class 2500	SW	RF	Class 3000	
2	24	A182 GR.F321	Class 2500	WN	RJ/RF	Same As Pipe	
FB	BLIND FLANGE;						
1/2	1.1/2	A182 GR.F321	Class 2500	BLIND	RF	Class 3000	
2	24	A182 GR.F321	Class 2500	BLIND	RJ/RF	Same As Pipe	

SIZE (INCH)		REMARK	RATING	TYPE	FACE	
G	GASKET;					
1/2	24	R26	Class 2500	RJ	RF	
			Suitable forthe requirment of ASME B16.5 and B31.1 Para.108.4			

SIZE (INCH)		MATERIAL	RATING	TYPE	FACE	
B	BOLT/NUT;					
1/2	24	A193 GR.B8T,A194 GR.8TA	Class 4500	STUD	HEX NUT HEVY	

SIZE (INCH)		MATERIAL	RATING	TYPE	CONN.	OPER. TYPE
VA	GATE VALVE;					
1/2	1.1/2	A182 GR.321/TYPE316	API Class 4500	BB.&OS&Y	SW	HANDWHEEL
2	12	A351 GR.CF8M/TYPE316	Class 2500	BB.&OS&Y	FLGD RJ/RF	HANDWHEEL
14	24	A351 GR.CF8M/TYPE316	Class 2500	BB.&OS&Y	FLGD RJ/RF	GEAR OPER.
VB	GLOBE VALVE;					
1/2	1.1/2	A182 GR.321/TYTPE316	API Class 4500	BB.&OS&Y	SW	HANDWHEEL
2	12	A351 GR.CF8M/TYPE316	Class 2500	BB.&OS&Y	FLGD RJ/RF	HANDWHEEL
14	24	A351 GR.CF8M/TYPE316	Class 2500	BB.&OS&Y	FLGD RJ/RF	GEAR OPER.

7.8 유지 관리/부식

7.8.1 부식이란

부식이란 어떤 금속이 주위 환경과 반응하여 화합물로 변화(산화반응)하면서 금속 자체가 소모되어가는 현상으로, 주위 환경과의 화학반응으로 인하여 물질이 구성 원자로 분해되는 현상을 말합니다.

금속과 환경이 화학 반응하면 산화물, 탄산염, 황산염 또는 기타 화합물을 형성합니다. 부식은 화학적 과정이며 금속뿐만 아니라 금속이 노출되는 환경과 노출되는 방식에 따라 영향을 받습니다. 일반적으로 산소와 같은 산화체와 반응하여 금속이 전기화학적으로 산화되는 것을 말합니다. 부식이 발생하기 위해서는 양극(Anode), 음극(Cathode), 전해질(Electrolyte), 전기회로(Return Circuit) 등 4가지 요소를 갖추어야 합니다.

일반적인 배관재는 양극이나 음극에 해당되며 관 내부에 흐르는 유체는 전해질에 해당되고, 배관은 유체와 연결되어 있으므로 결국 부식 발생의 조건을 다 잘 갖추었음을 알 수 있습니다.

배관의 부식은 관의 재질, 흐르는 유체의 온도 및 화학적 성질에 따라 다르나 일반적으로 금속의 이온화, 이종 금속의 접촉, 전식, 온수 온도 및 용존 산소에 의한 부식이 주로 일어나므로 여기에 대한 대책을 강구해야 합니다.

탄소강의 경우 금속 구성의 사소한 변화보다 환경에 따른 부식 속도에 훨씬 더 큰 영향을 받으며 반면에 부식 방지 합금의 경우 부식은 환경 조성 및 노출 방식보다 금속 조성률에 민감합니다.

파이프의 부식은 금속의 표면에 보호 산화막을 형성하여 내식성을 유도하며 금속의 산화막 특성에 따라 활성과 수동의 두 가지 형태로 분류될 수 있습니다. 활성막 금속을 사용하면 산화막이 성장하고 제한 두께에 도달하면 금속이 완전히 소모될 때까지 계속 파괴됩니다.

활성 산화물이 있는 금속의 예로는 철, 구리 및 아연이 있습니다.

Passive Film 금속은 10－100 원자 두께로 극도로 얇은 산화물층을 형성한 다음 성장을 중단하게 하여 부식을 방지합니다. 이 필름은 어떤 것이 평형을 뒤엎을 때까지 안정적입니다. 수동 필름이 있는 금속의 예로는 스테인리스강, 티타늄, 금, 백금 및 은이 있습니다.

7.8.2 부식의 종류

7.8.2.1 습식과 건식

1) 습식 부식 － 금속 표면이 접하는 환경 중 습기의 작용에 의한 부식 현상
2) 건식 부식 － 습기가 없는 환경 중에서 200℃ 이상 가열된 상태에서 발생하는 부식

7.8.2.2 전면 부식과 국부 부식

1) 전면 부식 － 동일한 환경 중에서 어떤 금속의 표면에 균일하게 부식이 발생하는 현상으로 방지책은 재료의 부식 여유 두께를 계산하여 설계하는 것입니다.
2) 국부 부식 － 금속의 재료 자체의 조직, 잔류 응력의 여부, 접하고 있는 주위 환경의 부식 물질의 농도, 온도와 유체의 성분, 유속 및 용존 산소의 농도 등에 의하여 금속 표면에 국부적 부식이 발생

하는 현상입니다.

가. 이종 금속 접촉 : 재료가 각각 전극, 전위차에 의하여 전지를 형성하고 그 양극이 되는 금속이 국부적으로 부식하는 일종의 전식 현상

나. 전식 : 외부 전원에서 누설된 전류에 의해서 전위차가 발생하고 전지를 형성하여 부식되는 현상

다. 틈새 부식 : 재료 사이의 틈새에서 전해질의 수용액이 침투하여 전위차를 구성하고 틈새에서 급격히 부식이 일어나는 현상

라. 입계 부식 : 금속의 결정입자 경계에서 선택적으로 부식이 발생하는 현상

마. 선택 부식 : 재료의 합금 성분 중 일부 성분은 용해하고 부식이 힘든 성분은 남아서 강도가 약한 다공상의 재질을 형성하는 부식 현상

바. 보온재 하 부식(Corrosion Under Insulation) : 보온재 내에 물 또는 습기 등이 침투되거나 접촉하여 국부 부식이나 응력 부식 균열을 야기하는 현상

사. 고온산화 : 금속이 실온 또는 고온에서 산소, 황, 할로겐 등과 같은 산화성 기체에 노출되면 전해액이 없어도 부식이 발생하는 현상

아. 침식(Erosion) : 빠르게 유동하는 유체에 의해서 금속면이 깎이는 현상

7.8.2.3 부식 종류별 상세 이해

1) 이종금속접촉 부식/갈바닉 부식(Galvanic Corrosion)

그림 7-24 Galvanic Corrosion on Bolt

갈바닉 부식은 부식성 용액이나 전해질 용액에 두 금속이 접촉된 상태(또는 전기 도체로 연결된 상태)로 담겨 있을 때, 두 금속의 전위차에 의해 전자의 이동이 발생하여 부식이 일어나는 것을 말합니다. 이러한 유형의 부식의 조건으로는 갈바닉 계열이 다른 두 개의 금속, 금속과 전도성 매체에 잠긴 두 금속 등의 형태가 있으며, 갈바닉 부식의 변형으로 패시브 필름 금속에서도 발생할 수 있습니다. 합금된 금속 중 한 지점에서 패시브 필름을 잃으면 해당 영역에서 부식이 활성화됩니다. 즉, 금속은 동일한 표면에 수동 및 활성 사이트를 모두 가지고 있는 것으로 이것을 틈새 부식의 메커니즘으로 이야기합니다.

2) 틈새 부식(Crevice Corrosion)

틈새 부식은 구멍이나 볼트 등에 소량의 수용액이 정체되어 있을 때 이 틈에서 발생하는 것으로 또 다른 형태의 갈바닉 부식입니다. 틈새 부식은 일반적으로 가장 먼저 발생하며 언제 어디서 발생하는지 예측할 수 있습니다. 틈새 부식은 또한 전도성 솔루션이 있어야 합니다. 그리고 염화물의 존재는 반응을 빠른 속도로 진행시킵니다. 틈새 부식은 환경 온도, 합금 함량 및 합금의 야금 범주에 따라 다르게 나타납니다. 또한 틈새의 견고함과 시작 시간 및 부식 정도 사이에는 관계가 있습니다. 부식이 발생하지 않는 '임계 틈새 부식 온도(Critical Crevice Temperature, CCT)'가 있습니다.

3) 공식 부식(Pitting Corrosion)

Pitting 부식은 국부적 또는 점형상의 부식으로 피막의 결함이 있는 장소에 발생하는 것을 말합니다. 패시브층의 크롬이 용해되어 부식되기 쉬운 철만 남기는 갈바닉 부식의 한 형태입니다. 오스테 나이트계 스테인리스강의 수동층과 능동층 사이의 전압 차이는 +0.78V입니다. 산 염화물은 스테인리스강에서 구멍이 나는 가장 흔한 원인입니다. 염화물은 크롬과 반응하여 용해성이 강한 염화크롬($CrCl_3$)을 형성합니다. 따라서 크롬은 활성 철만 남기고 수동층에서 제거되고 크롬이 용해됨에 따라 전기적으로 구동되는 염화물이 스테인리스강에 구멍을 뚫어 구형의 매끄러운 벽 구덩이를 만듭니다. 구덩이의 잔류 용액은 염화철($FeCl_3$)로 스테인리스강을 부식시킵니다. 이것이 스테인리스강의 많은 부식 테스트에서 염화 제2철이 사용되는 이유입니다. 스테인리스강의 합금 원소로 몰리브덴 또는 질소를 사용하면 공식 내식성이 향상됩니다. 합금 원소의 효과를 정량화하기 위해 내식성을 담당하는 다양한 원소의 관계가 개발되었으며 결과 방정식을 Pitting Resistance Equivalent Number 또는 PREN이라고 합니다.

4) 입계 부식(Intergranular Corrosion)

결정입자가 모여 있는 경계부가 부식 매체로부터 부식되는 것을 말합니다. 모든 금속은 일반적으로 무작위 방식으로 배향되는 작은 입자로 구성됩니다. 이 입자들은 각각 모든 입자의 원자 사이에 동일한 간격을 두고 규칙적인 원자 배열로 구성됩니다. 입자의 무작위 방향으로 인해 입자가 만나는 원자층 사이에 불일치가 있습니다. 이러한 불일치를 '그레인 경계'라고 합니다. 일반적인 스테인리스 스틸 제품에는 표면에 그려진 약 1인치(25mm) 선과 교차하는 약 1,000개의 입자 경계가 있습니다. 입자 경계는 고에너지 농도 영역입니다. 따라서 화학 또는 야금 반응은 일반적으로 입자 내에서 발생하기 전에 입자 경계에서 발생합니다. 가장 일반적인 반응은 용접 중 열 영향 영역(HAZ)에서 크롬 카바이드가 형성되는 것입니다. 입자 경계를 따라 형성된 이러한 현상을 '예민화'라고 합니다. 탄화물은 국지적으로 사용 가능한 것보다 더 많은 크롬을 필요로 하기 때문에 탄소는 탄소 주변 영역에서 크롬을 끌어당깁니다. 이것은 낮은 크롬 입자 경계 영역을 남기고 그 영역에서 새로운 낮은 크롬 합금을 생성합니다. 이제 모재와 입계 사이의 갈바닉 전위에 불일치가 있습니다. 그래서 갈바닉 부식이 시작됩니다. 입자 경계가 부식되어 중앙 입자와 크롬 탄화물이 마치 녹슨 모래 입자처럼 떨어집니다.

5) 응력 부식 균열(Stress Corrosion Cracking)

그림 7-25 스트레스 부식(Stress Corrsion)

응력 부식 균열(SCC)은 인장 응력과 부식 환경이 결합된 영향으로 인해 유발되는 균열입니다. SCC는 가장 일반적이고 위험한 부식 형태 중 하나입니다. 응력 부식 균열은 균열이 입계 또는 입계(입자 경계를 따라) 전파되는 특징이 있으며 염화물 유도 SCC 및 H_2S 유도 SCC와 같은 여러 유형의 응력 부식 균열(SCC)이 있습니다. 스테인리스강을 포함하는 니켈은 특히 염화물에 의한 SCC에 취약합니다. 응력 부식 균열(SCC)에는 합금 구성, 환경 및 인장 응력의 존재라는 세 가지 구성 요소가 있습니다. 또한 모든 금속은 응력 부식 균열에 민감합니다.

6) 수소 손상(Hydrogen Damage & Corrosion)

수소 손상은 수소의 존재하에 혹은 수소와 상호작용에 따라 금속에 기계적인 손상을 주는 현상을 말합니다. 종류로는 수소 유도 균열(Hydrogen Induced Cracking), 수소 기포화(Hydrogen Blistering), 수소 침식(High Temperature Hydrogen Attack)이 있습니다.

가. Hydrogen Damage

- Hydrogen Induced Cracking

HIC(Hydrogen Induced Cracking)는 응력이 가해지고 있는 금속 중에 수소 원자가 침입한 후 확산하여 포성파괴를 입는 현상을 말합니다. 산세정, 전해, 부식 등에 따라서 생기는 수소가 침입하는 경우나 고온에서 수소와 접촉한 금속 등에 주로 발생합니다. 고농도의 수소로 인해 금속이 블리스터링되어 발생하는 습식, 즉 H_2S 균열의 일반적인 형태이며 블리스터링 손상은 표면과 후프 응력 방향과 평행하게 형성되는 경향이 있습니다.

HIC는 일반적으로 습식 H_2S 정제 공정 환경에서 강철의 수성 수소 충전 효과로 인해 발생합니다. 이는 상대적으로 낮은 온도에서 발생할 수 있으며, 주로 습식 H_2S 부식 반응에서 발생하는 원자 수소의 결과로 강철에 들어가서 강철 내의 개재물이나 불순물에 수집됩니다. H_2S는 일반적으로 발생하는 수소 재결합 반응을 방지하므로 부식된 표면에서 거품이 발생하지 않고 수소 원자가 금속 구조로 강제로 들어가 부식 및 약화를 유발합니다.

수소가 강철의 개재물이나 불순물에 모이면 손상이 발생하고 Rockwell C 스케일에서 경도가 22 이상인 강철에서 주로 발생하는 경향이 있습니다.

손상 메커니즘이 진행되는 한 HIC는 일반적으로 항상 그런 것은 아니지만 무해합니다. 일반적으로 광범위해지고 재료 특성에 영향을 미치기 시작할 때까지 금속을 손상시키지 않습니다. 금속의 연성이 상당한 양으로 감소하면 금속은 인접한 수소 블리스터를 연결하는 내부 균열을 형성합니다. 이것이 용접부로 전파되면 위험할 수 있습니다.

수소 부식의 가능성을 제거하기 위해 정기적인 검사 및 테스트를 수행해야 합니다. 습식 H_2S 균열을 감지하는 기존의 방법은 HIC로 인한 강철의 표면 아래 균열을 감지할 수 있는 WFMPI(Wet Fluorescent Magnetic Particle Inspection)입니다. 균열이 발생한 배관 및 WFMPI 를 사용하여 검사할 수 없는 기타 구성 요소의 경우 PAUT(Phased Array Ultrasonic Testing)가 가장 편리하고 신뢰할 수 있는 비파괴 방법입니다.

수소 유도 균열을 방지하기 위해서는 SUS 321 재질이나 SUS347 재질을 사용하기를 권고하며, 조직에 Inhibitor를 첨가하거나 카드뮴 등으로 피복을 실시합니다.

- Hydrogen blistering

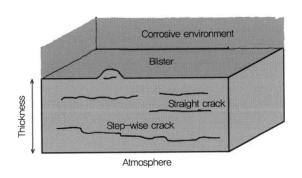

그림 7-26 Hydrogen Blistering

수소 블리스터링은 금속 내부에 수소가 침투해서 축적된 결과 금속에 심한 변형을 일으키는 현상을 말합니다. 축적된 수소 가스에 의해 재질 Layer에 공동이 발생하는 금속의 물리적 성질을 말하고, 물리적으로 이러한 공동은 표면 아래 '거품' 또는 '물집'으로 나타납니다. 물집은 수소 원자가 금속을 통해 확산되고 공극에 축적되어 형성되며, 반응성이 높은 수소 원자는 공극 내부에서 서로 결합하여 수소 가스(H_2)를 형성하고, 결국 수소 가스가 축적되면 금속 표면 아래의 압력을 증가시켜 물집을 형성합니다. 이러한 형태의 수소 손상은 일반적으로 저강도 금속에서 발생하며 되돌릴 수 없게 되고, 또한 수소 블리스터링은 재료의 기계적 성질을 지속적으로 감소시킵니다.

주로 H_2S가 존재하는 유정이나 수첨탈황설비, 가스 흡수탑의 응축기 등에서 발생하며, 특히 저합금강에서 쉽게 발생하는 것으로 알려져 있습니다.

수소 블리스터링을 방지하기 위해서 킬드강 등 내부 조성이 균일한 재료를 사용하도록 하고 있으며, 니켈 합금과 같은 금속 중에 수소 확산이 생기지 않은 재료를 사용하도록 하며 페인트, 금속 코팅 등에 의한 피복을 하거나 음금 Inhibitor을 첨가합니다.

- Hydrogen Attack

고온 수소 침식(HTHA)은 강 중의 탄화물(Fe3c)이 수소에 의해 환원되고, 메탄이 발생하며 주로 입계가 침식하는 비가역적인 현상으로 금속의 강도, 탄성이 저하됩니다.

수소 침식 시 표면에서는 탈탄 현상이 일어나며, 내부에서는 수소 가스 침투에 의한 메탄이 형성되어 지속적으로 피해를 입게 됩니다.

건조한 상태에서 고온(최소 400F 또는 204°C)에서 수소에 노출된 공정 장비에서 발생할 수 있으며, 아주 서서히 수소가 초기 (원자) 수소로 분리되어 환경의 온도와 압력에 의해 강철의 불안정한 탄화물과 반응하여 메탄가스를 형성하며, 이는 미세 구조 입자 경계에 축적되어 결국 균열을 유발합니다. 기기 설비에는 일반적으로 고압 및 온도에서 탄화수소가 포함되어 있기 때문에 이는 위험합니다.

주로 암모니아 합성 공정, 석유화학공업의 수소 첨가 공정에서 장시간, 고온 고압의 수소에 접하는 탄소강이나 저합금강에 생기기 쉽습니다.

예방책으로 가능한 한 Seamless 배관을 이용하여 용접부가 없는 관을 사용하도록 권고하고 있습니다. 최근에는 Heavy Oil Desulfurization Unit Separator의 Down Stream Pipe Line에서 많이 발생한다고 합니다.

따라서 수소 침식은 압력과 온도가 높은 곳에서 심하게 발생하며 탄소강이 200°C, 7kg/cm² 이상일 때 탄소강 속의 탄화철이 수소와 반응하여 수소 취성(High Temperature Hydrogen Attack)이 발생하게 됩니다.

이를 방지하기 위해 크롬(Cr), 몰리브덴(Mo) 등 탄화물 안정원소를 첨가한 합금강을 사용하여 수소 침식을 방지/경감하도록 하고 있습니다.

나. Wet H₂S Damage

Blistering은 Wet H₂S Damage로 구분해서 설명하는 경우가 많습니다. 이유는 Wet H₂S 상태에서 Blistering이 많이 일어나기 때문이며 Blistering끼리 서로 연결되는 것이 HIC입니다. Wet H₂S가 아니더라도 Blistering이 일어날 수 있기 때문에 Hydrogen Damage로 설명하는 경우도 있습니다.

• Sulfide Stress Cracking(SSC)

황화물 응력 균열(SSC)은 음극 균열 메커니즘인 수소 취성의 한 형태입니다. 양극 균열 메커니즘인 응력 부식 균열이라는 용어와 혼동해서는 안 됩니다. 민감한 합금, 특히 강철은 황화수소와 반응하여 부식 부산물로 금속 황화물과 원자 수소를 형성합니다. 원자 수소는 결합하여 금속 표면에서 H₂를 형성하거나 금속 매트릭스로 확산됩니다. 황은 수소와 재결합되기 때문에 재결합하여 표면에 H₂를 형성하는 원자 수소의 양이 크게 감소하여 원자 수소가 금속 매트릭스로 확산되는 양이 증가합니다. 이러한 측면이 습식 H₂S 환경을 매우 심각하게 만드는 요인입니다.

SSC는 수소 취성의 형태이기 때문에 주변 온도 또는 약간 낮은 온도에서 균열에 가장 취약합니다. 황화물 응력 균열은 가스 및 석유 산업에서 특히 중요한데, 그곳에서 처리되는 재료(천연가스 및 원유)에는 종종 상당한 양의 황화수소가 포함되어 있습니다. H₂S 환경과 접촉하는 장비는 석유 및 가스 생산 환경의 경우 NACE MR0175/ISO15156 또는 석유 및 가스 정제 환경의 경우 NACE MR0103/ISO17945를 준수하여 서비스 등급을 받을 수 있습니다.

황화로도 알려진 황화 부식은 황과 접촉하는 강철의 고온 부식(450F 이상/약 260°C 이상)에 사용되는 용어입니다(Fe는 S와 반응하여 FeS를 형성함).

- Stress Oriented Hydrogen Induced Cracking(SOHIC)

  SOHIC는 습식 H₂S 조건에 잔류 응력이 적용되는 경우 발생하는 균열 형태입니다. 일반적으로 방심할 수 없는 형태의 균열이며 쉽게 사고로 이어질 수 있어 완화해야 하는 균열 유형입니다. 이것은 벽 균열을 통과하는 방향에 수직으로 쌓는 높은 잔류 응력 또는 가해진 응력에 의해 구동되는 일련의 HIC(수소 유도 균열) 균열로 구성됩니다. 즉, 50ppm 이상의 H₂S 함량, 180F 온도 이하의 크래커와 코커의 오버 헤드 시스템에 있는 관련 압력 장비가 습식 H₂S 균열에 취약하다는 것이 잘 알려져 있습니다.

  모든 취약한 시스템은 NACE RP0296 최신판에 따라 검사 및 유지 관리되어야 하며 SOHIC에 취약한 장비는 용접 후 열처리(PWHT) 또는 합금 처리되어야 합니다. 이런 환경의 경우 우선적으로 스테인레스강 피복 소재뿐만 아니라 HIC 내성을 가진 강철 및 중합체 코팅이 된 제품 적용이 바람직합니다.

7) Hydrogen Stress Cracking

수소 응력 균열은 습식 황화수소 및 불화수소산과 같은 산의 부식으로 인해 원자 수소가 경화된 강철 또는 고강도 강철에 침투하여 응력 균열을 일으킬 때 발생하는 수소 취성의 한 형태입니다. 이러한 침투는 수소가 환경에 존재할 때 일반적으로 연성인 재료의 취성 파단으로 이어질 수 있습니다. 수소가 금속에 얼마나 빨리 침투하는지는 부품이 위치한 대기의 온도와 압력에 따라 다르고 수소 응력 균열은 티타늄, 니켈 및 알루미늄 합금과 함께 고강도 구조, 탄소 및 저합금강과 같은 여러 유형의 금속에 영향을 미칠 수 있습니다. 반면에 페라이트계 스테인리스강은 상대적으로 낮은 경도로 인해 수소 응력 균열에 상당히 저항하는 경향이 있습니다.

경도가 높은 영역과 강철 및 용접물에 다량의 잔류 경화 요소가 포함된 영역은 수소 응력 균열에 더 취약하며 부품에 이미 균열이 있는 경우 수소 응력 균열이 이미 존재하는 균열에서 시작될 수 있습니다.

수소 응력 균열은 대부분 표면 현상이기 때문에 일반적인 표면 NDE 기술은 이러한 균열을 찾는 데 충분합니다. 균열은 육안으로 명확하게 볼 수 있으며 특히 용접 캡을 가로지르는 균열을 볼 수 있습니다. 이것은 주로 외부가 아닌 내부적으로 장비를 손상시키는 경향이 있는 다른 형태의 수소 취화와 수소 응력 균열을 구별하는 것입니다.

수소 응력 균열을 더 잘 방지하려면 장비를 충분히 높은 온도에서 예열하거나 용접 후 열처리(PWHT)를 수행하여 용접물의 경도와 해당 강도를 줄여야 합니다. 스트레스가 안전하지 않은 수준에 도달하지 않도록 해당 장비의 스트레스 수준을 제어하여 예방할 수도 있습니다. 마지막으로 주변 환경에서 수소를 제거하거나 수소가 없는 환경으로 장비를 이동하는 것도 이러한 형태의 열화 발생을 방지하는 데 도움이 됩니다.

7.8.3 부식 대책

금속은 표면의 넓은 영역에서 균일한 부식이 발생합니다. 이것은 강철과 구리의 가장 일반적인 부식 형태입니다. 이러한 부식은 측정하기 가장 쉬운 부식 형태이며 서비스 수명을 계산하기 쉽습니다. 이것은 고장 전 수명을 정확하게 계산할 수 있는 유일한 부식 형태이며, 증가된 단면 두께가 더 긴 수명을 제공하는 유일한 부식 대책입니다. 이러한 유형의 부식은 일반적으로 mpy(연간 밀스), mm/y(연간 밀리미터), 부식 속도로 측정됩니다. 이러한 유형의 부식은 표면을 페인팅하여 활성화를 금속에서 최소화할 수 있으며 정기 검사를 통해 예상치 못한 고장을 방지할 수 있습니다.

부식 환경에 강한 재료를 적절히 선택하면 균일한 부식을 줄이거나 방지할 수 있습니다. 특정 요소는 합금으로 다른 매체에 더 잘 견디도록 만듭니다. 예를 들어 많은 크롬 함량은 내산화성을 부여합니다. 많은 크롬은 고온 산화 저항에 유용합니다. 따라서 모든 스테인리스 스틸은 고온 응용 분야에서 탄소강보다 낮습니다. 스테인리스강의 많은 구리 함량은 황산에 대한 내성을 부여합니다. 많은 니켈 함량은 산 환원에 대한 내성을 제공하고 고온 산화에서 단단하게 접착되는 산화막을 생성하여 부식 등을 방지합니다.

배관의 부식은 관의 재질, 흐르는 유체의 온도 및 화학적 성질에 따라 다르나 일반적으로 금속 이온화, 이종 금속의 접촉, 전식, 온수 온도 및 용존 산소에 의한 부식이 주로 일어나므로 여기에 대한 대책을 강구해야 합니다.(도금, 도장, 표면 산화, 피막, 전기 방식) 또한 배관의 부식 및 스케일 방지와 스케일 제거에 대한 대책으로 스케일 제거 장치를 사용합니다.

아래 사항은 시스템 배관에 적용되는 부식 방지에 대한 일반적 대책입니다.

- 배관재의 선정 : 가급적 동일계의 배관재를 선정합니다.
  이종 배관 연결(C/S vs S/S)은 전위차에 의한 부식이 증가하므로 최소화합니다.
- 라이닝재의 사용 : 열팽창에 의한 재료의 박리에 주의합니다.
- 온수의 온도 조절 : 50℃ 이상에서 부식이 촉진되므로 낮은 온도를 유지합니다.
- 유속의 제어 : 1.5m/s 이하로 제어합니다.
- 용존산소 제어 : 약제를 투입하여 용존산소를 제어합니다.
- 희생양극제 : 지하 매설의 경우 Cathode Anode 등을 배관에 설치하여 보호합니다.
- 방식재 투입 : 규산인산계 방식제를 이용하여 제어합니다.
- 급수의 수처리 : 물리적 방법과 화학적 방법을 이용합니다.

7.8.4 배관의 부식 측정 방법

부식을 진단하는 목적은 기기 및 배관에서 발생하고 있는 부식 정도를 직접 및 간접적으로 조사하여 설비의 내구성을 추정하거나 보수 및 교체 시기를 결정하는 데 이용하는 동시에 차기의 설계, 제작 및 조업에 참고하여 설비 전체의 안전성을 높이기 위함입니다. 측정 방법은 운전 상태(운전 중과 운전 정지 후)에 따라 구분하여 측정합니다.

- 초음파 두께 측정(Ultrasonic Thickness Gauging)
- 방사선 검사(Radiographic Examination)
- 전기 저항, 분극, 수소 프로브(Electrical Resistance, Polarization, Hydrogen Probes)
- 부식 쿠폰(Corrosion Coupons)

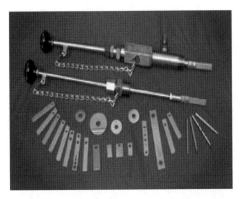

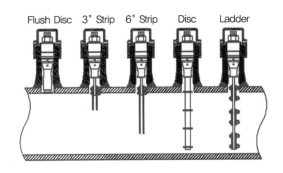

그림 7-27 Corrosion Probe & Coupon 종류 그림 7-28 Corrosion Coupon 설치

1) 부식 쿠폰 & 프로브(Corrosion Coupon & Probe)

부식 프로브, 부식 쿠폰 및 부식 쿠폰 홀더는 계측기 또는 모니터와 인터페이스하여 석유 및 가스 설비에 널리 사용되는 인라인 관입 부식 모니터링 장치입니다.

2) 배관 쿠폰(Pipeline Coupon)

내부 파이프라인 부식을 모니터링하기 위한 가장 단순하고, 비용이 효율적인 도구 중 하나로 알려진 쿠폰 금속 장치입니다. 쿠폰 설치 후 일정 시간 이후 쿠폰의 체중 변화 데이터를 사용하여 파이프라 인 내의 부식 속도를 추정하여 보수의 우선순위를 지정할 수 있습니다.

3) 쿠폰의 방향 및 배치

부식 쿠폰의 방향은 서로 다른 데이터 세트를 평가하고 비교하기 위해 일관성을 유지해야 합니다. 일반적으로 부식 쿠폰은 공정 흐름과 평행한 방향으로 배치되어야 합니다. 6시와 12시 위치 모두를 모니터링해야 하며, 상/하층류 흐름 또는 관의 바닥에 발생할 수 있는 사항의 모니터링도 중요합니 다. 쿠폰 모니터링은 한 지점에서 두 개 이상 설치합니다.(예: Cooling Water Inlet, 방향 전환 지역 기타)

7.8.5 매설 배관의 부식 방지

매설 배관의 자재 선정은 지상 배관과 동일한 기준으로 유체의 성질에 따라 선정하며 추가로 매설에 의 한 부식을 고려한 아래의 추가 사항을 반영하는 것이 일반적입니다.

1) Isolation Kit(A/G vs U/G) : Gasket, Bolt Nut로 구성하여 U/G Piping vs A/G Piping 연결 시 부식을 방지하기 위하여 다음과 같은 방법(그림 7-29)으로 절연을 고려합니다. 플랜지 절연은 개 스킷 키트로 안전 및 부식 방지를 통해 파이프라인 및 배관 시스템의 무결성과 신뢰성을 유지하도 록 설계합니다.

가. 플랜지 절연 키트의 목적은 배관 시스템에 존재하는 정전류가 유도할 수 있는 플랜지 및 플랜지 조인트의 (전해) 부식을 방지하는 것입니다.

나. 개스킷 격리 키트는 특수 개스킷, 모든 스터드 볼트 및 너트용 격리 슬리브, 특수 와셔로 구성됩니다. 이러한 구성 요소는 적절한 화학적 안정성, 낮은 수분 흡수 및 유전 특성을 가진 특수 재료로 제조됩니다. 절연 개스킷(플랜지 절연 키트)은 두 개의 플랜지를 분리하여 금속 파이프라인을 가로지르는 전류 흐름을 차단하는 데 사용됩니다. 이러한 파이프라인 세그먼트를 분리하면 지하 및 지상 파이프라인에 대한 음극 보호를 통해 부유 전류 흐름을 제어할 수 있습니다.

다. 플랜지 격리 키트가 저렴한 액세서리라도 파이프 및 플랜지 조인트의 수명을 연장할 수 있습니다. 절연 키트는 일반적으로 최대 24인치까지 제공되지만 필요한 경우 더 높은 공칭 크기를 제조할 수 있습니다.

라. 유전체 플랜지 절연 키트는 1/2에서 최대 80인치까지 모든 크기 및 등급의 ASME B16.5, B.1647, API 플랜지에 사용할 수 있습니다.

마. 플랜지 절연 키트의 적용

- 음극 보호 전류의 범위와 비용을 메인 음극 보호 시스템에서 보호해야 하는 파이프로만 제한합니다.
- 긴 파이프라인을 독특한 음극 보호 시스템으로 전기적으로 '분할'합니다.
- 음극 보호 또는 부유 전류가 부식을 증가시키거나 위험을 유발하지 않도록 파이프라인을 분리합니다.
- 이종 금속이 존재하는 배관 시스템을 분리합니다.
- 오일 저장 터미널에서 방전 또는 적재 작업에서 정적 부하 전하 전달을 제거합니다.

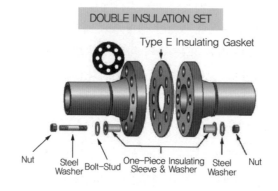

그림 7-29 Flange Insulation Kits for Cathodic Protection

2) Cathodic Protection by 전기 팀(U/G Piping 부식 방지)

Cathodic Protection(CP)은 금속 표면을 전기 화학 셀의 음극으로 만들어 부식을 제어하는 기술입니다. 간단한 보호 방법으로 보호될 금속을 양극으로 작용보다 쉽게 부식될 '희생 금속(Sacrificial Metal)'에 연결합니다.

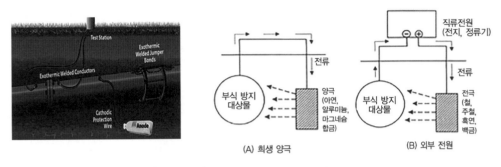

부식 방지
대상물

양극
(아연,
알루미늄,
마그네슘
합금)

전류

(A) 희생 양극

직류전원
(전지, 정류기)

부식 방지
대상물

전극
(철,
주철,
흑연,
백금)

전류

(B) 외부 전원

그림 7-30 U/G Piping Cathodic Protection

- U/G Piping Cathodic Protection

  음극 보호를 적절히 적용하면 지하 플랜트 배관의 부식을 방지하는 효과적인 수단이 됩니다. 파이프라인과 같은 많은 지하 애플리케이션의 경우 음극 보호 시스템 설계는 비교적 간단한 양극 전류 시스템이 유일한 대안입니다.

- 플랜트 및 시설에 대한 파이프 음극 보호 설계 문제

  플랜트는 지하 배관 시스템이 혼잡합니다. 구리 접지 시스템, 콘크리트에 철근이 내장된 기초, 도관, 유틸리티 배관 및 구조 파일(철근 또는 철근 콘크리트)의 존재는 파이프 음극 보호 시스템 설계 작업을 크게 복잡하게 만들 수 있으며, 플랜트 건설 중에 전기 절연이 이루어지더라도 시설 수명 동안 전기 절연을 유지하는 것은 현실적이지 않을 수 있습니다. 일단 설치된 전기 절연 플랜지 키트는 정기적인 모니터링과 주기적인 교체가 필요합니다. 배관 수정 및 기타 플랜트 유지관리 활동으로 인해 전기 절연이 우발적으로 파손될 수 있습니다. 따라서 플랜트에서는 전기 절연에 의존하는 지하 배관에 대한 음극 보호는 최소화되어야 합니다.

7.9 배관 Material 선정 예제

7.9.1 배관 자재 선정 예제

배관 엔지니어가 설계 업무를 진행하면서 해당 Line에 대한 Design Condition을 단순한 Data로만 인식하여 Critical Line Condition의 실질적 위험을 체감하지 못하여 발생하는 설계와 자재 선정의 오류를 많이 접합니다. 주변에서 가장 많이 접할 수 있는 System에 대한 Design Condition를 먼저 Physical하게 이해함으로써 상대적으로 Critical Line Condition에 대한 중요성을 인식하도록 하고자 합니다. 제시된 자재 선정 예제를 활용하시기 바랍니다.

1) Line Condition에 따른 Material 선정(예제)

  System별 : 온도, 압력, 재질의 등급(Cost)을 Physical하게 이해하는 것이 해당 Line 설계에 가장 중요한 요소로 사료됩니다. 주변 자료를 이용하여 검토하고 해당 Pipe에 대한 6m 기준

Cost 검토도 함께 진행하기 바랍니다.

Design Condition	수돗물	소방수	스팀 LP, MP, HP	바닷물	초저온
온도(℃)					
압력(kg/㎠)					
자재 선정					

7.9.2 사례 검토 결과/배관 재질 선정에 대한 해설

1) City Water :

설계 온도와 압력은 일반적으로 10~20℃, 1.5kg/cm² 기준으로 사용합니다. 해당 자재는 C/S A53 Gr.B를 사용하며 Water의 특성에 따라 Non-Metal를 사용하는 경우도 있습니다.

2) Fire Water :

설계 온도와 압력은 일반적으로 10℃, 7kg/cm² 기준으로 사용합니다. 해당 자재는 C/S A53 Gr.B를 사용하며 Water의 특성에 따라 Non-Metal을 사용하는 경우도 있습니다.

Design Condition	수돗물	소방수	스팀 LP, MP, HP	바닷물	초저온
온도(℃)	10~20℃ (4℃ good)	10℃	X > 427℃ X < 427℃	22~24℃	1) −29~+180℃ 2) −45~+180℃ 3) −165~+180℃
압력 (kg/㎠)	1.5kg/㎠	7kg/㎠	50~110kg/㎠	ATM/16kg/㎠	
자재 선정	C/S (A53 Gr.B)	C/S (A53 Gr.B)	C/S A106 Alloy (A335)	GRP	A53 Gr.B A106 Gr.B A333 Gr.6 A312 Tp304

* *Note* : 4"(Sch40) 6m Cost review : C/S 93,700₩, S/S 730,000₩, Alloy 960,000₩

3) Steam :

설계 온도와 압력은 일반적으로 LP Steam 150℃, 37kg/cm², MP Steam 350℃, 37kg/cm², HP Steam 550℃, 110kg/cm² 기준으로 사용합니다. 해당 자재는 상기 설계 조건에 따라 적용되며 일반적으로 C/S A53 Gr.B, A106 등은 427℃까지 적용되며 427℃ 이상의 경우는 Alloy material A335 등을 사용합니다.

4) Sea Water :

설계 온도와 압력은 일반적으로 22~24°C, ATM/16kg/cm² 기준으로 사용합니다. 해당 자재는 Non Metal을 적용하며 주로 GRP를 사용합니다.

5) Process Cryogenic :

설계 온도와 압력은 일반적으로 −29~180, −45~180, −165~180°C 기준으로 사용합니다. 해당 자재는 C/S A53 Gr.B, A106 GrB, A333Gr6, A312 Tp304를 사용합니다.

6) Cost Review :

해당 자재별 가격은 시장의 가격 변화에 따라 기준이 변화합니다. 본 교재에서 제시하는 방법으로 재질별 가격의 차이(비율)를 이해하고 자재 선정에 참고하기를 바랍니다.

예) 4"(Sch40) 해당 Pipe에 대한 6m 기준 Cost 검토

Cost Review : C/S 93,700₩, S/S 730,000₩, Alloy 960,000₩(₩ 2015년 기준)

7.10 Paint & Insulation

일반적으로 Paint & Insulation Specification 업무는 팀 내 Speciallist Piping Material Engineer (PME) 범위로 진행됩니다. 그러나 배관 설계 업무 진행에 관련된 각각의 Type과 특성을 이해하고 설계 업무를 진행하는 것이 바람직하므로 이에 다음과 같이 주요 사항을 기술하여 도움이 되고자 합니다.

7.10.1 Paint

Paint 작업에 대한 일반적 내용을 이해하도록 간략히 기술하였으니 업무 적용에 도움이 되었으면 합니다. 우선 배관, 장비 및 구조물의 부식을 방지하기 위한 Painting 작업은 고품질 도장이 필수적입니다. 그래야 건설된 플랜트의 긴 수명과 낮은 유지 보수 비용을 보장합니다.

1) 플랜트 현장에서는 쉽게 식별할 수 있도록 공정 유체의 색상 코드에 따라 배관을 칠하며 페인팅에는 전체 표면 커버뿐만 아니라 라인 번호, 유체 코드, 흐름 화살표, 장비 번호, 설계 온도 및 압력을 표시하기 위해 레이블을 지정해야 합니다. 이런 배관 도장 및 마킹은 명확한 식별을 보장하고 작업자가 위험을 제거, 최소화 또는 억제하기 위한 적절한 조치를 취하도록 알려줍니다.

2) 프로젝트의 도장 사양은 일반적으로 PMC 또는 Client가 FEED 또는 BEP에서 제공합니다. 프로젝트의 재료 엔지니어가 업데이트하며 엔지니어링 회사는 고객이 허용하는 경우 자체 표준 페인팅 사양을 사용할 수 있습니다.

도장 사양 준비에는 환경 요인, 배관 위치(실내 또는 실외), 단열 요구 사항, 작동 및 설계 온도 이해가 포함되며 또한 현지 규칙 및 규정과 자료의 가용성이 포함될 수 있습니다.

페인팅 사양은 국제 표준에 따라 프로젝트에 대한 고품질 페인팅 작업을 보장하기 위해 재료 엔지니어가 준비하며 페인팅을 위해 다양한 국제 규정과 표준을 따라야 합니다.

3) 배관 자재의 현장 도착과 제작 과정에 재질별 구별과 제작 전 부식을 방지하기 위한 초기 Painting Work 또한 필요합니다. 본 사항은 각 사의 고유 방식에 따릅니다.

4) Air Lines 및 기타 부속설비 등에 가장 많이 사용되는 탄소강의 갈바나이징에 대하여 간략히 설명하겠습니다.

가. 갈바나이징 : Galvanize = 아연 도금하다, Zinc(아연), Plating(도금)

아연도금은 금속을 부식으로부터 보호하는 데 가장 널리 사용되는 방법 중 하나입니다. 모재에 아연을 얇게 코팅하여 모재(배관, 강판, 볼트, 너트, 플랜지 등)를 주변 환경으로부터 보호합니다. 일상생활에서는 신호등이나 안내표지판 기둥에서 볼 수 있으며, 플랜트에서는 배관, 볼트, 너트 등에서 확인할 수 있습니다. 아연도금한 재료는 내부식성의 스테인리스강이나 알루미늄과 같은 재료를 사용하는 것보다 가성비가 좋습니다.

나. 아연도금 방법(종류)

① Hot-Dip Galvanizing(핫딥갈바-아연용융도금)

기본 금속을 용융아연에 담그는 것을 말합니다. 먼저 모재와 아연코팅 사이에 결합이 잘 이루어질 수 있도록 모재를 기계적, 화학적으로 세정합니다. 그후 모재금속은 플럭스 처리 공정을 통해 세정 공정 후에 남아 있을 수 있는 잔류 산화물을 제거합니다. 이어서 모재금속을 가열된 아연의 액체조에 담그고 야금 결합을 형성합니다.(코팅 두께의 균일성 저하 발생)

② Electro Galvanizing(일렉트로갈바-전기 아연도금)

전기 아연도금은 용융아연에 담그는 행위를 하지 않습니다. 대신 이 공정은 전해액에서 전류를 이용하며 아연 이온을 모재금속에 전달합니다. 이것은 음극인 모재에 아연이 환원되게 하는 방식입니다.

이 공정의 장점은 균일한 코팅 및 정확한 코팅 두께를 얻을 수 있습니다. 하지만 그 코팅의 두께가 용융 아연도금의 코팅보다 얇기 때문에 내구성이 떨어져 부식 방지 효율이 부족하다고 볼 수 있습니다.

다. 플랜트에서 사용되는 아연도금 배관 및 구조물

위에서 언급했듯이 플랜트에서 아연도금은 배관, 볼트, 그레이팅, 강판 등에 적용합니다.

① Air 서비스 배관, Water 서비스 배관 : 스테인리스 배관은 경제성이 떨어지고 일반 카본 자재에 갈바나이징 처리를 하여 품질상의 문제를 해결하는 것이 좋은 대안입니다.

아연도금된 배관은 보통 추가 도장을 하지 않습니다, 용접 시 용접부의 아연을 제거하여 용접을 하게 되는데 이때 용접 후 그 부분만 도장을 합니다.

② Bolt & Anchor Bolt

스테인리스의 볼트는 조이고 푸는 과정에서 나사산의 손상이 카본에 비해 상대적으로 쉽게 발생합니다. 카본 볼트에 아연도금을 하여 이 문제를 보완하고 대체합니다.

③ Grating

플랜트 설비의 워크웨이나 플랫폼에 아연도금 그레이팅을 많이 사용합니다. 그레이팅 같은 자재의 경우 스테인리스로 하기에는 가격이 비싸고, 페인트 도장을 하기에는 지속적인 마찰로 쉽게 벗겨질 수밖에 없어 튼튼하고 값이 싸고 오래 사용할 수 있는 아연도금 자재가 적합합니다.

7.10.2 Insulation

보온에 대한 일반적 내용을 이해하여 업무 적용에 도움되었으면 합니다. 보온은 에너지를 절약하고 플랜트를 운영하는 Operator를 보호하기 위해 뜨겁거나 차가운 배관을 위한 단열재가 필요합니다. 따라서 절연 재료는 작업자 친화적이고 무해하며 적용 및 제거가 용이하고 열화되지 않으며 불연성이며 경제적이어야 합니다.

개인 보호 절연은 작동 온도가 54°C 이상인 배관에는 화상 및 동결 방지 절연이 필요합니다. 개인 보호 단열재는 경사면 및 플랫폼 고도에서 최대 2.1m, 플랫폼, 보도 등 경계에서 0.6m까지 적용해야 합니다. 그리고 200°C 이상에서 작동하는 라인에는 완전히 단열된 개인 보호 장치가 필요합니다.

27°C 미만의 유체 온도에서 작동하는 모든 배관 및 장비는 결로 방지를 위해 단열 처리되어야 합니다. 노즐, 구성품 및 부속품은 절연되고 수증기 장벽 및 내후성 클래딩으로 덮여 있어야 합니다.

1) 일반적 이해

- 보온 작업은 용접 테스트, 압력 테스트 및 도장 후에만 적용됩니다.
- 폴리우레탄 단열재는 일반적으로 냉간 단열재에 사용됩니다.
- 경질 우레탄 폼은 100°C까지 사용할 수 있습니다.
- 칼슘 규산염은 방음재로 사용됩니다.
- 폼 유리는 260°C까지 사용할 수 있습니다.
- 미네랄 울 단열재는 500°C까지 사용할 수 있습니다.
- 단열재의 설계 수명은 약 25년입니다.
- 열전달 장비의 몸체 및 노즐 플랜지는 절연되지 않아야 합니다.

기타 고려 사항은 다음과 같습니다.

- 단열재는 물을 흡수하고 배관 자재를 부식시켜 결국 고장이 나서 사고를 유발할 수 있습니다.
- 단열재는 일부 배관 조인트를 통해 누출되는 가연성 유체를 흡수하고 단열재를 통해 축적되고 확산되어 주요 화재 위험이 될 수 있습니다.

2) Engineering Drawing, P & I Flow Diagram과 Piping Line Schedule에 표시되는 보온의 분류 및 기호는 일반적으로 아래와 같습니다.

Category	Symbol	Classification
Hot Service Insulation	H	Normal Heat consevation insulation
	HO	Full heat conservation insulation (For operation stability)
	TS	Steam tracing insulation
	TW	Hot water tracing insulation
	TO	Hot medium tracing insulation
	JW	Hot water jacketing insulation
	JS	Steam Jacketing insulation
	W	Winterizing insulation
	E	Electric tracing insulation
Cold Service Insulation	C	Normal cold insulation
	CO	Cold insulation (For operation stability)
	JC	Cold medium Jacketing insulation
Other Service Insulation	A	Anti-sweat insulation
	P	Personnel protection insulation
	M	Dual Temperature Services

주 : 이외의 다른 기호는 Project/Job 특정 사항에 따라 명기합니다.

7.10.2.1 보온 작업의 적용

1) Condensation Control

배관이 주변 온도 이하에서 작동하는 경우 수증기가 배관 표면에 응축될 가능성이 있습니다. 수분은 다양한 유형의 부식에 기여하는 것으로 알려져 있으므로 일반적으로 배관에 결로 형성을 방지하는 것이 중요합니다.

파이프 단열재는 단열재의 표면 온도가 파이프의 표면 온도와 다르기 때문에 결로 형성을 방지할 수 있습니다.

가. 절연 표면이 공기의 이슬점 온도보다 높으면 응결이 발생하지 않습니다.

나. 단열재에는 수증기가 단열재를 통과하여 파이프 표면에 형성되는 것을 방지하는 일종의 수증기 장벽 또는 지연제가 통합되어 있습니다.

2) Pipe Freezing

일부 수도관은 주변 온도가 때때로 물의 빙점 아래로 떨어질 수 있는 외부 또는 비열 지역에 있기 때문에 배관의 물이 얼 수 있습니다. 물이 얼면 팽창하고 이 팽창은 파이프 시스템의 고장을 일으킬 수 있습니다.

파이프 단열재는 파이프에 고여 있는 물의 동결을 방지할 수 없지만 동결 발생에 필요한 시간을 늘릴 수 있으므로 파이프의 물이 동결될 위험이 줄어듭니다. 이러한 이유로 배관 동결 위험을 줄이기 위해 배관을 단열하는 것이 권장되며, 지역 상수도 규정에 따라 배관 동결 위험을 줄이기 위해 배관에 배관 단열재를 적용해야 할 수 있습니다.

주어진 길이에 대해, 작은 파이프는 큰 파이프보다 적은 양의 물을 보유하므로 작은 파이프의 물은 큰 파이프의 물보다 더 쉽게(그리고 더 빨리) 얼게 됩니다. 따라서 작은 파이프는 단열재가 동결 방지를 위한 대체 방법(예 : 트레이스 히팅 케이블 변조 또는 파이프를 통한 일관된 물 흐름 보장)과 함께 사용됩니다.

3) Energy Saving

배관은 주변 온도와 다른 온도에서 작동할 수 있고 배관의 열 흐름 속도는 배관과 주변 공기 사이의 온도 차이와 관련이 있기 때문에 열 파이프 단열재를 적용하면 열 저항이 발생하고 열 흐름이 감소합니다.

에너지 절약을 위해 사용되는 파이프 단열재의 두께는 다양하지만 일반적으로 더 극한 온도에서 작동하는 파이프는 더 큰 열 흐름을 나타내며 더 큰 잠재적 절감을 위해 더 큰 두께가 적용됩니다. 배관의 위치는 단열재 두께 선택에도 영향을 미칩니다. 예를 들어 어떤 경우에는 단열이 잘된 건물 내의 난방 배관에는 단열이 필요하지 않을 수 있습니다. '손실된' 열(즉, 배관에서 주변 공기로 흐르는 열)이 난방에 '유용한' 것으로 간주될 수 있기 때문입니다. 이러한 '손실된' 열은 어쨌든 구조적 단열재에 의해 효과적으로 갇히게 될 것입니다. 반대로, 이러한 배관은 통과하는 방의 과열 또는 불필요한 냉각을 방지하기 위해 단열될 수 있습니다.

4) Protection Against Extreme Temperatures

배관이 극도로 높거나 낮은 온도에서 작동하는 경우 사람이 배관 표면에 물리적으로 접촉하면 부상을 입을 가능성이 있습니다. 사람의 통증에 대한 임계 값은 다양하지만 여러 국제 표준에서 권장 터치 온도 제한을 설정합니다.

단열재의 표면 온도가 파이프 표면의 온도와 다르기 때문에 일반적으로 단열재 표면의 온도가 '덜 극단적인' 온도를 갖기 때문에 파이프 단열재를 사용하여 표면 접촉 온도를 안전한 범위로 가져올 수 있습니다.

5) Control of Noise

배관은 소음이 건물의 한 부분에서 다른 부분으로 이동하는 통로로 작동할 수 있습니다(이의 전형적인 예는 건물 내에서 라우팅되는 폐수 배관에서 볼 수 있습니다). 음향 절연은 파이프 벽을 댐핑하고 파이프가 고정된 벽이나 바닥을 통과할 때마다, 그리고 파이프가 기계적으로 고정되어 있는 곳에서 음향 디커플링 기능을 수행하여 이러한 소음 전달을 방지할 수 있습니다.

배관은 기계적 소음도 생기게 할 수 있습니다. 이러한 상황에서 고밀도 방음벽을 통합한 방음으로 파이프 벽에서 소음을 제어합니다.

7.10.2.2 Factors Influencing Performance

주어진 응용 분야에서 서로 다른 파이프 단열재의 상대적인 성능은 여러 요인의 영향을 받을 수 있습니다. 주요 요인은 다음과 같습니다.

- 열전도율('k' 또는 'λ'값)
- 표면 방사율('ε'값)
- 수증기 저항('μ'값)
- 단열재 두께
- 밀도

수분 함량 수준 및 조인트 개방과 같은 다른 요인이 파이프 단열의 전체 성능에 영향을 미칠 수 있습니다. 이러한 요소의 대부분은 국제 표준 EN ISO 23993에 나열되어 있습니다.

파이프 단열재를 통과하는 열 흐름은 ASTM C 680 [8] 또는 EN ISO 12241 [9] 표준에 명시된 방정식에 따라 계산할 수 있습니다.

7.10.2.3 Materials

파이프 단열재는 다양하지만 대부분의 재료는 다음 중 하나에 속합니다.

1) Mineral Wool

   암면 및 슬래그 울을 포함한 미네랄 울은 유기 바인더를 사용하여 서로 결합된 무기질 섬유 가닥입니다. 미네랄 울은 고온에서 작동할 수 있으며 테스트 시 우수한 화재 성능 등급을 나타냅니다. 미네랄 울은 모든 유형의 배관, 특히 고온에서 작동하는 산업 배관에 사용됩니다.

2) Glass Wool

   유리솜은 미네랄 울과 유사한 고온 섬유 단열재로 유리섬유의 무기 가닥이 바인더를 사용하여 함께 결합됩니다.

   다른 형태의 미네랄 울과 마찬가지로 그라스울 단열재는 열 및 음향 응용 분야에 사용할 수 있습니다.

3) Flexible Elastomeric Foams

   이들은 NBR 또는 EPDM 고무를 기반으로 한 유연한 폐쇄 셀 고무 폼입니다. 유연한 탄성 발포체는 일반적으로 추가 수증기 장벽을 필요로 하지 않는 수증기 통과에 대한 높은 저항성을 나타냅니다. 고무의 높은 표면 방사율과 결합된 이러한 높은 증기 저항은 유연한 탄성 발포체가 비교적 얇은 두께로 표면 응축 형성을 방지할 수 있도록 합니다.

   결과적으로 유연한 탄성 발포체는 냉동 및 공조 배관에 널리 사용됩니다. 유연한 탄성 폼은 난방 및 온수 시스템에도 사용됩니다.

4) Rigid Foam

경질 페놀, PIR 또는 PUR 폼 단열재로 만든 파이프 단열재는 일부 국가에서 사용됩니다. 경질 폼 단열재는 최소한의 음향 성능을 갖지만 0.021W/(m · K) 이하의 낮은 열전도도 값을 나타낼 수 있으므로 단열 두께를 줄이면서 에너지 절약 법규를 충족할 수 있습니다

5) Polyethylene

폴리에틸렌은 가정용 수도관의 동결을 방지하고 가정용 난방관의 열 손실을 줄이기 위해 널리 사용되는 유연한 플라스틱 발포 단열재입니다.
폴리에틸렌의 화재 성능은 일반적으로 최대 1인치 두께의 25/50 E84 규격입니다

6) Cellular Glass

주로 모래, 석회암 및 소다회로 제조된 100% 유리

7) Aerogel

실리카 에어로젤 단열재는 상업적으로 생산된 단열재 중 열전도율이 가장 낮습니다. 현재 에어로젤 파이프 섹션을 제조하는 제조업체는 없지만 에어로젤 블랭킷을 파이프 주위에 감아 파이프 단열재로 사용할 수 있습니다. 파이프 단열재용 에어로젤 사용은 현재 제한되어 있습니다.

08

Basic Concept of Piping Stress Analysis

8.1 General

본 Chapter에서는 Process Plant Piping Engineering 업무 중 시스템의 안전성 확보 및 검증의 기본이 되는 배관 응력해석에 관하여 상세히 설명하고자 합니다. 배관 시스템은 관 내를 유동하는 Process Fluid에 의해 다양한 배관 구성 요소에 스트레스를 가하는 다양한 온도 및 압력 조건에서 작동합니다. 따라서 배관 응력해석을 이해하기 위하여 기본이 되는 이론적 사항과 Code의 기본 사항을 이해하는 것이 중요합니다. 이에 관련된 개념 정리, 해석의 평가 기준, 간단한 공식 등을 통한 열응력 해소 방안을 설명하고자 합니다. 또한 배관 시스템은 최신 스트레스 분석 소프트웨어를 사용하여 배관 시스템에 장애를 일으킬 수 있는 유해한 하중, 변위, 응력이 시스템에 발생하지 않도록 분석해야 합니다. 따라서 배관 엔지니어가 응력 해석에 대한 기본적 이해와 분석 소프트웨어의 결과물에 대한 평가와 활용을 할 수 있도록 내용을 구성하여 도움이 되고자 하였습니다.

8.2 배관 응력해석의 정의

배관 설계를 할 때 단순히 기기를 연결하기만 한다면 운전 중 열팽창으로 과도한 하중이 기기 노즐에 전달되어 기계가 정지 및 파손이 되거나, 유독성 물질을 보유하고 있는 기기와 배관 연결 부위가 과도한 하중에 의거, 누수가 발생하면 화재 및 폭발사고로 공장 가동이 중단되고 주변 환경을 오염시킴으로써 인적 또는 재산상의 손실이 발생할 수 있습니다.

또 바람, 지진 및 기타 내외적인 환경 조건에서도 안전성을 충분히 확보할 수 없다면 같은 문제가 발생하며, 이러한 피해를 미연에 방지하지 않으면 정상 운전을 할 수 없을 것입니다. 응력해석은 안전한 플랜트 운전을 위해 배관에 대한 응력을 분석하고 평가하여 정상적 배관 시스템을 보증하는 수단입니다.

8.3 적용 범위

Process Plant 및 Auxiliary 설비 중 배관계의 안전성을 확보하기 위하여 배관 응력해석을 실시합니다. 다만 배관 등의 재질이 비금속인 경우에는 Vendor의 보증 등 각기 다른 제반 지침을 적용합니다.

8.4 배관 응력해석의 개념

Stress/응력(내력)이란 어떠한 요인에 의하여 물체에 가해지는 힘에 대응하여 물체 내부에 발생하는 가상 힘, 인장, 압축, 굽힘, 비틀림, 전단내력 등을 말합니다.

- Circumferential Stress : 내압 또는 외압에 의하여 발생
- Longitudinal Bending Stress : 자중 및 온도에 의해 발생

8.4.1 Pipe에 작용하는 Stress 종류 이해

1) Sl : Longitudinal Stress

종방향으로 Bending하였을 때, 종축 방향으로 힘이 가해지거나 압력이 가해질 때 발생하는 응력(자중, 내압, 온도)을 말합니다.

Sl(Longitudinal Stress)은 다음의 세 가지 Stress의 합입니다.

가. 온도, 배관의 자중, 보온 등에 의한 Bending Stress, (Sb)

$Sb = M/Z$ 여기서 M : Bending Moment, Z : 단면계수

$$Sb = \sqrt{[(Mi*Ii)^2 + (Mo*Io)^2/Z]}$$

여기서 M : Moment (Mi : In−Plane Moment, Mo : Out−of−Plane Moment)

Z : Sectional Modulus

I : Stress Intensification Factor

(Ii : In−Plane Stress Intensification Factor, Io : Out−of−Plane Stress Intensification Factor)

나. Pipe 무게, 온도에 따른 Direct Longitudinal Stress

$Sdl = Fa/A$ 여기서 A : Pipe 단면적, Fa : Axial Force

다. 내압에 따른 Longitudinal Stress

$Sp = Pr/2t$ 여기서 P : 내압, r : Pipe 반경, t : Pipe 두께

라. $Sl = Sb + Sp + Sdl$

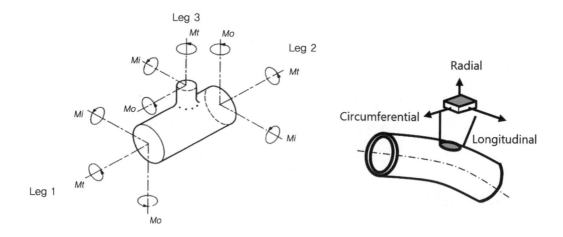

그림 8-1 Moment In/Out & 주 응력 방향

2) Sc : Circumferential Stress

원주 방향으로 작용하며 내압에 의한 인장응력이 발생합니다. Hoop Stress 또는 Tangential Stress

라고도 부릅니다.

3) Sr : Radial Stress

Pipe 중심에서 방사선 방향으로 생기는 응력이며 내부의 압력 또는 진공에 의한 압축 응력이 가해질 때 발생합니다.

4) Ss : Shear or Torsional Stress, St

비틀림 Moment 혹은 Torque라고도 하는데 하중에 의해 배관 단면의 원주 방향으로 발생합니다. 2가지 이상의 응력이 배관에 발생하면 전단응력으로 발전됩니다.

8.4.2 Basic Concept of Piping Stress Analysis

Maximum Principal Stress Failure Theory는 앞에 설명된 3가지(Sl : Longitudinal Stress, Sc : Circumferential Stress, Sr : Radial Stress)의 주 응력이 재질의 항복 강도를 초과하여 파괴에 이르는 것을 말합니다. 배관의 파괴 이론은 2가지로 집약할 수 있으며 배관의 허용 응력을 결정하기 위하여 자주 사용되는 ANSI B31.3/302.3.5, 319.4.4를 이용하여 아래와 같이 계산된 '예'를 들면서 설명하고자 합니다.

예) ASME B31.3 Code 수식과 계산

SL = SB + SP (Longitudinal Stress)

    — SB : Bending Stress due to Thermal Expansion

$$\text{for Straight pipe, } SB = \frac{M}{Sm}$$
$$\text{for Curved pipe, } SB = \frac{M}{Sm} \times i$$

        i : Stress Intensification Factor

        Sm : Section Modulus

    — Pipe 자중에 의한 Bending Stress는 Piping System이 각종 Support로 지지되어 있을 시 무시합니다.

    — SP : Internal Pressure에 의한 Longitudinal Stress $SP = P\frac{Ai}{Am}$

$Sc = P\frac{D-t}{2t}$: due to internal stress

SR : 무시할 수 있는 양으로서 강도상 별로 문제되지 않습니다.

$ST = \frac{T}{2Sm}$

    — Thermal Expansion에 의한 결과로 야기되는 Torsional Stress는 Multiple Plane System에서 발생합니다.

    — 자중에 의한 Direct Shear Stress는 무시할 수 있는 양이므로 강도 계산상 별로 문제되지 않습니다.

예) 종류별 Stress 계산 검토 : P : Pressure, D : Pipe OD, T : Wall Thickness
   * Pipe Size : 14"(355.6mm), Wall Thickness : 0.375"(9.5mm), Pressure : 1,200psig
   (8,275kPa)

1) Longitudinal Principal Stress,   SL : $SL = \dfrac{P \times D}{4 \times T}$

   mm 단위 $= \dfrac{8275 \times 355.6}{4 \times 9.5 \times 10^3} = 77M$ Inch 단위 $= \dfrac{1200 \times 14}{4 \times 0.375} = 11,200psi$

2) Circumferential Principal Stress,   SC : $SC = \dfrac{P \times D}{2 \times T}$ $\dfrac{1200 \times 14}{2 \times 0375}$

   mm 단위 $= \dfrac{8275 \times 355.6}{4 \times 9.5 \times 10^3} = 154MPa$ Inch 단위 $= 22,400psi$

3) Radial Principal Stress,   SR :   SR = P
   내벽으로 걸리는 하중
   mm 단위 $= -8MPa$ Inch 단위 $= -1,200psi$
   외벽으로 걸리는 하중 $= 0$

Note 1 : 배관의 주 최대 허용 응력은 Circumferential Principal Stress에 작용하는 응력이며, 배관의
        두께를 결정하여 파괴로부터 보호하려면 배관 자재가 온도에 대한 압력 조건이 항복 강도보
        다 낮아야 Hoop Stress를 줄일 수 있습니다.
        최대 전단파괴 이론은 최대응력에서 최소응력을 빼고 둘로 나눈 평균값으로, (인장력은 외압
        으로 걸리며 압축력은 내압으로 걸림) 또한 전단력은 두 가지 이상의 주응력이 배관의 같은
        지역에 작용하는 것으로 정의합니다.

Note 2 : 상기 계산 결과에 따른 Maximum Principal Stress의 이해와 결론
        최대 전단응력 = (SC - SR) / 2
        Metric mm 단위 = (154 - (-8)) / 2
        English Inch 단위 = (22,400 - (-1,200)) / 2 = 81MPa, = 11,800psi
        최대전단 파괴이론에서 최대전단응력이 재질의 항복 강도보다 50% 이상 초과하면 파괴가 발
        생하므로 상기 '예'에 대한 재질의 항복 강도는 163MPa(23,600psi) 이하여야 안전하다고 할
        수 있습니다. 여기서 재질의 항복 강도란 온도에 따라 증가하거나 저온으로 떨어질 때 감소
        하며 일반적으로 ASME B31.3에 각 재질별, 온도별로 규정된 표를 이용합니다.

8.4.3 ASME B31.3 Code 배관 응력해석의 개념

ASME B31.3에서는 파괴가 시작되기 전의 두 가지 응력으로 구분하여 배관의 안전을 위해 각각의 최대
허용 응력 범위를 정해두고 있으며, 다음과 같은 기준으로 안전성을 평가하도록 하였습니다.

1) 배관 자체 하중 파괴(Circumferential, Longitudinal, Radial Stress)→Primary Stress
   - 배관계의 1차 응력에 대한 평가는 각 배관 재질의 허용 응력과 비교하여 판정합니다.
   - 압력과 배관 자중 등의 지속 하중에 의한 배관계의 1차 응력(Primary)은 다음 식을 만족하여야 합니다.
   - 지진 등 임시 하중을 고려한 배관계의 1차 응력은 다음 식을 만족하여야 합니다.
     * SL = Longitudinal Stress는 Sh = Hot Allowable Stress(운전 온도에서의 허용 응력)보다 적어야 함

2) 반복 하중(Cyclic loadings)에 노출되어 발생하는 파괴→Secondary Stress
   - 열팽창에 의한 배관계의 2차 응력(Secondary)은 다음 식을 만족하여야 합니다.
   - 배관계의 2차 응력에 대한 평가는 허용 응력 범위와 비교하여 판정합니다.
     * SE = Thermal Stress는 SA(Allowable Stress Range)보다 적어야 함

   다시 언급하면 배관계의 허용 응력 범위는

   SL ≤ Sh
     * SL = Longitudinal Stress는 Sh보다 적어야 함
       Sh = Hot Allowable Stress
   SE ≤ SA
     * SE = Thermal Stress는 SA보다 적어야 함
       SA = Allowable Stress
     예): Secondary Stress인 열팽창 모습으로 Pipe와 Pipe 사이에 90° 엘보가 설치된 'ㄱ' 자형 배관에서 온도가 증가하면 새로운 응력이 엘보에 집중되어 국부적인 변형이 엘보에 발생되는 것을 다음 그림에서 알 수 있습니다.

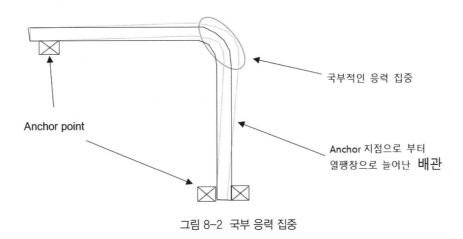

그림 8-2 국부 응력 집중

결론 : Secondary Stress는 공장의 배관 System을 Start-up 또는 Shut-down하는 과정에서 온도

를 올리고 내리는 과정이 반복되어 발생되는 Stress이며, 과도할 경우에는 Crack이 발생하여 배관의 누수가 발생합니다.

3) Allowable Stress Displacement Range 계산

$$SA = f(1.25Sc + 0.25Sh) \leftarrow Sc = \text{Cold Allowable Stress(상온에서의 허용 응력)}$$
$$Sh = \text{Hot Allowable Stress(운전 온도에서의 허용 응력)}$$
$$SA = f[1.25(Sc + Sh) - SL] \leftarrow \text{Sh값이 SL보다 높을 때 적용}$$

(f는 Stress 범위의 감소율이며, 운전 사이클 수에 의해 결정되는 응력 보정계수로서 ASME B31.3의 표를 이용 7,000Cycle 기준으로 1에서 Cycle 수가 증가할수록 감소합니다.)

8.4.4 용어의 정의

ASME B31.3에는 두 가지 Stress(Primary, Secondary)를 설계 기준으로 구분하고 있으며, 배관응력해석의 중요 사항으로 보다 상세하게 용어 정의를 다음과 같이 설명하오니 이해에 참고 바랍니다.

8.4.4.1 1차 응력(Primary Stress : Pressure, Weight); Rupture, Gross Deformation 유발

1차 응력은 무게와 압력으로 인해 가장 자주 부과되는 기계적 하중(힘)에 의해 발생합니다. 과도한 1차 응력은 심한 소성 변형 및 파열을 유발합니다. 1차 스트레스는 자기 제한적(Self-Limiting)이지 않고 소성 변형이 시작되면 힘 평형이 달성될 때까지 또는 단면이 파괴될 때까지 감소하지 않고 계속되며 재료의 하중 또는 변형 경화를 제거해야만 고장을 방지할 수 있습니다. 지속 응력에 대한 허용 한계는 온도에 따라 재료 항복 응력, 극한 강도 또는 시간에 따른 응력 파열 특성과 관련이 있습니다.

1차 응력은 일반 1차 멤브레인 응력, 국부 1차 멤브레인 응력 및 1차 굽힘 응력으로 분류될 수 있습니다. 전체 단면이 항복 강도에 도달할 때까지 파이프가 파손되지 않기 때문에 이 세 가지 범주가 중요합니다.

국부적인 1차 응력은 항복을 초과할 수 있지만 이 응력 상태에서는 2차 응력으로 작동하고 국부적인 파이프 벽 왜곡이 발생할 때 스스로를 재분배합니다. 이때 파손(Failure)되면 배관 최외곽 표면뿐만 아니라 파이프의 전체 단면을 소성적 거동을 일으키게 됩니다.

Primary Stress란

외압 또는 내압에 노출되거나 움직임에 의해 하중이 전단력, 굽힘력으로 발전하는 것을 말하며, 하중이 존재하는 한 응력은 항상 존재하며 시간이나 형상이 변하더라도 계속 존재하며 배관계 내부 및 외부에서 가해지는 힘과 Moment에 의해서 유발되는 응력으로 내압 및 자중, 바람 등에 의해서 생기는 Bending Stress와 Torsional Stress 등을 말하고, 따라서 배관계의 1차 응력에 의한 안전 여부는 그 배관 재료의 허용 응력(Allowable Stress)과 비교하여 판정하게 됩니다.

Sustained load(SL): 시간의 경과나 국부적 변형, 변위 응력이 발생하더라도 변하지 않는 하중으로 다음과 같이 설명할 수 있습니다.

1) Primary 응력의 원천. SL = Sustained Loads

   가. 무게에 의한 하중

   나. 압력에 의한 하중

      Hoop Stress, Longitudinal Stress의 원천

2) 간헐적 하중 : Occasional Loads(허용 범위가 Sustained Load의 1.33배임)

   가. 바람에 의한 하중

   나. 지진에 의한 하중

   다. 안전밸브 분출에 의한 하중

      Local Membrane Stress + Bending Stress : Pl + Pb

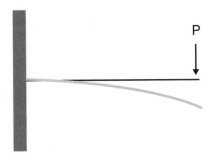

그림 8-3 Primary Stress

예) ASME B31.3 Code 수식 상세 이해와 계산식

   • Sustained Load에 의한 Stress

     – Effect of Pressure, Weight and Other Sustained Mechanical Load 계산이며 그 Code에서 해당 배관의 운전 온도에 해당한 Material 'Sh'값으로 제한합니다.

Longitudinal Pressure Stress

$$Stp = \frac{F}{A}$$

$$F = \frac{\pi d^2}{4}P$$

$$A = \frac{\pi}{4}(D_0^2 - d^2)$$

Sustained Load Stress

$$\frac{PD_O}{4t_n} + \frac{0.75iMA}{z} \leq 1.0Sh$$

Occasional Load Stress

$$\frac{PD_O}{4t_n} + \frac{0.75iMA}{z} + \frac{0.75MB}{z} \leq kSh$$

k = 1.15 for occasional loads acting less than 10% of operation

k = 1.2 for occasional loads acting less than 1% of operation

- Calculation Stress

가) 앞에서 언급된 모든 Stress의 종류를 취합하여 계산하는 공식은 ASME B31.3에 명확히 언급되지 않아 일반적으로 설계 시 Computer를 사용하여 아래와 같은 공식을 적용하고 있습니다.

나) 적용 공식

$$S_L = \frac{F_{ax}}{A_m} + \frac{[(iiMi)^2 + (i0M0)^2]^{\frac{1}{2}}}{Z} + \frac{PD_o}{4t}$$

SL = Sum of the Longitudinal Stresses Due to Pressure, Weight, and Other Sustained Loads

Fax = Axial Force Due to Sustained Loads. Am = Metal Cross−sectional Area of Pipe

P = Design Pressure Do = Outside of Pipe. T = Pipe Wall Thickness

Ii, I0 = In−plane, Out−plane Stress Intensification Factor

(From the Piping Code for the Applicable Geometry, i. E. Bends, tees, etc.)

Mi, M0 = In−plane, Out−plane Bending Moment Due to Sustained Loads

Z = The Section Modulus of the Pipe, (Approximated by (Pi)(r²)(t)

Where [R] Is the Mid−surface Radius of the Pipe

8.4.4.2 2차 응력(Secondary Stress : Thermal Expansion) : Fatigue Failure 유발

2차 응력은 열팽창 또는 부과된 앵커 및 구속 이동에 관계없이 변위에 대한 시스템의 제약으로 인해 배관 시스템에서 발생합니다. 배관 시스템의 부분 변형과 국부 항복은 부과된 변위로 인해 발생한 응력을 완화하는 경향이 있으므로 이러한 응력은 자체 제한적(Self Limiting)이라고 합니다. 2차 스트레스는 일정 시간(보통 높은) 횟수의 부하 적용 후 종종 치명적인 오류를 일으킬 수 있으며 시스템이 수 년 동안 운전되었다고 해서 시스템이 피로에 적합하게 설계되었음을 의미하지는 않습니다.

Secondary Stress란 일반적으로 배관계의 열팽창으로 발생하는 반발력이 전단력 또는 굽힘력으로 발전하는 것을 말합니다. 2차 응력의 기본적인 특성은 'Self−Limiting'이라는 조건을 갖는 것으로, 즉 배관계에 전달되는 응력이 국부 항복을 발생시키고 이러한 응력들이 시간에 따라 감소하는 것을 말합니다. 배관이 운전 온도에 도달할 때 Elbow 내의 Bending Strain(Stress)은 최대 크기에 도달하고 변형은 안정화됩니다. 따라서 Stress 증가는 정지하게 되며 이러한 현상은 배관의 형상(Elbow 상의 Bending)에 의한 문제 때문에 발생하며 허용 범위 초과 시 국부적인 응력 발생으로 국부적인 파괴(Local Fatigue Failure)를 가져옵니다. 배관계에 흐르는 유체의 온도에 의한 열팽창 응력이 설사 재료의 항복 강도를 넘어섰다 하더라도 응력 이완 현상에 의해 스스로 안전적인 Stress 영역으로 들어가게 됩니다('Self−Limiting'). 그러므로 이러한 응력은 1차 응력일 경우처럼 허용 응력과 비교하는 것이 아니라, 허용 응력 범위(Allowable Stress Range)와 비교하여 안전성을 판정하게 됩니다. 따라서 온도 변화에 의한 열팽창이 발생되는 모든 배관 시스템은 안전성을 검증하기 위하여 열 응력 평가가 필요합니다.

위의 설명으로 배관계의 2차 응력이 Plant가 Start-UP 혹은 Shut Down함으로써 온도 증가 혹은 감소되는 Cycle Condition과 연계되어 있다는 것을 이해할 수 있을 것입니다.

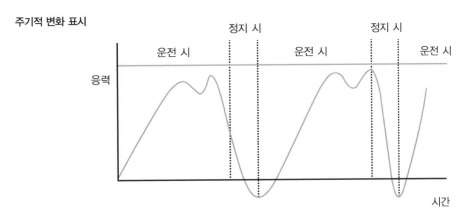

그림 8-4 배관 시스템의 주기적 변화

배관계의 특징으로 상기와 같이 운전과 정지 같은 현상이 있기 때문에 '열팽창에 대한 응력'의 계산은 기기에 허용 응력보다 매우 크게 잡을 수 있지만, 기기의 'Nozzle부에 생기는 반력은 단 1회라도 기기의 허용치를 초과해서는 안 됩니다.

검토 목적 : 배관 구성 요소, 지지물에 대한 무리한 힘 발생 방지. 배관 연결부에 대한 누설 방지 장치.
　　　　　연결부에 대한 무리한 힘 발생 방지(배관의 열팽창에 의한 피로 파괴 방지)

Secondary Stresses : 열팽창에 의한 하중(SE), 구조의 불연속에 의한 응력
Membrane Stress + Bending Stress : Q

Peak Stresses(F) : 집중 응력이 작용할 때 피로 응력
　　　　　　　　　(주로 열팽창의 반복 하중)

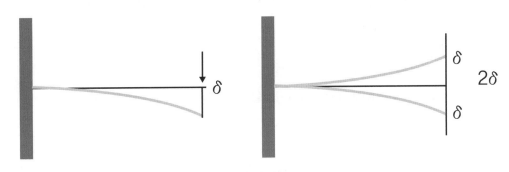

그림 8-5 Secondary Stress

- Expansion Thermal Loads(SE)

  PIPE의 열팽창에 의한 응력의 합성 : 열팽창에 의해 배관계에 생기는 응력의 합성치는 다음과 같습니다.

$$SE = \sqrt{sb^2 + 4St^2}$$

$$SE = 합성\,열\,팽창\,응력\,(psi)(허용\,응력\,범위\,SA와\,비교할\,값)$$

$$Sb : (= i\frac{Mb}{z})합성\,굽힘\,응력\,(psi)$$

$$St : (= \frac{Mt}{z})합성\,비틀\,응력\,(psi)$$

1) 구속에 의한 Thermal Load

 가. 압력 및 무게에 의한 설계 하중을 양식화된 방법에 따라 평가하고 응력을 확대 계산하여 허용 응력을 비교 분석

 나. 열 응력에 노출되는 과정이 반복되어 발생하는 파괴 현상을 반복 횟수로 평가, 분석

  Note : 상기 두 가지 응력은 열 변형 응력으로 계산해야 하며 때로는 각기 다른 열변형 상태로 계산합니다.

2) 일반 열팽창 응력은 아래와 같은 조건에서 존재합니다.

 가. 운전 시작과 조업 중단(Cyclic)

 나. 진동이 일어나는 곳에 연결된 배관

 다. 서로 다른 열팽창을 가진 배관끼리 연결

 라. 배관에 열팽창의 원인이 없어도 다음과 같은 이유인 경우 열팽창과 동일하게 고려합니다.(지진 또는 건물 침하로 인한 고정 장치의 변위 또한 응력 범위 대상입니다.)

3) 온도 등급에 따른 열 하중

 가. 온도가 높을수록 열 하중은 상승

 나. 급격한 온도 변화 또는 불균등한 온도 분산(Discontinuity Stress)

4) 열팽창 특성에 의한 열 하중 : 서로 다른 열 변형률을 가진 재료로 설계된 배관에서 발생

 가. Bimetallic(두 가지로 된 금속)

 나. Lined

 다. Jacketed(재킷)

 라. Metallic−Nonmetallic Pipe(금속−비금속 배관)

5) Load Combination(하중 결합)

 가. 배관 지지물들은 어떠한 하중의 결합이 동시에 일어나는 것을 가정하여 견딜 수 있도록 설계되

어야 합니다.

나. 보통의 운전 하중들은 한계무게 또는 한계무게를 더한 열변형입니다. 이러한 하중은 간헐적 하중과 결합되며, 설계 시 표준화에 반영되어야 합니다.

다. 어떤 상황에서는 재료에 대한 간헐적 하중의 범위를 확대 적용하여주기도 합니다.

6) SELF SPRING

일반적으로 금속 재료에 어떤 하중을 가하면 그 순간 하중에 대응하는 탄성변형이 생기며 이것을 그대로 방치하면 변형량은 시간에 따라 증가하는 경향이 있습니다. 이 경우 하중을 지지하는데 두 가지 상태를 생각할 수 있습니다

가. 사 하중을 가하는 것과 같이 응력을 일정하게 유지하는 상태이며, 아래 그림처럼 변형이 시간에 따라 증가하며 증가의 정도는 하중을 가하는 초기의 크기에 따르며 그 후에는 응력의 크기에 따라서 결국에는 파단(Fracture)에 도달하는 경우와, 어떤 일정한 값에 접근하는 경우가 있습니다. (Creep 현상)

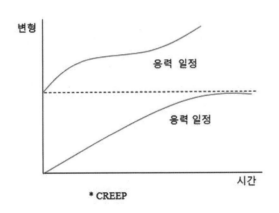

그림 8-6 Creep Phenomenon

나. 변형을 일정하게 유지하는 상태로서, 응력이 시간에 따라서 감소하고 다시 어떤 일정 값에 접근합니다. 이것을 'Stress Relaxation'이라 부릅니다. 따라서 열팽창을 한 배관계의 변형이 일정 상태로 있기 때문에 이와 같은 응력현상이 일어납니다. Plant를 1회 운전 시 A 상태에 달하여 2~3 운전 반복으로 응력이 각각 일정치 $\partial A' - \partial B'$에 접근하여 가고 이상 설명과 같이 운전 시 응력이 '항복점'을 넘어도 응력 이완에 의해 Peak치가 내려가고, 그만큼을 정지 시의 역부호의 응력으로 대신해서 응력 전체가 탄성한도 내에 들어가도록 하는 자기 제어 현상을 'Self Spring'이라 합니다.

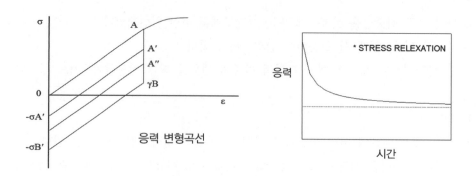

그림 8-7 Stress Relaxation

7) COLD SPRING

반력의 계산치가 허용치를 넘는 경우에는 배관 시공 시에 관의 길이를 열팽창에 대응하는 만큼 짧게, 혹은 길게 설치함으로써 열팽창 시의 반력의 저하를 꾀할 수 있습니다. 이와 같이 배관의 길이를 임의로 짧게 하는 것(Cut Short), 혹은 길게(Cut Long)하는 것을 'COLD SPRING'이라고 합니다. 전체 줄임비(%)를 'COLD SPRING률'이라 합니다.

COLD SPRING을 행하면 설치 시에 열팽창 시와 역방향으로 반력이나 응력이 생겨서 1회 운전 시 반력이 다소 저하합니다. 그러나 몇 CYCLE 이후 COLD SPRING이 없어도 SELF SPRING에 의하여 생기는 Sustained 상태와 거의 변함이 없는 상태로 됩니다. COLD SPRING은 초기의 고정 단반력의 감소를 목적으로 하기 때문에, 배관계 자체의 열응력 완화에는 기여하지 못합니다.

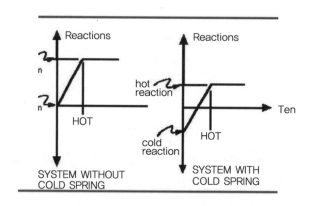

그림 8-8 Cold Spring View

8.4.4.3 허용 응력(Allowable Stress)

어떤 재질이 각 온도 상태에 따라 1차 응력에 대해 안전하게 견딜 수 있는 응력을 말하며, ASME Code에 이에 관한 값이 주어져 있습니다.

ASME B31.3의 섹션 302.3.2(d)는 배관 재료에 대한 설계 응력 또는 허용 응력의 기초를 제공하며, 이섹션에 따라 볼트 체결 재료, 주철 및 가단성 철 이외의 재료에 대한 온도에서 기본 허용 응력 값은 크리프범위 미만의 온도에서 다음 중 가장 낮은 값을 초과하지 않아야 합니다.

(1) 실온 ST(Tensile Strength)에서 규정된 최소 인장 강도의 1/3, 온도에서 인장 강도의 1/3의 낮은것.

(2) 아래의 (3)에 명시된 경우를 제외하고, 실온 SY(Yield Strength)에서 규정된 최소 항복 강도의 2/3및 온도에서 항복 강도의 2/3 이하

(3) 응력−변형 거동이 유사한 오스테나이트계 스테인리스강 및 니켈 합금의 경우 SY의 2/3보다 낮고온도에서 항복 강도의 90%가 낮습니다. 크리프 범위를 초과하는 온도의 경우 허용 응력은 다음 중가장 낮습니다.

(4) 1,000시간당 0.01% 크리프 속도에 대한 평균 응력의 100%

(5) 100,000시간 말에 파열에 대한 평균 응력의 67%

(6) 100,000시간 종료 시 파열에 대한 최소 응력의 80%

1) Allowable Stress for Carbon Steel Pipe

앞의 요구 사항을 설명하기 위해 몇 가지 예를 안내합니다. ASTM A106 Gr. B Seamless 파이프의예를 들어보겠습니다. 표 8−1에 따라 지정된 최소 인장 강도는 ST = 60ksi이고 지정된 최소 항복강도는 SY = 35ksi입니다. 앞의 1) 및 2) 규칙을 적용하면

ST의 (1/3) = (1/3)*60ksi = 20ksi와 SY의 (2/3) = (2/3)*35ksi = 23.3ksi

두 값 중 더 낮은 값은 20ksi입니다. 따라서 허용 응력 값은 최소 온도에서 400°F까지 20ksi입니다.지정된 최소 인장 강도 ST와 관련하여 이는 ASTM A106 Gr. B 파이프의 안전계수는 3으로 해석합니다.

Basic Allowable Stresses in Tension for Metals (Cont'd)

Numbers in Parentheses Refer to Notes for Appendix A Tables; Specifications Are ASTM Unless Otherwise Indicated

Material	Spec. No.	P–No. or S–No. (5)	Grade	Notes	Min. Temp., °F (6)	Tensile	Yield	to 100	200	300	400	500	600	650	700	750	800	850	900	950	1000	1050	1100	Grade	Spec. No.
...	A 53	1	B	(57)(59)	B																		B	A 53
...	A 106	1	B	(57)	B																		B	A 106
...	A 333		6			60	35	20.0	20.0	18.9	17.3	17.0	16.5	13.0	10.8	8.7	6.5	4.5	2.5	1.6	1.0			6	A 333
...	A 334	1	6	(57)	-50																		6	A 334
...	A 369	1	FPB	(57)	-20																		FPB	A 369
...	A 381	S–1	Y35	...	A																		Y35	A 381
...	API 5L	S–1	B	(57)(59)(77)	B																		B	API 5L

Basic Allowable Stress S, ksi (1), at Metal Temperature, °F (7)

Material	Spec. No.	P–No. or S–No. (5)	Grade	Notes	Min. Temp., °F (6)	Tensile	Yield	to 100	200	300	400	500	600	650	700	750	800	850	900	950	1000	1050	1100	1150	1200	1250	1300	1350	1400	1450	1500	Grade	Spec. No.
16Cr–12Ni–2Mo Pipe	A 312	8	TP316	(26)(28)	-425																											TP316	A 269
Type 316 A 240	A 358	8	316	(26)(28)(31)(36)	-425	75	30	20.0	20.0	19.3	17.9	17.0	16.7	16.3	16.1	15.9	15.7	15.5	15.4	15.3	14.5	14.5	12.4	9.8	7.4	5.5	4.1	3.1	2.3	1.7	1.3	TP316	A 312
16Cr–12Ni–2Mo Pipe	A 376	8	TP316	(26)(28)(31)(36)	-425																											316	A 358
16Cr–12Ni–2Mo Pipe	A 409	8	TP316	(26)(28)(31)(36)	-425																											TP316	A 376
18Cr–3Ni–3Mo pipe	A 312	8	TP317	(26)(28)	-325																											TP317	A 312
18Cr–3Ni–3Mo pipe	A 409	8	TP317	(26)(28)(31)(36)	-325																											TP317	A 409
16Cr–12Ni–2Mo Pipe	A 376	8	TP316H	(26)(31)(36)	-325																											TP316H	A 376
18Cr–8Ni tube	A 269	8	TP304	(14)(26)(28)(31)(36)	-425																											TP304	A 269
18Cr–8Ni pipe	A 312	8	TP304	(26)(28)	-425																											TP304	A 312
Type 304 A 240	A 358	8	304	(26)(28)(31)(36)	-425	75	30	20.0	20.0	18.7	17.5	16.4	16.2	16.0	15.6	15.2	14.9	14.6	14.4	13.8	12.2	9.7	7.7	6.0	4.7	3.7	2.9	2.3	1.8	1.4		304	A 358
18Cr–8Ni pipe	A 376	8	TP304	(20)(26)(28)(31)(36)	-425																											TP304H	A 376
18Cr–8Ni pipe	A 376	8	TP304H	(26)(31)(36)	-325																											TP304H	A 376
18Cr–8Ni pipe	A 409	8	TP304	(26)(28)(31)(36)	-425																											TP304	A 409

Basic Allowable Stress S, ksi (1), at Metal Temperature, °F (7)

Material	Spec. No.	P–No. or S–No. (5)	UNS No.	Class	Size Range, in. Notes (64)(70)	Min. Temp., °F (6)	Tensile	Yield	to 100	200	300	400	500	600	700	800	900	1000	1050	1100	1150	1200	1250	1300	1350	1400	1450	1500	1550	1600	1650	UNS No.	Spec. No.
Ni–Cr–Mo–Cb	B 444	43	N06625	Annealed	...	-325	120	60	40.0	40.0	40.0	40.0	40.0	38.9	38.0	37.7	37.4	37.4	37.4	37.4	37.4	37.4	37.4	27.7	21.0	13.2	...	...	...	...	...	N06625	B 444

표 8-1 Basic Allowable Stress in Tension for Materials in ASME B31.3

2) Allowable Stress for Stainless Steel Pipe

ASTM A312 TP316 파이프는 표 8-1에 따라 지정된 최소 인장 강도는 ST = 75ksi이고 지정된 최소 항복 강도는 SY＝30ksi입니다. 앞에서 언급한 규칙 3)을 적용하여 (2/3) SY ＝ (2/3)*30ksi＝20ksi 및 (90%) SY＝(0.9)*30ksi ＝ 27ksi 두 값 중 더 낮은 값은 20ksi입니다. 따라서 허용 응력 값은 최소 온도에서 300°F까지 20ksi입니다. 지정된 최소 항복 강도 SY와 관련하여 이는 ASTM A312 TP316 파이프의 안전 계수는 1.5로 해석합니다.

3) Allowable Stress vs Temperature

그림 8-9는 ASTM A106 Gr. B, ASTM A312 TP304, ASTM A312 TP316 및 ASTM B444 UNS N06625 파이프에 대한 허용 응력(ksi) 대 온도(F)의 플롯을 보여줍니다.

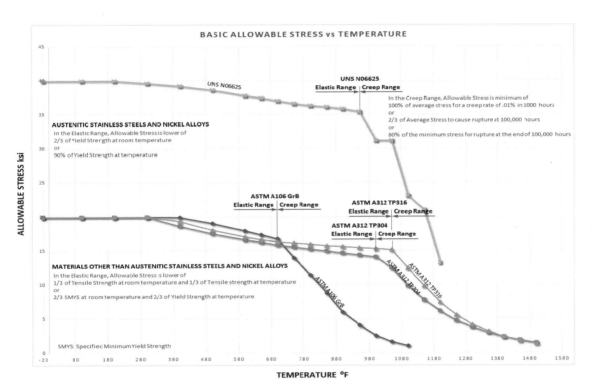

그림 8-9 Basic Allowable Stress vs Temperature

가. Carbon Steel Pipe

ASTM A106 Gr. B 파이프의 경우 허용 응력은 앞에서 설명한 대로 400°F의 온도까지 인장 강도의 1/3입니다. 온도가 400°F 이상에서 700°F까지 올라가면 허용 응력은 해당 온도에서 항복 강도의 2/3 및 인장 강도의 1/3로 낮아집니다. 400°F 이상의 온도에서 허용 응력은 인장 강도가 아닌 항복 강도(2/3)의 영향을 받습니다. 700°F 이상의 온도에서는 허용 응력 대 온도의 기울기가 가파르게 되어 온도에 따른 허용 응력이 급격히 감소합니다. 700°F 이상의 온도에서 허용 응력은 ASTM A106 Gr. B 파이프 재료의 크리프 특성을 기반으로 합니다.

나. Austenitic Stainless Steel Pipe

오스테나이트계 스테인리스 강관 ASTM A312 TP316 파이프의 경우 허용 응력은 앞에서 설명한 대로 최대 온도 300°F까지 인장 강도의 1/3입니다. 온도가 300°F를 초과하고 최대 1,050°F까지 허용되는 응력은 실온에서 항복 강도의 2/3, 해당 온도에서 항복 강도의 90%로 낮아집니다. 300~1,050°F 사이의 온도에서 허용 응력은 인장 강도가 아닌 항복 강도의 백분율에 의해 결정됩니다. ASTM A312 TP304의 경우 1,000°F 이상, ASTM A312 TP316의 경우 1,050°F 이상의 온도에서 허용 응력 대 온도의 기울기는 더 가파르게 되어 온도가 증가함에 따라 허용 응력이 급격히 감소합니다. 탄성 한계 이상의 온도에서 허용 응력은 스테인리스강 재질의 크리프 특성을 기반으로 합니다.

4) 응력 변형 선도(Stress-Strain Diagram) 이해

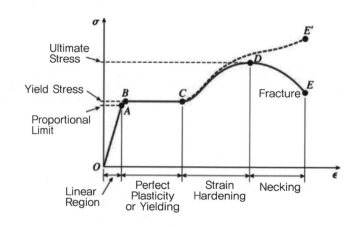

그림 8-10 응력 변형 선도(Stress-Strain Diagram)

응력 변형 선도(Stress-Strain Diagram)에서 일반적으로 구조용 강은 명확한 항복점까지는 선형적인 응력-변형도 관계를 보입니다(그림 8-10). 이 선형 구간을 탄성 구간이라고 하며, 그 기울기를 탄성 계수(Modulus of Elasticity, E) 또는 영의 계수(Young's Modulus)로 일컫습니다. 탄성 구간에서는 하중을 제거하면 공시체가 원래 상태로 복원됩니다. 탄성 구간을 지나면 응력의 증가 없이 소성 변형만 일어나는 구간이 있는데, 이 부분을 항복 구간이라고 합니다. 탄성 구간을 지나면 하중을 제거하더라도 공시체가 원래 상태로 완전하게 복원되지 않고 변형이 남게 됩니다. 그림에서 B점을 상항복점, 그보다 작은 수평 구간의 항복 응력에 해당하는 지점을 하항복점이라고 합니다.

8.4.4.4 허용 응력 범위(SA : Allowable Stress Range)

배관계의 정상 운전 및 운전 정지 등 반복적인 운전 상태에 의한 응력 이완 현상에 의해 발생하는 응력 범위를 말합니다.

내압용기에 대한 허용 응력

내압용기에 대한 허용 응력은 용기 내의 압력에 의해 파괴되지 않는 것을 전제로 하고, 또 재료의 인장 시험에 의해 얻어지는 사용 온도에서 인장강도(Tensile Strength)의 1/4을 말합니다. ASME에서는 이 값 외에 그 사용 온도에서의 항복점(Yield Stress Point)의 62.5%를 허용 응력치로 합니다. 따라서 배관계에 있어서는 압력용기에 대한 허용 응력과 근본적으로 상이한 개념의 이해가 필요합니다.

8.4.4.5 배관 지지대(Pipe Support)

배관을 지지하는 철 구조물을 말합니다.

8.4.4.6 배관 지지물(Pipe Support Structure)

배관계의 안전성을 유지시켜주기 위하여 배관계에서 발생되는 배관의 자중, 배관계의 열팽창에 의한 변형, 유체의 진동, 기계진동, 지진 및 기타 외부 충격 등으로부터 배관계를 지지 및 보호하기 위하여 설치하는 구조물을 말합니다.

8.5 배관 응력해석의 주목적

1) 배관의 내압, 열팽창, 자중, 바람, 지진 등의 하중에 대한 배관계의 안전성을 검토합니다.
2) 배관과 연결되는 기기상의 노즐에 대한 안전성을 검토합니다.
3) 배관 설치와 관련 있는 배관 지지대 및 배관 지지물의 설계에 필요한 자료를 제공합니다.

8.6 배관 응력해석 시 고려되어야 할 하중

8.6.1 배관에 작용하는 하중의 종류

1) 배관 자중 – 배관 자체의 무게, 밸브류 등 부속 설비 및 보온재 무게를 포함한 하중
2) 유체 내부 압력 – 배관 내부에 흐르는 유체의 압력
3) 열팽창에 의한 하중 – 배관 내부에 흐르는 유체의 온도로 발생되는 배관의 팽창 또는 수축에 의한 하중
4) 바람 – 배관계의 휨을 유발시키는 풍하중
5) 지진 – 지진에 의한 배관계의 흔들림 하중
6) 진동 – 펌프, 압축기 등의 회전 기기 등에 의한 배관계의 진동 하중
7) 기타 – 수격현상 및 공동현상 등 유체의 일시적인 압력 상승

8.6.2 ASME B31.3의 Type of Load on Piping(Design, Normal, Up-set, Emergency, Test 등)

하중이 작용하는 시간적 인자에서 다음과 같이 분류합니다.

1) 운전 때만 존재하는 것
   - 배관 및 내용물의 자중/유체의 내외압/배관계의 열팽창에 의한 하중
2) 운전 시 및 운전 정지 시를 통하여 존재하는 것
   - 배관의 자중/보온재/적설/바람과 지진에 의한 하중
     접속 기기, 기초 및 건물의 온도 변화에 따르는 외부적 변화에 의한 하중
     배관계의 가공 또는 조립 때에 생긴 잔류 응력에 의한 하중
3) 운전 개시 및 정지 시와 같이 일시적 짧은 시간에만 존재하는 것
   - Steam의 응축수에 의한 충격 하중/급격한 가열/냉각에 의한 열충격 하중
4) 긴급 시 또는 이상 운전 시와 같은 짧은 기간에 발생하는 매우 큰 하중
   - 화재나 Process상의 오조작에 의한 이상 승온, 승압에 의한 과대 하중

3) 및 4)의 경우와 같은 단기 하중에 대하여는 그러한 하중은 배관 자체의 CREEP나 피로에 대하여 그다지 큰 영향을 미치지 않는다는 이유에서 50% 가까이의 OVERSTRESS를 허용하는 것이 가능하며 2)의 경우 자중에 의한 하중은 적당히 배관 Support로 지지하므로 문제가 되지 않고 4)의 경우의 내력이나 열팽창에 의한 하중에 비하여 무시할 수 있는 정도입니다. 가장 문제가 되는 것은 1)의 경우의 압력이 상당히 크게 되지 않는 한, 다시 말해 관의 외경과 내경의 비가 1.5 이상의 크기가 되어 두께가 요구되는 압력이 되지 않는 한 현재에 있어서는 큰 문제 없이 해결할 수 있습니다. 그러나 열팽창에 의해 생기는 열응력의 경우에 대해서는 이에 대한 해석과 처리가 문제가 되고 있습니다.

8.7 배관 응력해석시 필요한 자료

1) 공정흐름도 및 Line List - 온도, 압력, 유량 등을 참조하여 응력해석 계획을 수립합니다.
2) 공정배관·계장도 - 배관 크기 및 보온재 두께 등을 파악한 후 해석하려고 하는 배관의 기능을 검토하여 밸브, 플랜지 및 스트레이너 등의 부속 설비를 파악합니다.
3) 배관 자재 사양서
   - 배관 크기별 재질, 보온재의 재질 및 밸브, 플랜지 및 스트레이너 등의 재질을 파악합니다.
4) 설비 배치도
   - 해석하려고 하는 배관과 연결되는 설비에 대한 위치를 검토합니다. 특히 설비의 노즐 크기 및 위치를 확인합니다.
5) 철 구조물 도면
   배관의 구속력을 기초에 전달하는 철 구조물의 위치, 높이, 방향 및 부재의 크기를 확인합니다.

6) 배관도

　　모든 배관들에 대한 종합적인 정보가 있는 도면으로서 배관의 위치, 높이 및 방향, 인접 배관에 대한 간격 및 각 설비와의 이격 거리를 알 수 있어야 합니다.

7) 3차원 배관도

　　개별 배관에 대한 형상을 3차원으로 나타낸 도면으로서 배관 지지점을 포함하여야 하며 전산 입력용으로 활용합니다.

8.8 열응력해석의 필요성에 대한 판단 기준

　　열응력해석의 필요성은 설계 코드에 정의된 유연성이 배관 시스템에 자체 확장 및 연결된 장비의 확장을 흡수하여 관련된 기기에 가해지는 부하가 다음을 유발하지 않도록 하는 능력을 해석하는 것입니다.

- 반복되는 과도한 응력으로 인한 배관 시스템의 피로 파손
- 과도한 소성 변형으로 인한 배관 시스템 고장
- 플랜지 조인트에서 누출
- 작동을 방해할 수 있는 배관 시스템의 밸브 및 기타 구성품의 과부하
- 과도한 추력과 움직임, 기계 오정렬로 인한 연결된 장비의 유해한 왜곡

　　스트레스 엔지니어가 이러한 요구 사항을 충족하는 시스템의 능력에 대해 의심이 가는 경우 유연성 분석이 필요합니다.

　　일반적으로 배관호칭경이 100mm(4인치) 이상이고 설계 온도가 120℃ 이상인 배관은 열응력해석을 수행하며 배관호칭경이 100mm(4인치) 미만인 경우에는 설계 온도가 250℃ 이상일 경우에 열응력해석을 수행합니다. 그러나 각 사는 경험에 의한 판단 기준을 정의하여 적용하고 있습니다.

　　이처럼 대부분 배관 시스템은 응력 분석이 필요하며, 단 ASME CODE에서의 간편한 검증 방법(Formal Analysis not Required)으로 아래의 조건에 해당될 때에는 제외됩니다.

- 성공적으로 운전 중인 배관 시스템과 똑같은 시스템 설치 시
- 기분석된 시스템과의 비교로 적정성 판단 가능 시
- 동일 직경이며 2개 이하의 앵커가 있고 그 사이에 구속 상태가 없는 시스템 중 아래 공식의 조건에 만족하면 열응력해석을 하지 않아도 됩니다.

$$\frac{DI}{(L-U)^2} \leq KI \ (208.3) \ \cdots\cdots\cdots (1)$$

　　여기서 D : 배관의 외경(mm), L : 배관의 총 연장 길이(m)

　　　　　I : 배관계에 의해 흡수될 전체 변위(mm), U : 고정단 간의 직선거리(m)

$$I = \sqrt{X^2 + Y^2 + Z^2}$$

X : X 방향에서 흡수될 변위, Y : Y 방향에서 흡수될 변위

Z : Z 방향에서 흡수될 변위

K1 = 0.03(인치 단위), 208.3(미터 단위)

예) ASME CODE에서의 간편한 검증 방법 계산 사례

탄소강 파이프, SCH 40, 공칭 직경 : DN 200mm(NPS 8inch), 설계온도 : 93°C(200°F),

운전온도 : 21°C(70°F), 파이프 열팽창 길이 : e＝0.8mm(0.99in./100ft)

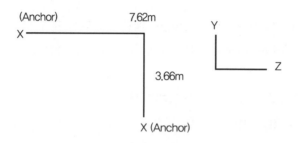

그림 8-11 Anchor to Anchor Configuration

Metric Unit

D   =   220mm

y   = $(\triangle Y^2 + \triangle Z^2)0.5$

$\triangle$Y   =   3.66 x 0.8   =   3mm

$\triangle$Z   =   7.62 x 0.8   =   6mm

Y   = $(3^2 + 6^2)^2$ =   7mm

L   =   3.66 + 7.62   =   11.28m

U   = $(3.66^2 + 7.62^2)1/2$ =   8.5m

Dy   =   220 x 7 / $(11.28 - 8.5)^2$ =   199

Dy / $(L - U)^2$ ≤ 208.3

• 즉 K1(208.3) 값이 Dy(199) 값보다 크므로 두 앵커 사이의 열 변형에 의한 응력해석은 필요하지 않음

1) Stress Critical Lines 판단 기준

   펌프, 압축기 및 송풍기와 같이 변형에 민감한 장비를 오가는 공정 라인

   증기 터빈을 오가는 라인은 파이프 크기 6" 이상인 경우 기본 온도> = 180°C, 파이프 크기 4" 이하인 경우> = 330°C와의 작동 온도 차이가 있는 라인

   플랜지 누출 견고성을 확인하기 위한 독성 서비스의 프로세스 라인

   블로우 다운 및 플레어 배관과 같은 2상 흐름 배관

   설계 온도가 50°C 이상인 비금속 배관

   ASME B31.3에 정의된 모든 'M' category 배관

   유정에 연결된 라인(육상 및 해상 석유 및 가스 설비에 적용)

   차등 침하(예 : 저장 탱크에 연결된 라인), 구조 또는 장비 변위로 인해 과도한 처짐이 발생하는 라인

2) Visual Inspection or by Manual Calculation 판단 기준

   공기 냉각기에 연결되는 라인으로 4" 이상.

   배관 크기가 6" 이상인 경우 기준 온도 > = 80°C와 작동 온도 차이가 있는 라인

   진공 또는 재킷 라인과 같은 외부 압력을 받는 라인

   Relief systems − Closed or Relieving to Atmosphere

8.9 배관 응력해석 절차

배관 응력해석 절차는 아래와 같습니다.

(1) 배관 사양서와 배관 목록표를 검토하여 응력해석 대상 배관을 선정합니다.
(2) 배관도를 검토하며 7.8항에 의한 간편한 검증 방법을 통해 응력해석이 필요한 배관을 최종 확정합니다.
(3) 응력해석에 고려해야 할 하중을 결정하며, 응력해석 대상 배관에 대한 배관 설계 조건을 기록합니다.
(4) 응력해석 대상 배관에 대한 응력해석용 3차원 도면(Piping Isometic Drawing)을 작성하며, 이때 주위 기기 위치 및 철 구조물 도면을 참조하여 배관 지지물 위치를 선정합니다.
(5) 컴퓨터 프로그램을 사용하여 응력해석을 수행합니다.
(6) 해석 결과 최대 응력 발생 위치와 하중 그리고 노즐 및 배관 지지물에 부과되는 하중을 검토합니다.
(7) 반복 수행 결과 배관계에서 발생되는 응력이 허용 응력 범위 내에 존재하며, 배관과 연결된 기기의 노즐에 작용하는 하중 조건을 확인, 안전성 검토가 완료되면 컴퓨터 프로그램을 사용한 응력해석을 끝냅니다.
(8) 배관 응력해석 결과에 따라 배관 지지물 하중 집계표를 작성하여 배관 지지물의 선정 및 구매, 설계 업무에 참조합니다.
(9) 배관 응력해석 결과에 따라 노즐 하중 집계표를 작성하여 노즐의 안전성 여부를 재확인합니다.
(10) 응력해석이 완료되면 8.11.4항의 검토를 최종적으로 실시하며, 검토 완료 후 관련 업무, 즉 배관도의 작성, 지지물 설계 업무를 시작합니다.
(11) 8.11.1항의 내용을 포함한 응력해석 보고서를 작성하여 검토 자료로 보관합니다.

8.10 배관 응력 평가 기준

8.10.1 ASME B31.3 Code 응력 평가 이해

배관 응력해석 개념에서 설명한 내용을 다시금 설명하면서 상세 평가 기준을 강조하고자 합니다. 즉, ASME B31.3에서는 파괴가 시작되기 전의 두 가지 응력으로 구분하여 배관의 안전을 위해 최대 허용 응력 범위를 정하여두고 있으며, 아래와 같습니다.

1) 배관 자체 하중 파괴(Circumferential, Longitudinal, Radial Stress)→Primary Stress
2) 반복 하중(Cyclic Loadings)에 노출되어 발생하는 파괴→Secondary Stress 두 가지 계산식이 있으며 다음과 같습니다. 일반적으로 Piping 열응력해석은 ASME B31.1 CODE for Process Piping에 있는 수식을 사용하여 SA(Allowable Stress) 값을 정하고 있습니다.

가. 배관계의 1차 응력에 대한 평가는 각 배관 재질의 허용 응력과 비교하여 판정합니다.

나. 압력과 배관 자중 등의 지속 하중에 의한 배관계의 1차 응력은 다음 식을 만족하여야 합니다.

$$SL = \frac{PDo}{4tm} + \frac{1000(0.75i)MA}{Z} < 1.0Sh$$

여기서　SL : 배관계의 1차 응력(kPa)

P : 배관계 내부의 유체압력(kPa)

Do : 배관의 외경(mm)

tm : 배관 두께(mm)

Z : 배관 단면계수(mm³)

I : 배관 응력 집중 계수

MA : 지속 하중에 의한 모멘트(N−mm)

Sh : 배관 재질 및 유체 온도에 따른 허용 응력(kPa)

다. 지진 등 임시 하중을 고려한 배관계의 1차 응력은 다음 식을 만족하여야 합니다.

$$SL = \frac{PDo}{4tm} + \frac{1000(0.75i)MA}{Z} + \frac{1000(0.75i)MB}{Z} < K\,Sh$$

여기서　MB : 임시 하중에 의한 모멘트(N−mm)　K : 1.2

라. 열팽창에 의한 배관계의 2차 응력은 다음 식을 만족하여야 합니다.

$$SE = \sqrt{Sb^2 + 4St^2} < SA$$

여기서　SE : 배관계의 2차 응력

Sb : 배관 열팽창에 의한 굽힘 응력

St : 배관 열팽창에 의한 비틀림 응력

SA : 배관계 운전 조건에 있어서의 허용 응력 범위

마. 배관계의 2차 응력에 대한 평가는 허용 응력 범위와 비교하여 판정합니다. 허용 응력 범위 산출은 아래와 같이 계산합니다.

$$SA = f[1.25(Sc+Sh) - SL]$$

여기서　SA : 허용 응력 범위

Sc : 운전 사이클 내에서의 배관 재질의 최소 온도에서의 허용 응력

Sh : 운전 사이클 내에서의 배관 재질의 최대 온도에서의 허용 응력

f : 운전 사이클 수에 의해 결정되는 응력 보정 계수

(사용 연수 내에 반복되는 사이클 수의 합계가 7,000회 미만일 경우 1.0으로 합니다.)

SL : 배관계의 1차 응력

$$SA = f\,(1.25Sc + 0.25Sh) \leftarrow Sc = \text{Cold Allowable Stress(상온 때의 허용 응력)}$$

Sh = Hot Allowable Stress(운전 온도에서의 허용 응력)

SA = f [1.25(Sc + Sh) − SL] ← Sh값이 SL보다 높을 때 적용

(f는 Stress 범위의 감소율이며, 운전 사이클 수에 의해 결정되는 응력 보정 계수는 ASMESI B31.3의 표를 이용합니다.)

바. Stress Range Reduction Factor : 여기서 f는 운전 사이클 수에 의해 결정되는 응력 보정 계수

8.10.2 ASME B31.3 Code PIPE의 열팽창 Stress 계산 방식 이해와 평가

길이가 (L)이고 임의의 PIPE의 열팽창에 의한 길이 변형량(△)은 선팽창률을 (e)라 하면 △=eL입니다.

보통 배관의 열응력을 해석할 때 기본적인 작업은 그 배관계에서 억제될 팽창량의 계산이며 그 합성 팽창량은 다음과 같습니다.

$$x\text{방향의 팽창량} : \triangle x = eLx$$

$$y\text{방향의 팽창량} : \triangle y = eLy$$

$$z\text{방향의 팽창량} : \triangle z = eLz$$

따라서 합성팽창량△는

$$\triangle = \sqrt{\triangle x^2 + \triangle y^2 + \triangle z^2}$$

$$I = \frac{7c}{64}(D_0^4 - D_{in}^4)(in^4)$$

$$Z = \frac{7c}{32}\frac{D_0^4 - D_{in}^4}{D_0}(in^3)$$

$$D_0 = PIPE\text{의 외경}(in)$$

$$D_i = PIPE\text{의 내경}(in)$$

PIPE의 관성 모멘트 (I)와 단면계수 (Z)는 상기 식으로 구할 수 있습니다.

PIPE의 열팽창에 의한 응력의 합성 : 열팽창에 의해 배관계에 생기는 응력의 합성치는 다음과 같습니다.

$$SE = \sqrt{Sb^2 + 4St^2}$$

SE : 합성 열팽창 응력(PSI)(허용 응력 범위 SA와 비교할 값)

Sb : ($= i\frac{Mb}{z}$) 합성 굽힘 응력(PSI)

St : ($= \frac{Mt}{z}$) 합성 비틀 응력(PSI)

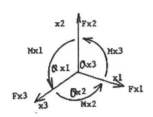 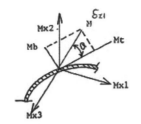

합성모멘트 $M = \sqrt{{M_{x1}}^2 + {M_{x2}}^2 + {M_{x3}}^2}$

Mb : M Sin Q

Mt = M Cos Q

Mb : 합성 굽힘 모멘트(LB, IN)

Mt : 합성 비틀림 모멘트

Z : 단면 계수(IN³)

i : 응력 집중 계수

$$SE = \frac{iMC}{Z} \le SA$$

$$= \frac{3iE\Delta DO}{144L^2} \le SA$$

8.10.3 Flexibility & Stress Intensification Factor의 상세 개념

배관 응력해석을 위하여 압력기기와 비교하여 배관계에 특별히 적용하는 하중의 종류를 이해하고 배관계가 잘 늘어나는 특성과 이에 따라 상대적으로 응력이 특정 부위에 집중되는 것에 대한 상세 이해와 적용이 필요합니다.

PIPIE의 휨 계수(FLEXIBILITY FACTOR) 'K' 와

응력 집중 계수(STRESS INTENSFICATION FACTOR) 'I'

- 휨 계수(K)

  일반적으로 배관계에는 직관 부분 외에 ELBOW, TEE 및 FLANGE 등이 삽입되는데 이러한 부분에서의 휨성은 당연히 직관 부분과 다를 것입니다. 여기서 계수 K가 사용되는데 그 값은 아래와 같습니다.

$$K = 1 + \frac{9}{12h^2 + 1} \ge 1$$

'h'는 굽힘 부분의 특성치이며 다음 식에 의해 정의됩니다.

$$h = \frac{tR}{r^2}$$

R : Bend의 곡률반경

t : Bend의 두께

r : Bend 부의 평균반경

이 휨 계수 K의 크기에 대하여 ANSI CODE에서는 $0.02 \le h \le 0.165$의 범위에서 $K = \frac{1.65}{h} \ge 1.0$ 으로 주어집니다.

- 응력 집중 계수(i)

  휨 성질의 증대에 수반하는 응력도 그 직관 부분에 비해 커질 것입니다. K의 경우와 마찬가지는 h만의 FUNCTION으로 이루어져 있으며 $0.02 \le h \le 0.85$ 범위 내에서 다음 식을 만족시킵니다.

$$i = \frac{0.9}{h^{2/3}} \geq 1$$

Piping System은 보통 Straight Pipe와 Curved pipe로 구성되어 있습니다. 직선 Pipe인 경우에는 Moment−Stress 관계식을 이용해서 발생하는 Stress를 쉽게 구할 수 있으나 Curved Pipe인 경우에는 휨 Moment를 받을 때, Pipe 단면이 원형을 유지하지 못하고 달걀형으로 변하게 되므로 그 해석이 어려워지 게 되고 이때의 Stress 분포 현상은 Straight Pipe의 경우와 크게 다르며 Max. Bending Stress값은 직선 Pipe의 경우보다 훨씬 큰 값을 가지게 됩니다. 따라서 같은 Bending Moment가 걸렸을 때 Straight Pipe 일 경우에 발생하는 Max. Bending Stress에 대한 Curved Pipe의 Max. Bending Stress의 비율을 응력 집 중 계수(Stress Intensification Factor)라 하고 Straight Pipe에 나타나는 최대 휨에 대한 Curved Pipe에 발생하는 Max 휨의 비율을 Flexibility Factor라 합니다.

Curved Pipe 단면이 달걀형으로 바뀌는 것을 Ovalization이라 하는데 그 모습에 따라 Inplane과 Outplane으로 나뉘게 됩니다. Inplane과 Out of Plane Stress Intensification Factor는 ANSI B31.3과 B31.4에 정의되어 있으며 ANSI B31.1에서는 구분 없이 Inplane의 개념으로 단일 Intensification Factor를 사용합니다.

Primary Load에 의한 기하학적 Notch 효과로 인한 단일 하중에 의해 응력 집중이 되는 효과는 SCF(Stress Concentration Factor)이고 반면 반복 하중에 의한 피로 파괴 양상을 띠는 Secondary Stress에 의한 기하학적 특성을 표현한 것을 SIF(Stess Intensification Factor)라 합니다.

Table D300[1] Flexibility Factor, k, and Stress Intensification Factor, i(Cont'd)

Description	Flexibility Factor, k	Stress Intensification Factor [Notes(2), (3)]		Flexibility Factor, k	Sketch
		Out-of-Plane, i_0	In-Plane, i_1		
Unreinforced fabricated tee [Notes (2), (4), (9),(11)]	1	$\dfrac{0.9}{b^{2/3}}$	$3/4\,i_0 + 1/4$	$\dfrac{T}{r_2}$	
Extruded welding tee with $r_x \geq 0.05\,D_b$ $T_c < 1.5\,T$	1	$\dfrac{0.9}{b^{2/3}}$	$3/4\,i_0 + 1/4$	$\left(1+\dfrac{r_x}{r_2}\right)\dfrac{T}{r_2}$	
Welded-in contour insert [Notes (2), (4), (8), (9)]	1	$\dfrac{0.9}{b^{2/3}}$	$3/4\,i_0 + 1/4$	$3.1\,\dfrac{T}{r_2}$	
Branch welded-on fitting(integrally reinforced) [Notes (2), (4), (11), (12)]	1	$\dfrac{0.9}{b^{2/3}}$	$\dfrac{0.9}{b^{2/3}}$	$3.3\,\dfrac{T}{r_2}$	

Description	Flexibility Factor, k	Out-of-Plane, i_0	In-Plane, i_1	Flexibility Characteristic, b
Welding ellbow or pipe bend [Notes (2), (4)-(7)]	$\dfrac{1.65}{b}$	$\dfrac{0.75}{b^{2/3}}$	$\dfrac{0.9}{b^{2/3}}$	$\dfrac{T R_1}{r_2^2}$

Description	Flexibility Factor, k	Stress Intensification Factor [Notes(2), (3)]		Flexibility Characteristic, h	Sketch
		Out-of-Plane, i_0	In-Plane, i_1		
Welding elbow or pipe bend [Notes (2), (4), (7)]		$\dfrac{0.75}{b^{2/3}}$			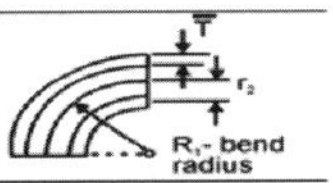
Closely spaced miter bend [Notes (2), (4), (5), (7)]	$\dfrac{1.52}{b^{5/6}}$				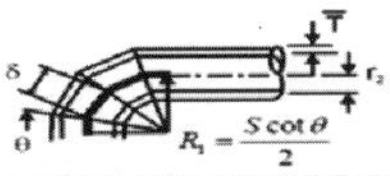
Single miter bend or widely spaced miter bend $S\geq r_2(1+\tan\theta)$ [Notes (2), (4), (7)]	$\dfrac{1.52}{b^{5/6}}$				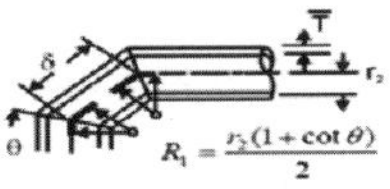
Welding tee per ASME B16.9 [Notes (2), (4), (6), (11), (13)]	1	$\dfrac{0.9}{b^{2/3}}$		$3.1\dfrac{T}{r_2}$	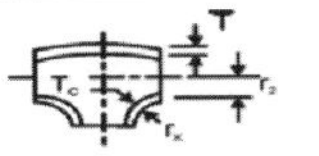
Reinforced fabricated tee with pad or saddle [Notes (2), (4), (8), (12), (13)]	1	$\dfrac{0.9}{b^{2/3}}$		$\dfrac{(\overline{T}+1/2\overline{T})^{2.5}}{\overline{T}1.5r_2}$	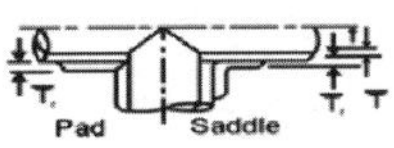

Table D3001 Flexibility Factor, k and Stress Intensification Factor, i

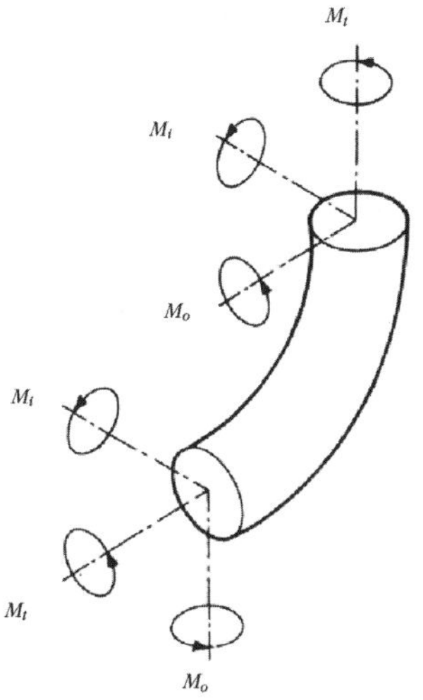

그림 8-12 Provides a part of Appendix D of ASME B31.3 indicating h, k and SIF values for different fittings

8.10.4 Stress Range Factor 이해

운전 사이클 수에 의해 결정되는 응력 보정 계수

$f = 6.0\ (N) \leq 1.0$

$N = NE + \Sigma\ [\,ri\quad M\,]$ for $i = 1, 2, \ldots, n$

$NE =$ 계산된 최대 전위 응력 범위에서의 반복 하중 회수($ri = Si / SE$)

$Si =$ 계산된 전위 응력 중 SE값보다 적은 값

$Ni = Si$ 와 연계된 전위 응력 반복 하중 회수

사용 연수 내에 되돌이되는 합계 사이클 수	응력 보정 계수(f)
7,000회 미만	1.0
14,000회 미만	0.9
22,000회 미만	0.8
45,000회 미만	0.7
100,000회 미만	0.6
100,000회 이상 (250,000회 미만)	0.5

표 8-2 Stress Range Factor

* ASME CODE의 7,000회는 그 사용 연수를 20년으로 잡으면 하루에 1회의 비율로 운전 개시와 정지를 하는 것을 뜻하고 있으므로 Cycle 수는 큰 인자로 보지 않음. 또 피로에 미치는 영향은 응력의 크기보다도 왜곡의 크기 쪽이 훨씬 크지만 다행히도 변형량이 양단 부분에서 제한되는 일이 많아 상당히 큰 허용 응력치를 가지고 설계할 수 있다고 봅니다.

8.10.5 Allowable Stress Range 해석

(1) 열팽창에 의해 생기는 응력은 거의 '굽힘 응력'을 주체로 여기는데 우리가 사용하는 허용 응력치는

재료 시험 전의 인장시험에 의한 결과를 사용하고 있습니다. 그런데 인장 응력과 굽힘 응력의 응력 분포 상태는 상당히 다르며 더구나 굽힘 응력은 가장 큰 모멘트가 발생하고 있는 관의 최외곽에서만 최대 응력이 생기며 최대 응력이 그 관의 두께의 중심까지 발생했을 때 비로소 파괴가 생기는 것이라고 봅니다. 따라서 인장시험을 바탕으로 한 허용 응력은 굽힘의 경우에 상당히 큰 여유를 가지고 있다고 볼 수 있습니다.

(2) 배관계의 열팽창에 의한 응력이 그 배관계의 어느 부분에서 그 재질의 항복점을 넘으면 그 부분에서 국부적인 항복이 시작되고, 또 CREEP를 발생시키는 고온의 경우에는 그 부분에 국부적인 CREEP를 발생시켜 배관의 응력이 평형점에 달할 때까지 이완됩니다. 이것은 운전 정지 때는 역방향의 잔류 변형을 남기게 되므로 이는 배관의 자기 평형성으로 매우 중요한 현상입니다.

(3) 재료의 피로에 영향을 가져오는 인자로서는 사용 연한 동안 사이클 수, 응력의 크기, 왜곡의 크기 등이 있으나, 일반적으로 대부분의 경우 운전 횟수는 그 부분의 피로를 고려하여야 할 정도로 크지는 않습니다. 즉, ASME CODE의 7,000회는 그 사용 연수를 20년으로 잡으면 하루에 1회의 비율로 운전 개시와 정지를 하는 것을 뜻하고 있으므로 Cycle 수는 큰 인자로 보지 않습니다. 또 피로에 미치는 영향은 응력의 크기보다도 왜곡의 크기 쪽이 훨씬 크지만 다행히도 변형량이 양단 부분에서 제한되는 일이 많아 상당히 큰 허용 응력치를 가지고 설계할 수 있다고 봅니다.

이상 설명한 바와 같이 PIPING CODE가 위와 같은 현상을 근거로 하며 상당히 유연성 있는 진보적인 생각을 취한 것은 배관계의 응력을 다른 압력용기와 같은 허용 응력의 범위로 제한하는 것은 현실 문제로서 비경제적일 뿐만 아니라 대구경 배관의 경우에는 불가능에 가깝다는 사실에 기인한 것입니다.

8.10.6 허용 응력 범위에 추가할 수 있는 응력(ADDITIVE STRESS)

ASME CODE에서는 내압 또는 외력에 의한 응력은 그때의 허용 응력 Sh를 넘어서는 안 되며 만일 그 이하의 경우 그 여분의 응력을 열응력에 대한 허용 응력 범위의 값에 가산해도(즉, 0.25Sh에 가산해도) 좋다고 규정되어 있으므로 내력, 외력 및 열팽창에 의한 응력의 합계가 $SA = f[\ 1.25(Sc + Sh)\ -\ SL]$가 되도록 해도 좋습니다.

보통 배관의 두께 결정은 운전 시 예상되는 내압에 의해 구해지며, 실제로는 재료의 부식이나 마모 또는 관 두께의 시장성에 의해 일반적으로는 그 두께를 SCH. No.로 결정합니다. 다시 말해 특별한 이유가 없는 한 크게 여유를 가지도록 두께가 결정되는 경우가 많습니다. 이 때문에 열응력해석에 있어서의 허용 응력 범위 SA 안에는 ADDITIVE STRESS가 더해질 수 있습니다. 그러나 열응력을 해석하는 경우 바람, 지진, 자중에 의한 하중을 고려하지 않는 방법을 사용하는 경우가 많기 때문에 이러한 하중을 유지하기 위해 여유 부분으로 이용되리라 보고 이것을 열응력 쪽에 더하는 것은 고려해보아야 합니다.

예): Allowable Stress Range Calculation

배관 재질 : ASTM A106 − Gr.B

배관의 설계 온도 : 38~260℃

Thermal Cyclic Service : 18.000

A106-Gr.B의 항복 강도: SC = 138 MPa(20,000psi) 최저 사용 온도 : 38°C

Sh = 130 Mpa(18,900psi) 최고 사용 온도 : 260°C

f : 0.8(Stress Reduction Factor Table 참조)

Allowable Stress Range A106-Gr. B의 : SA = f(1.25Sc + 0.25Sh)

Metric Unit   U.S Customary Unit

SA = 0.8(1.2 × 138 + 0.25 × 130), SA = 0.8(1.25 × 20,000 + 0.25 × 18,900)

SA = 164MPa   SA = 23,780psi

결론 : 상기 배관의 전위 응력(Displacement Stress)값이 Allowable Stress Range(SA = 164MPa) 값보다 초과하지 않는다면 안전하게 운전할 수 있으며 Cyclic의 범위는 18,000~22,000에 서 사용할 수 있습니다.

8.11 배관 응력해석의 평가

8.11.1 Static 응력해석 검토(Static Load 종류)

1) Dead Load : Pipe, Contents, Insulation, External Cover, Valve, Flange & Weld Attachment Weight, Internal Pressure → Primary Load

2) Thermal Expansion Load : Due to the temperature differential expansion → Secondary load

3) Flange Leakage Loading → Complex

4) Differential Settlement due to soil condition → Secondary Load

    가. Sustained Load 평가 : Dead Weight, Pressure

    나. Occasional Load 평가 : Wind(대구경의 Empty Line) Load, Seismic Load

    다. 중요 Support의 응력해석 평가

        자중에 의한 해석, 유체 역학적 압력 및 반력에 의한 것

    라. Force & Moment에 의한 연결 기기 영향 검토 및 평가

    마. Vacuum Line의 Stiffness Ring Design 평가

    바. Under Ground Stress Analysis 평가

        ① Thermal

        ② 토압설계

    사. Branch Reinforced Pad Design 평가

8.11.2 Dynamic 응력해석 검토(Dynamic Load 종류)

1) Seismic (Earthquake) Loads → Primary Load

2) Wind → Primary Load

3) Vibration(Harmonic, Transient and AIV) → Secondary Load

4) Surge Analysis → Primary Load

    가. Safety Valve 반력 계산 평가

    나. Vibration 평가

       ① Reciprocating Compressor(Pulsation Study)

       ② Two Phase Flow

    다. 지진 해석 평가

       ① Static Method

       ② Response Spectrum Method

    라. Surge Analysis 평가

       장거리 Liquid Line의 고속 유체에서 Valve 개폐 시 순간적인 압력 상승으로 인한 힘을 계산함으로써, Surge Relif Device를 설계하거나 적당한 Support Type을 결정할 경우에 사용합니다.

8.11.3 Piping Stress Analysis Result 고려 사항/Piping Stress Analysis 결과에 의한 평가

1) Stationary Equipment / Nozzle Load Stress 평가

    가. Heat Exchanger

       ① Cold Box(ALPHEMA)

       ② Fired Heater(API 560)

       ③ Plate Fin Exchanger

       ④ Air Cooled Heat Exchanger(API 661)

    나. Pressure Vessel(Cylindrical, Spherical)

       ① as per WRC 107 Local Stress Calculation

    다. Rotating Equipment(=strain Sensitive Equipment)

       ① Centrifugal Pump(API 610 or ANSI)

       ② Centrifugal Compressor(API 617)

       ③ Reciprocating Compressor(API 618)

       ④ Turbine(NEMA SM23)

2) Support Design

    • Determine of Support Type(based on 6 - DOF Limitation)

    • Civil / Structure Loading Information

    • Equipment Clip & its Loading Information

      (including Nozzle loads if they exceed the proper loading)

3) Engineered Item Design

    • Spring support and Expansion joint design and preparation of their data sheets

4) Piping Layout 검토
- 필요 시 Piping Flexibility 검토에 의한 Piping Route Change

5) Equipment Layout 검토(Plot Plan)
- 필요 시 Piping Flexibility 검토에 의한 Equipment Location 변경

8.11.4 배관 응력해석 후 검토해야 할 사항

1) 최고 응력이 허용 응력 범위 내에 존재하는가?
2) 설비 노즐이 배관계에서 작용하는 하중 및 모멘트에 대하여 안전한가?
3) 배관계의 고정점에 과대한 하중이 발생되지는 않는가?
4) 배관계의 열팽창 변위값이 커서 인접 배관과 간섭이 발생하지 않는가?
5) 열팽창 변위로 인하여 배수점보다 더 낮은 점이 존재하지 않는가?
6) 스프링 타입 지지물은 적절한 장소에 설치하였으며, 선정은 적절히 되었는가?

8.11.5 열 응력 해소 방안

배관계에서 발생하는 변위량을 흡수하여 열 응력을 해소하는 방안은 일반적으로 다음과 같은 방법을
활용합니다.

1) 배관을 지지하고 있는 지지물(Support) 위치를 변경하거나 방법과 Type을 변경하여 하중을 조정하
여 배관 시스템 형상을 분석, 검토하여 배관 시스템의 안정 여부를 확인합니다.
2) 스프링 서포트(Spring Support)를 이용하여 배관 안전성을 확보합니다.
3) 배관의 배열(Route)를 조정하여 배관계에 유연성(Flexibility)을 줍니다.
4) 배관계에 루프(Loop)을 주거나 벤드(Bend)를 사용합니다.
5) 장소의 제한을 받아 배관의 배열을 불가피하게 일직선으로 하는 경우는 익스팬션 조인트(Expansion
Joint)를 사용합니다. 익스팬션 조인트를 사용할 때에는 익스팬션 조인트 주위의 배관 지지점 및 지
지 방법에 주의하여 익스팬션 조인트에 손상이 가지 않도록 합니다.(일반적으로 Process Area 내는
사용을 최소화합니다.)
6) 극단적인 경우 기기의 Location/플랜트 레이아웃을 변경하여 안전성을 확보합니다.

8.12 배관 응력해석 보고서

배관 응력해석 수행 후 모든 자료 및 결과는 문서화하여 검토 자료로 보관해야 합니다. 이 결과물에는
최소한 다음 사항이 포함되어야 합니다.

1) 해석 적용 전산 프로그램

2) 배관 응력해석용 3차원 배관도

3) 배관 응력해석에 참고된 자료 및 도면

　　가. 공정흐름도

　　나. 공정배관·계장도

　　다. 배관 자재 사양서

　　라. 설비 배치도

　　마. 철 구조물 도면

　　바. 배관도

4) 설비의 열팽창 변위 계산 근거 및 변위량

5) 배관 설계 Specification

6) 설비의 노즐 하중 집계표 및 검토서

7) 고정점을 포함한 배관 지지물에 대한 하중, 모멘트 및 변위량 집계표

8) 전산 계산 결과물

8.13 배관 응력해석 관련 CODES

API675 : Positive Displacement Pumps Controlled Volume

API-618 : Reciprocating Compressors For General Refinery Services

NEMA SM 23 : Steam Turbine For Mechanical Drive Service

API-560 : Fired Heaters For General Refinery Services

API-610 : Centrifugal Pumps For General Refinery Service

API-611 : General-Purpose Steam Turbines For Refinery Service

API-612 : Special-Purpose Steam Turbine For Refinery Service

API-617 : Centrifugal Compressors For General Refinery Service

API-661 : Air-Cooled Heat Exchangers For General Refinery Service

API-650 : Welded Steel Tanks For Oil Storage

API-1102 : Recommended Practice For Liquid Petroleum Pipelines Crossing Railroads and Highways

ANSI A58.1 : ASCE Standard Minimum Design Loads For Buildings and Other Structures

ANSI B31.1, 3 : Power, Process Piping

8.14 배관 설계 Guided Cantilever Beam Method 적용

　배관 엔지니어는 관련된 배관 응력해석에 대한 기본 사항을 이해하고 업무를 진행하여야 합니다. 그러나 업무의 효율성을 고려하여 수행의 범위를 Line 응력해석과 간이 방법 해석으로 구분하여 진행하는 것으

로, 배관의 Route를 설계하는 엔지니어의 경우 신속한 업무 진행을 위하여 관련된 간이 방법 해석을 이해하고 Line 검토 시 적용하는 것이 바람직하다고 사료되어 간략히 이론적 개념 원리와 적용 예를 아래와 같이 제시하니 참조하여 업무에 도움이 되길 바랍니다.

1) Sample Calculation

Design Condition: C.S pipe(8"), T = 340°C, e = 4.184mm/m

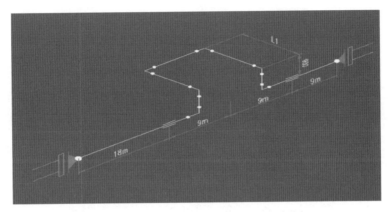

그림 8-13 Loop Configuration

Anchor 간의 열 팽창량은 일반적으로 150mm로 제한하여 간이 계산식으로 L1의 길이를 기술하시오.

$\delta = 4.184 \times (18+9) = 113mm$

$L_1 = 65\sqrt{D \times \delta} = 65\sqrt{200 \times 113} = 9,772mm(약 9.8m) = 9.8 - 0.9 = 8.9m$

2) Guided Cantilever Beam Method 이해 : $M = P \times L$, 처짐량 $= PL3/3EL$

δ : 종탄성계수(E=1.96 × 10 kg/cm²), σ : 응력(면적당)

C/S(A53 Gr. B) Min Temp.(100°F)

Basic Allowable Stress(σ) = 1,406kg/cm²(Basic allowable stress T/B)

L' : 필요 길이(mm), D : Pipe dia.(mm), δ : 열 팽창량(mm)

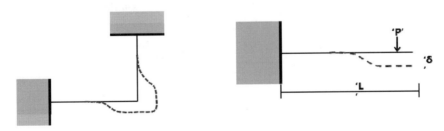

그림 8-14 Piping Configuration for Guided Cantilever Beam Method

$$\delta = \frac{P \times L^3}{12 \times E \times I} \quad \rightarrow \quad P = \frac{12 \times E \times I \times \delta}{L^3}$$

$$M = \frac{P \times L}{2} \qquad\qquad S = \frac{M \times Y}{I}$$

$$M = \frac{P \times L}{2} \qquad S = \frac{M \times Y}{I} \qquad S = \frac{(12 \cdot E \cdot I \cdot \delta/L^3 \cdot L/2) \times D/2}{I} = \frac{3 \cdot E \cdot D \cdot \delta}{L^2}$$

$$L^2 = \frac{3 \cdot E \cdot D \cdot \delta}{\sigma} \quad L = 65\sqrt{D \cdot \delta}$$

D = Pipe Size, E = Modulus of Elasticity, δ = Displacement, I = Moment of inertia, σ = Basic Allowable Stress, L = Actual Length, P = Force, L' = Required Length, Y = Extreme Fiber Distance from Pipe Center

L = 65 $\sqrt{D \times \delta}$: 단순 Pipe 적용인 경우

L = 100 $\sqrt{D \times \delta}$: Exchanger 주변 Piping 적용인 경우(Equipment Protection)

여기서 L은 m, δ = mm, D = mm 단위임

예) Corner 부분에 Anchor & Guide 위치 판정

1) Design Condition

6″ C/S T : 250°C

2) Calculation

$\triangle X = 2.89*(12+5) = 44$
$\triangle Y = 2.89*(12+8) = 58$
$L(X) = 65\sqrt{150 \times 58} = 6.06\,m$
$L(Y) = 65\sqrt{150 \times 49} = 5.5\,m$

3) Conclusion

　Guide 위치를 변경 혹은

　Computer 해석으로 검토합니다

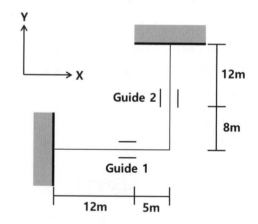

그림 8-15 Piping Configuration for Guided Cantilever
Beam Method

8.15 Information Flow for Stress Analysis & Piping Stress Engineering Software

8.15.1 Information Flow for Stress Analysis

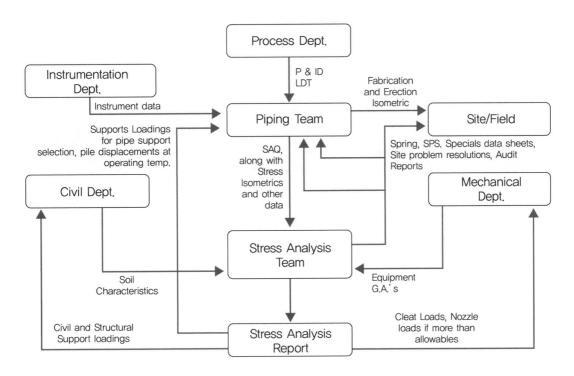

그림 8-16 Information Flow for stress Analysis

8.15.2 Piping Stress Engineering Software

배관 시스템의 해석은 안전하고 경제적인 설계를 위하여 관련 Code(ASME B31.3와 Standard(API, NEMA 등))에 부합하는지를 검토하는 것으로 이러한 결과를 도출하기 위해 아래와 같은 System Solution 을 사용하고 있습니다.

범용 Software : ANSYS, NASTRAN, SAP, MIDAS
전용 Software : CAESAR II, FEPIPE, Nozzle-Pro, Flow-master, Pipe-Net, Auto-Pipe 등

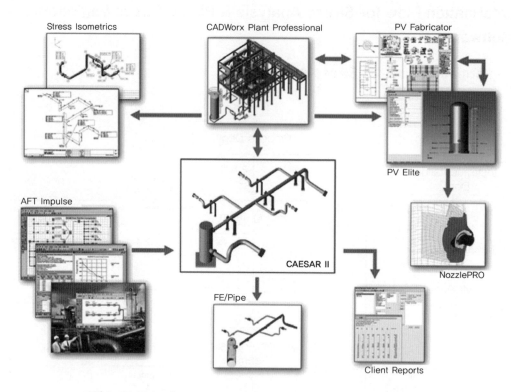

Stress Isometrics

CADWorx Plant Professional

PV Fabricator

PV Elite

AFT Impulse

CAESAR II

NozzlePRO

FE/Pipe

Client Reports

그림 8-17 Piping Stress Engineering Software : CAESAR=II Input/Output

사례 연구 : 고온, 고압 기기에 연결되는 배관 해석 진행

1. 기기 및 고온 line에 대한 응력해석 검토 필요성 파악

   1) Design Condition : 조건에 부합하지 않은 배관 Configuration

     Press. : 52 barg/Gas

     Temp : 650°C

     Pipe O.D : 16'" STD

     Material : A312 Gr.TP347H

     Insulation : 150t

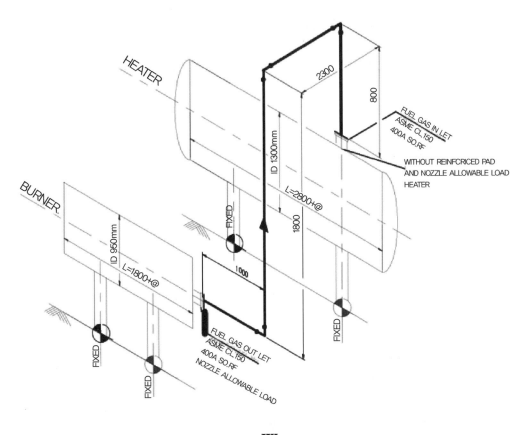

Was

   2) Equipment & Piping Configuration 예상 문제점

     가. Equipment 관련 검토 사항

       ① 기기 Saddle 설계 : Fixed, Slide에 대한 기준 정의 미흡

       ② 기기의 Nozzle Allowable Load에 대한 평가가 요구됨

       ③ 열팽창을 고려한 기기 Nozzle에 Reinforced Pad 검토가 요구됨

       ④ 기기의 Nozzle F/G Type 검토 : 적용된 Slip−On F/G 적정성

　　　　⑤ F/G Rating : #150 적정성

　　나. Piping Configuration 검토 사항

　　　　① Line에 열팽창에 의한 기기 Nozzle stress 초과 예상

　　　　② Piping Route 변경 요구가 절대적으로 판단됨

　　　　③ 기기 Nozzle 보호를 위한 배관 Configuration에 의한 Support 추가

　　다. Pipe Material 검토

2. Equipment & Piping Configuration에 대한 응력해석 결과

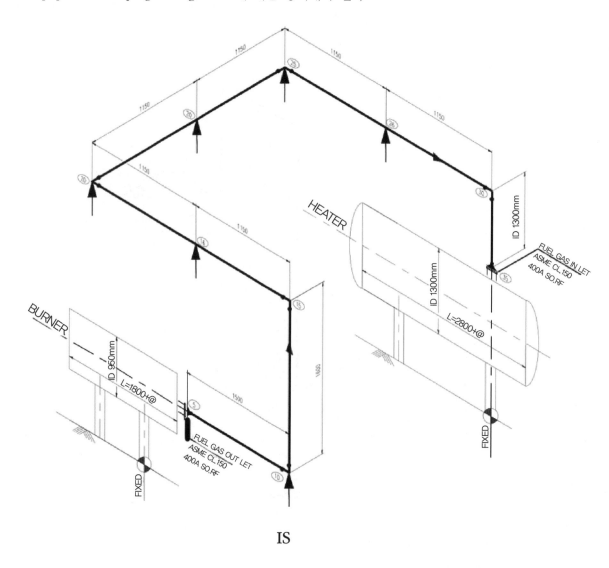

IS

1) Equipment & Piping Configuration 문제점 응력해석 결과에 의거 수정

　　가. Equipment 관련 검토 사항

　　　　① 기기 Saddle 설계 : Fixed, Slide에 대하여 한쪽 고정으로 배관계에 열응력이 최소화 지점
　　　　　을 정의(Nozzle에 가까이 Fixed를 정함)

　　　　② 기기의 Nozzle Allowable Load을 평가하여 허용 가능한 배관계를 구성 해결함

③ 열팽창을 고려한 기기 Nozzle에 Reinforced Pad 검토가 요구됨(Heater Nozzle)

④ 기기의 Nozzle F/G Type 검토 : Slip-On → 고온, 고압으로 Welding Neck으로 수정

⑤ F/G Rating : #150 → 고온, 고압으로 #1500 변경

나. Piping Configuration 검토 사항

① Line에 열팽창에 의한 기기 Nozzle stress 해결

② Piping Route를 수정하여 기기의 허용 Load를 맞춤

③ 기기 Nozzle 보호를 위한 배관 Configuration에 의한 Support 추가

다. Pipe Meterial 검토

① A312 Gr Tp347H(시장성과 용접의 어려움 고려)

→ A312 Gr Tp321H로 수정함

09

Piping Supports

9.1 General

배관 설계에서 중요하게 고려하여야 할 요소 중 하나는 해당 시스템에 대한 안전을 확보하는 것입니다. 본 Chapter에서는 이를 위해 사용되는 배관 지지물에 대하여 설명하고자 합니다.

앞 장에서 다룬 배관 응력해석의 결과물은 배관계에 작용하는 하중의 크기와 방향을 알려주며 가상의 배관 지지물의 적합성 판단의 기준이 되고 있습니다. 이를 바탕으로 설치할 배관 지지대를 예시와 함께 설명합니다. 이상적인 배관 Support 설계는 설치 비용, 응력 수준 문제, 피로 파괴, 지지 및 앵커 효과, 안정성, 쉬운 유지 관리, 병렬 확장 용량 등을 고려해야 합니다. 이와 같은 배관 Support의 자재 선정 기준, 종류, Span Table 활용 등의 기본 사항을 기술하여 이해하고 적용에 도움이 되고자 하였습니다.

9.2 Pipe Supports의 정의

'배관 시스템에 대한 지지 하중을 지지 구조물에 안전하게 전달하는 구조 시스템'

배관계는 유체의 온도 변화에 따라 팽창, 수축 등을 합니다. Pipe Support는 이러한 물리적 변형과 배관 자중에 의한 과다 응력 및 처짐을 방지하기 위해 배관계에 설치하는 지지 구조물로 응력해석을 기본으로 시스템 안정성을 유지하기 위한 목적으로 설치하는 것입니다. 그러나 불필요한 Support 구성으로 배관에 추가 스트레스가 발생하여 기기의 불가피한 손상 및 고장이 발생하기도 합니다. 따라서 파이프 Support는 배관 시스템의 안전을 위하여 무결점으로 제공해야 합니다.

9.3 Piping Support의 역할

파이프 Support는 Process Plant에 중요한 보조 역할로, 즉 안전을 유지하도록 다양한 배관의 하중을 균형 있게 분산시키고 불안정한 상황을 안전하게 하는 역할을 합니다.

그림 9-1 Pipe Support on Rack

Pipe Support는 다음을 피하도록 해야 합니다.
- Code에서 허용된 것 이상의 배관 스트레스[ASME B31.3]

- 기기의 Flange 등의 누설
- 연결된 장비에 과도한 힘과 모멘트 부하(예 : 펌프 및 터빈)
- 지지(또는 구속) 요소의 과도한 스트레스, 열팽창에 대한 과도한 간섭, 과도한 배관 처짐

9.4 Piping Support Material 선정

배관 지지물 재료는 ASME B31.3 부록에 열거된 자료 또는 동등한 규정에 제시된 자료에 따라 선택해야 하며 배관 지지물 재료는 허용 응력값을 제공하는 설계 코드로 뒷받침되지 않는 온도에서 사용해서는 안 됩니다.

파이프 면과 직접 접촉하는 지지 부재의 설계 온도는 파이프 운반 유체의 온도와 같다고 가정해야 하고 파이프와 직접 접촉하지 않고 라인 단열재 외부에 위치한 지지 부재의 설계 온도는 주변 온도 또는 파이프 운반 유체 온도의 1/3보다 높은 것으로 가정해야 합니다.

9.4.1 Support Material 적용 온도 범위

배관계에 적용되는 최대운전온도(Max. Operation Temp.)를 기준으로 Support 자재를 선정합니다. 모든 Carbon Steel, Alloy Support는 Painting되어야 하며 재질에 대한 일반적인 적용 온도 기준은 아래와 같습니다.

> Carbon steel($-29\sim427^\circ$C)
> Low Temp. Carbon steel($-45\sim427^\circ$C)
> Alloy Steel($-29\sim550^\circ$C)
> Stainless Steel($-45\sim565^\circ$C)

상기 적용 온도 기준은 일반적인 기준으로 보다 상세한 적용은 각 회사의 선택 기준에 따릅니다.

9.4.2 Reinforcing Pad 설치 기준

지지 구조물의 면과 직접 접촉하는 얇은 파이프 면의 경우 파이프에 강화 패드(Pad)로 보강하는 것이 좋습니다. 강화 패드 설치 여부의 판단 기준은 아래와 같습니다.

> $$\frac{D_e}{S} > 72$$
> De = 외경, S = 부식 여유 두께

9.4.3 기기에 대한 Reaction 검증

기기(Rotating Equipment)에 반영되는 Reaction값은 배관의 열팽창, 배관에 작용하는 외부 힘, 무게, 마찰, 바람 등과 연결된 장비에 의해 배관이 받는 움직임을 고려하여 계산해야 합니다.

1) 마찰력의 계산은 다음과 같은 마찰 계수를 기반으로 해야 합니다.

    Steel to Steel : 0.35

    Stainless Steel to PTFE : 0.1

2) 반력은 계산 기준 온도에서 탄성 모듈을 사용하여 계산해야 합니다.

3) 열원으로 인한 반응 부분의 실제 값은 열팽창 허용 배관 길이 정도에 따라 팽창, 수축의 작동 사이의 반응 범위를 줄임으로써 결정됩니다.

9.5 Function에 의한 Type of Support 분류 기준

배관계에 설치하는 지지물의 기능은 각 방향별 발생하는 하중(Force 및 Moment)을 구속하는 방법과 방향에 따라 역할과 Type이 구분되어 아래와 같이 사용됩니다.

1) Resting Support : ± Fy

2) Guide Support : ± Fx

3) Directional Support : ± Fz

    Three−way Support : ± Fx, ± Fy, ± Fz

4) Anchor Support : ± Fy, Fx, Fz / ± Mx, My, Mz

5) Special Support : Functional

    Spring Support

    Snubber

    Sway Brace

    Hold−Down (Vibration) etc.

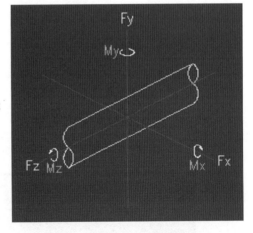

그림 9−2 Force & Moment Direction

Notes :

배관계 절점을 기준으로 하여 ±Y(수직) 방향의 하중

배관계 절점을 기준으로 하여 ±X(수평) 방향의 하중

배관계 절점을 기준으로 하여 ±Z(축) 방향의 하중

배관계 절점을 기준으로 하여 ±Mx, My, Mz(회전) 방향의 하중

절점의 방향 기준은 일반적으로 플레밍의 오른손 법칙의 방향 기준에 따라 적용됩니다.

9.6 Type of Support

9.6.1 Resting Type : Y-Direction(1 DOF Restraint) * DOF : Degree of Freedom

배관계 절점을 기준으로 하여 ±Y(수직) 방향의 하중을 지지하는 기능을 수행하는 Support로 가장 많이 사용되는 Type의 Support입니다.

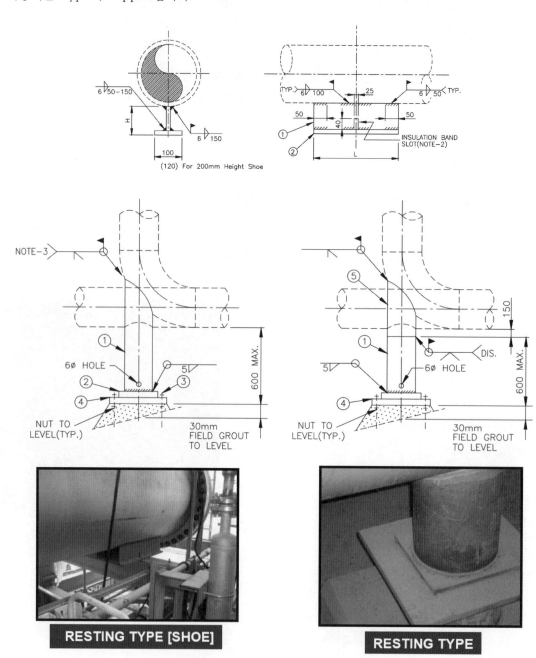

그림 9-3 Resting Type Support : Shoe, Stanchion Support

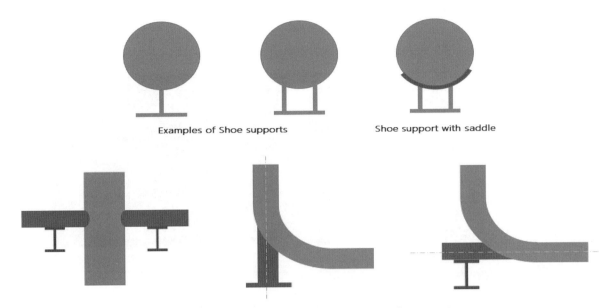

Examples of Shoe supports   Shoe support with saddle

그림 9-4 Example of Dummy or Trunnion Type pipe supports

HANGER : 파이프 행거는 일반적으로 파이프를 상부에서 지지하는 구조물로 하중이 전달되는 설계 요
소입니다. 본 제품은 현장의 제작보다 규격화된 제품으로 지지물 제작사를 통해 구매 설치
하며 Rod의 Length 조정이 가능합니다.

RIGID HANGER

그림 9-5 Rigid Hanger support

9.6.2 Guide Type : X or Z-Direction(2 DOF Restraint)

배관계 절점을 기준으로 하여 ±X(수평) 방향의 하중을 지지하는 기능을 수행하는 Support로, 배관계
의 횡방향의 하중을 제어하는 데 사용되는 Type의 Support입니다. 주로 파이프 랙에서 적절한 줄 간격을
유지하는 데 사용되며 측면 이동을 방지합니다.

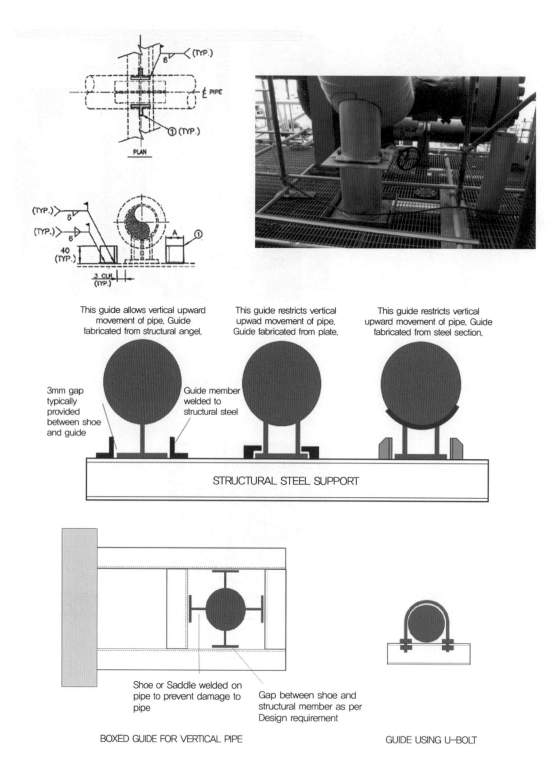

This guide allows vertical upward movement of pipe. Guide fabricated from structural angel.

This guide restricts vertical upwad movement of pipe. Guide fabricated from plate.

This guide restricts vertical upward movement of pipe. Guide fabricated from steel section.

3mm gap typically provided between shoe and guide

Guide member welded to structural steel

STRUCTURAL STEEL SUPPORT

Shoe or Saddle welded on pipe to prevent damage to pipe

Gap between shoe and structural member as per Design requirement

BOXED GUIDE FOR VERTICAL PIPE

GUIDE USING U-BOLT

그림 9-6 Guide Support

9.6.3 Directional Stop Type : X or Z(2, 3 Restraint)

배관계 절점을 기준으로 하여 ±X, Z(축) 방향의 하중을 지지하는 기능을 수행하는 Support로 배관계의 축선 방향의 하중을 제어하는 데 사용되는 Type의 Support입니다.

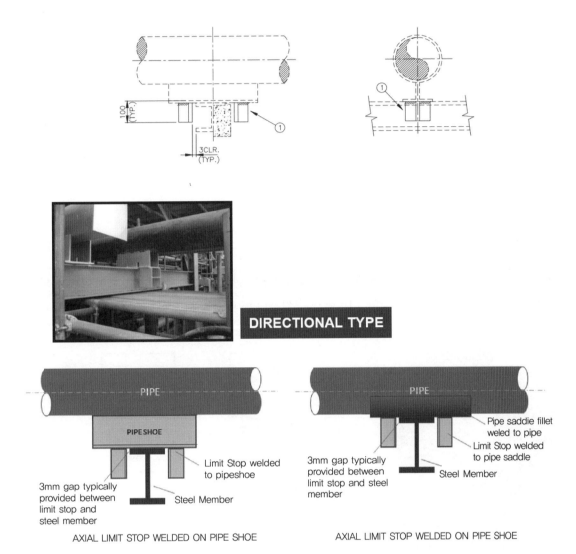

그림 9-7 Directional Stopper

9.6.4 Anchor Type : 6 Direction Constraint(6 DOF Restraint)

배관계 절점을 기준으로 하여 ±Y, X, Z/±Mx, My, Mz(축선, 수직, 수평) 방향의 하중을 지지하는 기능을 수행하는 Support로 배관계의 전 방향의 하중 및 회전을 제어하는 데 사용되는 Type의 Support입니다.

파이프 앵커 지지대는 무게, 측면 및 추력 하중을 견디면서 3방향 모두에서 파이프 이동을 완전히 제한하는 견고한 장치입니다. 이는 적용 지점에서 본질적으로 모든 파이프 회전 및 변위를 방지하도록 설계되었습니다.

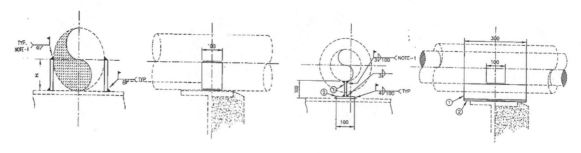

그림 9-8 Anchor Support

9.6.5 Special Type

1) Cold Support Type

배관과 관련 지지대 표면으로 열이 전달되는 것이 바람직하지 않은 극저온(Cryogenic) 응용 분야에 사용되는 파이프 지지대입니다. 이 지지대는 섭씨 −148°C까지의 온도에 사용할 수 있습니다.

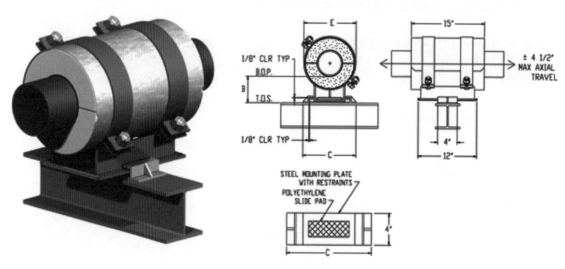

그림 9-9 Guide Type Cold Support

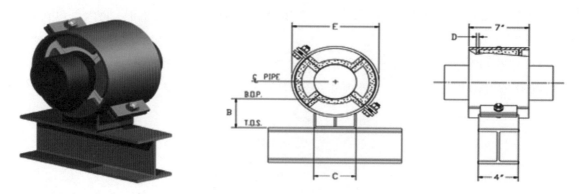

그림 9-10 Anchor Type Cold Support

2) Hold down Support

홀드 다운 파이프 클램프는 1) 파이프를 제자리에 고정하거나 2) 파이프의 축 방향 이동을 허용하려는 응용 분야에 사용됩니다. PTFE, 25% 유리 충전 또는 흑연과 같은 슬라이드 플레이트를 부착하여 파이프와 클램프 사이의 마찰을 줄일 수 있습니다. 본 Support는 Reciprocating Compressor 등 진동이 발생되는 곳에 진동수의 조정 및 감쇄의 효과를 위하여 사용됩니다.

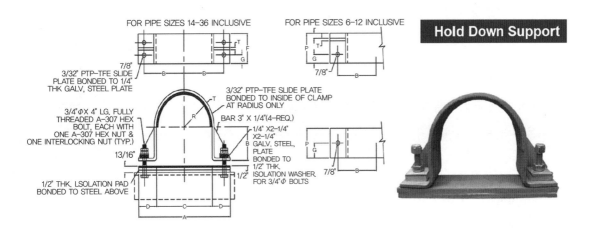

그림 9-11 Hold Down Support

정상적인 작동 조건에서 파이프 처짐을 허용하는 장치이지만 지진, 수격 현상기 등과 같은 충격(Impulse Load) 하중을 받으면 활성화되고 원치 않는 결과로 파이프 움직임을 제한하는 견고한 구속 장치 역할을 하며 생성되는 동적 에너지는 한 번에 흡수되어 무해하게 전달될 수 있습니다.

9.7 열팽창, 지진에 사용되는 Special Type Support

열팽창의 영향을 받는 배관 및 관련 부품을 지원하는 데 사용되며 일반적으로 Rigid Support의 경우 상하변위를 허용하지 않기 때문에 열팽창 시 연결되는 기기의 Nozzle에 악영향을 미쳐 허용 응력을 초과합니다. 그러나 Spring Support는 기기의 파손을 방지하는 역할을 하는 기능이 있는 것으로, 즉 배관의 자중에 대한 하중을 지탱함과 동시에 수직 방향의 열팽창 변위를 허용하는 배관 지지물입니다.

그림 9-12 Spring Support

- Variable Spring Supports : 하중 변동률 25% 범위 내 사용
- Constant Spring Supports : 하중 변동률/스프링 상수가 0을 기준하며 지지점의 상하 수직변위에 상관없이 항상 일정한 하중으로 배관을 지지하는 Spring Support

9.7.1 Variable Spring

열변형에 의한 수직 방향 변위가 적은 개소에 사용합니다.
(수직변위가 2~50mm 사이, 하중 변동률이 25% 이하)

* 하중 변동률

배관이 열팽창에 의해 관 축과 수평 방향의 변위가 지지력의 변화를 가져오고 이것을 하중 변동이라 하며 아래 식으로 표현합니다.

$$V = Wh - Wc / Wh \ (\%)$$

V = 하중 변동률

Wh = 운전 시 하중

Wc = 정지 시 하중

그림 9-13 Variable Spring

Ex) Spring 상수 K=10kg/mm일 경우 Spring의 늘어남(∂)이 10mm라 하고 냉각 시 하중은 400kg이라 하면 열간 시 하중은 일반적으로 하중 변동률은 20~25%이며 배관의 지지 하중의 계산은 열간 시 하중(Wh)과 균형이 되도록 합니다.

$$Wh = Wc + ∂ \times K$$
$$= 400 + 10 \times 10 = 500kg$$
$$\therefore V = 500 - 400 / 500 \times 100\% = 20\%$$

9.7.2 Constant Spring

지정된 Travel(배관 변위) 범위 내에서 지정된 일정 하중(Constant Load)으로 배관계의 상하 이동을 지지하며 열팽창에 의한 배관계의 변위가 큰 장소 및 변위에 의한 변동 하중을 조금이라도 적게 하고 싶은 장소에 사용합니다.

그림 9-14 Constant Spring

- Constant Support의 특징
  (1) Spring Case의 내부 검사가 가능하도록 Slit Hole이 만들어져 있습니다.
  (2) 전체 회전부에 무급유 Dry Bearing을 사용합니다.
  (3) 배관의 수평 방향 이동에 대하여 하중 Slit Bolt가 수직에서 4° 정도 Swing이 가능합니다.

(4) 지지 하중이 지정 하중에 Setting되어 있으나 수압 시험 등 필요 시 임의의 위치에 재Set할 수 있는 Lock 장치가 있습니다.

(5) 지지 하중의 변경은 ±10% 이내에서만 가능합니다.

(6) 연직 방향 이동량이 51mm 이상에 사용하며 하중 변동률이 이론상으로는 0이나 실제 6% 범위 이내 가능합니다.

9.7.3 Snubber Support

충격 방지 장치라고도 하는 스너버는 지진 장애, 터빈 트립, 릴리프 밸브 배출 및 수격 현상과 같은 비정상적인 동적 조건에서 파이프 및 장비의 움직임을 제어하는 데 사용되는 억제 장치입니다. 정상적인 작동 조건에서 파이프 변위를 허용하는 장치이지만 지진, 수격 현상기 등과 같은 충격(Impulse Load) 하중을 받으면 활성화되어 원치 않는 결과로 파이프 움직임을 제한하는 견고한 구속 장치 역할을 하며 생성되는 동적 에너지는 한 번에 흡수되어 무해하게 전달될 수 있고 쇼크 업소버의 특수 기능을 통해 정상 작동 중 열 변위가 방해받지 않습니다.

Types of Snubbers

- Hydraulic Snubbers
- Mechanical Snubbers

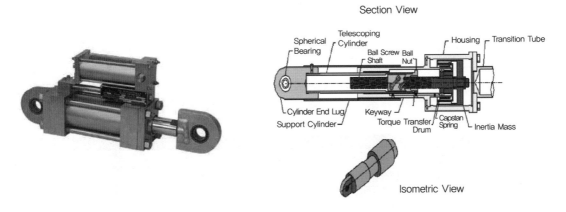

그림 9-15 Hydraulic Snubber & Mechanical Snubber

9.8 Pipe Supports Code & Standards

- ASME 31.1 및 31.3, 즉 전력 배관 및 공정 배관
- MSS SP-58 파이프 행거 및 지지대-재료, 설계 및 제조
- MSS SP-69 ANSI / MSS Edition 파이프 행거 및 지지대-선택 및 적용
- 파이프 지원 계약 관계에 대한 MSS SP-77 지침
- MSS SP-89 파이프 행거 및 지지대-제작 및 설치 사례

- 파이프 행거 및 지지대의 용어에 대한 MSS SP-90 지침

9.9 Piping Support Span의 이해

9.9.1 Piping Support Span

Piping Support Span이란 파이프 크기와 파이프 지지대 사이의 최대 허용 범위와 관련이 있으며 스팬은 지지대가 지녀야 하는 무게의 함수입니다. 파이프 크기가 증가하면 파이프 무게도 증가하고 파이프가 운반할 수 있는 유체의 양도 증가하여 파이프 단위 길이당 중량이 증가합니다. 배관 지지대의 위치는 배관 크기, 배관 구성, 밸브 및 부속품의 위치, 지지에 사용할 수 있는 구조의 네 가지 요인에 따라 달라지며 개별 배관 재료에는 지지대의 스팬 및 배치에 대한 독립적인 고려 사항이 있습니다.

- CODE에서 언급된 Span : 400°C(750°F)의 최대 작동 온도에서 표준 및 파이프의 수평 직선 실행을 위해 파이프 지지대 사이의 권장 최대 간격을 말한다.
- 스팬 계산이 이루어지거나 플랜지, 밸브, 특수 제품 등과 같이 지지대 사이에 집중 하중이 있는 경우에는 적용되지 않습니다.
- 간격은 굽힘 응력이 2,300psi(15.86MPa)를 초과하지 않는 고정 빔 지지대와 물로 채워진 절연 파이프 또는 증기, 가스 또는 공기 공급용 강관과 동등한 무게 및 라인 사이즈를 기준으로 합니다. 지지대 사이에 12.7mm(1/2")의 처짐이 허용됩니다.

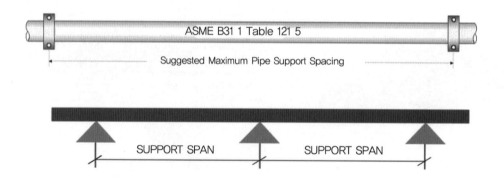

그림 9-16 Pipe Support Span

최대 허용 간격은 파이프의 크기, 파이프 시스템에 의해 전달되는 유체, 유체의 온도 및 영역의 주변 온도의 함수이며 지지대 사이의 스팬은 파이프라인이 부하로 인해 편향될 수 있는 최대 양을 기반으로 합니다. 일부 배관 시스템 제조업체 및 각 엔지니어링사마다 권장 범위를 표 또는 차트로 표시하는 정보가 있습니다. 이러한 데이터는 일반적으로 경험적이며 현장 경험을 기반으로 합니다.

- Allowable Pipe Support Span을 결정하는 3가지 조건
  (1) 배관의 Bending Stress가 허용 응력 이내에 들어와야 합니다.

(2) Static Deflection이 최대 12.7mm 이내에 오도록 해야 합니다.

(3) 배관의 Mechanical Natural Frequency가 4Hz 이상이어야 합니다.

9.9.2 Allowable Pipe Span Calculation

1) Pipe Span Deflection Limits

API의 기준을 검토 시 배관 Pipe의 Support와 Support 사이의 처짐은 일반적으로 1inch(25.4mm) 또는 Small Size Pipe(2inch 이하)인 경우 Nominal Diameter의 0.5배로 제한하는 것을 기본으로 합니다. 경우에 따라 Process AREA는 허용 처짐을 12.7mm or 10mm로 제한하기도 하여 각 사마다 기준이 다릅니다.(API : American Petroleum Institute)

2) 배관의 Allowable Support Span(허용 응력 기준)

배관의 무게를 일정하게 지지하기 위한 Pipe Support의 Span은 아래 그림 및 계산식에 따라 결정 하여 Pipe Span 'L' 길이를 제한합니다.

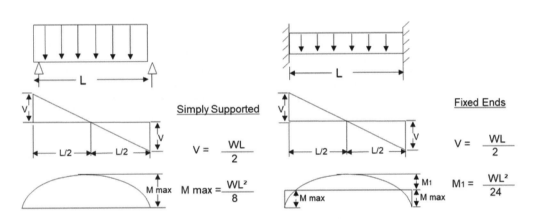

3) Span Calculation Formula

가. Span 중앙에 걸리는 힘의 Moment는 아래와 같습니다.

$$M(Moment) = \frac{1}{2}\left[\frac{WL^2}{8} + \frac{WL^2}{24}\right]$$

나. 여기에 현장과 이론적으로 불일치되는 것을 가정하고 안전율 1.25배를 곱합니다.

$$M = \frac{WL^2}{12} \times \frac{5}{4} = \frac{5\,WL^2}{48}$$

다. 상기 공식은 feet Unit로 구성되어 있으므로 아래와 같이 inch Unit로 변환합니다.

$$M = \frac{5\,WL^2}{48} = \frac{60\,WL^2}{48} = \frac{5\,WL^2}{4}$$

라. M값을 아래 계산식에 대비하여 Minimum Span 'L'값을 구합니다.

$$S_B = \frac{M}{Z} \frac{5WL^2}{4Z} fs$$

$$L \le \sqrt{\frac{4Zfs}{5W}} \text{ or } L \le \sqrt{\frac{4Zfs}{5W}}$$

SB = Stress of Bending   M = Moment

Z = Section modules of pipe   fs = Stress reduction factor

L = Minimum support span

마. 위와 같이 Minimum Distance 'L'값을 구하는 데는 상당히 복잡한 계산이 요구되어 일반적으로 많은 엔지니어링사는 다음과 같이 계산된 표를 참고하여 배관 설계 시 활용하고 있습니다.

4) Allowable Pipe Span T/B(사례 자료)

Size	SCH	100℃ Lower - Uninsulation							
		Bare pipe				Pipe + Water Filled			
		Recommand		MAX		Recommand		MAX	
		SPAN(m)	DEFL(mm)	SPAN(m)	DEFL(mm)	SPAN(m)	DEFL(mm)	SPAN(m)	DEFL(mm)
12"	80	14.2	12	23.6	90	12.9	12	19.3	60
	40	14.4	12	24	93	12.2	12	17.4	50
14"	40	15.1	12	25.2	93	12.8	12	18.1	49
	20	15.2	12	25.4	95	12.2	12	16.6	41
16"	40	16.1	12	26.9	93	13.7	12	19.4	49
	20	16.2	12	27.2	95	12.8	12	17	37
18"	40	17.1	12	28.6	93	14.5	12	20.6	48
	20	17.2	12	28.9	96	13.3	12	17.5	35
20"	40	18.1	12	30.1	94	15.2	12	21.4	47
	20	18.1	12	30.4	96	14.2	12	18.9	37
24"	40	19.8	12	33.1	94	16.6	12	14.2	46
	20	19.8	12	33.4	96	15.1	12	19.5	33

Note

1.Material

　1) Pipe　　　　　　: A53 Gr.B

　2) Insulation　　　: None

2. Design Condition

　1) Temp　　　　　: 100℃(212°F)

　2) Insulation Thck : None

9.10 Typical Small Bore(1 1/2" & Lower) Installations

TYPICAL SUPPORT ARRANGEMENT FOR PIPING 1 1/2" & LOWER

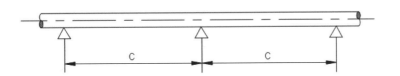

MAX. ALLOWABLE HORIZONTAL SPAN
(PIPING GUIDED AT EACH SUPPORT)
FOR DIAM. 1/2" & 3/4" C=5mt
FOR DIAM. 1" & 1 1/2" C=6mt

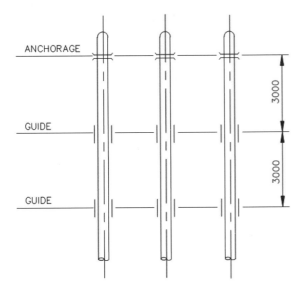

ANCHORAGE

GUIDE

GUIDE

3000

3000

MAX. SPAN BETWEEN TWO
CONSECUTIVE VERTICAL GUIDES

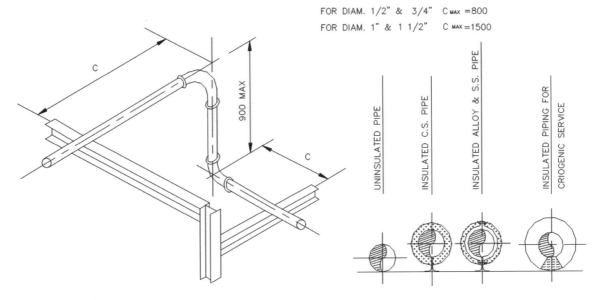

FOR DIAM. 1/2" & 3/4" C MAX =800
FOR DIAM. 1" & 1 1/2"   C MAX =1500

C

900 MAX

C

UNINSULATED PIPE

INSULATED C.S. PIPE

INSULATED ALLOY & S.S. PIPE

INSULATED PIPING FOR CRIOGENIC SERVICE

TYPICAL SUPPORT ARRANGEMENT FOR PIPING 1 1/2" & LOWER

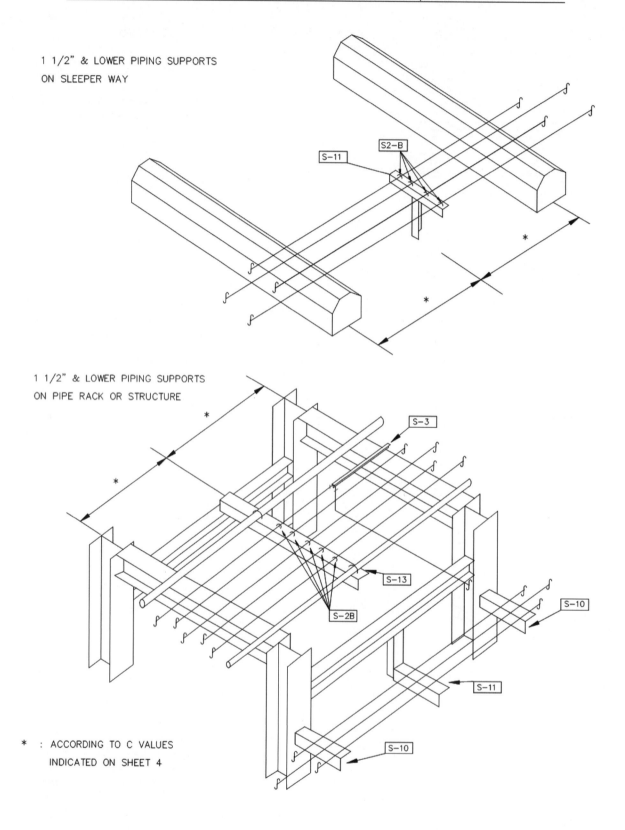

1 1/2" & LOWER PIPING SUPPORTS
ON SLEEPER WAY

S-11

S2-B

1 1/2" & LOWER PIPING SUPPORTS
ON PIPE RACK OR STRUCTURE

S-3

S-13

S-2B

S-10

S-11

S-10

*   : ACCORDING TO C VALUES
       INDICATED ON SHEET 4

TYPICAL SUPPORT ARRANGEMENT FOR PIPING 1 1/2" & LOWER

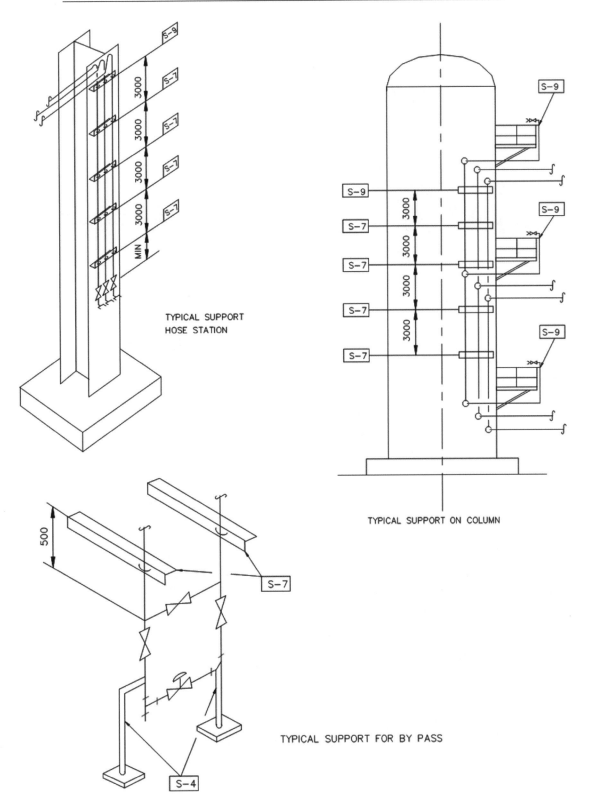

TYPICAL SUPPORT HOSE STATION

TYPICAL SUPPORT ON COLUMN

TYPICAL SUPPORT FOR BY PASS

TYPICAL SUPPORT ARRANGEMENT FOR PIPING 1 1/2" & LOWER

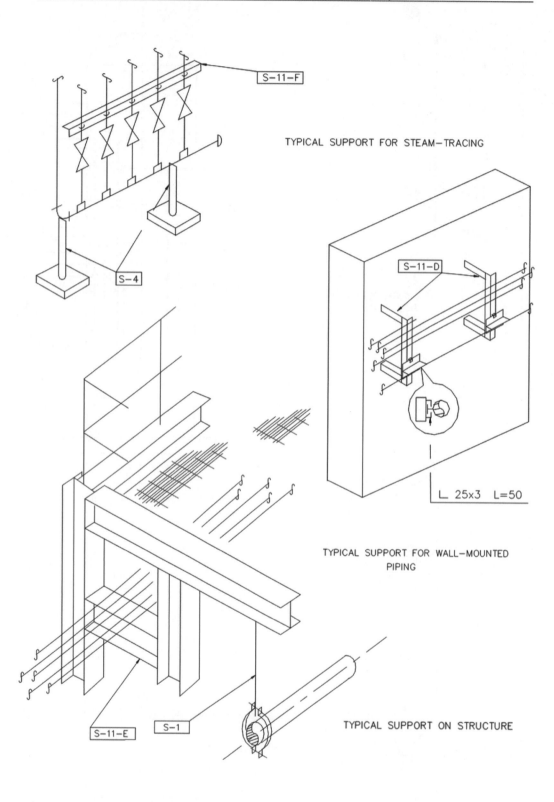

S-11-F

TYPICAL SUPPORT FOR STEAM-TRACING

S-4

S-11-D

L 25x3   L=50

TYPICAL SUPPORT FOR WALL-MOUNTED
PIPING

S-11-E   S-1

TYPICAL SUPPORT ON STRUCTURE

10

Ethylene Piping System Studies

10.1 General

본 Chapter는 Process Plant의 Up-Stream의 중요 설비인 대형 Ethylene Project(100MTPY 이상) 수행을 기반으로 Ethylene Process의 이해와 Area & System별 배관 설계에 특별하게 요구되는 설계 적용 사례 연구와 대형 Size 배관 설계(120" 등) 및 대형 Project에 나타나는 특별한 기술 사항과 개선 사항을 정리하였습니다. 본 내용이 다양한 Ethylene Process Project 수행 및 기타 다른 Plant 배관 설계 적용에 작은 도움이 되기를 바랍니다.

10.1.1 Ethylene Plant 일반 사항

에틸렌은 석유화학산업에서 여러 가지 방법으로 생산됩니다. 주요 방법은 탄화수소와 증기를 750~950°C로 가열하는 증기 분해(Steam Cracking)입니다. 이 과정은 큰 탄화수소를 더 작은 탄화수소로 변환하고 불포화를 유발합니다.

Ethylene Formula : C_2H_4

1) 에틸렌 이해

원료 : 탄화수소, Ethane(C_2H_6), Prophane(C_3H_8), 나프타(Naphtha C_6H_{12}, C_6H_6 Aromatic계)

특징 : 녹는점($-169°C$), 끓는점($-103°C$), 무색 방향성 기체

가연성 기체(공기＋혼합물)로 인화하면 폭발하며 붉은 불꽃을 나타냅니다.

2중 결합하여 반응성이 높고 첨가 반응을 합니다.

용도 : 에틸알코올(산성에서 물 첨가하면 됨), 마취제, 합성수지 원료

제조 : 원료를 열분해하여 Ethylene(C_2H_4), Propylene(C_3H_6), Dry Gasoline, Tail Gas, Ethane을 생산합니다.

즉, 나프타(Naphtha)/에탄(Ethane)을 스팀과 함께 800°C 이상의 고온에서 경질 탄화수소를 화합물로 열분해 반응시킨 후 냉각, 압축, 정제 공정을 거쳐 수소, 에틸렌, 프로필렌, 프로판, C4 유분, 열분해 가솔린(PG) 등을 생산합니다.

2) 에틸렌 생산 주요 공정

• 열분해 공정

나프타(Naphtha)/에탄(Ethane)을 스팀과 함께 800°C 이상의 고온 분해로에서 탄화수소가 적은 탄화수소 화합물로 열분해 반응시키는 공정으로 고온의 분해 가스의 열로 초고압 증기를 생산하고 급냉 공정으로 보냅니다.

• 급냉 공정

분해로에서 나온 고온의 분해 가스를 Quench Oil로 1차 냉각하여 중질 연료유(Pyrolysis Fuel

Oil, PFO, Pyrolysis Gas Oil, PGO)를 분리해내고 Quench Water로 2차 냉각시키는 공정으로 냉각된 물질은 압축 공정으로 보내집니다.

- 압축 공정

  냉각된 분해 가스를 경제적으로 분리, 정제하기 위해서 압축기를 이용하여 약 38kg/cm²까지 승압시키는 공정입니다.

- 정제 공정

  고압으로 압축된 가스를 초저온(−165℃)으로 냉각시킨 후 비점의 차이에 의해 단계별로 각 성분을 분리해내는 공정으로 수소, 에틸렌, 프로필렌, 프로판, C4 유분 및 열분해 가솔린(Pyrolysis Gasoline, PG) 등이 생산됩니다.

10.2 Conceptual Ethylene Process

10.2.1 Conceptual Ethylene Plant

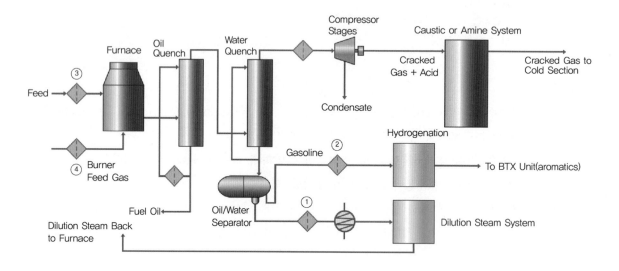

그림 10-1 Process Flow Diagram

① Removal of Pygas from Quench Water to Make Dilution Steam
② Removal of Water from Pygas Before Hydrogenation
③ Removal of Solids/Aqueous Liquids from Gas or Liquid Feeds to Furnaces
④ Protection of Furnace Burner Tips

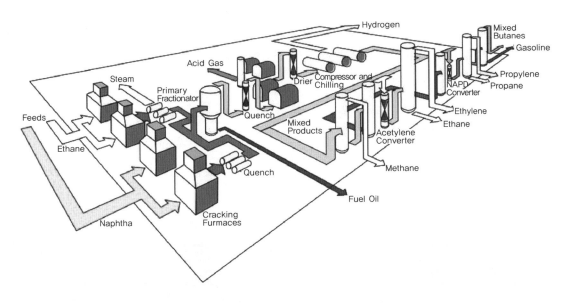

그림 10-2 Schematic Overview of Ethylene Plant

Ethylene Plant(Naphtha Cracking Center, NCC)의 경우 나프타를 원료로 하는 Ethylene의 경우에는 원유를 증류할 때 35~200°C 끓는점 범위에서 생성되는 탄화수소 혼합체로 중질 가솔린이라고도 합니다. 끓는점이 100°C 이하인 것을 '경질 나프타(Light Naphtha)'라고 하는데, 주로 용제 및 석유화학 원료로 사용됩니다.

끓는점이 100°C 이상인 '중질 나프타(Heavy Naphtha)'는 휘발유 제조나 B.T.X(벤젠, 톨루엔, 혼합자일렌) 생산에 사용됩니다.

정제 과정을 통해 나온 나프타를 고온에서 분해하여 석유화학 기초 원료인 에틸렌(Ethylene), 프로필렌(Propylene), 부타디엔(Butadien) 등 기초 유분을 생산하는 시설로 분해, 급냉, 압축, 분리정제 공정을 거치면 우리가 알고 있는 PE(Polyethylene), PP(Polypropylene), ABS(Acrylonitrile Butadiene Styrene) 등의 플라스틱 원료로 분리됩니다. 이들은 장난감, 매일 입는 의복과 생활용품 등으로 우리의 일상을 만들고 있습니다.

Ethylene Plant(Ethane Cracking Center, ECC)는 나프타(Naphtha)를 원료로 사용하는 것과 비교하여 저렴한 천연가스와 셰일가스를 원료로 하여 에틸렌을 생산하는 것으로 원가 경쟁력에서 우위를 확보하고 있어 최근 많은 에틸렌 공장에 적용되고 있습니다.

세계적으로 연 140million tons/year 정도가 소요되며, 매년 수요가 4~5%씩 증가하는 프로세스입니다.

10.3 Dual Ethylene Process Plant

Naphtha or Gas(Ethane, Propane 등) Feed의 공급 조건에 따라서 시스템을 변환 사용하여 Cracking Process와 정제 과정을 통해 나온 석유화학 기초 원료인 에틸렌(Ethylene), 프로필렌(Propylene), 부타디엔(Butadien)등 기초 유분을 생산하는 시설을 Dual Ethylene Plant(Optional Feeds)라 합니다.

10.3.1 General Information

Dual Ethylene Project

Capacity : Ethylene 1,000KTPA/Propylene 300KTPA

Feed : Gas(Ethane)/Naphtha

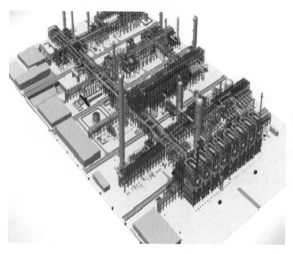　　　

그림 10-3 Ethylene Overview　　　　　　　　그림 10-4 Heater and Quench Area

Dual Ethylene Plant는 Crude Oil(Naphtha)의 경우 Heater에서 Cracking하여 Oil Fractionator를 거쳐 Quenching Tower로 진행하고, Gas(Ethane, Propane 등)의 경우 Heater에서 Cracking하여 Quenching Tower를 거쳐 진행하는 방법으로 두 가지 Feed를 사용하여 Cracking하여 관련 산출물을 얻습니다.

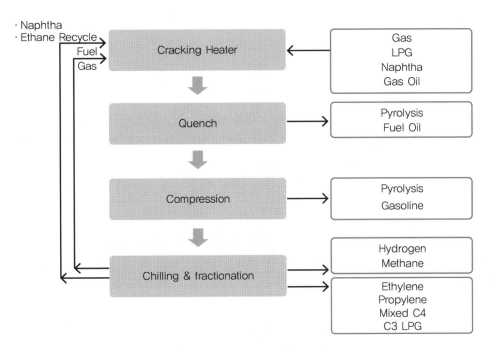

그림 10-5 Ethylene Flow Schematic

10.3.2 Ethylene Major Equipment Location & Piping System Design

Equipment Location & Piping System Design 진행을 위하여 우선 Ethylene Flow Schematic을 이해하고 Ethylene Plant의 전체 Process와 Flow에 따라 각 열분해 공정, 급냉 공정, 압축 공정, 정제 공정 등의 Area별 시스템을 구별하여 배치하는 작업을 구상합니다. 즉, 상기 Conceptual Process을 이해하고 순차적으로 중요 대형 기기의 위치 선정 및 Area 결정을 진행하기 위한 특징과 대형 Lines 주의 사항을 이해하고 사전에 머릿속에 배열을 정리하는 것이 필요합니다.

Ethylene Plant는 Petrochemical 분야의 대표적 Process Plant로 관련 기기의 구성과 Piping Line별 Design Condition 범위와 폭(Range)이 매우 다양합니다.

> 대표적인 기기 종류 : Furnace, 대형 Tower & Compressor, Cold Exchanger, PKG etc.
> 대표적인 Piping Lines Design Condition :
>> Ethylene Flow Phase(Solid, Liquid, Gaseous) : −169~920°C/0.012~50.42barg
>> Furnace Condition : 600~885°C, TLE 350~450°C
>> Steam Condition : 450°C/110barg, BFW 45°C/135barg

다양한 기기의 종류와 Design Condition의 범위와 폭(Range), 대형 배관 구성 등이 Piping Engineer가 경험을 통해 기술을 축적하는 데 가장 좋은 Process Plant Project라고 사료됩니다. 따라서 각 Area의 특성과 요구되는 설계 조건 등을 바탕으로 시스템별로 순차적으로 배관 설계 관련 사항을 기준으로 하여 설명하고자 합니다.

일반적으로 Project Plant 설계 진행을 보면 다음과 같은 단계별 과정을 거쳐 진행됩니다. 먼저

Conceptual design→Preliminary(study)→Detailed Design의 3단계로 나누어 진행합니다.

그중 초기 Conceptual Design→Preliminary(Study) 2단계 기간이 가장 중요한 최적의 플랜트 결정 시기입니다.

Ethylene Process Piping Design 초기 단계에서 가장 중요한 사항은 기기 배치 및 고온 Process의 대형 배관의 Configuration Design입니다. 그중에서 대형 배관이 집중되어 있는 열분해 공정과 냉각 공정의 Heater, Fractionator & Quench 기기 배치 및 관련 기기 연결 배관이 초기 설계 작업에 가장 많은 비중을 차지하며 또한 전체 Ethylene Plant Plot Plan(Equipment Location Plan) 작업의 대부분을 차지합니다.

즉, 기기 연결을 통한 대형 배관 구성 및 지지물 배치, 대형 배관 응력해석 작업과 기기 허용 응력 확인, 제작 설치의 최적화 검토 등을 매우 중요하게 고려, 진행해야 합니다.

이에 초기 설계 진행에 가장 중요하다고 생각되는 대형 배관의 Configuration 작업을 Area별로 대표적인 것을 선정, 설명하려 합니다. 이를 통해 대형 Equipment Location 및 Piping System Design 관련 Project에 도움이 되고자 합니다.

10.3.3 Equipment Location & Piping Engineering & Design 중요 고려 사항

1) Safety : Wind Direction 검토, 대형 배관 초기 Stress Analysis 검토
2) Maintainability & Operability
   Instrument Items
   Platform 설치 & v/v 위치
3) Process Requirement
   Free Drain
   Two Phase Flow
   Shortest Length to Tower
   Temperature → Loop 설치 검토
   Fitting Dimension
4) Piping Routing/Support
   Special Tee(SIF)
   Tower Nozzle(F/G vs Welding Joint)
   Large Bore Pipe/Fitting(Code/Standard)
   Special Clip and Bracket Length
5) Compressor Piping
   Nozzle Allowable Load
   Support Design/(Spring Support)
   Maintenance for Gasket/Strainer
   Vibration
   Elevation 결정
   Gasket Installation Method

Procurement

6) Procurement

Code 적용 범위

진원 관리 방법/O.D Thickness Tolerance

Vendor Fabrication/Fitting Welding

7) Constructability

Safety & Schedule

Pre-Fabrication

Pipe Tolerance/진원 관리

Pre-Fabrication by Vendor

Fabrication/Installation

Installation & Test

Scaffolding Work for Welding

Hydro-Test/Elevation(System Air Test)

Ethylene Large Bore Piping Header Studies를 위해서는 상기 내용에 대한 철저한 근원적 이해와 경험을 바탕으로 다음 세 가지 분야(Design, Procurement, Constructability)의 Special Consideration를 중점 고려 사항으로 재정립하여 각 Area의 대형 배관의 Configuration Design을 진행할 필요가 있습니다.

Design 고려 사항 : Safety, Maintainability & Operability, Process Requirement,
Piping Routing/Support
Procurement 고려 사항 : Pipe/Fitting Code & Standard, Cost
Constructability 고려 사항 : Pre-Fabrication, Installation & Test

10.4 Ethylene Large Bore Piping Header Studies

10.4.1 열분해 공정(Cracking Heater) Piping System Design& Configuration

Cracking Process는 Feed(Naphtha, Ethane)를 스팀과 함께 Furnace에서 800℃ 이상의 고온에서 적은 탄화수소 화합물로 열분해 반응시키는 공정으로 고온의 분해 가스의 열로 초고압 증기를 생산하고 분해 가스는 급냉 공정으로 보내집니다.

열분해 공정의 Piping Design 진행을 위하여 Area 내의 Process의 특징을 기본적으로 이해하고 아래 Utility & Process Lines의 대구경(128" 등)을 집중 검토합니다.

Transfer Line : Decoke, Effluent Lines

Steam Line(B31.1/B31.3 구별), Radiant/Convection Area 연결 배관, Burner Piping

Refractory 관련 : Nozzle Load Evaluation/Stress Work

Safety : Distance to Equipment(15m), Stair/Elevator

10.4.1.1 Furnace Schematic 이해

분해로(Cracking Heater)는 전체 공장의 제품 생산량을 정의하며 에틸렌 공장 내에서 가장 중요한 장비입니다. 분해로에서 에탄, 액화석유가스(LPG), 나프타, 대기 가스오일(AGO) 및 수소화 분해 잔류물과 같은 원료가 에틸렌과 부산물로 전환됩니다.

Furnace Condition : 600~885°C(Radiant, Convection Section, Steam Drum)

TLE(Transfer Line Exchanger) : 350~450°C

Ethylene Plant는 여러 License별로 Furnace(그림 10−6) 구성에 특성이 있어서 해당 License에 적용되는 Furnace의 이해가 매우 중요하므로 사전에 Vendor의 자료를 접수하여 검토하여야 합니다.

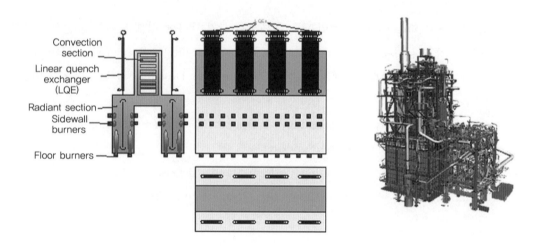

그림 10−6 Furnace Configuration

10.4.1.2 열분해 공정 대형 배관 Configuration 구상

열분해 공정의 Feed Flow Schematic(그림 10−7) 이해와 관련하여 Feed 종류에 따라 Ethylene Process가 시작되는 Heater Area(Furnace)에 집중되어 있는 대형 배관(Cracked Pipe Lines)의 배열을 구상하고 준비하기 위하여 해당 Project의 PFD, P & ID를 Studies하여 연결 시스템의 Configuration과 주요 Valve의 위치를 파악하고 관련 Elevation 등을 이해하여 Configuration을 구상합니다. Furnace의 구조에 따라 Feed In/Out 배관의 Elevation은 대부분 High Level에 있습니다. 따라서 대형 배관에 설치되는 Valve(TLV/DV) 등의 위치를 Maintenance, Operability를 고려하여 결정하는 것이 매우 중요합니다.

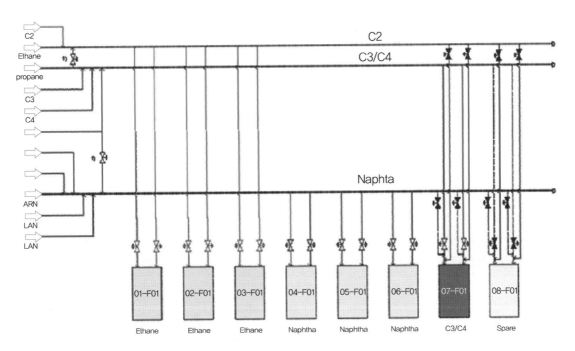

그림 10-7 Furnace Header Piping Configuration(PFD)

10.4.1.3 Furnace Area 내 Decoke line 이해

일반적으로 공급되는 Feed가 순수 에탄가스가 아니거나 액체 나프타가 아니기 때문에 크래킹 반응은 다른 크래킹 가스 생성과 코크스 형성을 유발합니다. 결과적으로 스팀 크래커는 최적의 공정 성능을 보장하기 위해 주기적으로 'Decoking'되어야 합니다.

에틸렌 산업에서 코크스 형성 및 장비 오염은 특히 펌프 및 밸브와 관련하여 여전히 주요 운전 문제를 야기합니다. 생산자들은 항상 실행 운전 시간을 늘리기 위해 코크스 형성을 줄이려고 합니다. 따라서 TLV/DV의 Maintenance, Operability를 고려한 위치와 중요한 장비의 설계를 개선하려는 노력은 가동 중지 시간을 줄이는 데에 초점이 맞추어지고 있습니다. 이는 설계 시 중요한 고려 사항입니다.

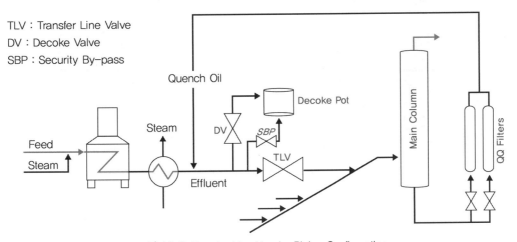

그림 10-8 Decoke Line Header Piping Configuration

1. The Transfer Line Valves(TLV) - Installed between the furnace header and the main column.
2. The Decoke Valves(DV) - Installed on the specific decoke line. A security small decoke valve(SDV) is sometimes installed to prevent any overpressure.
* Operable under High Temperature(400°C or even more, depending on cracker feeds).
* Zero leakage requirement(even after 5 years of operation)
* Double-Block and Bleed feature on the main transfer line(TLV).
* Material have to be resistant to corrosion and pitting caused by low pH condensate.
* Valve body shall be resistant to thermal cycling.
* Transfer Line and decoke valves shall be linked together and synchronized.

해당 밸브에 설치된 이중 디스크와 시트는 이러한 디스크 사이를 퍼지할 수 있습니다. 이는 실제 Double-Block & Bleed 기능을 구성하며 대부분의 라이센서(TECHNIP FMC, CB & I LUMMUS(Mc DERMOTT), LINDE, KBR, TOYO, SINOPEC…)는 두 개의 밸브 대신 메인 라인에서 하나의 밸브만 사용하는 것을 선호합니다.

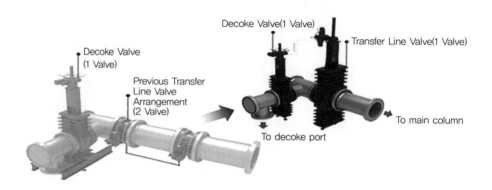

그림 10-9 Decoke Valve Piping Configuration

10.4.1.4 Cracking Gas 이송 라인 및 도킹 밸브(더블 디스크 기술 - 더블 블록 및 퍼지) 이해

그림 10-10 Decoke Valve

Cracked Gas Lines에 설치되는 Main TLV와 DV 특수 밸브에 대한 상세 검토 및 이해가 매우 중요합니다. 이송 라인 밸브(TLV) 및 디코킹 밸브(DV)와 관련하여 단일 더블 디스크 밸브는 동일 라인에 설치되어 동일한 안전 수준을 실현하는 1+1 구성의 싱글 게이트 밸브 2개를 대체합니다. 에틸렌 공정에서 히터는 고온 스팀 방식으로 탄화수소를 분해합니다. 이러한 히터(스팀 분해기)에는 '코크' 침전물이 배관 및 밸브에 누적되는 현상이 발생하므로 이러한 침전물을 수시로 제거('디코킹')해야 하며 가능하면 공정을 완전히 중단하지 않고 제거하는 것이 좋습니다.

주요 특징
- 단일 밸브 바디 내에 두 개의 독립적인 개별 차단 디스크(독립 클로즈 요소)를 사용한 진정한 더블 블록 및 퍼지 성능. 임계/거친 서비스 조건에서 입증된 성능
- 중앙 분리－웨지－볼 장치로 인해 폐쇄 시 일정하게 제어되는 능동적 기계식 시팅 포스
- 평탄 또는 곡면 바디 밸브 디자인
- 장착 옵션 : 플랜지 또는 용접 말단
- 감소 또는 풀 보어 통로
- 내구성이 뛰어난 금속 대 금속 시트, 내부식성 및 내마모성
- 개방 위치에서 매끄러운 튜브형 경로(고체 입자가 없는 밸브 바디)
- 어떤 방향으로도 설치 가능
- 맞춤 사양 및 독일 또는 국제표준에 맞게 설계

장점
- 폐쇄 시 제어된 능동형 기계 밀봉력으로 안정적이고 적극적인 차단 제공
- 탁월한 성능, 내부의 분리－웨지－볼 구조로 끼임 위험이 없음
- 단일 밸브 바디 내 진정한 더블 블록 및 퍼지
- 경화 표면 시트로 마모성 감소
- 가이드 플레이트 및 연속 스팀 퍼지로 바다의 코크 입자 축적 방지
- 고체 입자 함유량이 매우 높은 매체에 적합

10.4.1.5 최적 배관 Configuration 결정

열분해 공정의 Heater 및 Quench Area 내에 설치되는 대표 기기인 Heater, Fractionator Quench, Compressor Suction Drum의 배치에 대한 이해와 P & ID에 명시된 대형 배관(128", 118", 96", 86", etc.)과 기기를 연결하는 배관 배열, 거리 등 결정이 Area 면적과 대형 배관 물량 결정에 매우 중요합니다.

다음 Configuration에 나타난 Heater Rack에서 Compressor Suction Drum까지 연결되는 대형 배관의 최적(그림 10－11 : 최소 거리) 등을 찾아내는 것이 가장 중요한 사항입니다. 관련 기기의 특성을 고려한 연결 배관의 Case Studies를 순차적으로 설명하여 대형 Plant 설계의 이해에 도움을 주고자 합니다.

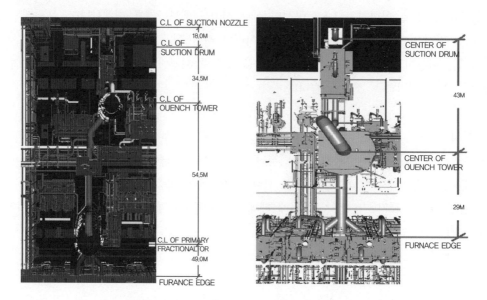

그림 10-11 Dual Ethylene System(Large Bore Piping Configuration)

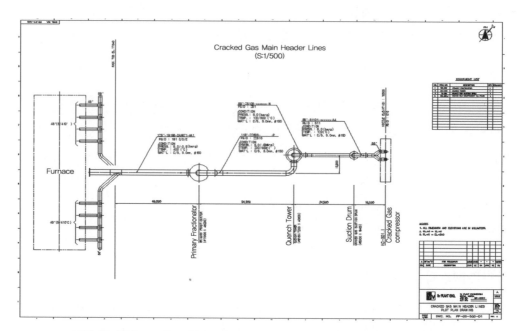

그림 10-12 Large Bore Piping Configuration From Heater Header to Compressor

상기와 같은 Configuration은 Furnace 설치 간격, Rack Elevation, 관련된 주요 기기(Fractionator, Quench Tower, Compressor Suction Drum) 위치 등을 결정하는 가장 중요한 Ethylene Piping Design Activity입니다. 따라서 해당 기기에 연결되는 Lines에 대한 사업주의 요구 사항과 기기 배치로 대표되는 아래 Line을 다음과 같이 기술합니다.

1) Linear Quench Exchanger Header Configuration
2) Client Requirement for Vertical Vessels

3) Cracked Gas Line Case Study

4) 대형 배관(120″) Special Fitting "Y"−Type 고려한 설계

5) Cracked Gas Lines in Heater and Quench

6) Cracked Gas Lines in Quench and Compressor Suction Drum

1) Linear Quench Exchanger Header Configuration

　　Furnaces Out−Line의 Linear Quench Exchanger Header Lines(350~450℃)의 배관 지지 구조물 중심은 파이프 랙 컬럼과 일치하게 구성하여 배관 지지를 용이하게 하고 다른 파이프 랙 컬럼은 (① 6m 간격)으로 배치됩니다. 또한 부분적으로 간격을 조종하여 Process 파이프 랙과 연결되는 곳 앞의 파이프 랙은 Process 파이프 랙(② 8m 간격)과 일치하게 하고 또한 퍼니스 그리드 중 하나에는 Furnace 중앙에 설치되는 엘리베이터를 고려(③ 10m)한 간격도 있습니다.

　　7 or 8개의 Furnace 중앙에 들어온 엘리베이터와 Stair을 수용할 수 있는 파이프 Rack 구성 및 관련 대형 배관의 지지물 등을 사전 고려하며, Furnace에 연결되는 Process Main Rack 등을 종합적으로 이해하고 검토, 진행하여야 합니다.

• 배관 지지 구조물 Rack 컬럼 이용하는 것과 랙 간격을 사전에 Studies하여야 합니다.

그림 10−13 Furnaces Out−Line의 Linear Quench Exchanger Header Lines

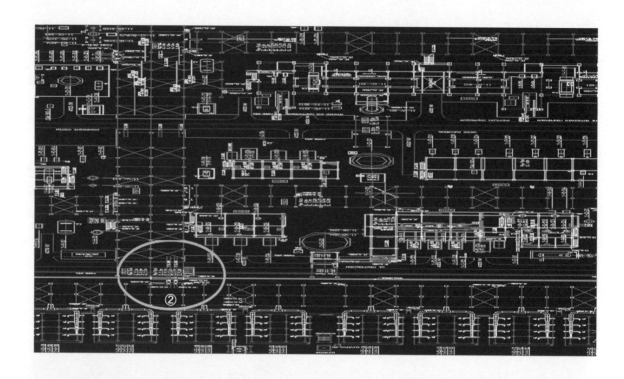

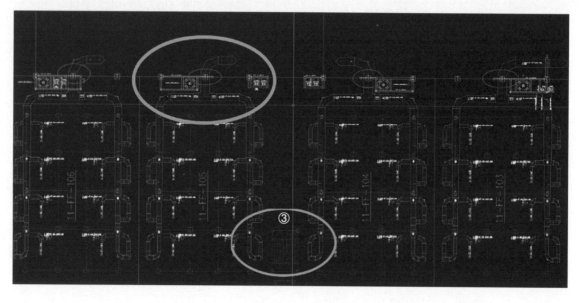

그림 10-14 Furnaces Out-Line의 Linear Quench Exchanger Header Considerations

2) Client Requirement for Vertical Vessels

일반적으로 대형 Plant의 Heavy Items(내부 또는 릴리프 밸브 등)은 운전 및 Maintenance 고려를 요구하는 사항이 명시되어 있으므로 사전 숙지하여 설계에 반영하여야 합니다. 즉, 데이빗 또는 모노레일로 서비스를 해야 합니다. Davits는 파이프 랙의 기둥 바깥 쪽 측면과 등급이 매겨진 드롭 아웃 영역에 위치해야 합니다.

- 사업주가 요구한 설계 고려 사항

퍼니스에서 대형(120") Cracked Gas 배관은 자유배수이며 2 Phase Flow를 고려하여야 합니다. 대형(110") 크랙 가스가 고공에 설치되는 것으로 관련 설계(기계, 토건)를 상호 협의하여 진행하여야 합니다.

퍼니스에서 대형(120") Cracked Gas 배관은 가장 짧게 Primary Fractionator에 연결되어야 하고 관련 배관 Support 및 Access가 편리해야 합니다.

운전 편리성 확보

- 모든 수평 계기는 운전 조작이 쉬운 사다리의 양쪽에 위치합니다.
- 운전 조작이 쉽도록 접근하기에 충분한 사다리와 플랫폼이 제공됩니다.

정비 편리성 확보

- Davit은 무거운 구성품을 처리하기 위해 제공됩니다.
- 잘 정의된 낙하 구역은 모든 리프트가 막히지 않도록 합니다.

안전

- 첫 번째로 사다리는 주요 통로 방향으로 어떤 실수가 발생하는 경우도 운전자는 주요 도로로 쉽게 벗어날 수 있습니다.
- 비상구는 첫 번째 사다리에 가깝습니다.

3) Cracked Gas Line Case Study

Furnace TLE Outlet의 Linear Quench Exchanger Header Lines이 Header로 구성하여 Fractionator로 연결되는 고온(350~450℃) Lines로 배관에 대한 응력해석을 통한 적정성 검토가 우선되어야 합니다.

Case 1 Study of Cracked Gas Header Configuration

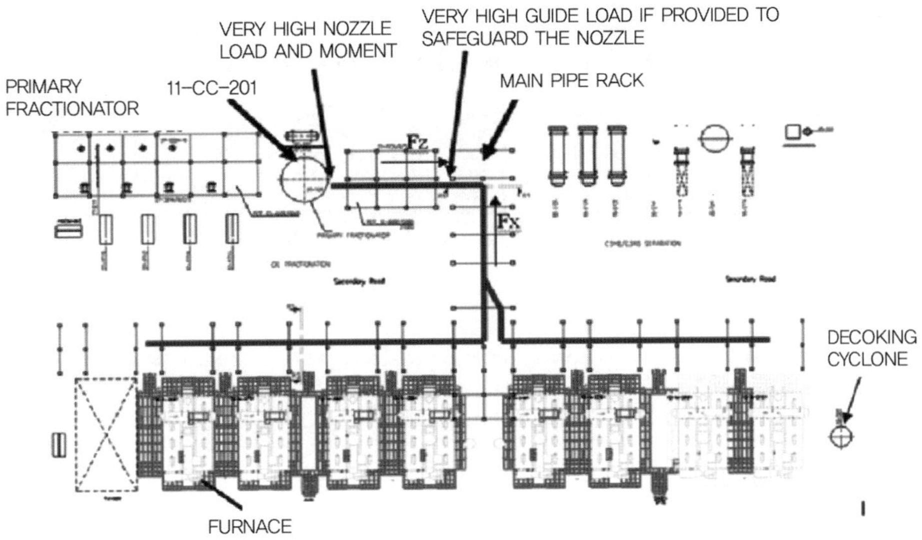

그림 10-15 Plot Plan Showing the Location of Main Pipe Rack, Fractionator Column and Furnace

Case 1-1 Stress Case Study of Cracked Gas Header Configuration

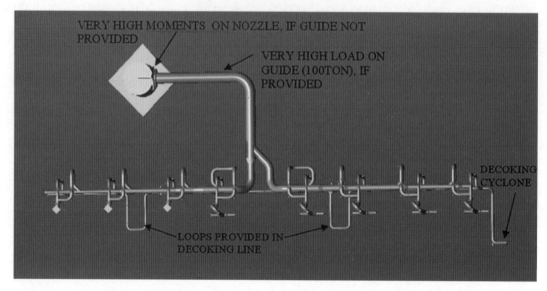

그림 10-16 The Initial Routing Having too Much moment and Guide Load

Case 2 Study of Cracked Gas Header Configuration

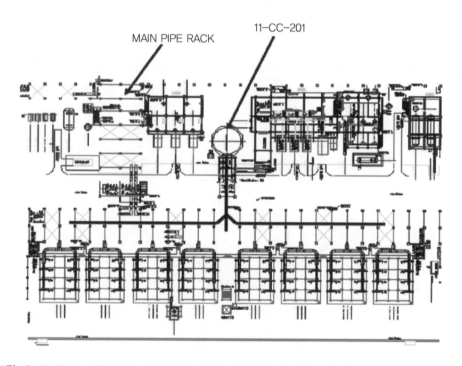

그림 10-17 Revised PLot Plan Showing Revised Location of Main Pipe Rack and 11-CC-201

Case 2-1 Stress Study of Cracked Gas Header Configuration

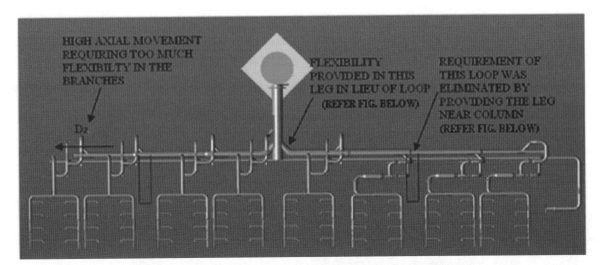

그림 10-18 Requirement of Loop was Checked at Above Location

Case 3 Stress Study of Cracked Gas Header Configuration

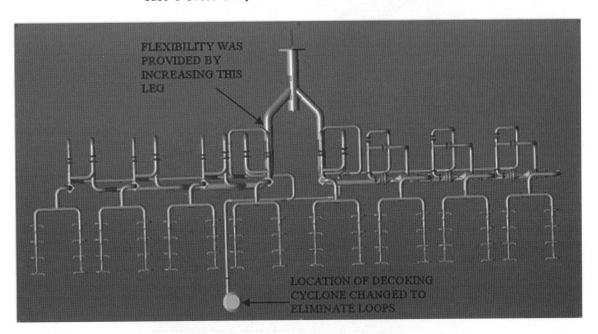

그림 10-19 Leg was Increased to Eliminate the Requirement of Loop

Heater에 나오는 Linear Quench Exchanger Header Piping Configuration은 응력해석과 관련하여 Rack에 대한 Support를 고려하여 결정합니다. Cracked Header Piping에 연결되어 Fractionator Tower로 연결되는 배관의 설계를 상기와 같은 Case Studies를 통하여 Case 3과 같은 최적의 Piping Configuration 을 결정하여 기기와 기기의 연결 거리(Length)를 최소화할 수 있도록 진행합니다.

4) 대형 배관(120") Special Fitting "Y"－Type 고려한 설계

Cracked Gas Header Piping과 Fractionator Tower(CC－201)로 연결되는 배관은 고온의 대형 배관(128") Header 구성으로 관련된 Heater(8 Unit)의 Outlet 배관과 연결되며 이에 따른 열팽창을 상세 고려하여 Case 3 Configuration로 결정하고 복잡한 Header Piping의 영향이 최소화되고 연결 기기의 안전과 사업주의 요구 사항을 충족한 배관 시스템을 검증하고 합당한 Configuration를 가지면서 대형 배관의 현장 공사를 고려하여 아래 형상을 구성 적용하였습니다.

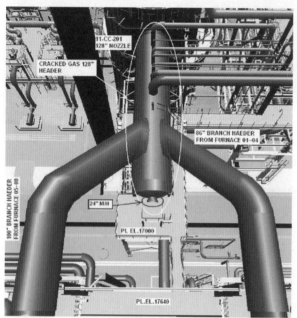

3D Model showing Y-type fitting-Plan view

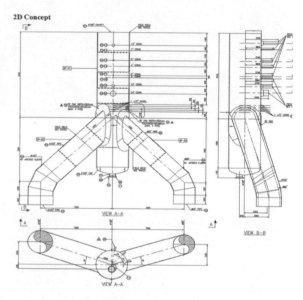

2D Concept

Main Advantages of Y fitting

- To make the more accurate assembly, that is more difficult at site to make.
- With this assembly site activity will reduced and save lot of field weld at site. So we save the time and reduced the project schedule.

3D Model showing Y-type fitting-Elevation view

그림 10-20 128" Special Fitting "Y"-Type Dwg & Installation View

이 Special Fitting은 대형 배관의 Shop 제작과 시공 설치의 문제점을 최소화하고자 'Y'형 특수 피팅으로 연결기기 제작업체에 3개의 스풀 조각으로 제작 의뢰하여 현장에 공급, 제공하였습니다. EPC 시공 도급 업체가 현장에서 최종 용접 시 파이프와 기기 공급 업체에서 사용된 플레이트로 제작된 128" 기기 노즐에 연결할 때 발생하는 오류를 최소화하기 위해 128", 100" & 86" 파이프 Spool 제작을 기기 공급 업체에 의뢰했습니다. 기기 공급 업체는 컬럼 노즐 세부 도면에 따라 배관 128" Spool를 제작하여 제공했습니다.

- Main Advantages of Y fitting

대형 배관을 현장에서 제작하여 설치하는 것은 상당히 어렵습니다. 기기 공급 업체에서 제작 공급하는 쪽이 품질 수준을 높이고 용접 작업이 줄어들게 됩니다. 결과적으로 시간을 절약하고 프로젝트 일정을 줄였습니다.

10.4.2 냉각 공정(Cracked Gas Quench) Piping System Design & Configuration

분해로에서 나온 고온의 분해 가스를 Quench Oil로 1차 냉각하여 중질 연료유(PFO, PGO)를 분리해 내고 Quench Water로 2차 냉각시키는 공정으로 냉각된 물질은 압축 공정으로 보내집니다.

Ethylene Plant 공정으로 급냉 타워(Quench Tower)가 있습니다. 급냉 타워는 유동화 촉매 크래킹 단위, 염화 비닐모노머 단위, 에틸렌 산화물, 에틸렌글리콜 및 에틸렌 열분해 크래킹 장치 공정에서 나오는 유출물을 냉각합니다. 일반적으로 급냉 타워는 하나 이상의 열전달 섹션 또는 순환 펌프를 사용하여 컬럼에서 열을 제거합니다.

Ethylene Plant를 위한 효과적인 급냉수 처리 시스템의 구성 요소는 매우 중요합니다. 급냉수는 에틸렌 공장 운영에서 발생하는 총 폐기물 흐름의 약 80%를 차지합니다.

10.4.2.1 Cracked Gas Lines in Heater and Quench

Fractionator(128")/Quench Tower(110")의 Dual Ethylene system 연결 배관(그림 10-21)은 대형 배관으로 관련 기기에 연결되는 Nozzle과 기기에 설치되는 배관 Support 등을 기기 설계에 사전 반영할 수 있도록 협의가 매우 중요합니다.

기기 노즐 연결 방식(Flange or Direct Welding)
Nozzle Maintenance, 기기 및 배관 Test & Inspection Method
기기에 설치되는 Clip Support 강도(대형 배관 Support 하중으로 기기 THK. 검토 등)

아울러 기기 연결을 직접 용접으로 설치할 때는 Inspection과 Test 방법 또한 사전에 사업주 및 관련 Licencor와 협의하여야 합니다.

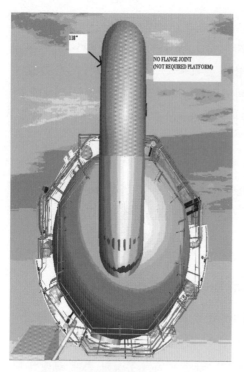

그림 10-21 Piping Arrangement and
Overhead Line

그림 10-22 Overhead Line Side View

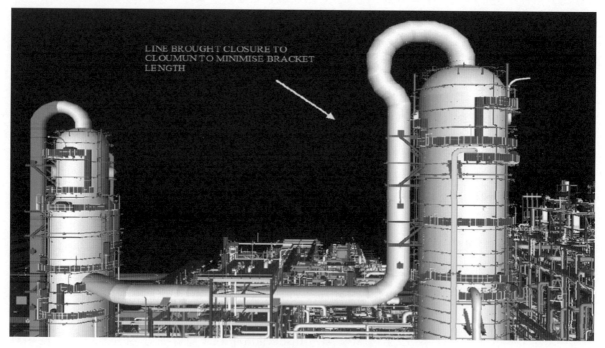

그림 10-23 Tower Support Bracket

대형 배관으로(110") Fitting(Elbow) 설계를 사전 검토하여 Code & STD를 벗어나는 Size로, 제작 가능한 Miter 형식으로 처리하고 기기에 직접 연결하여 불필요한 Flange 설계와 연결 시의 Leak 가능성을 최소화하여 설계를 진행하였습니다. 기기에 설치되는 배관 Support의 기기 강도 해석(FEM)을 사전 검토하고 본 Support는 구조물로 해석 처리하였습니다.

10.4.3 압축 공정(Cracked Gas Compressor) Piping System Design& Configuration

냉각된 분해 가스를 경제적으로 분리, 정제하기 위해서 압축기를 이용하여 약 38kg/cm^{2}G까지 승압시키는 공정입니다.

Compressor Area 공정 Piping Design 진행을 위하여 Process 특징을 기본적으로 이해하고 Area 내 Utility & Process Lines의 대구경(60", 68" 등)을 검토합니다.

Compressor Suction/Discharge Lines : Alignment Work/ Valve Location

Auxiliary Equipment: Lube Oil, Seal Oil, Surface Condenser, Condenser Pump etc.

Turbine Steam Line(B31.1/B31.3 구별) Nozzle Load Evaluation/Stress work NEMA SM23

Steam Let Down 시스템 및 In/outlet Line에 대한 Route Study

Compressor 관련 : Nozzle Load Evaluation/Stress work API 617

Rotating Machine에 대한 Code 적용

Maintenance & Operability : Shelter, Deck Elevation

10.4.3.1 Compressor 이해

Compressor는 Process Plant에서 가장 많이 사용되는 중요 기기입니다. 이들은 케이스 내부의 체적을 기계적으로 줄임으로써 가스 압력을 높이는 데 사용됩니다. 공기가 가장 많이 압축되지만 천연가스, 산소 및 질소도 압축됩니다. Process Plant 설비에 사용되는 가장 일반적인 유형은 Positive-Displacement, Centrifugal, and Axial Compressors입니다.

상대적으로 작은 장비에서 많은 양의 가스를 처리하며 다양한 드라이버(예 : 전기 모터 및 증기 또는 가스 터빈)가 있을 수 있습니다

Cracked Gas Compressor(CGC)는 에틸렌 생산 시설에서 가장 중요한 장치입니다. 체적 유량, 분자량, 압력 비율 및 오염 물질 제거와 관련된 에너지 수요 및 플랜트 가동 시간 등에 가장 많은 영향을 미치는 것으로 전체 에틸렌 장치의 주요 설계 요소입니다.

공장이 커짐에 따라 에틸렌 생산 및 회수를 최대화하려면 CGC 흡입 압력이 낮아야 하고(~3psig) 배출 압력이 메탄을 응축할 수 있을 만큼 높아야 합니다.(~475 psig) 이를 위해서는 5개의 CGC 단계가 필연적으로 필요합니다. 에탄 크래커는 덜 까다롭습니다. 따라서 흡입/토출 압력 비율이 낮고 CGC는 종종 4단계만 사용할 수 있습니다. CGC 압축기는 터빈 시스템으로 구동 설계합니다.

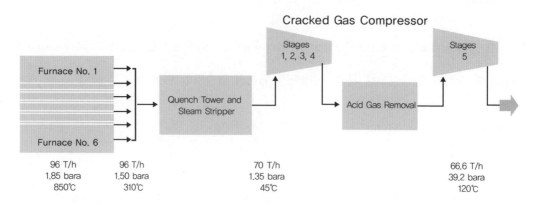

그림 10-24 Schematic Arrangement of Pyrolysis Furnaces Cracked Gas Compressor

그림 10-25 Elliott(EOT) Main Compressor View and 기본 Configuration

10.4.3.2 Plot Plan Compressor Area

본 Project의 플롯(Equipment Location Plan) 계획의 핵심 사항은 3D 모델의 평면도에 표시된 것(그림 10-26)처럼 3개의 압축기(크랙 가스, 프로필렌 및 에틸렌 컴파운드)를 하나의 Shelter 내부에 배치하는 것입니다.

1) 본 설계의 주요 착안 사항

대부분 설치 가동되고 있는 기존 설비의 경우 대부분 Cracked Gas Compressor(Hot Area)와 프로필렌/에틸렌 Compressor(Cold Area)로 분리된 Shelter로 설치되는 사항을 Area(그림 10-26)와 같이 통합하여 하나의 Shelter로 개선안을 적용하였습니다.

Cracked Gas Compressor(Hot Area) vs Ethylene & Propylene Compressor(Cold Area) 같은 Shelter 내 설치

- 동일 Cooling Water Header 사용
- Opening Area를 이용 lines에 설치되는 V/V, Blinder 내부 Crane 사용
- 동일 Shelter로 운전자 Maintenance & Operability 편리성 확보

● 공사 기간 단축 및 Cost 절감 확보

일반적으로 분리된 두 Area(Hot/Cold) Shelter에 Cooling Water를 공급하는 대형 U/G Cooling Water Piping의 공사를 위해 장기간 U/g Area를 Open 상태로 방치함으로써 기기 설치 및 기타 공사에 지장이 컸던 바, 하나의 Shelter로 통합하여 경제성과 시공성을 개선하고 Operator의 동선을 편리하게 했을 뿐만 아니라 큰 Cost 절감과 Schedule 단축을 할 수 있었습니다.

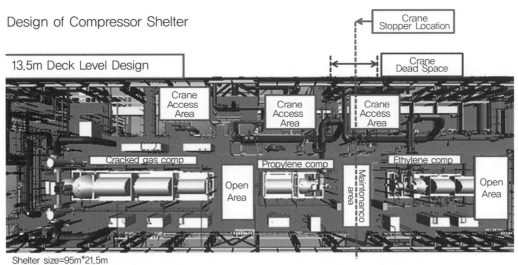

Design of Compressor Shelter

Shelter size=95m*21.5m
2 open area, 1 maintenance area
100 ton crane for cracked gas comp & propylene comp, 60 ton crane for ethylene comp
Both side access way near auxiliary equipments

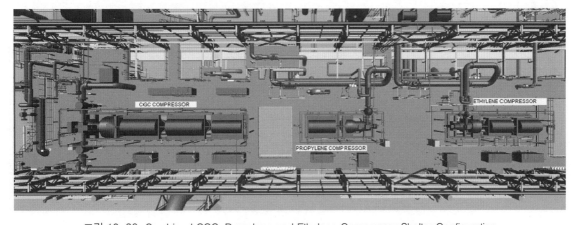

그림 10-26 Combined CGC, Propylene and Ethylene Compressor Shelter Configuration

Shelter 내부의 각 Level의 모든 Opening 위치는 Deck 아래 설치되어 있는 Lines의 대형 밸브 및 스페이서 & 블라인드가 상부 Crane(EOT)에 접근이 가능하도록 Opening되어 있습니다.

2) Shelter Design에 대한 일반적 개념

Shelter 길이(L) = [압축기의 길이 + ×(Maintenance Area = 5,000~)+y(Open Access way = 5,500~) + z.(Space for Access Way=1,500~)]mm

Shelter 폭(W) = [압축기 폭 + 2 × (여유 공간 = 5,000~) + (EOT (Crane) 접근 베이 폭 = 6,000~) + 2 × (Shelter Column Width = 1,000~)mm

Shelter 높이(H) = A + B + C + 7,500(Crane Hook~) + 6,500(Crane Hook에서 Top까지~)mm
'A'는 Surface Condenser C.L입니다. 'B'=D(응축기의 O.D.)/2 + 4,500~
그리고 'C'는 압축기 Deck 상단에서 압축기 샤프트의 C.L(Center Line) 높이입니다.

3) Auxiliary Equipment : Lube Oil, Seal Oil, Surface Condenser, Condenser Pump
원심 및 왕복동 압축기 및 드라이브에는 작동을 지원하기 위해 다양한 보조 장비가 필요합니다. 이 압축기의 장비는 다음과 같습니다.

- 윤활유 콘솔, 실 오일 콘솔, 표면 응축기, 응축수 펌프, 송풍기
- Noise Insulation를 고려하여야 합니다.(대용량)

Level Design : 7.5m Level Located On Second Floor
많은 보조 시설이 7.5m Level층(그림 10−27)에 위치합니다. 따라서 많은 Instrument의 조정 포인트, 중요 경로 및 긴 배송 유지 보수성 등을 고려하여야 합니다.

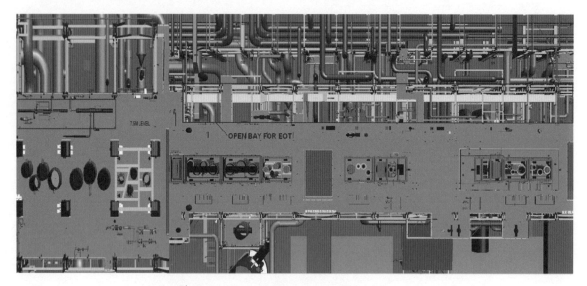

그림 10−27 Auxiliary Equipment Location 7.5m Level

① Surface Condenser   ② Lube Oil and Seal Oil Consoles   ③ Dry Gas Seal Console

  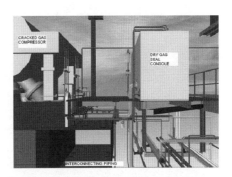

기타 보조 시스템(Dry Gas Seal 콘솔, BFW 주입 및 세척 오일 주입 스키드 등)과 관련 압축기 장치의 모든 상호 연결 배관은 메인데크의 최대 여유 공간을 유지하여 장비 및 밸브에 모두 액세스할 수 있도록 데크 아래로 라우팅됩니다. 그림과 같이 보조 스키드 및 컴프레서 장치 주변 배관 연결 내용도 반드시 검토하여 준비하여야 합니다.

10.4.3.3 대형 배관을 고려한 Configuration 구상

1) Level: 13.5 Main Deck Level First Floor

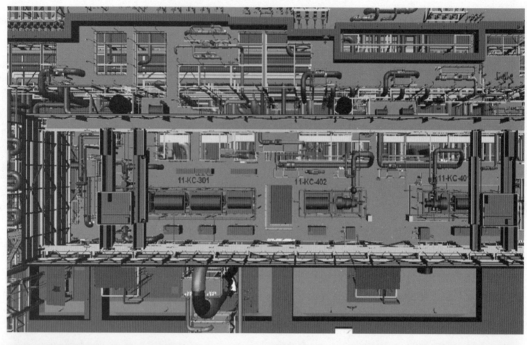

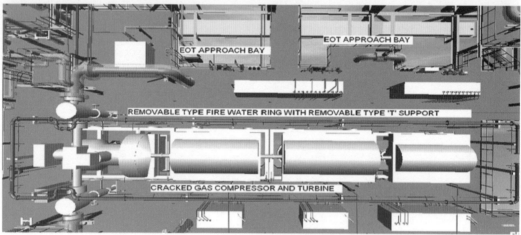

그림 10-28 Cracked Gas Compressor Main Deck Plan Views

Main Equipment가 설치되며 관련된 Instrument Panel 등 중장비가 설치되는 곳으로 Operability, Maintenance를 고려한 공간 확보 및 관련된 많은 보조 시설, 많은 조정 포인트, 중요 경로 및 긴 배송, 유지 보수성을 고려하여야 합니다.

2) Compressor Shelter Section Views

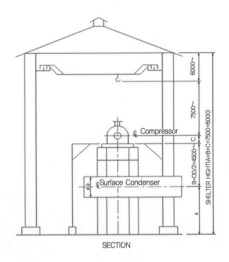

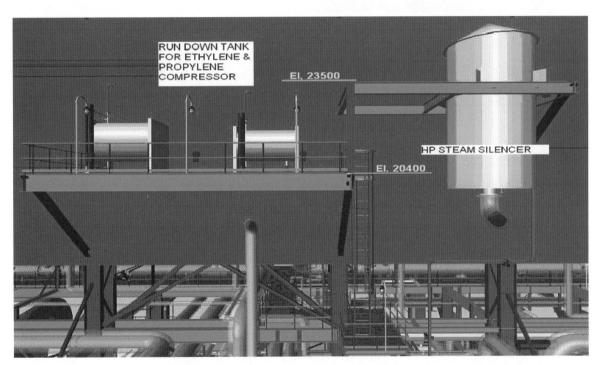

그림 10-29 Shelter Outside View of Compressor Area

공급 업체 Dwg에 따라 Run Down Tank의 위치는 압축기 Shelter의 남쪽에 설치하고 캔틸레버 플랫폼에는 그림 10 – 29에 표시된 것처럼 소음기가 23.5m에 설치되어 있습니다.

3) Steam Turbine 관련 Surface Condenser Studies

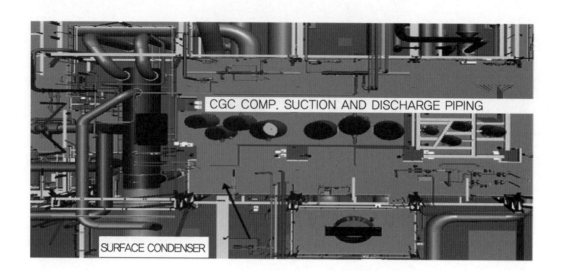

그림 10-30 Surface Condenser Location 13.5m Level

Compressor의 Main Access Level(13.5m)은 냉각수 공급 및 회수 배관의 유지 보수 및 기기 FDN 등의 목적을 고려해야 합니다. 즉, Main Access Level은 응축기 C.L(Center Line)을 기준으로 수정 되었습니다.(응축수 펌프의 NPSH를 유지하기 위하여 공급 업체가 요구하는 응축기 C.L. 높이에 의 거 조정하여 결정)

Surface Condenser의 C.L. 높이는 사전에 공급 업체에 확인하여야 합니다. Surface Condenser는 스팀 터빈에서 배출되는 증기를 응축하기 위해 설치된 수냉식 셸 & 튜브 열교환기입니다. 이 응축 기는 대기압보다 낮은 압력에서 증기를 기체 상태에서 액체 상태로 변환시키는 열교환기로 응축수 순환을 위한 응축수 펌프의 NPSH를 유지하기 위해 응축기 높이가 결정됩니다. 따라서 응축기 높이 는 결국 Main Deck Level를 좌우하게 됩니다. 따라서 본 사항을 고려하여 사전에 공급 업체와 Level 관련 사항을 확인하여 Compressor Deck Elevation 작업을 진행하는 것이 매우 중요합니다.

- Surface Condenser C.L Elevation, Condenser Pump, Compressor C.L Elevation의 상호 관 계를 이해하고 각 Deck Level을 결정합니다.

4) 대형 Compressor Lines Consideration

Cracked Gas 압축기 장치의 대형 흡입 및 배출 노즐과 연결되는 배관 라인의 플랜지 조인트 개스 킷 교체에 대한 공간 규정을 반드시 고려하여 설계하여야 합니다.

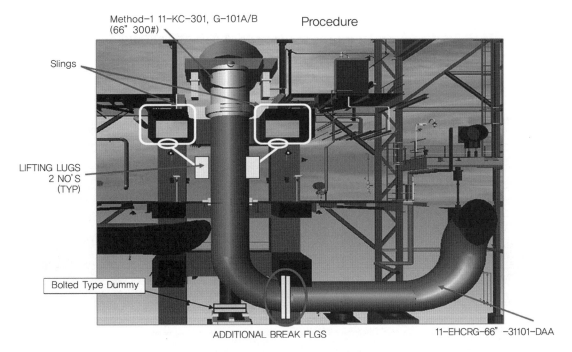

그림 10-31 Compressor Suction Line Consideration for Maintenance

　　대부분 크랙 가스 압축기 공급 업체는 흡입 및 토출 노즐 플랜지 조인트의 개스킷 교체 관련 사항을 상세히 제공하지 않습니다. 따라서 반드시 사전 협의하여야 합니다.

　　문제점 : 크랙 가스 압축기 흡입/배출 노즐 플랜지 조인트 개스킷 교체 불가능
　　해결책 : 크랙 가스 압축기 흡입/배출 노즐 플랜지 개스킷이 교체 가능하도록 교체 시 라인을 낮추기 위해 Horizontal Line 상에 브레이크 업 플랜지가 추가 및 Dummy Sup't에 Adjust가 가능하도록 Type을 교체 설치하여 해결되었습니다.

　　추가적으로 해당된 흡입/배출 Lines에 68"/150#＝4개, 66"/150#＝4개, 54"/150#＝4개의 브레이크 업 플랜지가 추가되었습니다.

　　향후 프로젝트를 위해 취해야 할 조치를 언급하면, 대형 Cracked Gas Compressor의 경우 Main Deck에서 흡입/배출 노즐의 Gasket 교환이 가능하고 압축기 기초 테이블을 방해하지 않도록 설계해야 합니다. 노즐 돌출부는 노즐이 압축기 기초 테이블 상단 위로 올라가도록 압축기 공급 업체가 계산해야 합니다.(제작사 사전 협의 확인) 배관 설계 시 압축기 공급 업체로부터 받은 General Arrangement 도면은 공급 업체가 위의 사항을 처리할 수 있도록 Comment 처리하여야 합니다.

사례 연구 : Cracked Compressor Nozzle A/B, 66"-150#(Gasket Maintenance) 3D Model vs Actual Views

1) Before Flange added(Problem)
2) Break-up Flange of 66"-150# added/After Flange added(Solution)

Side View-Looking East(EL. 7.5m, 14m)

Cracked 컴프레서 흡입 및 토출 노즐 플랜지 조인트 개스킷 교체 공간 제공을 위하여 Line에 Break−up F/G 를 추가하여 상하 이동으로 교체 가능한 공간을 제공하였습니다.

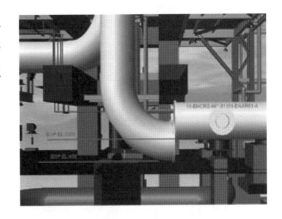

10.4.4 정제 공정(Cold Exchanger) Piping System Design & Configuration

고압으로 압축된 가스를 초저온(−165°C)으로 냉각시킨 후 비점 차에 의해 단계별로 각 성분을 분리해 내는 공정으로 수소, 에틸렌, 프로필렌, 프로판, C4 유분 및 열분해 가솔린(PG) 등이 생산됩니다.

Cold Area Piping Design을 위해서는 Area Process의 특징을 기본적으로 이해하고 Area 내 Process Lines의 아래 특성을 검토합니다.

Cryogenic piping : −169°C Material 특성 및 요구 사항

Cryogenic Valve : Stem Position(45 각도 유지)

Cryogenic Valve : Vent Hole Direction(Cavity Hole) 위치

AL−Exchanger : Nozzle Load Evaluation/Stress Work NEMA SM23

Maintenance & Operability : AL−Exchanger Deck Elevation

Cryogenic piping systems

극저온 배관 시스템은 LNG 운송 및 화학 및 석유화학 응용, 식음료 부문을 포함한 다양한 산업 응용 분야에서 사용됩니다. 그러나 극저온(종종 −165°C 이하)으로 인해 극저온 배관 시스템은 여러 문제에 직면합니다.

극저온 배관 시스템은 주요 문제인 수축 응력과 변위를 견디는 동시에 열응력을 조절하도록 설계되어야 합니다. 또한 배관 시스템의 레이아웃, 공간 제한 및 서포트 위치 등은 다양한 제약 조건을 고려하여 진행하여야 합니다.

초저온으로 운전되는 스테인리스 스틸 파이프는 길이가 수축됩니다. 이것은 큰 차이가 아닌 것처럼 보일 수 있지만 배관에 가해지는 응력의 힘으로 인해 파이프 지지대가 고장 나고 용접 부분 파이프에서 누출이 일어날 수 있습니다. 따라서 해결책은 배관이 필요에 따라 수축 및 확장될 수 있도록 충분한 유연성을 갖춘 극저온 시스템을 설계하는 것입니다. 코드 및 표준으로 ASME 코드 B31.3은 제조 및 테스트, 재료 선택 및 연성과 관련하여 극저온 배관 시스템에 대한 배관 코드 요구 사항을 다룹니다. 그러나 ASME 코드 B31.3 외에도 특정 산업, 플랜트 유형에 따라 다른 코드 및 표준이 적용될 수 있습니다.

10.4.4.1 Cold System 이해

Propane, Ethylene & Methane Exchangers에 연결되는 배관 Lines을 이해

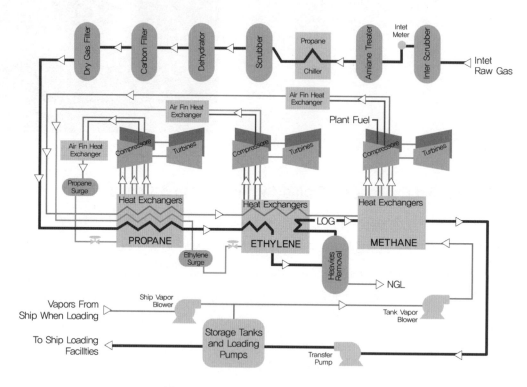

그림 10-32 Cold Process Schematic Diagram

10.4.4.2 Cold Box vs AL Exchanger

1) Cold Box Type

콜드 박스(Cold box)는 구조적 지지, 절연 및 내부 장비 보호 기능이 있는 탄소강 케이스에 포함된 브레이징 알루미늄 열교환기의 완전한 패키지입니다.

Ethylene Hot Section에 압축된 분해 가스는 냉각된 후 대부분의 물을 제거하는 분자체로 건조됩니다. 분리, 건조된 분해 가스는 에틸렌 손실을 최소화하면서 수소 및 경질 탄화수소 제거를 위해 콜드 박스(Cold Exchanger)를 사용합니다.

콜드 박스는(그림 10-33) 매우 낮은 온도에서 기체 또는 액체를 담는 (압력) 용기입니다. 콜드 박스의 특징은 이중벽 구조로 내벽과 외벽 사이에 단열재를 설치할 수 있다는 것입니다.

Coldbox

■ Cryogenic Equipment, piping and valves in Ethylene, Methane and NRU is "packaged" in a coldbox.

■ The "box" is the size of a multi-story building and is filled with expanded-perlite insulation material, covering and insulating all equipment.

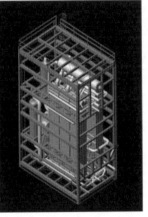

그림 10-33 Cold Box Transportation & Installation

Cold Boxes : MERITS/DEMERITS

- 설치를 위한 대형 FDN(Wind Force) 설계가 필요합니다.

- 설치 시 대형 크레인을 사용하며, 관련된 모든 알루미늄 교환기가 내부에 설치되어 있어 내부 알루미늄 교환기의 유지 보수가 어렵습니다.

- 관련 Nozzle Elevation이 높은 곳에 설치되어 Access를 위한 구조물이 요구됩니다.

- 관련된 알루미늄 교환기가 모여 있어 공간 활용이 좋습니다.

2) AL EXCHANGER(Aluminum Plate Fin Heat Exchanger, APFHE)

알루미늄 판형 열교환기는 판과 핀형 챔버를 사용하여 유체 사이에서 열을 전달하는 열교환기 설계 유형입니다. 상대적으로 높은 열전달 표면적 대 부피비를 강조하기 위해 종종 소형 열교환기로 분류됩니다. 플레이트 핀 열교환기는 소형 크기 및 경량 특성을 가진 항공 우주 산업뿐만 아니라 작은 온도 차이로 열전달을 용이하게 하는 기능이 활용되는 극저온 산업을 비롯한 많은 산업에서 널리 사용됩니다.

그림 10-34 APFHE Shipping Pkg

- APFHE: Low Temp. CC Exchanger−I(Sample−EP−401)
  - Design Code : ASME Sect. VIII, Div 1, U−Stamp
  - Total No. of Cores : 3
  - Design Temperature : −125/62
  - Size : Width : 1,200mm, Height : 1,822mm, Length : 3,675mm

열팽창에 의해 노즐의 움직임이 크기 때문에 각 열교환기 앵커 포인트가 다르므로 사전에 공급 업체에 확인하여 배관 배치도에 반영하여 그에 따른 지지 설계를 하여야 합니다.

사전에 Nozzle Load Evaluation, Applied Operating Temp.(not Design Temp.), Pressure Vessel Code/ASME Sec. VIII, Div 1, U−Stamp, Nozzle Movement, System Integration 등에 관한 Vendor의 Data 기준을 협의 진행합니다.

Cold Box Type 형식과 각 알루미늄 판형 열 교환기를 분리 구조물에 설치하는 형식을 적용하는 방법이 있습니다. 따라서 Project의 특성과 Piping Design의 유연성과 효율성을 검토하여 선택하고 진행하여야 합니다. 최근에 진행되는 Ethylene Plant의 경우 일반적으로 분리형 알루미늄 열교환기 설치 형식을 많이 적용하고 있습니다. 이에 본 Project에 적용된 분리형 알루미늄 열교환기를 기본으로 하여 사례를 설명하겠습니다.

3) AL Exchanger : MERITS/DEMERITS
  - 크레인을 사용하여 모든 알루미늄 교환기를 쉽게 설치할 수 있습니다.
  - 알루미늄 교환기의 쉬운 작동/유지 보수
  - 알루미늄 교환기별 구조물이 요구됩니다.
  - APFHE 주변에 충분한 공간 구조로 운전자에게 운전/유지 보수 공간이 제공됩니다.

상기와 같이 장단점과 운전/보수 등을 상세히 검토하고 결정하여 실행하는 자세가 요구됩니다.

본 Chapter에서 제공하는 자료는 Project Cost 절감 및 운전/보수의 장점을 확인하여 적용된 분리형 알루미늄 판형 열교환기를 적용한 사례입니다.

4) AL Exchanger 설치

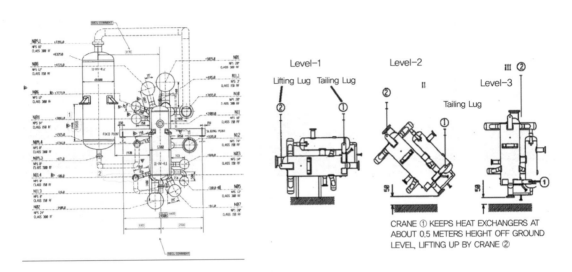

그림 10-35 APFHE Installation

위의 그림은 단위 Al Exchanger를 설치하는 방식의 경우 APFHE를 지지 프레임에서 현장의 장비로 들어 올리는 방법을 보여줍니다. 리프팅 절차는 공급 업체만 제공합니다. 본 사항은 Al Exchanger 의 특성을 고려하여 사전에 제작사와 상세하게 Rigging Plan을 협의하는 것의 중요성을 보여주는 것으로 분리형 방식을 적용할 때 반영 바랍니다.

- 위 그림은 공급 업체가 제조 공장에서 손상을 입지 않고 APFHE를 운송하기 위해 제공한 일반적 인 운송 프레임을 보여줍니다.
- 운송 프레임은 설치 전에 제거해야 하며, APFHE는 크레인을 통해 구조물의 특정한 위치에 설치 해야 합니다.

10.4.4.3 AL Exchanger Piping(Aluminum Plate Fin Heat Exchanger, APFHE)

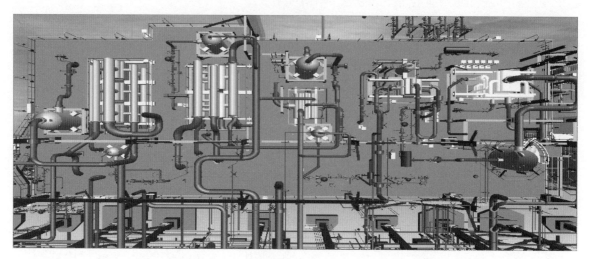

그림 10-36 APFHE Equipment Layout On Structure

1) Design Considerations

- 이물질이 열교환기에 유입되는 것을 방지하려면 열교환기 시스템 흡입구에 영구 메시 필터를 설치한 후 작동해야 합니다. 또한 시스템을 차단하지 않고 필터를 청소할 수 있도록 밸브 바이 패스 시스템을 고려해야 합니다. 그러나 하나 이상의 APFHE가 서로 연결된 경우 Stream Inlet에서 Permanent Strainer 대신 Temporary Strainer(Cone Type)를 사용할 수 있습니다.
- 스트레이너는 일반적으로 흡입구 노즐에 설치되므로 유지 보수를 위한 공간을 확보해야 합니다.
- 알루미늄 판 열교환기 노즐은 카본 또는 스테인리스 스틸 플랜지에 비해 매우 약하므로 스프링 지지에 대한 허용 하중과 타당성 등을 고려할 필요가 있습니다. 공급 업체 요구 사항 및 Code 범위가 일반 파이프보다 작은 허용 하중이므로 응력해석 시 상세 검토가 요구됩니다.
- 특수 볼트 길이는 알루미늄 플랜지가 일반 플랜지보다 허브가 두껍기 때문에 길이가 긴 특수 볼트가 사용됩니다.

APFHE 및 상분리기(Phase separators)의 Inlet에 설치되는 Reducer는 반드시 TOF(Top Flat Side Up)가 사용됩니다.(아래 그림 참조)

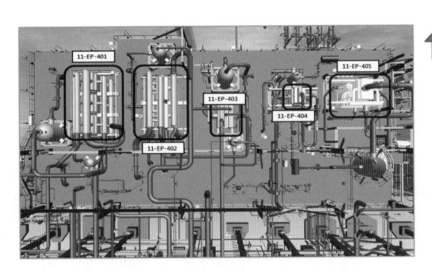

그림 10-37 APFHE Equipment Around Piping Layout

2) Maintenance

- 모든 APFHE는 도로 북쪽에서 크레인으로 쉽게 유지 보수 및 제거할 수 있도록 하늘에 개방되어 있습니다.
- 단일 코어 APFHE용 상단 노즐이 있는 경우 브레이크 업 플랜지를 제공해야 합니다.
- APFHE 주변에는 충분한 공간과 난간이 있어야 하고 구조물을 여는 동안 테일러의 위치를 고려해야 합니다.
- 공급 업체와 협력하여 Tailing lug 위치를 확인하고 반드시 설치하여야 합니다.
- 각 노즐의 스페이서 교체를 위한 영구 플랫폼은 제공되지 않습니다.

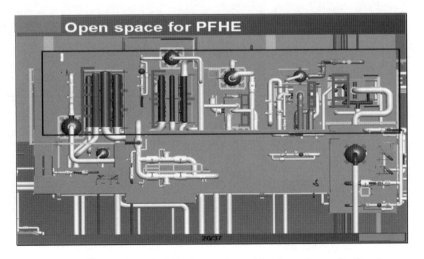

그림 10-38 APFHE Equipment Layout for Open Space On Structure

3) AL Exchanger Piping Studies

초기 Vendor와 관련된 사항을 검토하여 관련된 Structure(그림 10 − 39)의 넓이 및 Maintenability & Operability를 고려하여 Stair & Ladder 위치를 정의하고 아래 배관에 관련된 사항을 검토하여 문제점이 없는 Route를 찾습니다.

Al − Exchanger Nozzle에 대한 응력해석 실시(Loop 필요 여부, Size 검토)

Break − up Flange 설치 위치 검토

Strainer 설치 및 Maintenance 공간 확보

Plan View of 3D Model:

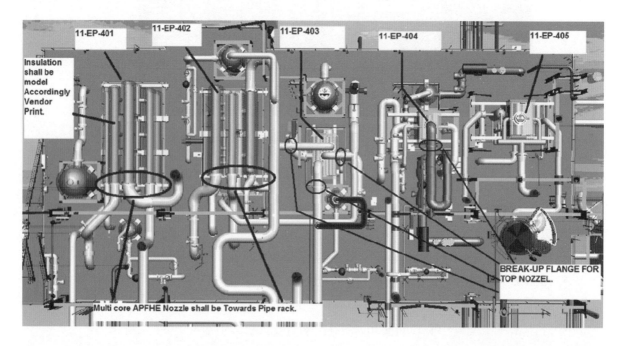

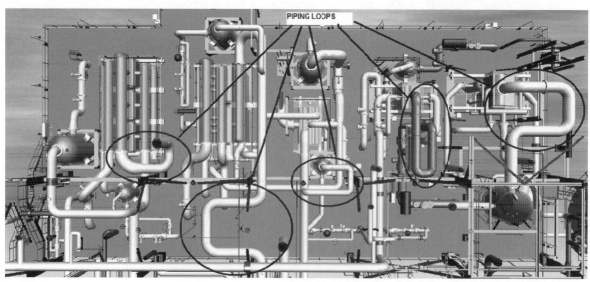

그림 10−39 APFHE Piping Configuration

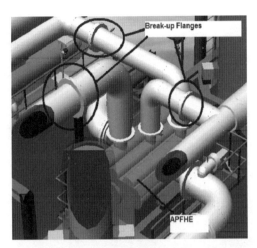

알루미늄 열교환기 노즐은 탄소강이나 스테인리스 스틸 노즐에 비해 매우 약합니다. 열팽창에 의한 노즐 팽창량이 높기 때문에 각 열교환기 자체 앵커 포인트가 다르므로 응력에 따라 충분한 파이프 루프를 제공해야 합니다.(그림 10-39) 따라서 각 기기별 배관 Route 및 Support 설계에 사전 반영하여 진행됩니다.

이 그림은 단일 코어 APFHE 브레이크 업 플랜지가 각 상단 노즐에 제공되어 APFHE의 유지 보수 및 제거가 용이함을 보여줍니다.

그림 10-40 APFHE Piping Break Flange Location

4) AL Exchanger Piping Strainer 설치

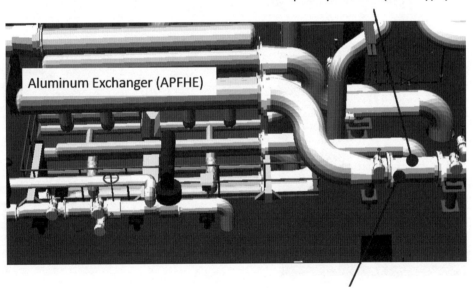

The lines connected to critical equipment like Aluminium exchangers
shall be cleaned thoroughly before erection as per P&ID Note-3.

그림 10-41 APFHE Piping Strainer Location

이물질이 열교환기에 유입되는 것을 방지하려면 열교환기 시스템 흡입구에 영구 메시 필터를 설치한 후 작동해야 합니다.
또한 시스템을 차단하지 않고 필터를 청소할 수 있도록 밸브 바이 패스 시스템을 고려해야 합니다.
그러나 하나 이상의 APFHE가 서로 연결된 경우 Stream Inlet에서 Permanent Strainer 대신 Temporary Strainer(Cone Type)를 사용할 수 있습니다.

Elevation View 이해 및 활용

Cold Box Type이 아닌 각 APFHE의 방식 적용 시는 기기별 Lug와 Tailing Lug의 위치를 고려한 Structure 형상을 맞추기 위해 사전 Vendor와 협의를 거쳐 구조물 설치 및 기기 설치의 문제점을 최소화하는 것이 매우 중요한 사항입니다. 그림 10-42를 참조, 이해하여 적용 바랍니다.

Elevation View of 3D Model:

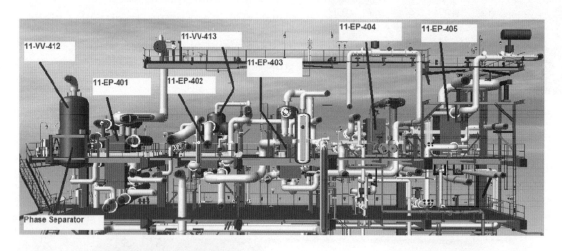

 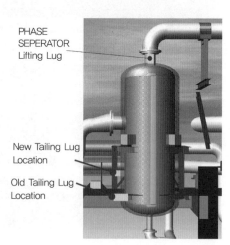

그림 10-42 Phase Separator/AL Exchanger Section View

5) AL Exchanger Piping : P & ID Note 사항 이해

Cold Area에 대한 P & ID상에 설계 및 시공과 시운전에 대한 시스템 설명 및 상세 요구 사항이 많이 정의되어 있습니다. 따라서 관련된 도면(ISO Dwg 등)에 명기하고, 상세 설명하여 현장의 문제점을 최소화할 수 있도록 진행하여야 합니다.

"Clean Thoroughly Before Erection" for Lines Connected to Critical Equipment

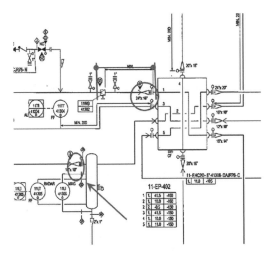

NOTES:
1) CONNECTION FROM TOP
3) CLEAN THOROUGHLY BEFORE ERECTION
4) LINE WITHOUT POCKETS
5) HIGH POINT
11) LOW POINT DRAIN
37) TWO PHASE FLOW
51) LOCATE 11TV41401 CLOSE TO PHASE SEPARATOR 11-VV-413
52) ACCESSIBLE FOR VALVE OPERATION
53) TEMPORARY STRAINER FOR INITIAL START-UP

This pipe spool shall be cleaned thoroughly before erection as per P & ID Note-3.

그림 10-43 APFHE Inlet Piping on P & ID Notes

Problems : ISO Dwg 작성 시 Note-3 명기가 누락되어 시공 팀이 철저하게 청소하지 않고 배관을 이미 설치하였습니다. 이에 사업주에게 관련 사항에 대하여 펀치 포인트를 제공했습니다.

Solution for the Current Project : 알루미늄 PFHE의 모든 노즐에는 스페이서와 블라인드가 있습니다. 따라서 노즐에 블라인드를 삽입한 후 라인을 수압 시험한 다음 사전 시운전 팀이 공기/물로 세척해야 합니다. 플랜트 시운전 전에 라인을 철저히 청소합니다.

Future : 배관 공사 팀이 설치하기 전에 중요한 라인을 철저히 청소할 수 있도록 관련 도면에 내용을 Note 처리해야 합니다.

10.5 Large Bore Piping System Consideration(Ethylene Project Case)

대형 Ethylene Plant의 Piping System은 관련 Code/STD 범위를 초과하는 대형 배관이 존재합니다. 이런 사항을 고려하여 상세 설계 진행 시 아래 사항에 대하여 구매, 시공 관련 부서와 예상 문제를 사전 협의, 검토하고 필요한 사항을 설계에 반영하여 현장에서 불필요한 도면 수정 작업이나 재시공 등이 발생하지 않도록 하여야 합니다.

- Definition of Large Diameter Piping
- Cost/Issues
- Production Technological Problems
- A/G Piping Construction Technological Problems

- U/G Piping Construction Technological Problems

10.5.1 Definition of Large Diameter Piping

Pipe; 80" 이상 Size, Fitting; 48인치 이상 Size, Flange; 60" 이상 Size인 경우 ANSI/MSS에 언급되지 않는 대경 배관으로 지정하여 관리됩니다. 그러나 상하수도 배관 관련 AWWA는 140"까지 언급됩니다.

10.5.2 Cost/Issues

Cost는 Size에 직접 비례하지 않고 기하급수적으로 가격 변화가 크므로 크기 선택에 유의하십시오.
예) 대형 에틸렌(130MTPY/100MTPY)에 적용되는 배관

　　Process Pipe ＝128", 110", 84" Steam Pipe＝ 132"

　　Cooling Water Pipe ＝144", 150"(GRP)

　　Cost View; CS 25t, 132"→ 약 27,015EUR/m

　　CS 25t, 144"→약 27,100EUR/m

　　본 가격 비교는 2012년 구매 단가 기준이며, Construction Cost는 D/I당 Cost로 일반적으로 계산됩니다.

10.5.3 Production Technological Problems

대구경 파이프는 직경이 크므로 Pipe/Flange Design은 기기 계산(Vessel)을 따르는 것이 합리적입니다. Flange의 경우 FEM에 의해 강도 계산을 수행하여 결정하는 것이 바람직합니다.

Fitting(Elbow)은 Miter 사용 가능 여부 등을 사전 검토하여 Client의 사전 승인을 진행하여야 하며 사용이 어려운 경우 아래 사항을 검토하여 Welding Seam Produced Elbow을 사용합니다.

- Pipe TH'K에는 해당하며 대형 Circle을 유지할 수 있는 고압용 TH'K Plate가 없습니다.
- Pipe는 Plate(80" case)를 구매하고 Spool Shop을 Project Site 근처에 배치하여 제작함으로써 운반비 절감을 할 수 있습니다.
- Pipe는 1개의 Seam과 2개의 Seam으로 그림 10−44처럼 제작, 제공됩니다.
- Large Bore Pipe의 직경에 대한 공차는 JIS에 언급되어 있으므로 참고 가능합니다.
- Large Bore Pipe및 Fitting을 현장에서 제작할 때 용접으로 인한 문제 OD 공차 및 THK 공차 차이를 극복할 수 없으면 용접이 불가능할 수 있습니다. 제작 시 공차를 엄격히 준수하거나, 기기 제작 Shop에서 제작된 Spool Piece를 사용하는 것을 고려 바랍니다.

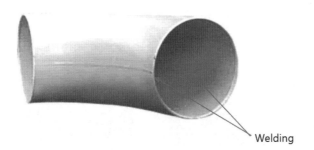

Welding

그림 10-44 2 Seam Welded Large Bore Elbow

10.5.4 A/G Piping Design & Construction Technological Problems

1) 배관 설계 & 시공 시 고려하여야 할 사항

- 배관에서 Plot Planning/Piping Routing을 가장 우선순위로 검토합니다.

  해당되는 대구경 배관은 정확성을 보장하기 위해 사전 3D 모델링이 권장됩니다.

  기기 근처에서 유지 보수를 위한 Man Hole 및 배수 배관을 고려하는 것이 좋습니다.

  대구경 배관(Flare System)은 Noise 문제도 발생할 수 있습니다.

  따라서 사전에 Process Design과 협의하여 Acoustic induced vibration 등을 고려한 설계가 이루어져야 합니다.

- Flange Point를 최대한 줄인 설계가 이루어져야 합니다.

  하나의 큰 파이프와 용량이 동일한 두 개의 작은 파이프로 설치할 수 있는 방안도 고려해야 합니다.

- 배관은 큰 직경이므로 Vessel 표준을 이용하여 계산하여야 하며 필요시 기계 설계와 협의 진행하여야 합니다.

- 설계는 많은 라이센스가 적용되므로 Piping 필드 제작을 피해야 합니다.

- General Piping Support Standard와 Vessel Saddle을 참고하여 Support 설계를 적용하여야 합니다.

- 20t 이상 적용되는 용접 Point는 열처리가 적용됩니다.

  - Vessel 회사의 경우 자체 또는 전용 열처리로가 있습니다.

  - 현장 제작 설치 시 협력업체 지원을 고려해야 합니다.

- Leak Test는 Volume Air Test로 진행 가능하나 안전을 고려하여 수압, R/T 등으로 대체합니다.

- 개스킷 누출은 볼트 조임 불균형으로 인한 누수가 발생할 수 있습니다.

2) Ethylene Large Bore Piping System Studies
   • A/G Piping Lines

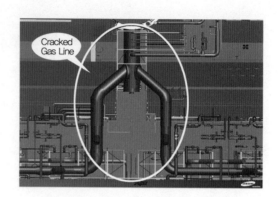

그림 10-45 Vendor Shop 제작 Spools

상기 Items(Inter Cooler, Cracked Gas Lines)은 대형 배관(그림 10-45)으로 사전 기기 제작업체 제작으로 공급되어 현장 시공되었습니다. 직경이 큰 배관의 경우 현장 작업 시 발생되는 제작 및 시공의 어려움을 평가하여 문제점을 최소화할 수 있도록, Vendor Shop에서 가능한 한 많이 공급하는 것이 필요합니다.

장점 : 불필요한 발판(Scaffolding) 작업 최소화, Cost 절감, 일정 단축, 현장 안전 향상 및
       현장 용접 문제 사전 제거로 품질 확보 등

10.5.5 U/G Piping Design & Construction Technological Problems

1) U/G Large Bore Piping Construction Technological Problems
   U/G 배관은 Dead/Live Load로부터 보호하기 위한 일정 깊이를 준수하여야 합니다. 그러나 Cost를 고려하여 깊이의 준수보다, 배관 상부의 지표면을 Concrete Plate 구조물로 덮어서 동 하중을 분산시켜 배관을 보호하는 것이 더 경제적일 수 있습니다. Excavation 너비가 확보되지 않으면 Sheet Pile 등을 이용하여 다음과 같이 구성할 수 있습니다.

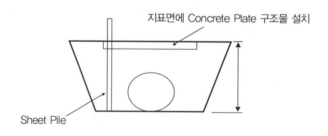

그림 10-46 U/G Piping View

지표수의 Level을 고려하십시오. → 부유 상태에서의 문제를 고려하십시오.

지하에서 토사의 Volume이 공사 일정과 Cost에 큰 영향을 미칩니다.

지하 배관의 중요한 설계 과제는 내부 유체 압력 외에 다른 부하를 견뎌야 한다는 것입니다. 즉, 토양 과부하, 지하수, 차량 교통과 같이 지표면에 가해지는 하중 및 지진 운동에 의해 생성되는 힘을 지탱해야 합니다. 지하 배관 설계는 가장 쉬운 배관 계획의 하나이며 또한 가장 까다로운 계획 중 하나입니다. 이유는 일반적으로 Project는 전체 면적을 여러 규모로 나누어 이루어지기 때문입니다. 또한 많은 변수들이 작용하여 지속적으로 변경되는 설계이며, 여러 설계자가 의견을 일치하도록 하는 것이 훨씬 더 어렵기 때문에 일반적으로 모든 것을 단일 처리하는 설계 방식으로 진행하는 것이 바람직합니다. 기본적으로 지하 배관은 Utility & Process Lines과 Drain Lines의 두 가지 중 하나로 분류됩니다.

일반적으로 모든 매립 배관은 지나는 차량의 무게 등 부하를 분산시킬 수 있도록 최소 요구 깊이가 필요하므로 매설된 배관이 손상되지 않도록 기본적으로 배관 상단(T.O.P.)의 최소 깊이를 약 18~36"으로 매립합니다. 그러나 '만약' 지하 배관 위로 지나가는 교통량이 많지 않은 지역에 있으면 매장 깊이가 훨씬 적을 수 있습니다.

2) Cooling Water System(CWS & CWR) 144" 적용 예
Compressor Area 내 설치되는 Surface Condenser에 공급되는 냉각수 배관은 일반적으로 보호 포장 및 코팅, 음극 보호 또는 둘 다가 있는 매립형 배관 시스템입니다.
냉각수 시스템의 일부를 공급/차단하기 위해 설치되는 모든 밸브는 밸브 피트에 넣어야 합니다. 일반적으로 지하 배관 매설 깊이는 파이프라인 상단에서 1,200mm입니다. 파이프 위의 토사(백필)는 ASTM D-698에 따라 지상 하중으로부터 파이프를 보호하기 위해 최소 95% Proctor Compaction Index로 다짐되어야 합니다.

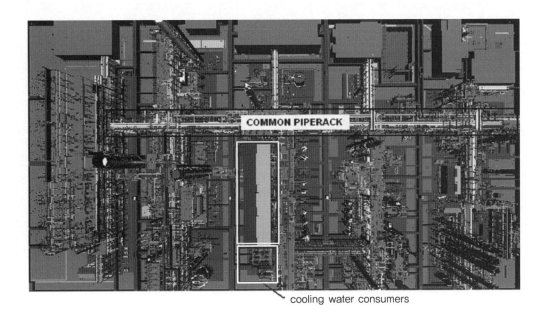

그림 10-47 U/G Cooling Water Line for the Compressor Location

그림 10-48 U/G Piping Construction

Cooling Water Lines이 동쪽에서 서쪽의 Compressor Shelter 로 진행되며 기Compressor System 설계 시 언급된 사항으로 Hot/Cold에 각기 설치되는 shelter를 통합된 하나의 Shelter 설 치로 주요 냉각수 공급이 한곳으로 집중되어 공사 Excavation Work를 그림 10-48처럼 최소화하여 진행함으로써 시공 및 일 정에 원가 절감을 할 수 있는 방안이 마련되었습니다.

Compressor Shelter is designed as ONE : 냉각수 연결 요구 사항을 결합하여 U/G 배열 구조를 최소화했습니다.

장점 : 배관 물량 절감 및 공사 시간 단축

3) Underground Lines Stress Analysis Studies

대부분 Underground Lines(지하 냉각수 공급 및 복귀)에 대한 배관 응력해석은 중요한 라인 목록 에 포함되지 않았습니다.

Heater & Quench to Cold Area에 설치되는 U/G Header 배관

냉각수 공급 라인 : CWS-112"-66101-SR95-N
냉각수 회수 라인 : CWR-112"-66605-SR95-N

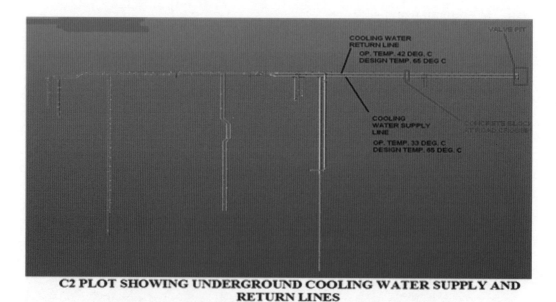

C2 PLOT SHOWING UNDERGROUND COOLING WATER SUPPLY AND RETURN LINES

그림 10-49 U/G Cooling Water 112" Stress Analysis Modeling view

상기 대형 냉각수 공급과 회수 라인이 Main 도로 아래를 통과하며 Main U/G Valve Pit 콘크리트

블록을 통과하여 대형 On/Off Valve와 연결됩니다.

현장 요청에 의거 Main Road를 통과하는 U/G 배관 추가 검토 사례

차량 등의 동 하중을 견디기 위해 콘크리트 블록을 설치하였습니다. 아울러 공급 라인/회수 라인의 차등 팽창으로 인한 힘을 피하기 위해서는 Line별 각각의 콘크리트 블록이 있어야 합니다.

또한 PMC는 계약자에게 스트레스 관점에서 라인을 점검하도록 요청했습니다.

이에 응력 분석을 수행하고 밸브 Pit 벽과 도로 교차 콘크리트 블록에 열팽창에 의해 가해지는 힘을 계산했습니다. 힘이 매우 컸습니다.(여름철 낮의 금속 온도는 ~80°C/밤 금속 온도 ~32°C입니다.)

차등 팽창을 흡수하기 위해 밸브 피트 벽의 앵커 플랜지 고정 방법을 변경하였습니다. 즉, 벽에 설치된 앵커 플랜지 주위에 약간의 틈새를 주고 틈에 실리콘을 채워 팽창을 흡수할 수 있도록 만들어 라인의 낮과 밤 온도 차이로 생기는 변화에 의한 하중을 최소화하여 라인에 손상이 없음을 확인했습니다.

Lesson & Learned

Large Bore Underground Piping Lines은 아주 작은 열팽창(Line Temp. 대기 온도 등)에도 연결되는 Valve Pit 구조물에 문제를 야기할 수 있으므로 배관 응력을 분석해야 하며 프로젝트 초기 단계에서 고려하여 검토 조치를 취해야 합니다.

- 밸브 피트에 적용되는 Reaction Force 등을 토목 설계에 제공해야 합니다.
- 콘크리트 블록 설계는 배관 응력해석 결과에 맞추어 진행해야 합니다.

10.6 Ethylene Project Special Consideration

대형화된 Process Plant인 Ethylene Plant(Ethylene 1,000KTPA/Propylene 300KTPA)의 기기와 Piping System은 일반적인 지식과 경험의 범위를 벗어나는 아래의 주의 사항이 존재합니다.

따라서 상세 설계 업무 진행 시 반드시 시스템의 특성을 이해하고 요구 사항 및 문제점을 사전에 설계에 반영하여 불필요한 도면 수정 작업 및 현장의 어려움이 발생하지 않도록 하여야 합니다.

Ethylene Project에 적용된 GRP Piping

Dissimilar Welding Method

Acoustic Induced Vibration − AIV in Piping Systems

Cryogenic Valve

Roads, Access Ways and Paving

Location of Silencer, Flame Arrestor and Lines Open to Atmosphere

10.6.1 Ethylene Project에 적용된 GRP Piping

Middle East Area에서 발주되는 대형 Project에서는 대부분 Sea Water를 Cooling Water로 사용합니다. 따라서 사용되는 배관의 재질은 대부분 비철(Nonmetallic Material)을 사용합니다. 그 이유는 Metallic Material 가격 대비 상대적으로 저렴하기 때문입니다. 주로 RTRP(GRP) 재질을 많이 사용합니다. 아울러 Nonmetallic Material 특성을 반영한 절차에 따른 설계와 시공 업무가 매우 중요합니다. 그러나 절차를 준수하지 못한 경우 현장에 많은 문제가 발생하여 Project의 일정과 Cost 상승의 요인이 되는 경우도 발생합니다. 이에 관련 System의 경험을 간략히 설명하여 실수를 최소화하고자 합니다.

10.6.1.1 General

1) Sample Plant Work Volume

Middle East Area에서 발주되는 대형 Project 중 Ethylene Plant(Ethylene 1,000 KTPA/Propylene 300KTPA)에 적용된 GRP의 Piping Work Volume은 아래와 같으며 중소형 단위 Project의 전체 Area 물량과 같은 규모로 전체 배관 Cost & 시공에 많은 비중을 차지하므로 설계 시 신중한 검토와 적용이 필요합니다.

Welding Dia-Inch

CLASSIFICATION		PROCESS (HEAT,COMP, COLD)	PROCESS UTILITY	COOLING TOWER	OFFSITE	TOTAL	REMARK
SHOP	A/G			46,008		46,008	Shop Total 73,858
	U/G		',312	21,384	5,174	27,850	
FIELD	A/G			11,938		11,938	Field Total 75,032
	U/G	4,728	4,844	22,738	30,788	63,094	
G-TOTAL		4,728	6,156	102,C46	35,960	148,890	

표 10-1 GRP Welding Work Volume of The Project

* Calculated base on GRP ISO Dwg. : Rework is NOT reflected,
  Process area U/G : Shop welding is NOT reflected(Too small value)

2) GRP vs C/S Cost Evaluation

GRP 선택은 대부분 사업주의 요구 사항과 기술적 검토에 의거하여 진행하나 공사 및 품질 관리 등을 고려하여 CM 및 PM(Project Management) 등에서 시스템 적용에 관하여 GRP 대비 다른 재질 선택에 대한 요구가 있어 이에 대한 경제성을 아래와 같이 검토, 비교했습니다.

• CW Application for U/G

Cost (USD)	GRP	C/S	Inside Lined
Purchase	8,830,730	15,340,620	37,219,607
Construction			
Ratio	1	1.74	4.21

- Fw Application for U/G

Cost (USD)	GRP	C/S	Inside Lined
Purchase	383,247	728,575	2,287,459
Construction			
Ratio	1	1.90	5.97

표 10-2 GRP Cost Evaluation

동일 Size, 단위 Random Length 2012년 기준

- Advantage vs. Disadvantage for GRP

Advantage	Disadvantage
• Light Weight(1/6 of steel) • Corrosion Resistance : 　Non-Passivation • High Strength-to-weight Ratio • Electrical Properties : 　Non-Conductive • Dimensional Stability • Low maintenance Cost	• Damage Susceptible • Weakness for Vibration 　(5 times weaker than C/S) • Limited range in pressure 　rating/diameter • Limited temperature range 　(<125°C) • Flange Alignment

표 10-3 Advantage vs. Disadvantage for GRP

* Advantages of GRP are disadvantages of C/S and vice versa.

3) Application

GRP Material 적용은 대부분 사업주 계약서에 시스템별 적용이 명기되어 있어 계약자는 이에 따라 설계 및 구매 업무를 진행합니다. 그러나 GRP는 제작 방식과 상세 Material Property에 대한 사양 등이 생산 업체별로 차이가 있어 적용 방법의 차등 검토가 매우 중요하다고 생각됩니다.

이에 선정된 시스템에 대한 보증을 위하여 GRP 생산 업체와 사전 상세 업무 범위, 적용 방법 등을 구체적으로 정의하여 진행한 아래 사례를 참고 바랍니다.

대부분 배관 응력해석과 시공 등의 절차를 대부분 제작업체의 기준에 따라 진행하며 상세 설계를 합니다. 그러나 제작업체의 기준을 최소한 검토하고 검증하여 적용 시스템에 대한 책임 소재를 분명히 하여 진행하여야 합니다.

가. 시스템별 적용 Material 정의

- Sea Water/Cooling Water(City Water + Process U/G) : GRP

- City Water : GRE(R.C Requirement)

나. 계약자 Route Studies 도면 제공 범위

- 3 Stage Approval from Contractor

- 최종 ISO Drawing Generation by Vendor

다. GRP Support Concept Dwg
- Conceptual Drawing(From 제작업체)
- Piping Stress Analysis(by 제작업체)
- Detail Support Drawing(developed by Contractor)

라. Joining System/Method 결정
- Double Bell Coupler
- Wrap & STrap Joint(Butt weld)

마. Test Method 결정
- Shop Fabricated Piping by Vendor
- Field Joining Point at Site : Vacuum Test(Vacuum BOX made of Acrylic Plate)

바. Application for Shop Fabricated Piping
- Advantage
  - 50~90% of all welds can be performed in the shop
  - More economical than joints made in the field
  - More efficient than field fabrication(5 to 1)
  - Installation time is greatly reduced
- Disadvantage
  - Long delivery time
  - Higher up-front expenses

10.6.1.2 Joining System 선정

대형 GRP 배관 설계에서 가장 중요한 사항은 Joint Method 결정으로 상세 기술 검토가 필요합니다. 선정된 제작업체의 특성을 파악하고, 적용되는 배관의 사이즈, 배관이 설치되는 곳의 기존 설비와 간섭 여부, 시공성과 경제성을 면밀히 검토하고 적용된 방법에 대한 기술적 신뢰 검토를 바탕으로 최종 Joint Method를 결정(Double Bell Coupler 방식)합니다.

Joint Method
Unrestrained Joint : Gasket-Seal Joints/ Bell and Spigot
- Internal Pressure(○), Axial Tensile Load(×)
- Lower Cost, Anchor Block is required.
Restrained Joint : Adhesive-Bonded Joints
- Internal Pressure(○), Axial Tensile Load(○)
- Higher Cost, Anchor Block is NOT required.

상기 내용을 검토하여 Joint 방법은 Unrestrained Joint Method의 Double Bell Coupler 방식을 적용한 Hybrid System을 선정, 사용하였습니다. 이 방법은 배관의 배열에 따른 Anchor Block 설치에 관하여

간섭을 최소화할 수 있으며 경제성을 고려하여 적용하였습니다.

1) Concept
- Double Bell Coupler on Straight Sections(Unrestrained Joining system)
- Wrap−Joint Method at the Changes of Direction(Restrained Joining system)
- Thrust Block has not been used.

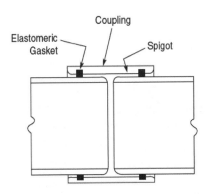 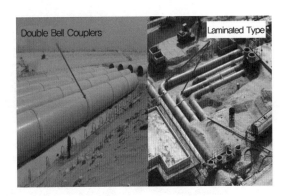

그림 10-50 Double Bell Coupler

2) Hybrid System Applications
- Utilizes the Soil Friction, Burial Depth and Other Design Parameters to Calculate the Restrained Length of the Pipe
- Utilizes the Double bell Coupler on the Straight Sections of Pipe and a Restrained Pipe and Joint at the Changes of Direction/Diameter.
- Important : Backfill and Compact Before Hydro Test!!
- Application for Hybrid System

10.6.1.3 GRP 적용된 Cooling Water/Sea Water Lines Views

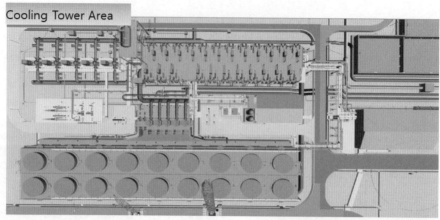

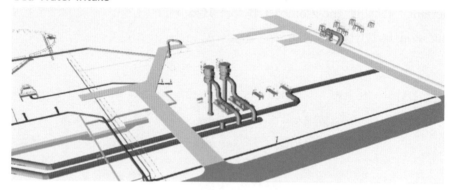

그림 10-51 GRP Piping Configuration

10.6.1.4 GRP 사용 Cooling Water/Sea Water Lines의 Lessons & Learned

대형 GRP 배관 시스템 적용 시 발생되는 대표적 문제로 연결 부위의 누수(Leakage)와 진동 Trouble 사례를 아래와 같이 예시하여 향후 Project 적용 시 도움이 되고자 기술합니다.

* 주요 사례 원인
  - 관련 제작자 Procedure 미준수 사례
    U/G GRP Leakage 발생 Double Bell Coupler : P & ID(56" SWS, SWR)
    Damages in CW Circulation System
  - 관경/Support Design 문제
    High Frequency Vibration at Sea Water Filter, Back Wash Line
    High Frequency Vibrations at Sea Water make-up Minimum Flow Line

1) U/G GRP Leakage 발생 Double Bell Coupler : 56" SWS, SWR
   시운전 진행 시 연결 부위에서 심한 Leakage 사고가 발생하였습니다.

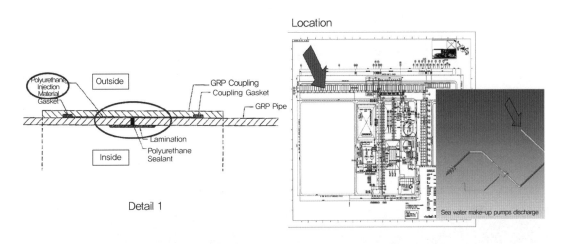

그림 10-52 Double Bell Coupler 내부 추가 용접   그림 10-53 Leakage 발생 Point

원인 파악 : Heavy vehicles moved on the buried piping(Long transferred line)
            Back Filling, Compaction 부족 및 Settlement 발생
            Wrong soil condition data 적용
문제 해결 : Inject polyurethane between pipe and coupler
            Insert polyurethane sealant between gaps
            Laminate inside of pipe

Construction Procedure 미준수(GRP 배관 상부 대형 Crane 이동 등) 여부를 확인하였으며, Leaked Point에 대하여 Double Bell Coupler 내부 추가 용접(Adhesive-Bonded)을 실시하여 해

결한 사례입니다.

2) Pump Strainer Damages in CW Circulation System 56" CWS, CWR
　　시운전 중 Pump의 잦은 Trip이 발생하여 운전을 중단하고 관련된 Inlet Line의 Strainer를 점검한 결과 많은 양의 떨어진 Lamination에 의한 막힘과 Strainer의 파손이 발견되었습니다.

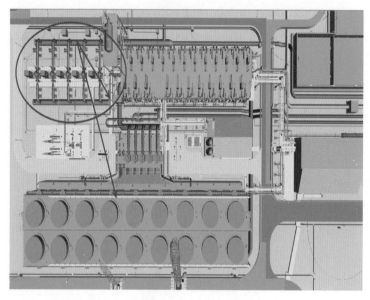

그림 10-54 Strainer Location

　　원인 파악 : 대구경 파이프의 안쪽 Lamination이 시공 불량으로 떨어집니다.
　　　　　　　라미네이션 두께, 가장자리의 불완전한 마무리 공정으로 라미네이션 조각들에 의한 스트레이너의 막힘 현상 발생함

그림 10-55 Pieces of Lamination 분리

그림 10-56 Strainer 파손

문제점 해결
* Re-Work for Inside Joint : Adjust Thin Lamination, Wrapping After Grinding
* Manufacturing Strainer Again : Strengthen Stiffener Ring, Recalculate Effective Flow Area,

Thorough Inspection
- Change Temporary Mesh : 40 mesh → 14 mesh

Inside of Large Bore Pipe의 Internal Lamination의 Adhesive-Bonded 작업 시 제작업체의 Construction Procedure 미준수 및 시공 불량을 확인하였으며, 재시공과 Strainer를 재제작 설치하여 해결한 사례입니다.

3) High Frequency Vibration at Sea Water Filter, Back Wash Line
   본 사항은 시운전 중 진동에 의한 배관 및 Support Foundation의 파손이 발생한 대형 문제 사례로 Sea Water Exchanger(Titanium)에 연결되는 주요 Lines으로 많은 양의 파손으로 Cost 증가 및 일정 지연을 초래하였습니다.

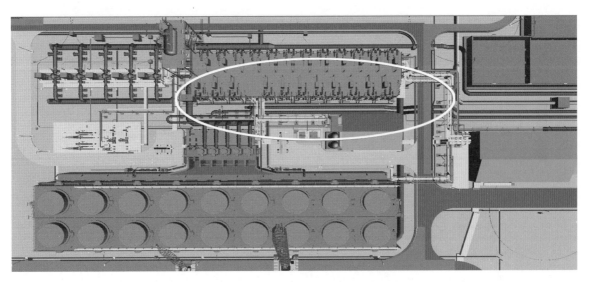

그림 10-57 Filter & Back Wash Line Location

그림 10-58 Sea water Filter 주변 배관 연결 부위 파손

그림 10-59 Back Wash Line 연결 부위 파손

원인 파악

• High Velocity(About 6m/s)
• Wrong calculation for Nozzle size

문제점 검토

• Observance for construction procedure
• Correct calculation for effective flow area
• Random CFD application for large strainer
• Suggestion to complement field lamination

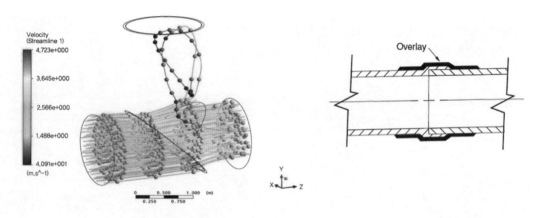

그림 10-60 Computational Fluid Dynamics   그림 10-61 파손 부위 추가 Lamination 보강

문제점 해결

• Add Support to reduce vibration
• Relocate On/Off valve to filter Nozzle
• Make pipe size larger to reduce velocity

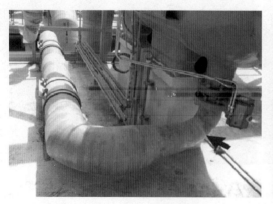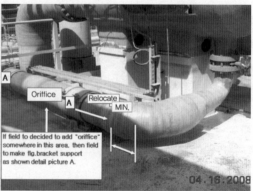

그림 10-62 Orifice 추가 및 Support 보강 검토

그림 10-63 Valve Location 검토

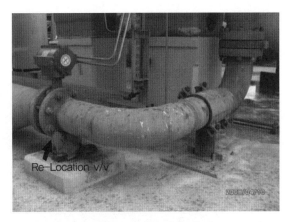
그림 10-64 Valve Location 변경 및 Support 보강

관련 Lines에 대한 상세 유동 해석과 관경, Valve Location 조정, Support 보강 및 파손 부위 Lamination 보강 작업을 실시하였습니다.

4) High Frequency Vibrations at Sea Water make－up Minimum Flow Line(28″ SWS)

시운전 중 Sea Water Intake Lines의 심한 진동으로 Support와 배관 시스템이 파손되어 운전이 중단된 사례입니다.

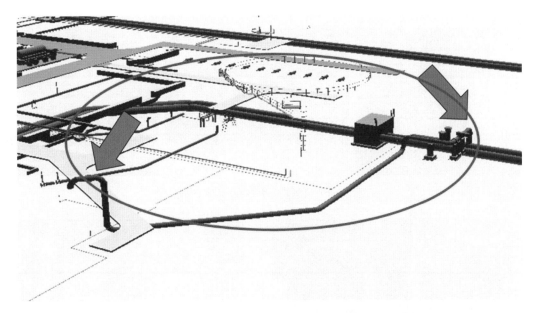
그림 10-65 Sea Water make-up Minimum Flow Line Location

원인 파악

• High Vibration Velocity(36mm/s RMS) due to flow induced, cavitation & flashing

그림 10-66 Modification Location

Point A : Embedded plates are loose and not secured enough on concrete FDN

Point B : Long span, need additional support

Point C : Most severe vibration, need to strengthen up due to heavy wall thickness

그림 10-67 진동에 의한 Support FND 파손

문제점 해결

그림 10-68 Modification Location

- Correction Integrated Foundations and Upgrade Support Type
- Support : Additional Rib Plate & Slide Pad
- Change RO Size from 24" to 36"

그림 10-69 Sea Water Intake 배관 파손

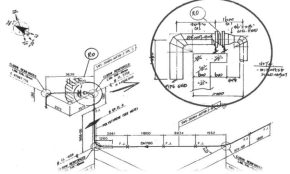

그림 10-70 관련된 배관 시스템에 R/O를 추가

문제점 해결

High Frequency Vibrations at Sea Water make-up Minimum Flow Line

- Measures
  - Correct calculation for control valve size to reduce vibration
  - Standardization for GRP support Dwg considering vibration(Hold down support strongly recommended)

- Natural Frequency (f)

$$f = \sqrt{\frac{[K]}{[m]}}$$ [K] : Stiffness matrix of Pipe System
[m] : Mass matrix of Pipe System

관련 Lines에 대한 상세 유동 해석을 통하여 R/O 등을 추가하고, Support 보강 및 파손 부위 Lamination 보강 작업을 실시하였습니다.

10.6.1.5 Conclusions

Middle East Area에서 발주되는 대형 Project의 경우 대부분의 Cooling Water는 Sea Water를 사용합니다. 따라서 사용되는 배관의 재질은 대부분 비철(Nonmetallic Material) 이외 다른 재질을 사용할 수 없습니다. 그러나 Nonmetallic Material(GRP) 특성을 반영한 적절한 설계와 시공을 하지 못한 경우 현장에 많은 문제가 생겨서 Project의 일정 지연과 Cost 상승의 요인이 발생할 수밖에 없습니다.

따라서 상기 사항을 바탕으로 제작업체의 특성을 반영하고 설계와 시공을 하고 매우 철저하게 준수 여부를 확인하여 문제점을 최소화하는 것이 가장 중요한 요소로 생각됩니다. 또한 대형 GRP 배관의 특성으로 진동에 약한 사항을 고려한 관경 검토와 Support 설계 등을 사전에 충분하게 검토하여 진행하여야 합니다. 이에 상기와 같은 System의 문제점을 아래 사항을 참조하여 업무에 반영함으로써 실수를 되풀이하지 않도록 하는 데 도움이 되었으면 합니다.

- Design
  - Define the joint method in advance
  - Correct calculation for all values considering proper process condition
    Ex) Line Size, Control Valve Size, Fluid Velocity
- Construction
  - Observance for construction procedure
  - Preparation for protections of GRP before and under construction
- Reconsideration for application of GRP
  - Application for CW/FW system : C/S(Sea Water 사용이 아닌 경우)
    ∘ Design
    Easy construction
    Stronger for vibrations
    Better than GRP to apply fast track work
    ∘ Construction
    Easy modification at field
    Working conditions for field lamination are tough when using GRP
  - Application for SW system : GRP(Sea Water의 경우 비철 사용이 가장 경제적임)
    ∘ Must consider the weakness when GRP is applied

High Frequency Vibration(A/G)

Observation for joining procedure at field

- Consider countermeasures in the stage of routing study

10.6.2 Dissimilar Welding Method

대형 Ethylene Plant에는 대구경 배관이 많이 적용되며 그중 Flare Piping에 연결되는 Closed Safety V/V Outlet은 소형 배관으로 직접 연결되는 경우 Flare Piping 재질과 상이하여 SS vs CS의 구성으로 이종 금속 간의 용접이 발생하므로 안전성 검토가 필요합니다. 이종 금속 용접에 따른 문제점을 해결하고자 동일 자재 선택 시 Cost 문제가 제기되는 경우가 있어 합리적 방법(Transition Piece)을 고려한 이종 용접을 진행하고자 하는 경우 다음과 같은 사항을 고려하여 진행하여야 합니다.

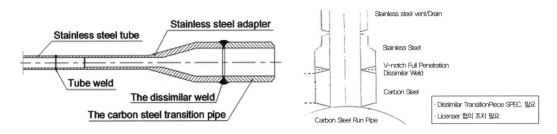

그림 10-71 Dissimilar Welding Transition Piece

이런 이종 용접의 요구는 사업주 Hydrocarbon service Licenser's corrosion related specifications에 명기되어 Stainless Steel Vents, Drains Taps, Valves etc.에 연결되는 배관에 적용됩니다.

탄소강 파이프와 스테인리스강에 직접 연결되는 벤트 및 드레인 등은 가능한 한 응력 부식 균열(SCC)과 관련된 위험을 최소로 줄이기 위해 Weldolet 유형의 전환 피스를 사용하여 진행합니다. 이종 용접은 다음 요구 사항을 반드시 충족하여 제작하여 사용합니다.

- 숙련된 용접사 Shop에서 제작
- 최소 요소 용접으로 이종 용접의 오븐 설계로 응력 감소
- 완전 관통 V-노치 용접 실시
- 니켈계 합금 Filler Metal 사용
- 해당되는 경우 용접 전 및 후 열처리를 포함한 적절한 용접 절차 준수
- 내면 노치 프리 가공
- 100% 방사선 촬영
- 100% Dye Penetration Test

현장 적용 사례

원인 및 문제점	현장 조치 및 대책	고려 사항
−C.S과 S.S 이종 금속 간 용접 시 Transition Piece가 필요함 −Transition Piece의 Spec. 및 Procedure가 필요함	−Licenser 협의 이종 금속 간 Welding에 대해 공사 초기에 Spec.을 정립하여 혼선을 방지함	−Licenser와 협의하여 설계 초기부터 적용하여 공사 시 혼선을 방지함

10.6.3 Acoustic Induced Vibration – AIV in Piping Systems

Process Plant Project가 점점 대용량, 대형화되어가고 있습니다. 이에 관련된 기기와 연결되는 Piping 의 Size 또한 대형화되면서 아래와 같은 현상의 발생을 고려한 업무 진행이 필요하여 이에 대해 설명하고 자 합니다.

AIV는 배관 시스템 내 Vapor Flow의 강렬한 음향 압력에 의거하여 발생하는 구조적 진동을 말합니다. Vapor mass flow services에 설치된 감압 장치는 Flow를 고압 강하하게 하고 관련 서비스 질량은 음향 에너 지로 변환하면서 고주파 음파를 발생하여 파이프 원주 모드 진동을 유발할 수 있습니다. 따라서 응력 집중이 발생하는 용접 부착물에 피로 파괴를 초래하고 흐름에 의하여 발생되는 유도 진동 현상으로 관련 배관 시스템 의 손상을 가져와서 환경 영향 및 인명 손실과 같은 안전사고로 이어져 경제적 손실을 초래할 수 있습니다.

- Stress Category: Primary Stress
- Stress Type: Hoop/Circumferential Stress
- Frequency: 500~2,500Hz
- Design Life: Millions of Cycles
- Failure Locations: Happens at Peak Stress(Discontinuity) Where we Have High−Stress Concentrations

1) Acoustic Induced Vibration(AIV)

AIV는 안전 릴리프 밸브, 초크 밸브, 제어 밸브 또는 오리피스 플레이트와 같은 감압 장치에 의해 고주파 음향 에너지가 생성될 때 정유, 석유, 가스 및 석유화학 산업의 가스 서비스 응용 분야에서 일반적으로 발생하는 현상입니다. 이 현상은 대용량 릴리프 밸브, 플레어 및 블로우 다운 시스템에 서 주로 발생합니다. 감압 장치는 배관 벽에 고주파 원주 진동을 생성하는 장치로 층류에 난류 혼합 및 충격파 영역을 생성합니다. 이러한 현상에 의한 문제는 대부분 아래 부분에 집중 발생합니다. 주 파수는 일반적으로 500Hz에서 2,000Hz 사이이며 진폭 수준은 장치 전체의 질량 유량 및 압력 강하 에 따라 달라집니다.

- 티 및 분기 연결
- 통풍구, 배수구, 기기 및 샘플 연결과 같은 작은 구멍 연결

- 파이프 슈 및 앵커와 같은 용접된 파이프 지지대

Predicting the Acoustic Energy Level(음향 에너지 수준 예측) 감압 장치의 내부 음력 수준은 다음 방정식으로 계산할 수 있습니다.

$$Lw = 10 \log [M\,2 \times (P\,1 - P\,2\,P\,1)\,3.6 \times (TW)\,1.2]\,[M2 \times (P1 - P2P1)\,3.6 \times (TW)\,1.2] + 126.1 + K$$

Lw = dB 단위의 사운드 파워 레벨

    M = 질량 유량(kg/s), P1 = kPa 절대 상류 압력

    P2 = kPa 절대로 다운스트림 압력, T = 켈빈 온도

    W = 분자량

    K = 음속을 설명하기 위한 보정 계수. 값은 비음속 흐름의 경우 0이고 음속 흐름 조건의 경우 6입니다.

2) Predicting the Susceptibility of Piping System to Risk of AIV Failure
(AIV 고장 위험에 대한 배관 시스템의 민감도 예측)

Energy Institute(EI) 지침에서는 AIV에 취약한 라인 선별에 대한 평가의 한 형태로 LOF 분석을 위해 Faillihood of Failure System 사용을 권장합니다.

LOF(Likelihood of Failure) 분석은 관련 속성, 다른 형상 레이어(GIS)와의 공간적 상호 작용 및 로컬 시스템에서 관찰된 오류와 관련된 자산 데이터를 기반으로 각 자산이 실패할 가능성을 예측합니다. EI 지침에 따라 LOF는 절대적인 실패 확률이 아니며 적용의 용이성을 보장하기 위해 단순화된 모델을 기반으로 합니다.

LOF 점수가 높을수록 배관 시스템이 AIV 고장 위험에 더 민감하다는 것을 의미합니다.

LOF 점수에 따라 다음 작업이 권장됩니다.

  1보다 큰 LOF(LOF≥1)

- 메인 라인을 재설계해야 합니다.
- 메인 라인의 소구경 연결을 평가해야 합니다.
- 시공, 지지 및 인접 배관으로의 잠재적 진동 전달을 확인하기 위해 육안 조사를 수행해야 합니다.

0.5보다 크고 1보다 작은 LOF(1.0>LOF≥0.5)

- 메인 라인을 재설계해야 합니다.
- 메인 라인의 소구경 분기 배관 연결을 평가해야 합니다.
- 시공, 지지 및 인접 배관으로의 잠재적 진동 전달을 확인하기 위해 육안 조사를 수행해야 합니다.

0.3보다 크고 0.5보다 작은 LOF(0.5>LOF≥0.3)

- 메인 라인의 소구경 연결을 평가해야 합니다.
- 시공, 지지 및 인접 배관으로의 잠재적 진동 전달을 확인하기 위해 육안 조사를 수행해야 합

니다.

0.3 미만의 LOF(LOF < 0.3)

• 시공, 지지 및 인접 배관으로의 잠재적 진동 전달을 확인하기 위해 육안 조사를 수행해야 합니다.

1982년 Carucci와 Mueller가 얇은 두께 배관의 고장을 조사하기 위해 발표한 논문은 배관 시스템의 음향 에너지 수준과 AIV 고장 사이의 관계를 확인했습니다.

아래 그림은 수직 축의 내부 음력 레벨 Lw 대 수평 축의 공칭 파이프 직경을 나타내는 Carucci 및 Mueller(C−M) 데이터의 플롯인 설계 한계 곡선을 보여줍니다.

앞에서 언급된 LOF 점수의 공식을 기반으로 한 예측 음력 수준이 설계 한계 곡선 아래로 떨어지면 배관 시스템은 AIV에 안전한 것으로 간주됩니다.

예측된 음력 수준이 설계 한계 곡선을 초과하면 AIV의 해로운 영향을 완화하기 위한 제어 조치를 도입하기 위해 배관 시스템을 평가해야 합니다.

설계 한계 곡선에서 더 큰 편차는 AIV 실패를 완화하기 위해 더 집중적인 조치가 필요할 수 있습니다. 안전 설계 기준 곡선은 12시간을 초과하지 않는 비연속 서비스에 유효합니다.

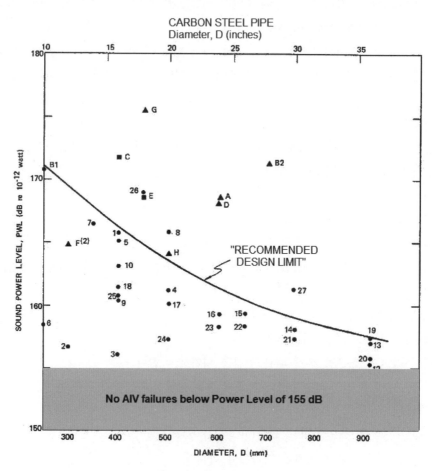

그림 10-72 디자인 한계 곡선

C－M 곡선은 36개 지점을 보여줍니다. 그중 알파벳으로 표시된 9개 지점(A, B1, B2, C, D, E, F, G & H)은 AIV 실패를 나타내고 숫자 1~27로 표시된 27개 지점은 비고정을 나타냅니다.

설계 한계 곡선보다 실질적으로 낮은 지점 F는 용접 언더컷으로 인한 것이며 용접 수리 후 비정상적인 동작이 없었음을 알 수 있습니다. 따라서 AIV 실패를 나타내지 않습니다. 위의 C－M 곡선을 참조하면 사운드 파워 수준 155dB 미만의 AIV 고장 사례가 없음을 알 수 있습니다. 따라서 EI 지침은 155dB 이상의 음력 수준을 생성하는 밸브에 대해서만 LOF 평가를 요구합니다.

EI 지침 순서도에 따라 사운드파워 수준이 155dB보다 작거나 같으면 메인 라인에 LOF값 0.29가 할당되고 해당 라인에 대해 시각적 조사만 수행하면 됩니다. 음력 수준이 155dB를 초과하는 경우 라인의 감쇠와 다른 소스로 인한 추가 사운드파워 수준을 고려하여 다음 용접 불연속성을 평가합니다. 용접 불연속에 대한 LOF는 EI 지침의 순서도를 기반으로 계산됩니다.

상기 사항은 이론적 개념에 대한 참고 사항으로 간략히 기술하였으며 시스템 설계는 대부분 Process의 사전 검토에 의거 P & ID의 Note에 명기하여야 하며 배관 설계는 따라 진행합니다.

3) Reducing Power Level of the Source for Avoidance of AIV Failure

(AIV 장애 방지를 위해 소스의 사운드파워 레벨 감소)

AIV 고장의 위험을 줄이기 위해 감압 장치에 의해 생성되는 음력 수준의 감소를 고려할 수 있습니다. 다음 옵션을 고려할 수 있습니다.

- 하나 이상의 밸브를 사용하여 단계적으로 압력 감소
- 저소음 트림 사용
- 다단계 제한 오리피스 사용

감압 밸브에 용접되는 다운스트림은 AIV 고장이 발생하기 쉬우므로 전체 설계 목표는 분기 용접 연결 및 파이프 지지 용접 부착물에서 비대칭 불연속을 제거하여 배관 시스템의 구조적 무결성을 개선하는 것입니다.

4) Increasing Pipe Wall Thickness for Avoidance of AIV Failure

(AIV 고장 방지를 위해 파이프 벽 두께 증가)

Carucci와 Mueller가 개발한 설계 한계 곡선은 파이프 벽 두께의 변화를 고려하지 않습니다. 1997년 F.L. Eisinger는 파이프 직경 대 두께 비율(D/t)과 고장이 발생할 수 있는 음력 수준 간의 관계를 개발했습니다.

Eisinger의 D/t 대 음력 수준 기준은 피로 파괴 가능성을 피하기 위해 배관 시스템에서 D/t 비율이 64 미만인 것이 바람직함을 시사하였습니다.

EI 지침은 LOF를 줄이기 위해 파이프 벽 두께를 늘릴 것을 제안합니다. 파이프 벽 두께를 늘리는 결정은 프로젝트 초기 단계에서 내려야 합니다. 이후 단계의 변경은 상당한 비용을 유발하고 프로젝트 실행을 지연시킬 수 있습니다.

5) Recommended Measures on Asymmetric Discontinuities for Avoidance of AIV Failure

(AIV 장애 방지를 위해 취해야 할 비대칭 불연속성에 대한 권장 조치)

세 가지 주요 관성 모멘트 중 두 개가 같으면 구성 요소는 축 대칭이라고 합니다. 따라서 배관 시스템에 용접된 플랜지는 축 대칭입니다. 플랜지 및 보강재 링과 같은 파이프 벽의 축 대칭의 불연속성은 잠재적인 피로 실패 지점이 아닌 것으로 밝혀졌습니다. 이는 원통형 셸 보강 효과로 인해 파이프 벽 진동 진폭이 점차적으로 감쇠되기 때문입니다. 따라서 축 대칭 불연속성에 대해 취해야 할 유일하게 권장되는 예방 조치는 언더컷이 없는 우수한 품질의 완전 관통 용접을 보장하는 것입니다.

EI 지침을 기반으로 한 평가는 메인 라인의 각 용접 불연속에서 LOF 값을 생성하고 LOF가 1인 경우 시정 조치를 권장합니다. 용접 접합 결과에서 불연속성이 있으므로 AIV 서비스에 Weldolet 및 Set-on 분기 연결을 권장하지 않습니다. 높은 응력 강화의 연결이 피로 파괴에 취약하게 만듭니다. 따라서 다음 유형의 분기 연결이 권장합니다.

- 단조 또는 단조 티 사용
- Sweepolet과 같은 윤곽이 있는 피팅 사용
- 전체 보강 연결

Contoured Sweepolet pipe connection   Wrought Reducing Tee   Branch connection with full-encirclement reinforcement pad

그림 10-73 Reinforce Method

6) Acceptable Branch Connections to avoid AIV Failure

(AIV 실패를 방지하기 위한 허용 가능한 분기 연결)

Sweepolet을 사용하면 분기 연결에서 높은 응력 수준이 용접에서 멀리 떨어져 있습니다. 유사하게, 완전 포위 보강의 경우 비대칭에서 축 대칭으로의 연결 유형 변경 외에도 벽 두께가 국부적으로 증가하여 응력 수준이 낮아집니다.

용접 파이프 지지 슈즈는 비대칭 불연속성을 나타냅니다. AIV 고장을 방지하기 위해 용접된 슈 지지대를 클램프 슈로 교체하는 것이 좋습니다. 두 번째 옵션은 슈 지지대를 완전히 둘러싼 안장에 용접하는 것입니다. 그림 10-74는 AIV 피로를 피하기 위해 권장되는 슈발 지지대 배열을 보여줍니다.

그림 10-74 Pipe Shoe Arrangement for avoidance of AIV Failure

7) Recommendations for Small Bore Branch Connections

EI 지침에 규정된 시정 조치는 메인 라인을 조정 대신 연결되는 Small Bore Connection을 개선하는 것을 권장합니다.

2인치 이하의 작은 배관 분기 경우 두 평면으로 보강하여 헤더에 보강하는 것이 좋습니다. 헤더는 Gusset 지지대를 수용할 수 있도록 인접한 Branch Line들은 사이가 충분하도록 직선 길이를 가져야 합니다. 메인 라인에서 소구경 배관을 브레이싱하면 소구경 연결이 메인 라인의 움직임에 제한되지 않습니다.

8) Other Standards Which Address AIV Failures

NORSOK Standard L-002, 2009 Annex-A는 배관 시스템의 음향 피로를 다룹니다.

API 표준 521은 EI 지침에 규정된 방법을 통해 음향 피로 가능성을 평가할 것을 요구합니다.

9) AIV(Acoustic Induced Vibration) Reinforcement Ethylene Project 현장 적용 사례

원인 및 문제점	AIV 적용 방안	문제 해결 대안
－AIV Licenser Requirement가 Project 수행 중, 요구되어 자재 변경함.	－Piping Pad 사용 혹은 Thickermaterial 사용하여 변경 최소화	－AIV에 대해 Spec. 없음 Licenser와 협의 조기 설정, 설계 변경이 없어야 함.

문제	AIV 적용 방안	문제 해결 대안
1. PSV－AIV 발생(Gas Phase) Criteria 1. dB＞120 Criteria 2. Mach No.＞0.5 NoRSok Standard LE＝－0.7 적용/SE－0.5 적용	123＞dB＞120 0.5＞Mach No＞0.75 ＞Reinforced Pads	1) Welding Tee 대신 T Branch에 Special Reinforced Pad 사용 2) 2" 이하 Branch 기준 적용
2. AIV(Acoustic Induced Vibration) Fatigue 발생 3. 적용 요청(LE) 1) 2" 이상 Branch Line Welding Tee 사용	123＞dB＞120 Mach No＞0.75 ＞Reinforced Pads ＞Pipe Size Up(Mach No)	1) 상기 적용 외 2) Pipe Size Up－물량 최소화함
2) 2" 이하 Branch Line 3,000－＞6,000lb couping welded Reinfoerced with gusset plate Pipe Th'k sch160 이상 사용	dB＞123 Mach No＞0.75 ＞Reinforced Pads ＞Pipe Size Up ＞Pipe Wall Min. Thickness 13mm 이상 적용	1) 상기 적용 외 2) 일부 해당 구간만 Pipe Wall Thickness 13mm로 교체
Cost & Schedule Impact 발생	Gas Phase PSV AIV 고려 기준 마련 및 설계 반영 필요	

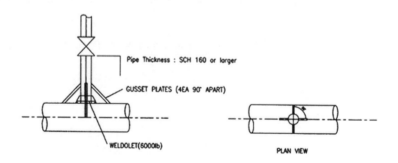

그림 10-75 Small bore Connection with Gusset

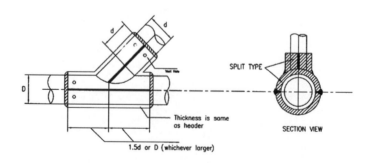

그림 10-76 Branch Connection with Full Encirclement Reinforcement Pad

기실행 Ethylene Project의 경우 대부분 Flare Line과 연결되는 곳에서 발생하여 해당 Lines의 두께를 변경하는 경우 Cost 증가로 연결되므로 그림 10-76과 같은 방법으로 보강하여 진행하였습니다. 대부분 이런 내용에 대한 사전 검토가 Process 공정 업무 최종 단계에서 이루어져 설계 및 현장시공에 혼선이 발생합니다. 따라서 배관 엔지니어는 본 사항에 대하여 기본적 사항을 이해하고 해당 Line에 적용하는 방법 등을 사전 검토하여 진행하는 것이 중요하다고 생각합니다.

- AIV에 대한 SPEC. 정립
- Licenser & Process와 조기 협의 설계 반영
- Pad 보강 작업 최소화

10.6.4 Gusset Support work

대형 Ethylene Piping은 고온의 스팀 배관에는 Double Block Valve를, 저온에는 Cold Valve (Extension Stem)를 많이 설치합니다. 이에 배관계에 전달되는 진동이 상대적으로 빠르게 전파되어 균열이 발생할 수 있습니다. 진동하는 파이프의 상황을 안정화하기 위해 보강판(Gusset Support)을 그림 10-77처럼 Valve 주변에 설치하여 진동에 의한 균열 방지에 사용합니다.

· Double Block Valve가 설치되는 곳에 Gusset Type Support Missing
＞Double Block Valve는 반드시 Gusset Support 설치(Instruction 발행 요)

· Cryogenic Valve(Drain point)가 설치되는 곳의 Gusset Type Support 미고려
＞Cryogenic Valve는 반드시 Gusset Support 설치(Instruction 발행 요)

그림 10-77 Gusset Type Support for Cold Line

10.6.5 Cryogenic Valve

Ethylene Plant에 정제 공정(Cold Area)에 필수적으로 적용되는 Cryogenic Valve는 설계 및 설치 시공 시 오류로 인한 수정 작업이 많이 발생하고 있습니다. 이에 몇 가지 사항을 정리 및 설명하고자 합니다.

관련 Code : INTERNATIONAL STANDARD ISO 28921−1/BS ISO 28921−1:2013
Industrial valves — Isolating valves for low−temperature applications

극저온(Cryogenic) 유체 : 가스로 된 유체에서 가능한 한 가스 열을 제거하여 이송이 편리하도록 액체로 변환하며, 온도에 대한 냉동 방법은 −73℃ 이하에서 적용됩니다. 에틸렌(비점 −104℃, 대기 압력), 메탄(비등점 −162℃ at 대기압) 및 질소(끓는 포인트 −196℃ 대기압) 극저온으로 간주됩니다.

예) 극저온 : 온도 범위 −73℃(−100℉)~−254℃(−425℉)

상기 Code에서 정의된 극저온 밸브 설치(Cryogenic Valve Installation) 기준 :
콜드 박스 애플리케이션이 아닌 액체 서비스로 지정된 밸브는 수평 위치에서 45° 이상(그림 10−78)에서 확장된 보닛으로 작동할 수 있도록 설치되어야 합니다.

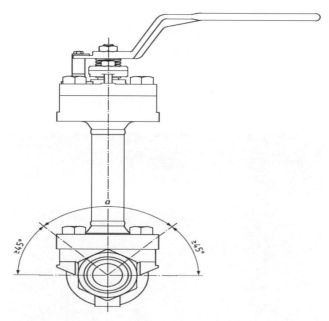

그림 10−78 Recommened Bonnet orientation for Non− cold box installation

1) 현장 Valve Stem Direction 수정 사항

    Cryogenic Valve는 Code & Spec에 따라 Valve Stem이 45° 이하(그림 10−79)로 설치할 수 없도록 하였으나 소형 배관에 설치되는 관련 Strainer Drain valve 등은 설계 진행 시 간과하여 아래와 같이 설계되어 시공 현장에서 수정하는 경우가 많이 발생합니다.

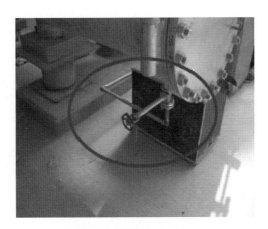

그림 10-79 Strainer Drain Valve

Small Piping에서 Horizontal로 설치되어 Vertical Line에 재설치함

2) Vent Hole Direction(Cavity Hole)에 대한 추가 고려 사항

캐비티 릴리프 메커니즘(Cavity Relief Mechanism) :

캐비티(플로팅 및 트러니언 장착 볼 밸브, 쐐기, 슬래브 및 확장 게이트 밸브)가 있는 것이 필요합니다. 이 기능은 밸브 내부에 유체가 갇히는 것을 방지하고 주변 열로 인해 가스화되는 경우 과도한 압력을 유발하지 않도록 Cavity Hole(그림 10-80)을 이용하여 배출하도록 합니다.(LNG는 주변 온도에서 600배 확장됩니다.)

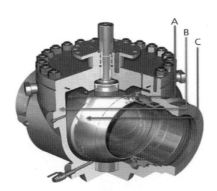

그림 10-80 Ball valve with cavity where LNG could be Trapped

A = Cavity(gap between ball and body);
B = Body Shell; C = Ball

캐비티 릴리프 메커니즘 Direction

캐비티 릴리프의 방향은 P & ID 및 밸브 아래 그림과 같이 표현되어야 하며 또한 Cavity Relief 위치 방향 표시는 Valve Tag에 있습니다. 밸브 설치 시 반드시 Valve Tag에 정의된 방향에 따라야 합니다.

Venting direction shall be indicated as follows:

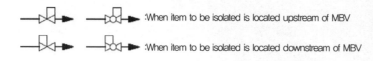

:When item to be isolated is located upstream of MBV

:When item to be isolated is located downstream of MBV

Typical indication of the cavity relief direction of valves in P & IDs(*MBV-Manual block valve)
(Arrangement shown for a gate and ball valve).

그림 10-81 Venting Direction

그러나 현장(그림 10-81) 설치 시 일부 Cryogenic Valve의 Vent Hole이 P & ID와 ISO Dwg과 반대로 설치되거나 ISO Dwg에 표기가 되지 않아 재설치 작업을 하기도 합니다. 본 사항은 Model 에서는 확인 불가하여 사전 점검이 어려워 반드시 시공 Instruction에 명기하고 설명회를 갖는 것이 바람직할 것으로 판단됩니다.

설계 진행 시 상세 관리를 하지 않은 경우 표기의 오류로 인하여 현장에서 재시공의 원인이 되는 사례가 많이 발생하므로 반드시 사전 점검을 하여야 합니다.

10.6.6 Roads, Access Ways And Paving

일반적으로 공정 기기 장치의 끝부분은 주요 플랜트 도로의 중심선에서 15m 이상 떨어진 곳에 위치해야 합니다.

이를 통해 배수 및 소방 시설을 위한 적절한 공간을 확보할 수 있으며 열교환기 튜브 번들과 같은 품목을 제거할 때 도로를 막는 것을 방지할 수 있습니다.

그림 10-83 오른쪽에 명시된 사항은 실행된 사례를 명기하여 손쉽게 이해할 수 있도록 하였으며, 왼쪽에 명기된 사항은 Area 구역을 설계 시 Code에 명기된 전체 면적의 제한(최대 20,000m³) 규정에 따른 길이 x 폭을 적용한 내용입니다.

Area(Unit) 90~100m(그림 10-82)은 두 Area 액세스 도로 사이의 제한된 거리로 단위 Area 프로세스 영역은 반드시 도로 양단에 설치된 Fire Monitor에 중첩될 수 있도록 적용됩니다.

유지 보수 및 안전을 위해 대부분의 공정 장치에 주로 접근하는 도로는 보조 도로입니다.

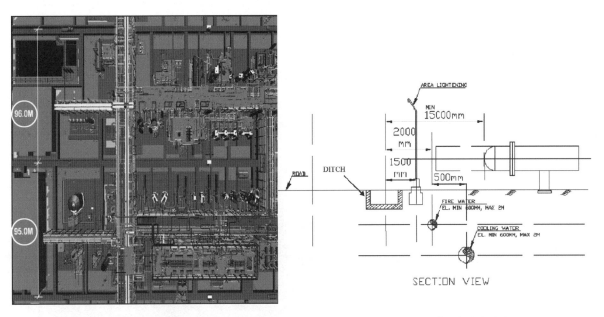

그림 10-82 Area(Uint) 제한 폭　　　　　　그림 10-83 Area(Uint) 기기 배치 Section View

10.6.7 Location of Silencer, Flame Arrestor and Lines Open to Atmosphere

대기에 방출되는 Open Vent 시스템은 방출되는 시간과 확산 거리가 사람과 환경에 해를 끼치지 않아야 합니다. 따라서 대기로의 방출 Open Vent 시스템 위치에서 확산(연속/불연속/비산 사례) 거리 등 특별/추가 요구 사항을 고려해야 합니다.

또한 확산 종류에 따라서 위험 지역 분류, 가스 감지, 특별 출입 허가 등의 조치를 추가할 수 있습니다.

아래 사항은 Ethylene Process Licensor로부터 확인하여 적용된 Open Vent 시스템 관련 기준입니다. 유사한 타 Project 적용은 해당 Process 사항을 확인 검토하여 적용해야 합니다.

적용된 Ethylene Process Systems의 Open Vent 시스템 안전 이격 거리(그림 10-84, 10-85):

Hot or Cold Media, Suffocating Media, Noise, Toxic Media
Enrichment of Oxygen, Heat Radiation in Case of Ignition

3D Model showing silencer and
PSV outlet to atmosphere

Picture 1

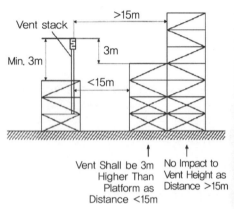

그림 10-84 시스템 적용 이격 거리

그림 10-85 3D Model View

11

Project Piping Execution

11.1 General

Process Plant Project를 성공적으로 수행하기 위해서는 Piping Engineering의 역할이 무엇보다 중요합니다. 프로젝트의 배관 설계를 효율적으로 수행하기 위해서는 처음에 모든 전제 조건을 식별하고 해결해야 합니다. 따라서 배관의 PLE(Piping Leader Engineer)는 처음부터 종결될 때까지 수행하는 동안 중요도와 수행 능력을 효과적으로 고려하고 각 시점(Stage)마다 필요한 일의 범위, 해야 할 Work Activity, Detail Activity 등 흐름을 이해하고 관리(Management)하는 능력을 갖추어야 합니다. Project 성공을 위한 Cost, Schedule, Quality 목표를 달성할 수 있는 사항들을 소개하여 활용에 도움이 되도록 설명하였습니다.

11.2 Project Piping Design Execution 이해

Project를 수행할 때는 각 엔지니어링 회사 또는 클라이언트 표준, 사양 및 실행 절차 등을 사용합니다. 대규모 클라이언트는 특정 요구 사항이 있으며 소규모 클라이언트는 엔지니어링 회사 표준, 사양 및 실행 절차를 사용할 수 있습니다. 이러한 요구 사항에 따라 Piping work를 수행합니다. 설계 기반은 다른 팀에 설명해야 하고 실행 절차를 준수하여 실행합니다.

11.2.1 Project 수행 3 Stage Cycle

1) 초기 단계 계약 발행부터 Detail Design이 시작되는 시기 : Formation Phase

   프로젝트 시작 단계(The Project Initiation Phase)는 생산할 목표, 범위, 목적 및 결과물을 정의하고 팀을 구성하는 단계이기 때문에 프로젝트 수명주기에서 가장 중요한 단계입니다. 즉, 명확하게 정의된 범위와 적절하게 숙련된 팀만이 성공을 보장할 수 있습니다. 프로젝트 시작에 기존 수행 프로젝트 템플릿을 이용하면 새 프로젝트를 시작하는 데 도움이 됩니다. 이러한 템플릿을 사용하면 항상 쉽게 출발할 수 있으며 처음부터 다시 시작할 필요가 없고 모든 결과물을 빠르고 쉽게 생성 할 수 있습니다.

   계획 단계(Planning Phase)는 프로젝트 계획이 문서화되고 프로젝트 결과물 및 요구 사항이 정의되며 프로젝트 일정이 생성되는 단계입니다.

2) Project 수행 단계 상세 설계 개시부터 종료, 주 기재의 발주, 제작 개시부터 완료까지, Project 건설 개시부터 전성기까지 : Built-up, Production Phase

   실행 단계(Execution Phase)는 고객 또는 내부 이해 관계자에게 제품 또는 서비스를 제공하기 위해 프로젝트 주요 work의 세부 사항을 수행하는 단계입니다. 프로젝트 실행에는 일반적으로 프로세스 준수, 인력 관리 및 정보 배포의 세 가지 주요 구성 요소가 포함됩니다.

3) Project 종국 단계 설계 완료에서 공사, 시운전 종료, 사업주 인도를 거쳐 Job이 완전히 종료될 때까지 : Closing Phase

   프로젝트 마감 단계(Project Close Out Phase)는 프로젝트 라이프 사이클의 마지막 단계입니다.

종료는 사용자가 프로젝트 결과물을 승인하고 프로젝트 감독 기관이 프로젝트가 설정된 목표를 충족했다고 결론을 내리면 시작됩니다.

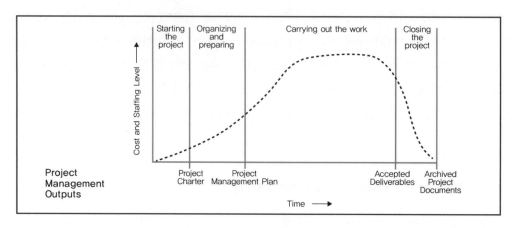

그림 11-1 Project Life Cycle

일반적으로 Project 수행은 상기와 같이 3단계의 Cycle로 진행됩니다.

그중 초기 Stage(Formation Phase)는 생산할 목표, 범위, 목적 및 결과물을 정의하고 팀을 구성하는 단계이기 때문에 프로젝트 수명주기에서 가장 중요한 단계입니다.

초기 Stage의 준비가 결국 전체 진행의 Cost/Schedule/Quality에 가장 많은 영향을 미친다는 것을 인식하고 Stage별 Management(by *PMI) 기법을 이해하고 적용하도록 사전 준비 작업에 많은 시간을 투입하여 실행(Execution) 효율을 갖도록 하여야 합니다.

 * Project Management Institute : A Guide to the Project Management Body of Knowledge

11.2.2 Project Execution Stage별 Management(by *PMI)

각 회사 또는 PLE의 고유 방식과 형태의 다양한 방법을 통하여 Project Execution을 실행할 수 있으나, *PMI(Project Management Institute)에서 제안한 Project 3 Stage의 Cycle에 적용하는 정형화된 8단계 분야별 관리 기법을 활용하는 방법을 제안하고자 합니다. 따라서 11.6 Project Management 업무 범위 상세 정의 내용을 참조 바랍니다.

1) Integration MGT 전략·계획의 책정, 전략·계획의 실시, 변경 관리

2) Organization MGT

3) Scope MGT 역무 범위 계획·관리, 역무 완성의 확인, Scope 변경 관리

4) Time & Schedule MGT
   - 주요 Milestone 관리
   - Schedule 변경 관리
   - 일정 지연 원인 분석 및 대책 수립

5) Cost MGT 자원 관리, Cost 적산, 예산 설정, Cost 관리
   - 실행 예산 편성/변경

- 분기별 손익 점검
- 손익 개선 활동
- 수금/지출 현황 관리

6) Risk MGT
- Lessons Learned 반영
- 예상 Risk 사전 관리
- Claim 관리(사업주/협력업체)

7) Quality MGT

8) Communication & Coordination MGT 정보의 배포, 진척 보고, Project 완료 업무

11.3 Piping Engineering Work Milestone 관리

Project 수행 3 Stage Cycle 중 수행 단계(Project Execution Phase)에 Piping Engineering Work의 효율적 업무 수행을 위한 방안으로 Key Milestone 관리를 적용하여 수행한 내용을 소개합니다.

Piping Engineering 'Milestone'이란 '어떤 것의 진행, 발전이나 진행에 있어서 중요한 지점(Event)을 지칭하는 것'으로 이해합니다.

따라서 필자는 Piping Engineering Schedule에 가장 직접 영향을 주는 Event를 Piping Milestone이라고 부르겠습니다. Piping Engineering Milestone은 배관 설계 기간에 꼭 수행해야 하는 Event 중에서 Schedule에 직접 영향을 주는 Event로 반드시 Schedule에 포함하여 Key Milestone으로 관리해야 합니다. Key Milestone으로 관리하는 이유는 해당 Event와 다음 Event가 연계되어 있어 정해진 일정에 마치지 못하면 다음 Event를 진행할 수 없기 때문이며, 또한 곧바로 Schedule 지연으로 연결되기 때문입니다.

아래 사항은 배관 설계의 Key Milestone으로 관리해야 할 Event입니다. 그러나 Project별 특성 및 규모에 따라 적용에 차이가 있습니다.

1) Overall Schedule & Piping Routine Study
2) 3D Modeling work
3) Piping Flexibility & Nozzle Orientation Analysis
4) Structure & Pipe Rack Information/Pipe Support Information
5) 3D Modeling 30%, 60%, & 90% Review
6) Piping Bill of Quantity/Requisition of Piping Component & Piping Specialty
7) Quality Control etc.

11.3.1 Piping Engineering Overall Schedule for 33 Month(for General View)

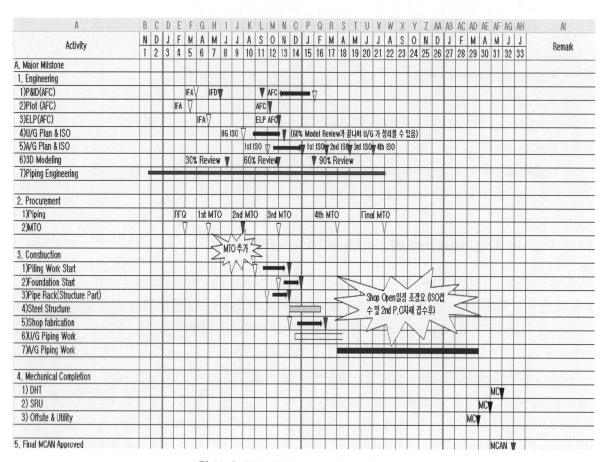

그림 11-2 Piping Engineering Overall Schedule

11.3.2 3D Modeling & Review

3D Modeling

3D 모델은 모든 공종 엔지니어링의 결과물입니다.

Piping Design Work의 산출물 제작의 Tool이 시대 흐름에 따라 Manual→2D→3D Modeling으로 발전하여 예전의 Project 규모 실행 대비 대형 Project를 반비례 인력 규모로 진행할 수 있도록 발전하였습니다. 3D Modeling은 모델의 3차원 형상 표현 기법에 따라 선처리(Wire Frame) 방식, 면처리(Surface) 방식, 구체처리(Solid) 방식으로 분류하여 기기, 구조물 및 배관 등을 상세 3D 그래픽으로 표현하여 실제화합니다. 그러므로 설계 과정의 문제점이나 대안 분석, 평가 도구로 활용성이 증대되어 개선 사항을 쉽게 확인하고 도면 작성 및 관련된 자재 산출 등의 업무를 진행할 수 있습니다.

3D Modeling Review

3D Model Review는 엔지니어링 결과를 3차원으로 검증하는 아주 중요한 과정으로서 발주처 프로젝트 팀은 물론 Operator까지 참석하며 프로젝트 규모에 따라 3주에서 한 달 이상 소요되는 큰 Event입니다.

하지만 Review가 중요한 만큼 일정을 확정하기가 쉽지 않습니다. 발주처와 Contractor가 보는 Modeling

완성도가 다르기 때문입니다. Contractor는 제작 일정 때문에 가능하면 앞당겨 실시하려고 하지만 발주처는 자신들이 원하는 수준이 아니라고 생각하면 절대 Review 일정에 동의하지 않습니다. 또한 Review에는 발주처 Operator들이 참석하는데, 만일 수준 이하의 Modeling을 보여준다면 프로젝트 팀으로서도 문제가 되기 때문입니다. 따라서 엔지니어링 PLE는 초기부터 깊은 관심을 가지고 준비 사항부터 Model의 완성도까지 수시로 점검해야 합니다. 단계별로 Review를 마치면 발주처로부터 Comment를 받게 되는데 이 역시 프로젝트 규모에 따라 다르지만 보통 수백 이상으로 방대한 양입니다. 이것을 3D Model Punch로 별도 관리하여 엔지니어링에 반영해야만 Close가 되므로 사전에 최대한 Comment를 받지 않도록 노력해야 하며 부득이할 경우 최대한 신속히 Close하도록 집중적으로 관리해야 합니다.

Review는 관련 Specification에 따라 검토하며, 현장 시공 단계에서 기기 설치를 용이하게 하고 운전 인력 안전 측면, 작동성 및 유지 관리 측면 등을 확인하기 위해 수행됩니다.

이런 Review를 통하여 Project의 세부 엔지니어링 단계에서 잠재적인 위험 요소를 인식할 수 있다면 추가 비용을 거의 또는 전혀 들이지 않고 수정할 수 있습니다.

이 검토의 목적은 유지 보수 및 운영을 위해 적절한 액세스를 제공하고 제작을 위해 간섭을 제거하거나 최소화하는 것입니다.

모델 Review는 일반적으로 30%, 60% 및 90% 모델 검토의 세 단계로 진행됩니다. 일부 경우(계약에 따라) 고객이 추가 검토 단계를 요구할 수 있습니다.

필자의 경험을 바탕으로 일정을 보면 대략 30% Review는 엔지니어링 착수 후 4~5개월 전후로, 60% Review는 9개월경, 그리고 90% Review는 13개월경에 실시되는데 이 일정만 준수한다면 현장 제작 일정에 큰 무리 없이 엔지니어링을 마무리할 수 있습니다.

각 단계별 3D 모델 준비 및 검토는 Project의 특성에 따른 사업주 또는 각 엔지니어링사의 절차에 의해 수행됩니다. Review 행위를 통하여 엔지니어링 업무에 대한 Progress, Quality를 관리 및 확보할 수 있습니다.

그림 11-3 Modeling View

외국 엔지니어링 회사는 3D Model 업무를 전담하는 Manager나 Coordinator를 두고 효과적으로 운영하는 데 비해 우리나라는 대체로 배관 공종에서 주관함으로써 어려움이 발생하는 경우가 많습니다. 한 공종에서 주관하면 타 공종의 관심이 부족하고 주관하는 공종의 업무량에도 무리가 있기 때문입니다.

아울러 Model의 활용이 EPC 범위를 벗어나 O & M 단계의 활용이 활성화됨에 따라 보다 더 세밀한 모델이 요청되고 있습니다. EPC사의 Modeling work 또한 Level-up되어 사업주의 요구 사항에 큰 어려움 없이 대처할 수 있습니다. 이제 우리도 전담 Manager 제도를 적극 검토할 필요가 있습니다.

11.3.3 Major Milestone for 3D Modeling

3D Model Review는 엔지니어링 결과를 3차원으로 검증하는 아주 중요한 과정으로서 발주처 프로젝트 팀은 물론 Operator까지 참석하며 프로젝트 규모에 따라 3주에서 한 달 이상 소요되는 큰 Event입니다. 따라서 Review 업무 진행 결과에 따라 Cost & Schedule에 막대한 영향을 미칩니다. 그러므로 사전에 요구되고 준비해야 할 사항을 공유하고 아래와 같이 관리 요소를 세분화하여 진행하여야 합니다.

1) Milestone for P & ID, Plot Plan
2) Milestone for Nozzle Orientation
3) Milestone for Structure/Civil information
4) Milestone for Internal Module Review

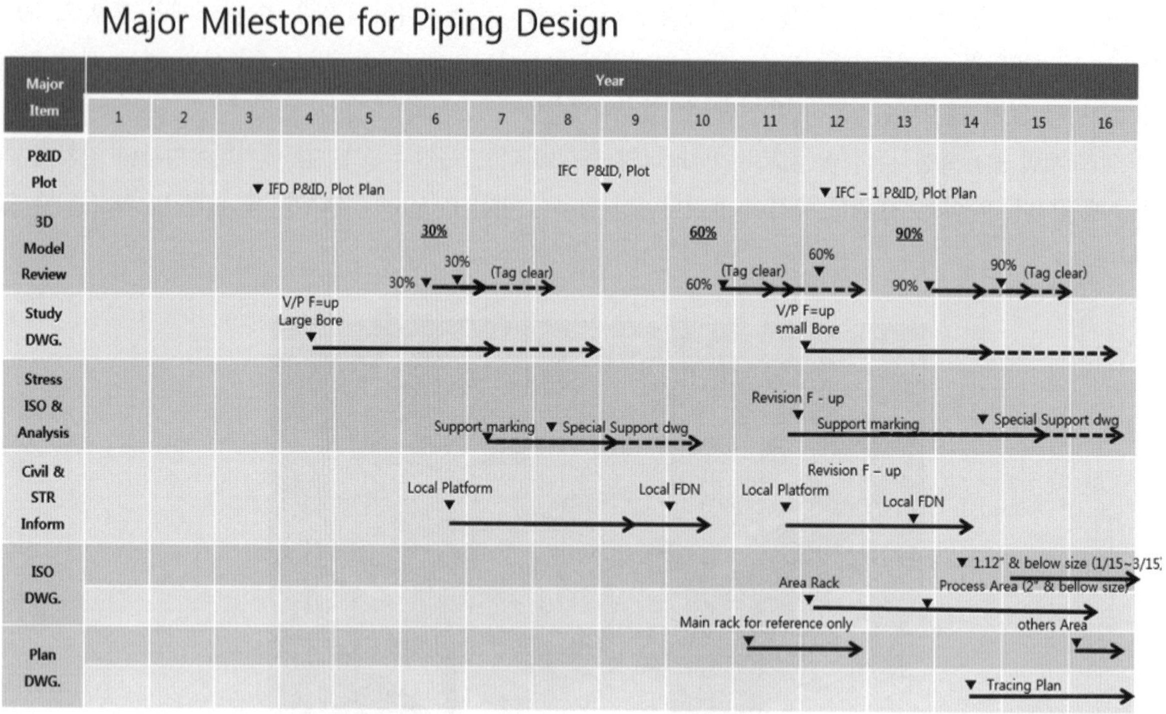

Major Milestone for Piping Design

그림 11-4 Major Milestone for Piping Design

Notes : IFA : Issued for Approve, IFD : Issued for Design, IFC : Issued for Construction

1) Milestone for P & ID, Plot Plan

    Modeling Review의 기준이 되는 것으로 P & ID, Plot Plan의 Stage(IFA, IFD, IFC) Status Level

에 맞는 완성도 및 일정 관리가 매우 중요한 인자로 해당 공정 및 배관의 성과품에 대하여 단계별 Stage 관리를 Project Manager Group에서 집중 관리해야 합니다. Review를 Leading하는 배관 설계는 Review Stage(30, 60, 90%)에 맞는 Status 관리를 확인하고 Milestone 관리를 하여야 합니다.

2) Major Milestone for Nozzle Orientation

대형 Project의 경우 관련 기기(Tower)의 조기 발주가 매우 중요한 사항으로 정해진 Overall Modeling Review Schedule에 맞추어 진행할 경우 기기 발주가 어려운 경우가 많습니다. 따라서 필요 시 아래 그림 11-5와 같은 사전 준비를 통하여 사업주와 협의하여 단위 기기별 Review를 실시하는 방안을 모색할 필요가 대두됩니다.

기기별 사전 Review 진행은 관련 기기의 선발주 및 Formal Review 일정을 단축할 수 있는 방안으로 검토 시행하는 것이 바람직합니다.

Nozzle Orientation Schedule Control T/B

Tower Model Review

		8	9	10	11	12	1	2	3	4	5	6
		1	2	3	4	5	6	7	8	9	10	11
1	P & ID				▽		▽	02/D0	▽ 03/D1		IFP	
2	PDS	▽Rev.0	▽Rev.01	▽								
3	MDS			Review	Issue for Approval ▽				Issue for Approval			8월 IFC Issue
4	Eng DWG				▽Prel				For Information			
5	Level Sketch										▽Rev0	7월 IFD Issue
6	Plot Plan							▽	Issue for plan 1		Issue for plan 2	
7	Routing Study				▽							
8	Study DWG					▽						
9	Nozzle Orientation							Rev.0▽		Rev.1		Rev.2

그림 11-5 Nozzle Orientation Schedule Control

3) Major Milestone for Structure/Civil information

배관 설계 단계에는 토목/건축 설계와 Interface가 가장 많이 생기고, 관련 Data의 수정(Revision) 업무로 인한 과부하로 프로젝트의 일정 지연이 자주 발생합니다. 이에 Interface Data의 정확성 및 Revision 경우의 수를 줄이는 방안을 모색하여 시행하는 것이 프로젝트 품질 및 일정 관리에 중요합니다.

따라서 그림 11-6과 같이 관련 담당자가 공유할 수 있는 절차와 일정을 작성하고 공유하며 관리하여야 합니다.

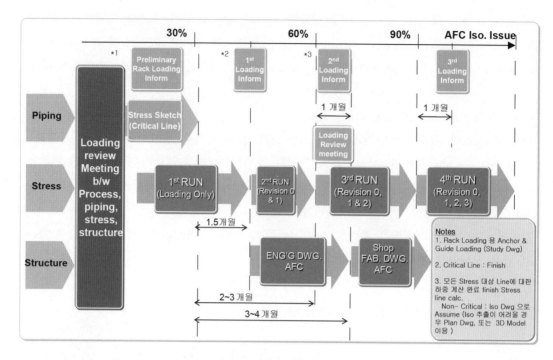

그림 11-6 Structure/Civil Information

배관 설계 진행의 여러 Interface 요인인 Process Data, Vendor Inform, Line Route, Stress Analysis
을 통해 변경 사항에 대한 일정 관리 목표를 공유하며, 관련 Interface work 진행 과정에서 사전 Data 작
성의 기준과 정확도의 수준을 상호 이해하여, 불필요한 반복 수정 작업으로 시간 소모에 의한 일정 지연이
발생하지 않도록 관리해야 합니다.

4) Internal Model Review Milestone Schedule

Internal Model Review는 각 공종별 진행과 동시에 공종별 설계에 대한 사전 검토를 진행하는 것으로
클라이언트와 진행 전 4 Week Schedule로 진행하는 것이 바람직합니다.

본 사항을 통하여 각 공종별 자체 Progress 및 Quality를 점검할 수 있습니다. 또한 본 통합 Review
작업을 통하여 전체 공종의 Model File의 완성도 Quality를 향상시키면 Official Model 일정 관리에 도움
이 됩니다. 다음 그림 11-7과 같은 방법으로 진행합니다.

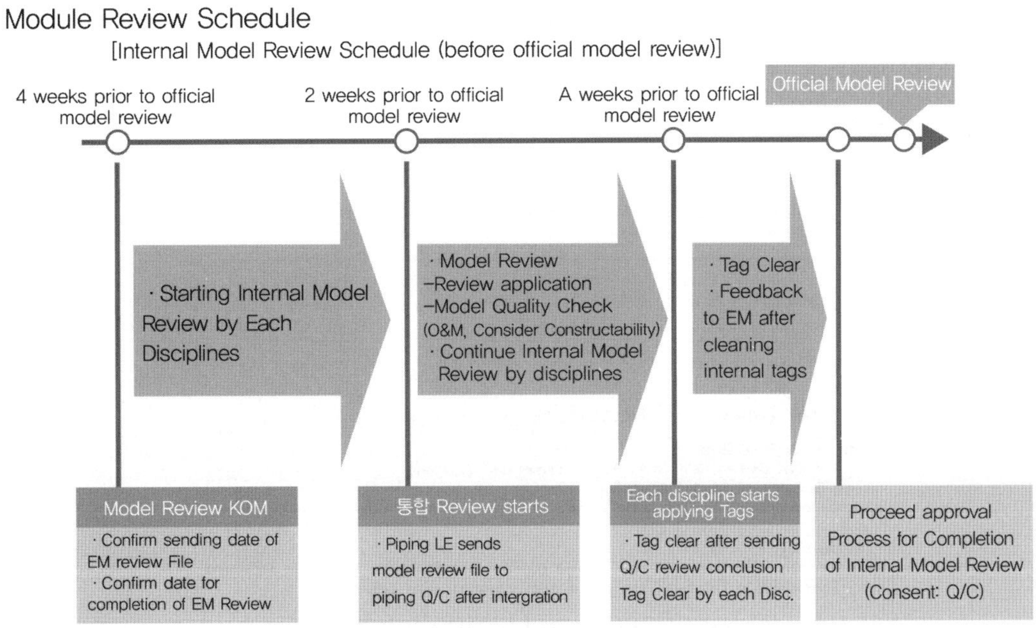

Module Review Schedule

[Internal Model Review Schedule (before official model review)]

4 weeks prior to official model review
2 weeks prior to official model review
A weeks prior to official model review
Official Model Review

· Starting Internal Model Review by Each Disciplines

· Model Review
–Review application
–Model Quality Check (O&M, Consider Constructability)
· Continue Internal Model Review by disciplines

· Tag Clear
· Feedback to EM after cleaning internal tags

Model Review KOM
· Confirm sending date of EM review File
· Confirm date for completion of EM Review

통합 Review starts
· Piping LE sends model review file to piping Q/C after intergration

Each discipline starts applying Tags
· Tag clear after sending Q/C review conclusion Tag Clear by each Disc.

Proceed approval Process for Completion of Internal Model Review (Consent: Q/C)

그림 11-7 Internal Model Review Schedule

11.3.4 Major Milestone for Material Take-Off

대형 Project 수행 시 배관 자재 관련(Bulk Material) 사항에 대한 철저한 관리 및 실행 절차 준수가 매우 중요합니다. 소형 Project의 경우 수행 중 발생한 누락 및 추가 사항을 신속히 발견하고 조기 해결할 수 있으나, 대형 Project의 경우 배관 자재(Bulk Material) 사항 누락/추가 사항에 대한 발견이 늦고 이에 따른 조치가 지연되어 공기에 영향을 주기 때문에 보다 집중적 관리가 필요합니다.

1) 배관 자재(Bulk Material)가 18 Month에 현장에 요구되는 경우 발주 일정

Required On Site(ROS) date – Procurement Cycle – Transport Duration

= Required Engineering Requisition Issue Date

Inquiry to PO   4Months
PO to Ex–Works   Pipes 6~8 Months
                                                   Fittings & Flanges 8Months

Transport, incl. Custom Clearance 2Months
_____

POs to be Placed Month 18–2–8   Month 8 of the 3 Year Project
Inquiries to be placed Month 18–2–8–4 Month 4

2) 배관 시스템 자재 MTO(Material Take off)는 일반적으로 3차례 실시 기준

1st BOM(Manual) : Issue for Inquiry, to get the Unit Prices

P & IDs 1st Issue + Plot Plan & Line List

2nd BOM(Manual + Model) ISO 추출 후 : Issue for Order

　　IFD P & IDs = Piping Studies/3D Model

3rd BOM(Model); Issue for Finalize

　　IFC P & IDs + Isometrics(3D Model)

사례 연구

- Material Take − off Schedule

　[Status & Problem]
　　- 1st BM (46%), 2nd BM (68%), Final BM (100%)
　　▷ **Supply of Material delay**
　　▷ **Construction Schedule delay because of BM take-off ratio lower**

　[Solution]
　　- **Fractionate BM take-off stage (4~7) and BM take-off ratio upward**
　　- **Decide BM take-off stage as per construction schedule**

- BM take-off status and plan (28Month Project)

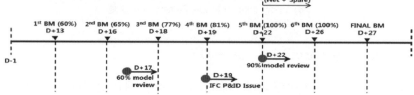

그림 11-8　BM take -off Status and Plan(28 Month)

상기와 같이 대형 Project의 경우 보다 많은 차수의 발주로 현장 요구 사항에 맞추어 진행하는 방법도 고려할 필요가 있습니다.

11.3.5 Major Milestone for Quality Control

Project Engineering Work의 많은 비중을 차지하는 배관의 PLE는 배관 설계의 품질과 일정을 고려한 관리와 수행 능력을 발휘하여야 합니다. 효과적인 관리를 위하여 수행하는 각 시점(Stage)마다 필요한 Data의 접수가 매우 중요하다고 생각하고 Monthly Quality Report(Bi weekly) 등을 작성하여 업무 수행에 요구되는 Data와 진행 사항을 공유하여 품질과 일정 관리(Management) 능력을 최대한 발휘하여야 합니다.

아울러 중요한 Product에 대한 Quality Verification 일정을 함께 관리하는 방안도 검토하여 진행합니다.

1) Piping Bimonthly Quality Control

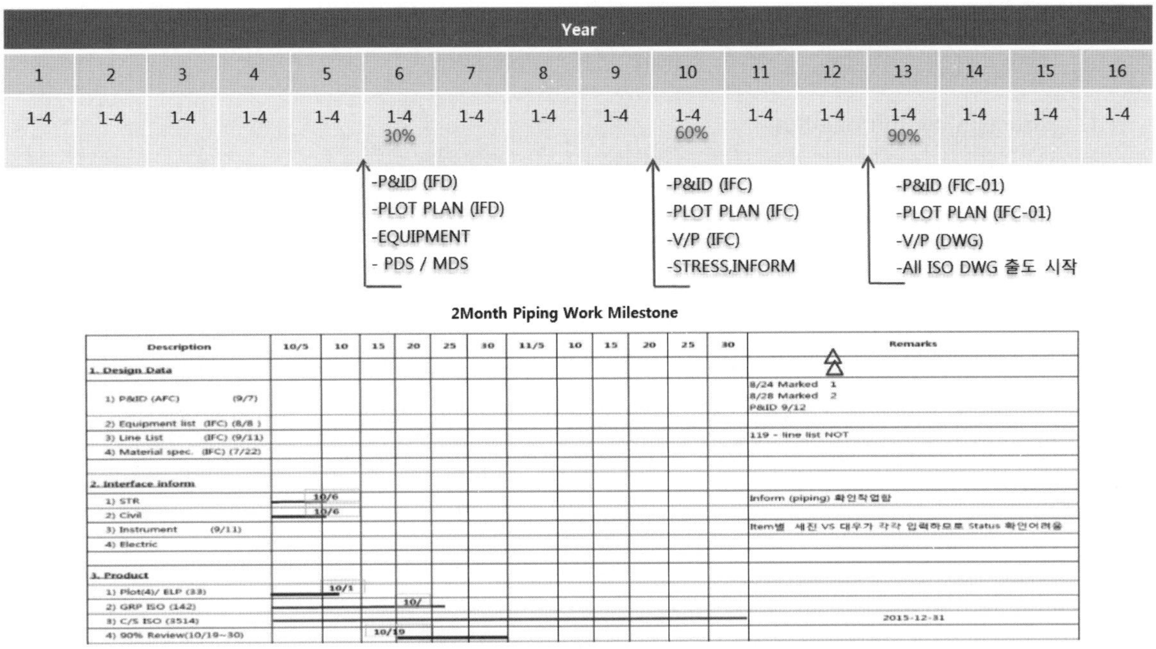

그림 11-9 Piping Bimonthly Quality Control

QUALITY VERIFICATION SCHEDULE FOR K2 PROJECT

Project No. : 123127P

구분	Verification 대상		Verification 시점	Verification 수량	Verify Date		Verifier 담당자	소요인원	Remark
	Drawing/Document	Drawing total q'ty			Schedule	Actual			
General	Schedule(EDPR/PPR)		100%Completion	All	30.SEP.'16	30.SEP.'16	M.J.MIM		
	Job Instruction		100%Completion	All	30.SEP.'16	30.SEP.'16	M.J.MIM		
Design	Plot Plan	1	IFA	All	04.AUG.'16	04.AUG.'16	R.KANG		
	Equipment Location Plan	8	IFA	All	15.OCT.'16	15.OCT.'16	R.KANG		
	U/G Piping Plan / Iso. dwg	9 / 421	Iso dwg. AFC	10%	18.APR.'17	18.MAY.'17	R.KANG		
	A/G Piping Plan	115	IFA	10%	15.MAY.'17	29.Jun.'17/10.Aug.'17	R.KANG		
	A/G Isometrics dwg	7000	AFC	10%	15.JUN.'17	29.Jun.'17/10.Aug.'17	R.KANG		
	HVAC		IFA	10%	25.JUN.'17		H.BANG		
3D	RDB		100%Completion	10%	30.MAY.'17	30.MAY.'17	H.JUNG		DATA로 정리하였음
	Interference Check		75% Completion	10%	20.MAY.'17	MAR.27.'17 / 30.SEP.'1	UNIT 담당		
Material	Material Spec.		100%Completion	10%	30.SEP.'16	MAR.27.'16 / 30.SEP.'1	M.K		
Stress	Stress Calculation Sheet		100%Completion	10%	25.JUN.'17		S.CHO		
	Exp/Joint & Spring Support		vendor print 접수	10%	V/P접수후 1주 이내		S.CHO		

그림 11-10 Quality Verification Schedule

11.3.6 Piping Engineering Work의 주요 관리 항목

상기 배관 설계의 주요 Key Milestone을 잘 관리하기 위해서는 아래 In/Out Data를 사전 관리하여야 합니다.

    1) P & ID Control

    2) Vendor Information Control

    3) Constructability Information

    4) Internal Information

    5) 대형 Project Key Items

1) P & ID control

Hazid, Hazop Study, SP P & ID를 적극 운영하여야 하며 Hazid, Hazop Study 업무는 60% Review 이전 AFC 수준 상태로 완료되어야 합니다. 또한 Line List는 단계별 Revision Stage 관리가 Design/Model Work Progress 기본 자료 역할을 하며, 일정 관리 Key Data로 중요하게 관리해야 합니다.

2) Vendor Information Control

각종 장비 도면도 엔지니어링의 일부이므로 Modeling을 완성하기 위해서는 장비 업체로부터 Data를 받아야 합니다. 하지만 이 과정이 만만치 않습니다. 여러 가지 이유가 있겠지만 여하튼 대부분 프로젝트가 이 Vendor Data 지연으로 어려움을 겪는 것이 현실입니다. 따라서 Vendor 관리도 매우 중요합니다.

3) Constructability는 설계 초기 Data의 흐름이 현장까지 연결, 관리될 수 있는 WBS 체계를 수립하여 관리하여야 합니다.
- Rigging System Plan, U/G Protection, Work Sequence : Material Control, Equipment Election
- System Definition & Priority

4) Information : Inform Tracking 체계를 수립하여 관리합니다.

Nozzle Orientation : Platform Design(Internal Work)

Rack/Structure Information : Criteria 정의 with Structure

Special Sup't : Loading/Location etc

5) 대형 Project의 경우 Work Priority Meeting을 통하여 통일된 기준으로 관리합니다. 초대형 Project의 경우 아래 3가지 사항의 관리를 성공의 Key로 인식하는 것이 매우 중요합니다.

Artificial Freezing System 적용 : 공종별 동일 Stage(Status) 관리를 통한 혼선 제거

Package Items Management : Work Scope 정의 및 공유

Bulk Material/Spool Control : 잉여 자재 관리, Spool Numbering(Bar Code)

11.4 Interface Control

원활한 Interface 업무를 위해서는 반드시 프로젝트 초기 업무의 범위, 자료를 주고받는 절차, 그리고 제공 기한 등을 사전에 정해야 합니다.

초기부터 제대로 정하지 않으면 프로젝트 진행 도중에 많은 문제가 발생하기 때문인데 이는 대부분 비용 낭비와 일정 지연으로 연결되는 경우가 많습니다.

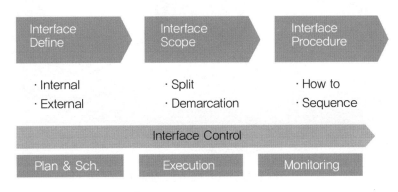

그림 11-11 Interface Procedure

각종 Data를 받아 엔지니어링에 반영하고, 역시 그들에게도 배관 설계 결과를 제공해야 하는데 정확한 Data가 제때에 제공되지 않으면 엔지니어링 일정이 차질을 빚을 수밖에 없습니다.

이는 결과적으로 한 공종의 문제가 아니라 프로젝트 전체의 일정에 영향을 줄 수도 있습니다. 따라서 엔지니어링에 필요한 Data와 제공 일정 등을 초기에 명확히 정리하여 프로젝트에 요청하는 것은 물론 완료될 때까지 지속해서 요청 또는 독려해야 합니다.

하지만 엔지니어링에서 필요한 자료에 대한 이해가 각 공종별로 부족할 수밖에 없고 관리부서인 PM 부서는 내부의 업무로 인해 엔지니어링에만 집중할 수 없습니다. 결국 자료 부족으로 인해 엔지니어링 일정에 큰 영향을 받게 됩니다.

따라서 관련 공종과 가장 많은 Interface를 갖는 배관 설계에서 협업을 위하여 자료가 원활하게 흐를 수 있도록 챙겨야 합니다.

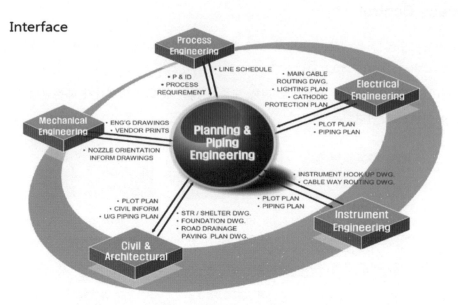

그림 11-12 Piping Interface

Piping Engineering에는 다양한 도면, 문서의 참조 및 생산이 포함됩니다. 참조 문서는 프로세스, 기계 등과 같은 다른 엔지니어링 공종에서 제공합니다. 산출물 도면 및 문서는 배관 부서에서 준비하여 진행합니다. 이러한 업무 진행은 Process Plant Engineering work에서 배관 설계가 차지하는 비중에 비례하며 Interface work를 능동적으로 수행하는 것이 Project 성공적 달성을 좌우합니다.

Engineering Discipline Interface for Piping
1) From Process Department
   Process Flow Diagrams(PFD)
   Process Description
   Piping and Instrumentation Diagram(P & ID)
   Process data sheets for Equipment
   Line List
2) From Instrumentation Department
   Instrument Hookup Drawings
   Vendor Drawings for PSV, Control Valves, Flow Meters, Level Instruments, Pressure Instruments, Temperature Instruments etc.
   Cable Tray Drawings
3) From Vessels/Mechanical Department
   Equipment Data Sheets for Vessels
   Vendor Drawings for Vessels and Machines
4) From Civil/Structural Engineering Department

Structural Drawings. U/G Plan, STR/Shelter Dwg, Road, Paving Plan Dwg etc.

5) Electrical Engineering

Cable Tray Drawings

11.5 Key Factor for Success of Piping Engineering Work

Project를 성공적으로 수행하기 위한 정량적/정성적 분야로 구분하여 본다면 정량적인 관리 방법으로 배관 분야별 중요 Milestone(Schedule), Interface 관리 등의 기본적 사항을 수행하면 됩니다. 또한 우리의 강점으로 생각되는 정성적 요소인 신속성(Speed, 정해진 시간에 결과물을 만들어내는 탁월한 능력), 유연성(Flexibility, 정해진 Rule, Data의 부족 사항에도 융통성을 발휘하여 결과를 창조해내는 능력), 역동성(Dynamic, 상호 마음을 열고 합심하면 불가능을 해내는 능력)으로 어려운 문제도 품질에 문제 없도록 신속히 해결할 수 있다고 생각합니다. 따라서 PLE(Piping Leader Engineer)는 기본 관리 방법과 정성적 관리 사항을 반드시 추가하여 구성원이 상기와 같은 자세로 업무를 수행하도록 환경과 조직을 운영하여야 합니다.

Project Piping Engineering Work에 Assign된 구성원은 아래와 같은 Key Factor for Success를 이해하고 책임감을 갖고 소통과 협조를 통하여 업무를 수행해야 합니다.

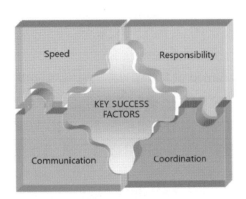

그림 11-13 Key Success Factors

"인식의 변화만이 미래를 준비할 수 있습니다."

11.5.1 사례 연구 : 대형 Ethylene Project Piping Engineering & Design 초기 성공 요인 도출/Cost, Schedule, Quality

1) Cost

    Expensive Material 선정 관리 : Large Bore Pipe Thickness Optimize, Alloy(p22, p91) SUS Material를 관리

    Value Engineering 실행 : Optimized Insulation Material & Thickness, Optimized Plot Plan for Cooling Water Q'ty, 최소화, Flange Type A→B로 변경

2) Schedule

    Plot Plan : 초기 계획 일정에 따른 필요한 정보 수집/독려 및 촉진, 검증 시스템 조기 설정 (Verification System Set-up Early)

    Model Review : Tower 등 기기별 진행, 각각 단계에 필요한 자료 제공/독려 및 촉진, 유지 보수 개념을 공유하여 Tag 최소화 작업/사전 모델 검토 실시

    Isometric Dwg : 공사 일정에 따른 우선순위 목록 설정(System Definition Early Set-Up), 시스템별 이력 관리를 통한 지속적인 일정 관리

3) Quality

    Information : 명확한 업무 지시와 교육/분야별 철저한 Instruction 발행 및 공유, 최신 정보 이력 관리를 통한 제품 품질 준수

    Rework Rate : Lesson & Learned 교육과 관리를 통한 참여 인력 오류 관리, 초기 프로젝트 데이터를 공유하여 오류 요인 제거, 현장 작업을 위한 엔지니어 Instruction 발행 및 공유

    Model Review : 간섭 문제 방지를 위한 상세 모델링 작업, Vendor 정보 관리, 각 공종별 역할과 책임을 관리, 라인(Line)마다 진행 상태 점검 및 인력 계획과 Area(Unit)별 수행 능력 수시 점검

상기 사례 사항은 Project의 조건에 따라 적용 방법과 요령이 차이가 있습니다. 그러나 초기 Project 수행 시 상기와 같이 내부 협의를 통하여 성공 요인을 도출하고 공유하여 Project Piping Engineering Work에 Assign된 구성원 모두가 책임감을 갖고 Project를 실행하는 것이 매우 중요합니다. PLE는 구성원이 동일한 자세로 업무를 수행할 수 있도록 환경과 조직을 운영하여야 Project 일정에 맞추어 성공적으로 수행할 수 있습니다.

11.6 Project Management 업무 범위 정의/Reference Data by PMP

PMI(Project Management Institute)에서 발행한 A Guide to the Project Management Body of Knowledge에서 언급하여 전 세계적으로 사용되는 "Project Management for Project Execution 3 Stage"에 대하여 아래와 같이 도식화하여 이해와 활용에 도움되고자 합니다.

도식에 사용되는 Symbols & Abbreviation를 아래 내용을 참조하여 인지하기 바랍니다.

Abbreviation 정의

    MGMT(Management)

    PM(Proposal Manager), EM(Engineering Manager)

    CM(Construction Manager), CE(Cost Engineer)

    PPM(Project procurement Manager)

    PJE(Project Engineer)

    QAM(Quality Assurance Manager)

    QCM(Quality Control Manager)

    COMM(Commissioning Manager)

    PS(Process), KP(Discipline Key Persons)

Symbols 정의

    중요도 : 대 ◎, 중 ○, 소 △, Nil ▲, N/A －

        PJ 관여도 모두의 경우는 ALL, 해당 없음은 '－'

Project Management for Project Execution stage

PM 업무의 체계화 정리

PJ Execution Stage

No.	Work Description	관여도/중요도		담당자 / 구분				
		PM	EM	입안/실시	취합	승인/대표	지원	지휘/관리
1	**초기 단계(계약 발행부터 Detail Design이 시작되는 시기 : Formation Phase)**							
	A. Integration MGT(전략 · 계략의 책정, 전략 · 계략의 실시, 변경관리)							
	General							
(1)	계약체결							
	- J/V, Consortium	○	△	LGC	–	PM/MGT	EM/PPM/CM	
	- Licenser	△	○	LGC	–	PM	PS/EM	–
(2)	Job Execution Formation확정	○	○	EM/PPM/CM	PM	MGMT	–	
(3)	J/V내 Responsibility Matrix 작성	◎	○	EM/PPM/CM	EM	PM	–	
(4)	계약발효대정부수속	△	–	SALES	–	PM	FA	SALES
(5)	Bond/보증서	△	–	SALES	–	PM	LGC/FA	–
(6)	Finance의 대응	△	–	SALES	–	PM	LGC/FA	–
(7)	보험 부보 조건 설정	△	–	PJC	–	PM	CM/PPM	
(8)	수주 Job 개요설명서 작성	◎	–	PM		MGMT	–	–
(9)	Project 수행기본방침 작성(요령서작성방침)	◎	○	EM/PPM/CM		PM		
(10)	요령서 작성							
	-QA Plan(QA Policy)	○	○	QAM	부장	PM	–	–
	-QC Plan	○	△	QCM	부장	PM	EM/CM	–
	-Engineering 업무요령서	△	◎	EM	–	PM	–	–
	-Project 조달요령서	△	–	PPM	–	PM	–	–
	-건설공사요령서	△	–	CM	–	PM	–	–
	-Schedule Control 요령서	△	○	PJE	EM	PM	–	–
	-Document Control 요령서	△	○	PJE	EM	PM	–	–
	-Materal Control 요령서	△	○	PJE	EM	PM	PPM/CM	–
	-변경관리요령서(Change Order Procedure)	○	○	PJE	EM	PM	LGC/SALES	–
	-IT도입계획	△	◎	PJE	EM	PM	–	–
	-관청신청 수행계획	△	○	PJE	EM	PM	KP	–
(11)	Control Package 책정(FWBS/PCWBS) 작성							
	-Schedule Control	△	○	PKE	EM	PM	CM	–
	-Cost Control	○	–	CE	–	PM	–	–
	-Document Control	△	○	PJE	EM	PM	–	–
	-MH Control	△	○	PJE	EM	PM	–	–
	-현장 Control	▲	–	CM	–	PM	–	–
(12)	Criticality Rating(Cost/Schedule/Technical)	○	○	PJE	EM	PM	KP/PPM/CM	–
(13)	Area of Concern의 추출/대응방침책정작성	○	○	PJE	EM	PM	KP/PPM/CM	–
(14)	현지대책방침책정	○	△	SALES	–	PM	LGC/CM/PPM	
(15)	계약서 Amend							
	-사업주	○	–	LGC	PM	MGMT	EM	–
	-Licenser	△	○	LGC	EM	PM	PS	–
	-J/V, Consortium	○	△	LGC	EM	PM	PPM/CM	–
	B. Organization MGT							
	General							
(1)	PMT member Assignment	◎	–	부장	–	MGMT	–	–
(2)	Discipline KP Assignment	◎	○	부장	–	PM	–	–
(3)	QA/QC MGR Assingment	◎	△	부장	–	PM	–	–
(4)	Home Office 집무 Space 확보 및 집기수배	○	△	PJE	PM	–	–	–
(5)	Team Building(수행방침 Announce)	◎	○	PM	–	–	–	–
	Construction							
(1)	Subcontractor's Formation의 확립	○	–	CM	–	PM	MGMT	–
	C. Scope MGT(역무범위계략. 관리, 역무 완성의 확인, Scope변경 관리)							
	General							
(1)	계약내용의 사내주지(사업주 / Licensor / Partner)							
	-Proposal, 계약내용확인/견적조건과 Deviation	○	△	LGC	–	PM/MGT	EM/PPM/CM	
	-Grey Area대응방침	△	○	LGC	–	PM	PS/EM	–
	-Deviation Alternate 방침	○	○	EM/PPM/CM	PM	MGMT	–	
	-Localization방침	◎	○	EM/PPM/CM	EM	PM	–	
(2)	관청신청/현지인허가 수속 조사	△	–	SALES	–	PM	FA	SALES
(3)	사업주의 지급, 분쟁조건 명확화	△	–	SALES	–	PM	LGC/FA	–
(4)	Construction Site의 조사, 도선조사	△	–	SALES	–	PM	LGC/FA	–
(5)	PJ Team내/전문부/Partner역무분담	△	–	PJC	–	PM	CM/PPM	
(6)	Cost Down Item 선별, 수행방침	◎	–	PM		MGMT	–	–
(7)	과거의 유사 Project/장치에서 업무개선제안서의 조사	◎	○	EM/PPM/CM		PM	–	–
(8)	제약조건유출, 관리							
	-계약, Finance상	○	–	QAM	–	PM	–	–
	-Process, Technical 상	○	△	QCM	–	PM	EM/CM	–
	-조달 상	△	◎	EM	–	PM	–	–
	-수송 상	△	◎	EM	–	PM	–	–
	-현장상황	△	◎	EM	–	PM	–	–

PM 업무의 체계화 정리
PJ Execution Stage

No.	Work Description	관여도/중요도 PM	EM	담당자 / 책임자 입안/실시	취합	승인/대표	지원	지휘/관리
	Engineering							
(1)	해외 Eng Subcon(LCE)의 역무분담, 계약체결	△	○	KP	EM	PM	LGC	-
(2)	FEED package의 Verification결과에 대한 대응방침	△	○	PS/KP	EM	PM	-	-
(3)	Constructability, E-TOP 채택, 여부의 검토	△	△	CM/KP	PJE	PM	EM	-
(4)	BEDD, Equipment List Update판 발행	-	○	PS/KP	PJE	EM	-	-
(5)	JGC/Vendor Document List작성 및 승인범위의 확인(사업주/Licensor)	-	△	KP	PJE	EM	-	-
(6)	Plot Plan(1st)/P&ID(1st 또는 사내 Layout용)검토(회)	-	○	PS/KP	PJE	EM	CM	-
(7)	Job Standard, 공통사양서의 작성	-	○	KP	PJE	EM	-	-
(8)	전략물자 / 기술수출·제공에 따르는 배후업무의 관리	△	○	KP/PJE	EM	PM	-	KP
(9)	Spare Parts Plan작성	-	△	KP	PJE	EM	-	-
	Procurement							
(1)	Vendors List Revision/Update	△	▲	PPM	-	PM	-	-
(2)	Requisition Plan의 작성(어느 Vendor에게 어느 기기를 Requiry하는지의 Grouping의 결정)	▲	△	KP/PJE	PPM	PM	EM	-
(3)	사업주 입회항목의 설정	-	△	KP/QCM	PJE	EM	-	-
(4)	선행발주기재의 Inquiry 개시/Quotation입수/Evaluation/발주							
	-Commercial	△	-	PPM	-	PM	-	-
	-Technical	▲	○	KP	부장	EM	-	-
	-Cost Nego.	▲	-	KP/PPM	-	PPM	PM	-
(5)	구매·Negotination의 작성	▲	-	PPM	-	PM/부장	-	-
(6)	조달·건설(Vendor/Subcon.)간의 기재의 공급구분의 확정	△	▲	KP/CM/PPM	PJE	PM	-	-
(7)	Document발행							
	-PJ공통Document(PJ각각에 별도규정)	△	▲	PJE/PPM	-	PM	-	-
	-부분관리Document	-	-	KP	-	부장	-	-
(8)	현지조달가능 재료조사, 조달방침	△	-	PPM/KP	-	PM	-	-
	Construction							
(1)	현장조사, Arrange, 그 결과에 대한 대응	△	▲	CM	-	PM	EM	-
(2)	중량물의 수송, 설치계획의 책정	-	-	FS	-	CM	PPM	-
(3)	Subcontractors List Version/Update	△	-	CM	-	PM	-	-
(4)	Safety and Security Plan의 작성	▲	-	CM	-	PM	-	-
(5)	선행공사 Inquiry Package작성/Inquiry개시/Quotation입수/Evaluation/발주							
	-Commercial	▲	-	CM	-	CM/PM	-	-
	-Technical	▲	△	KP/PS	-	CM	-	-
	-Cost Nego	▲	-	KP/CM	-	CM	PM	-

D. Time & Schedule MGT

No.	Work Description	PM	EM	입안/실시	취합	승인/대표	지원	지휘/관리
	General							
(1)	Front End Schedule작성	○	◎	EM	-	PM	KP	-
(2)	progress measurement/Control Procedure작성	△	○	PJE	-	PM	EM/PPM/CM	-
(3)	Critical Path대책의 책정	○	◎	KP/PJE	EM	PM	PPM/CM	-
(4)	Unit별 Start-up, Turn Over수순의 확인	-	○	CPMM	PJE	EM	CM	-
(5)	Master Schedule(Level-1)Version, 발행(Long Lead/CRD설정)	○	○	KP	PJE	PM	EM/PPM/CM	-
(6)	종합공정Meeting의 개최(대 사내,대 Partner)	○	○	PJE	EM	PM	PPM/CM	-
(7)	Control Schedule(Level-2)작성	-	○	KP	PJE	EM	PPM/CM	-
(8)	가능한 고청구 Schedule확정/milestone 관리(조달의 사업주 확인수속을 포함)	○	-	KP	PJE	PM	CM	PJE
(9)	Schedule Sensitive Area추출, 관리	○	◎	KP/PJE	EM	PM	PPM/CM	EM
(10)	Status Analysis	○	○	EM/PPM/CM	-	PM	-	PM
	Engineering							
(1)	Document Status Tracking Control							
	-Licenser Document	-	○	PS	EM	-	-	PS
	-Critical Vendor Document관리	-	○	KP	EM	-	-	KP
	Procurement							
(1)	Inquiry Schedule작성	▲	△	PPM	-	PM	EM	-
(2)	Inspection Plan/Expediting Plan/Shipping Plan작성	-	▲	PPM	-	PM	EM	-
	Construction							
(1)	Inquiry Schedule작성	▲	▲	CM	-	CM	EM/KP	-
(2)	공사용PCWBS 확립(우선순위부)	▲	▲	CM	-	PM	EM/CE	-
(3)	Precommissioning/Commissioning Basic Planning작성	-	○	COMM	PJE	EM	CM	-

E. Cost MGT(자원계획, Cost 적산, 예산 설정, Cost 관리)

No.	Work Description	PM	EM	입안/실시	취합	승인/대표	지원	지휘/관리
	General							
(1)	선수금 입금수속	△	-	SALES	-	PM	FA	-
(2)	실행예산설정견적의 실시(DCE가 반드시 필요한 경우)	-	○	KP	-	EM	-	-
	-BQ/BM Estimating	-	○	KP	-	EM	-	-
	-Equip/Mat'l Cost Estmating	△	△	PPM	CE	PM	-	-
	-Const Cost Estimating	○	-	CM	CE	PM	-	-
	-MH, DE Estimating	○	○	ALL	CE/EM	PM	-	-
	- Contingency 설정(After Risk Mitigation Plan)	○	△	EM/PPM/CM	CE	PM	LGC	-

PM 업무의 체계화 정리
PJ Execution Stage

No.	Work Description	관여도/중요도 PM	관여도/중요도 EM	입안/실시	취합	승인/대표	지원	지휘/관리
(3)	실행예산결정/배분	◎	–	CE	PM	MGMT	–	
(4)	Target의 설정 · 배분							
	Target의 원안작성	○	–	CE	PM	MGMT	–	–
	Target의 설정회의	○	–	CE	PM	MGMT	–	–
(5)	Cost Control Plan작성	○	–	CE		PM	–	
(6)	Invoice & Payment Procedure작성	○	–	PJE	–	PM	FA/CE	
(7)	Cash Flow의 작성	○	–	CE		PM	FA/CE	
(8)	Cost Down Case Study	△	○	KP/PJE	CE	PM	EM/PPM/CM	–
(9)	Cost Sensitive Area 추출 및 관계자에 대한 주지철저	○	◎	KP/PJE	EM	PM	PPM/CM	–
(10)	예산의 FWBS간의 이동의 조정	○	–	CE	–	PM	–	–

F. RISK MGT
General

No.	Work Description	PM	EM	입안/실시	취합	승인/대표	지원	지휘/관리
(1)	Risk Item List화	△	○	KP/PJE	EM/PPM/CM	PM	LGC/PJC	–
(2)	Risk 회피 Plan	○	○	EM/PPM/CM	LGC/PJC	PM	–	–

G. Quality MGT
General

No.	Work Description	PM	EM	입안/실시	취합	승인/대표	지원	지휘/관리
(1)	QA orientation 실시	–	–	QAM	–	–	–	–
(2)	QA Audit Procedure 작상	△	–	QAM	–	PM	–	–
(3)	Shop Quality Control Procudure 작성	–	△	QAM	부장	EM	–	–
(4)	Field Quality Control Procudure 작성	▲	–	QAM	CM	PM	–	–

H. Communication & Coordination MGT(정보의 배포, 진척 보고, Project 완료 수속)
General

No.	Work Description	PM	EM	입안/실시	취합	승인/대표	지원	지휘/관리
(1)	견적자료의 조정 · 주지철저							
	-사업주와의 Correspondence	–	△	PJE	EM	–	–	–
	-Partner와의 Correspondence	–	△	PJE	EM	–	–	–
	-Job자료 타사내자료	–	△	PJE	EM	–	–	–
(2)	Kick Off Meeting							
	-사업주	○	○	PJE	EM	PM	PPM/CM	–
	-Licensor	–	○	PS	–	PE	–	–
	-Partner	○	○	PJE	EM	PM	PPM/CM	–
	-사내	△	○	PJE	EM	PM	PPM/CM	–
(3)	Coordination Procedure(사업주, Partner, PJ Team) 작성	▲	△	PJE	EM	PM	PPM/CM	–
(4)	PJ Numbering System/Title Block/Blank Form 작성	–	△	PJE	–	EM	–	–
(5)	Record Book Preparation Procedure 작성	–	△	PJE		EM	–	–
(6)	Correspondence 관리							
	-사업주 / Licensor / partner	–	–	PJE	–	–	–	PJE
	-Vendor/Subcon	–	–	PK/FS	–	–	–	KP/FS
	-사내	–	–	KP/PJE	–	–	–	KP
(7)	각종 Ceremony 대응	◎	–	PM/CM	–	MGMT	–	–
(8)	Locations & Manner							
	-사업주, Partner 駐在수입체제	○	○	PJE	EM	PM	–	–
	-Project정보기반정비(OA · 통신배포)	△	○	PJE	EM	PM		–

PM 업무의 체계화 정리

PJ Execution Stage

No.	Work Description	관여도/중요도		담당자 / 책임자				
		PM	EM	입안/실시	취합	승인/대표	지원	지휘/관리

2   PJ 수행 단계 상세 설계 개시부터 종료, 주기재의 발주, 제작 개시부터 완료까지, 건설 개시부터 전성기까지 : Built-Up, Production Phase)

A. intergration MGT
General

No.	Work Description	PM	EM	입안/실시	취합	승인/대표	지원	지휘/관리
(1)	사업주에대한 Clarification, Claim	△	△	KP/PJE	EM/PPM/CM	PM	LGC	EM
(2)	사업주에서의 Claim 대처	△	△	KP/PJE	EM/PPM/CM	PM	LGC	-
(3)	Partner의 Performance Check	△	○	KP/PJE	EM	PM	PPM/CM	-
(4)	Partner에 대한 clarification, Claim	△	○	KP/PJE	EM	PM	PPM/CM	EM
(5)	Partner로부터 Claim 대처	△	△	KP/PJE	EM	PM	PPM/CM	-
(6)	PJ수행기본계획의 수정, Collective Action	○	○	EM	-	PM	PPM/CM	-
(7)	Area of Concern 관리	△	○	PJE	EM	PM	PPM/CM	EM
(8)	Criticality Rating(Cost/Schedule/Technical)	△	○	PJE	EM	PM	-	-
(9)	계약서 요구사항의 정기적 확인	○	○	ALL	-	-	-	-

B. Organization MGT
General

No.	Work Description	PM	EM	입안/실시	취합	승인/대표	지원	지휘/관리
(1)	전문부Discipline의 MP Status 관리	▲	△	KP	EM	PM	-	-
(2)	PJ Team의 MP(사내, RS/CS, TIC, Etc.)Status 관리	○	○	PJE	EM	PM	-	-
(3)	현장사내Team의 MP(사내, RS/CS, TIC, Etc.)Status 관리	△	-	CM	-	PM	-	-
(4)	Team의 업적평가	◎	-	PM	-	-	-	-
(5)	PJ Team Motivation 유지, 개승	◎	○	EM/PPM/CM	PM	-	-	PM
(6)	LCE Supervisiom Force의 파견	△	△	KP	EM	PM	-	-

Construction

No.	Work Description	PM	EM	입안/실시	취합	승인/대표	지원	지휘/관리
(1)	현장조직편성의 확립	○	-	CM	부장	PM	-	-
(2)	Field Engineering 조직의 확립	△	○	EM/CM	-	PM	-	-
(3)	현장 Check체제(수입검사/Internal/관청입회/Launching 등)확립	▲	-	CM	-	PM	EM	-
(4)	Licensor, Vendor Specialist, 사내 Specialist의 동원계획작성, 파견관리)	▲	○	KP/PJE	EM/CM	PM	PPM	CM

C. Scope MGT(역무범위계획 · 관리, 역무방식의 확인, Scope 변경 관리)
General

No.	Work Description	PM	EM	입안/실시	취합	승인/대표	지원	지휘/관리
(1)	대 사업주(사업주의 Consultant와의 대응 포함)Change 대응							
	-Change Order 발굴	○	○	ALL	-	-	-	EM
	-Change Order 기안	○	○	KP/PJE	EM/CM	PM	LGC/PJC	-
	-Change Order 문제해결/교섭	○	○	ALL	EM/CM	PM	LGC/PJC	PM
	-Change Order 관리	△	△	PJE	EM	PM	CE	PJE
(2)	대 Partner(J/V, Consortium, Exclusive, Subcon, Etc.) Change 대응							
	-Change Order 문제해결(Partner Management와의 교섭)	○	○	ALL	EM/CM	PM	LGC/PJC	PM
	-Change Order 관리	△	△	PJE	EM	PM	CE	PJE
(3)	대 Vendor Change 대응							
	-Change Order 문제해결(Vendor Management와의 교섭)	△	△	KP	PJE	PPM	EM	PPM
	-Change Order 관리	▲	▲	PPM	-	PM	CE	PPM
(4)	대 Subcontractor Change 대응							
	-Change Order 문제해결(Subcontractor Management와의 교섭)	○	-	FS	CM	PM	EM/PPM	CM
	-Change Order 관리	△	-	DM	-	PM	-	CM
(5)	Value Engineering결과의 관리	-	○	KP	PJE	EM	PPM/CM	EM
(6)	변경관리(Change Order 대상이외)							
	-대 사업주	-	○	KP	PJE	EM	PPM/CM	EM
	-E.P.C간	-	○	KP	PJE	EM	PPM/CM	EM
(7)	Cost Down Item	○	○	PJE	EM	PM	PPM/CM	EM
(8)	Deviation	△	○	PJE	EM	PM	PPM/CM	PM
(9)	승인대상관리	-	△	KP	PJE	EM	-	PJE
(10)	Plant Turnover Procedure	▲	○	PJE	EM	PM	COMM	-

Engineering

No.	Work Description	PM	EM	입안/실시	취합	승인/대표	지원	지휘/관리
(1)	HAZOP Study의 결과관리	-	○	PS/KP	PJE	-	EM	PJE
(2)	관청신청관리	-	○	PJE	EM	-	KP/CM	PJE
(3)	BM/BQ관리	-	○	KP	EM	-	-	KP
(4)	Model Review(Actual Moder or 3D CAD), Piping Layout Review의 결과대응방침	-	○	KP	PJE	EM	-	-
(5)	Bulk Materual Allawance&Contingency Plan 작성	▲	○	KP	PJE	EM	-	-
(6)	Process Licensor 설계도서 승인관리	-	-	PS	PJE	-	-	PS
(7)	P & ID Frozen Issue 출도상황(완성도의 파악)/NPIC 관리	-	△	PJE	EM	-	-	PJE
(8)	제약조건추출, 대응방침, 관리							
	-Process, Technical	△	○	KP	EM	PM	-	EM
	-조달상	△	△	PJE			PPM	EM
	-수송상	△	△	PJE	PJE	-	-	EM
	-현장상황	△	▲	PJE	CM	PM	EM	EM
(9)	Document 발행							
	-공통 Document (PJ마다 규정함)	-	○	KP	PJE	EM	-	-
	-부문관리 Document(LCE Document)	-	-	KP	-	부장	-	-
(10)	사업주 Comment관리	-	△	KP	PJE	EM	-	PJE
(11)	Hold Point 관리	-	△	KP	PJE	EM	-	PJE
(12)	SPIR/Operation/Maintenance Manual 작성	-	△	PS/KP/COMM	PJE	EM	-	PJE

PM 업무의 체계화 정리
PJ Execution Stage

No.	Work Description	관여도/중요도 PM	EM	담당자/책임자 입안/실시	취합	승인/대표	지원	지휘/관리
	Procurement							
(1)	-일반 Vendor Inquiry 작성/Inquiry 개시/quotation Clarification/ 발주							
	-Commercial	▲	−	PPM	−	PM	−	−
	-Technical	−	△	KP	부장	EM	−	−
	-Cost Nego	▲	−	KP/PPM	−	PPM	PM	−
(2)	Third party Inspector협의 / 발주	▲	−	QCM	PPM	PM	−	−
(3)	Local Vendor에의 제작지원체제/검사원파견/Expediting Plan의 작성	−	−	KP	−	PPM		
(4)	Shipping Plan작성/Shipping 회사, Forwarding 회사의 선정	▲	−	PPM	−	PM	−	−
(5)	미발주품/구매누적관리(Catalyst, Chemical, Etc. 여비수량 수정)	−	▲	KP	PJE	PPM	EM	
(6)	Critical Equipment Vendor또는 중요 Bulk Mat'l Supplier의 Performance Check	−	−	PPM	−	−	KP	PPM
(7)	수송중 Damage 보험구상	▲	−	PPM/CM	−	PM	PJC	−
	Construction							
(1)	Inquiry package작성/Inquiry 개시/Quotation Clarification/발주							
	-Commercial	▲	−	CM	−	CM/PM	−	−
	-Technical	−	▲	KP/FS		CM	EM	−
	-Cost Nego	▲	−	KP/CM	−	CM	PM	−
(2)	Document 발행							
	- 공통 Document(PJ마다 규정)	−	−	CM	−	CM	−	−
	-부문관리 Document	−	−	KP	−	부장	−	−
(3)	Field Material Control Procudure 작성							
	-수입검사	−	−	QCM/FS	−	CM	−	−
	-방청대책	−	△	KP	PJE	EM	CM	−
	-Spare Parts/Chemical	−	△	KP/PS	PJE	EM	CM	−
	-출고	−	−	FS	−	CM	−	−
(4)	현장변경관리	−	○	KP/FS	PJE	EM	−	−
(5)	Field Engineering Staff의 Performanc관리(FS/NPIC Flow 상황)	−	−	EM	−	−	−	EM
(6)	현지인허가, 신청관리	−	△	FS	−	CM	EM	CM
(7)	현장 Document 관리	−	△	FS	−	EM	−	
(8)	System Definition 작성	−	△	COMM	PJE	CM	EM	−
(9)	Mechanical Completion/Precommi/Commissioning Plan	−	△	COMM	PJE	EM	CM	−
(10)	보험구상	−	−	CM	−	CM	PJC	−

D. Time & Schedule MGT

No.	Work Description	관여도/중요도 PM	EM	담당자/책임자 입안/실시	취합	승인/대표	지원	지휘/관리
	General							
(1)	Discipline Detailed Schedule(Level-3) 작성	−	○	KP	−	EM	−	−
(2)	관청신청상세공정작성	−	○	PJE	−	EM	−	−
(3)	EM, PPM, CM으로부터의 E,P,C Work Status, Progress Review	○	△	EM/PPM/CM	−	PM	−	−
(4)	Status Analysis, 공정지연대책, Rescheduling	○	△	KP/PJE		PM	−	−
(5)	Critical Path수정, 대책의 해정	△	○	KP/PJE	EM	PM	PPM/CM	−
(6)	Selective Area Control Schedule							
	- critical 기재/공사	△	○	PJE	EM	PM	PPM/CM	PJE
	-관청신청	−	○	KP/PJE	−	EM	−	PJE
	-Licensor 승인취득	−	○	PS	−	EM	−	PS
(7)	Document Tracking & Control(Status Report 작성/ Expedite)							
	-JGC Document	−	−	KP	PJE	−	−	KP
	-LCE Document	−	−	KP	PJE	−	−	KP
	-Vendor Document	−	−	KP	PJE	−	−	KP
	-Subcon Document	−	−	KP/FS	CM	−	−	KP
(8)	Change Order 대응 Schedule 조정	△	△	PJE	EM	PM	PPM/CM	−
	Engineering							
(1)	Engineering Status Tracking							
	-Performance Check	−	○	PJE	−	EM	−	PJE
	-저장	−	○	KP	PJE	EM	−	−
(2)	주요 JGC 도면출도관리							
	-Piling Plan Dwg	−	△	KP	PJE	EM	−	PJE
	-Foundation Dwg(공사개시가능한지, 계속에 맞는 BQ양의 확보)	−	△	KP	PJE	EM	−	PJE
	-U/G Dwg Including Sewer/Drainage(공사개시가능한지)	−	△	KP	PJE	EM	−	PJE
	-Concrete Structure Dwg(공사개시가능한지, 계속에 맞는 BQ양의 확보)	−	△	KP	PJE	EM	−	PJE
	-Steel Structure Dwg(공작개시가능한지, 계속에 맞는 BQ양의 확보)	−	△	KP	PJE	EM	−	PJE
	-Piping plan & ISO Dwg(공사개시가능한지, 계속에 맞는 BQ양의 확보)	−	△	KP	PJE	EM	−	PJE
	-NPIC, NPPC, 관리	−	△	PS/KP	PJE	EM	−	PJE
(3)	주요 Vendor 도면출도관리							
	-Vendor가 출도를 준비하고 JGC가 제작하는 ITEM의 Dwg	−	△	KP	PJE	EM	−	PJE
	-Compressor의 vibration Analysis, Dynamic Simulation등의 Special Study 결과	−	△	KP	PJE	EM	−	PJE
	-PackageVendor의 Civil, Piping Dwg	−	△	KP	PJE	EM	−	PJE

PM 업무의 체계화 정리
PJ Execution Stage

No.	Work Description	관여도/중요도		담당자 / 책임자				
		PM	EM	입안/실시	취합	승인/대표	지원	지휘/관리
	Procurement							
(1)	ERD설정, 관리	–	○	KP	PJE	EM	–	PPM
(2)	CRD설정, 관리		○	CM	EM	PM	–	PPM
(3)	CRD와 PO간의 정합조정(Equipment&Bulk)	–		PPM	–	–	–	–
(4)	Equipment & Material Tracking							
	–Report작성(Sub-Order기준의 발주상황의 파악, 공장진척상황의 Check)	–	–	PPM	–	–	–	PPM
	Equipment(Tower, Compressor, Package등)의 출하시기, Site착 Schedule의 관리	–	–	PPM	PJE	–	–	PPM
	–Bulk Mat'l(Piping Elect Cable Etc.)의 출하시기, Site착 Schedule의 관리	–	–	PPM	PJE	–	–	PPM
(5)	사업주입회항목관리	–	–	KP/QCM	PPM	–	–	PPM
(6)	통관수속관리	–	–	PPM	–	–	–	PPM
(7)	납기지연대책	△	△	PPM	PJE	PM	–	PJE
	Construction							
(1)	Detailed Construction Control Schedule	–	–	FS	–	CM	–	–
(2)	Precommi/Commissioning Schedule	–	–	COMM	–	CM	–	–
(3)	Construction Progress	–	–	FS	–	CM	–	CM
(4)	Subcontractor Status Tracking							
	–Report작성(Subcon, Performance의 Check)	–	–	FS	–	CM	–	CM
	–Subcon. Management와의 교섭(Schedule Catch-up을 위해)	–	–	FS	–	CM	PM	–

E. Cost MGT(자원계획, Cost 적산, 예산 설정, Cost 관리)

No.	Work Description	PM	EM	입안/실시	취합	승인/대표	지원	지휘/관리
	General							
(1)	Invoice의 제출확인, 사업주의 승인확인	○	–	PJE	–	PM	–	–
(2)	입금지연의 경우는 Expediting	○	–	PM	–	–	–	–
(3)	Partnet에게 출금 또는 입금 관리	○	–	PJE	–	PM	–	–
(4)	Cash Flow 상황 Check(Vendor, Subcon의 지불 Check, Etc.)	○	–	CE	–	PM	–	–
(5)	정기적 Check Estimate의 실시. 채산악화의 장합, 대책검토	◎	○	ALL	CE	PM	–	PM
(6)	완성예정액견적	◎	△	EM/PPM/CM	CE	PM	–	–
(7)	Man Hour 예측對실적의 비교	△	△	EM/PPM/CM	CE	PM	–	–
(8)	FER 관리	▲	–	CM	CE	PM	–	CM
(9)	Local Currency 관리	▲	–	CE	–	PM	–	CE
(10)	Change Order 대응견적, 예산관리	○	△	ALL	–	PM	–	PM
	Procurement							
(1)	NCR, MER의 지불 잔고의 관리	–	–	PPM	–	–	–	PPM
(2)	Vendor Change Order 사정	○	△	KP	PPM	PM	EM	PPM
	Construction							
(1)	Progress와 지불 잔고의 관리	–	–	CM	–	–	CE	CM
(2)	현장발주관리	–	–	FS	–	CM	CE	CM
(3)	Subcon Change Order의 사정	▲	–	KP/FS	CM	PM	CE	CM

F. RISK MGT

No.	Work Description	PM	EM	입안/실시	취합	승인/대표	지원	지휘/관리
(1)	Risk의 수정	○	○	ALL	EM/PPM/CM	PM	LGC/PJC	–
(2)	Contingency 분배조정	○	–	CE	–	PM	–	–

G. Quality MGT

No.	Work Description	PM	EM	입안/실시	취합	승인/대표	지원	지휘/관리
	Engineering							
(1)	Engineering Audit 결과 관리	▲	○	KP	EM	PM	–	EM
(2)	주요설계도서의 PMT Review	–	○	PJE	–	EM	CM	–
	Procurement							
(1)	NCR 발생시 Quality Control 확립, Status관리(Concession Request등)	▲	△	QCM	–	PM	EM	QCM
(2)	Inspection Report 관리(사업주/관청제출)	–	–	QCM	–	QCM	–	QCM
(3)	관청신청대응	▲	△	PJE	–	EM	–	EM
	Construction							
(1)	현장QA체제의 확립, Quality Audit의 실시(그 결과에 따른 대응)	–	–	QAM	–	CM	–	–
(2)	MER 대응관리	–	–	FS	PJE	CM	PPM	PJE
(3)	Field HSE Control Procedure 작성	–	–	FS	–	CM	–	–
(4)	NCR 발생시 Quality Control의 확립, Status 관리(Concession Request)	–	–	QCM	–	CM	QAM	QCM

H. Communication & Coordination MGT(정보의 배포, 진척 보고, Project 완료 수속)

No.	Work Description	PM	EM	입안/실시	취합	승인/대표	지원	지휘/관리
	General							
(1)	대 사업주(사업주 consultant의 대응 포함) Monthly Report의 작성 및 제출	◎	△	EM/PPM/CM	–	PM	–	–
(2)	J/V, Partner Progress Reiew	○	○	EM/PPM/CM	–	PM	–	–
(3)	PM Report 작성(PJ Status Review, Progress Review, Risk Review)							
	–EM Report	▲	◎	EM	–	PM	–	–

PM 업무의 체계화 정리
PJ Execution Stage

No.	Work Description	관여도/중요도		담당자 / 책임자				
		PM	EM	입안/실시	취합	승인/대표	지원	지휘/관리
	-대 사업주/Licensor/Partner	-	△	PJE	EM	-	-	PJE
	-Vendor/Subcon	-	△	KP/PPM/CM	EM	-	-	KP
	-사내	-	△	KP	EM	-	-	KP
(6)	사업주, J.V Partner 와의 Coordination							
	-통상업무	△	-	KP/PJE	EM	PM	-	EM
	-Technical	-	△	KP	EM	PM	PPM/CM	EM
(7)	사내부문간 Coordination							
	-통상업무			KP	-	-	PJE	KP
	-Cost Schedule Impact큰 대상	△	○	KP/PJE	EM	PM	PPM/CM	EM
	Engineering							
(1)	사내KP회의	△	○	KP	EM	PM	-	-
(2)	Document배포관리							
	-사업주,Partner Document	-	△	PJE	-	EM	DHG	PJE
	-Licensor Document	-	△	PJE	-	EM	DHG	PJE
	-JGC Document	-	△	PJE	-	EM	DHG	PJE
	-Vendor Document	-	△	KP	-	EM	DHG	KP
	-Subcon Document	-	△	FS/PJE	-	EM	DHG	PJE
	-LCE Document	-	△	KP	-	EM	DHG	KP
(3)	Review 반환 도서 배포관리	-	-	KP	PJE	-	DHG	KP
(4)	ENG, Subcon, Coordination	-	△	KP	-	EM	-	KP
	Procurement							
(1)	조달 Review MGT	○	△	PPM	-	PM/	EM	-
(2)	Vendor와의 Coordination							
	-Commercial	-	-	PPM	-	-	-	PPM
	-Technical	-	○	KP	PPM	EM	-	KP
	-Vendor Management 교섭 (Performance가 나쁜경우)	○	-	PPM	-	PM/부장	-	-
	Construction							
(1)	Subcon과의 Coordination							
	-Commercial	-	-	CM	-	-	-	CCE
	-Technical	-	-	KP/FS	-	CM	-	KP/FS
	-Subcon Management교섭(Performance가 나쁜경우)	-	-	FS	-	CM/부장	PM	-
(2)	현장 Monthly MGT	-	-	FS	-	CM	-	-

PM 업무의 체계화 정리

PJ Execution Stage

No.	Work Description	PM	EM	입안/실시	취합	승인/대표	지원	지휘/관리
		관여도/중요도		담당자 / 책임자				

3 PJ 종국 단계(설계 완료에서 공사, 시운전 종료, 사업주 인도를 거쳐 Job이 완전히 종료될때까지 : Closing Phase)

A. intergration MGT(전략·계략의 책정, 전략·계략의 실시, 변경관리)

General

No.	Work Description	PM	EM	입안/실시	취합	승인/대표	지원	지휘/관리
(1)	Mechanical Completion 확인수속	-	-	FS	-	CM	-	-
(2)	Plant Turnover확인수속	-	-	FS	-	CM	-	-
(3)	사업주로부터의 Final Acceptance Receiving 수속/입수	◎	△	EM	CM	PM	-	-
(4)	Licensor에의 Final Acceptance 발행	◎	◎	EM	-	PM	-	-
(5)	Claim 최종 Set	○	△	EM/PPM/CM	-	PM	PJC	PM
(6)	Incentive Penalty 대처	○	△	EM/PPM/CM	-	PM	PJC	-

B. Organization MGT

General

No.	Work Description	PM	EM	입안/실시	취합	승인/대표	지원	지휘/관리
(1)	잔여작업의 Follow-up 체제 확립	○	△	EM/PPM/CM	PM	-	-	-
(2)	PJ멤버의 축소 Plan	○	△	EM/PPM/CM	PM	-	-	-
(3)	보증기간중 대응체제 확립	○	△	EM/PPM/CM	PM	-	-	-
(4)	운전조직의 확립	△	△	EM/PPM/CM	CM	PM	-	-

Construction

No.	Work Description	PM	EM	입안/실시	취합	승인/대표	지원	지휘/관리
(1)	Mechanical 작업/Precomm작업의 종결을 위한 Back-Up(MP증강, Etc.)	○	-	CM	-	PM	-	-

C. Scope MGT(역무범위 계획·관리, 역무 완성의 확인, Scope 변경 관리)

General

No.	Work Description	PM	EM	입안/실시	취합	승인/대표	지원	지휘/관리
(1)	보증사항의 달성확인, 관리	△	○	PS	EM	PM	-	-
(2)	사업주 최종 Change Order 처리	◎	○	PJE	EM	PM	PPM/CM	PM
(3)	보상/잔여공사 항목확인/대응계획 작성	△	▲	FS	CM	PM	EM	-

Engineering

No.	Work Description	PM	EM	입안/실시	취합	승인/대표	지원	지휘/관리
(1)	잔여 Engineering Work의 Follow Up	-	○	KP	EM	-	-	-
(2)	As-Built Dwg의 작성	-	○	KP	EM	-	-	-

Procurement

No.	Work Description	PM	EM	입안/실시	취합	승인/대표	지원	지휘/관리
(1)	미발주품/미출하품의 List Up, Follow Up	-	-	KP/PJE	PPM	-	-	-
(2)	Site로부터 긴급 Equipment, Mat'l 발주 request의 대응, Follow Up	-	▲	KP	PJE	PPM	EM	-
(3)	Vendor Specialist 파견조정, 정산	△	▲	CM	PPM	PM	-	-
(4)	Vendor와의 Claim 최종교섭	△	-	PPM	-	PM/부장	-	-
(5)	잔여자재처분	△	-	CM	-	PM	PPM	-

Construction

No.	Work Description	PM	EM	입안/실시	취합	승인/대표	지원	지휘/관리
(1)	Piping Test Flow 작성관리	-	-	KP/FS	-	CM	-	-
(2)	Line Check관리(FS발행, 추가재료수배, Test 공정조정)	-	-	KP/FS	-	CM	-	-
(3)	Punch List 관리(FS발행, 추가재료수배, Test 공정조정)	-	▲	KP/FS	EM	CM	-	-
(4)	Spare Parts 관리	-	-	FS	-	CM	-	-
(5)	운전 Spare parts 인도확인	-	-	FS	-	CM	-	-
(6)	Performance Test prodecure의 작성, Test Report의 발행	-	△	PS	EM	PM	-	-
(7)	Subcomtractor에 대한 Claim 최종교섭	▲	-	KP/FS	-	CM	PM	-
(8)	Precommi/Commissioning	-	△	COMM	EM	CM	-	-
(9)	현장사무소의 폐쇄	-	-	FS	CM	-	-	-

D. Time & Schedule MGT

General

No.	Work Description	PM	EM	입안/실시	취합	승인/대표	지원	지휘/관리
(1)	Precommissioning & Commissioning Plan Development	-	-	COMM	-	CM	-	-

E. Cost MGT(자원계획, Cost 정산, 여산설정, Cost 관리)

General

No.	Work Description	PM	EM	입안/실시	취합	승인/대표	지원	지휘/관리
(1)	사업주로부터의 최종임금 확인	○	-	PJE	-	PM	-	-
(2)	Asset Record의 작성, 제출	▲	-	CE	-	PM	-	-
(3)	사업주로부터의 Retention 해제	◎	-	PM	-	-	-	-
(4)	Bond/보증장해제	◎	-	PM	-	-	-	-
(5)	보험구상입금의 확인	△	-	CE	PM	-	PJC	-
(6)	J/V Partner정산	○	○	EM/PPM/CM	CE	PM	-	-
(7)	FER 최종치 확인	▲	-	CM	CE	PM	-	-

Procurement

No.	Work Description	PM	EM	입안/실시	취합	승인/대표	지원	지휘/관리
(1)	Vendor에의 Retention해제, Final Acceptance발행	-	-	KP	-	PPM	-	-

Construction

No.	Work Description	PM	EM	입안/실시	취합	승인/대표	지원	지휘/관리
(1)	Subcontractor에의 Retention해제, Final Acceptance발행	-	-	FS	-	CM	-	-

PM 업무의 체계화 정리
PJ Execution Stage

No.	Work Description	관여도/중요도 PM	EM	담당자 / 책임자 입안/실시	취합	승인/대표	지원	지휘/관리
G. Quality MGT(품질계획, 품질보증, 품질관리)								
	General							
(1)	관청인허가합격증 교부 / 사업주인도	–	–	FS	–	CM	–	–
	Construction							
(1)	현장Inspection Report 작성, 제출	–	–	QCM	–	CM	–	–
H. Communication & Coordination MGT								
	General							
(1)	PJ Appraisal(PJ실적 Data의 수집, 정리, Work Performance Report, 업무개선제안서 작성)	◎	△	KP	EM/PPM/CM	PM	–	–
(2)	JOB종료통지발행	◎	–	PM	–	MGMT	–	–
(3)	각종 Ceremony 대응	◎	–	PM	–	MGMT	–	–
	Engineering							
(1)	Project Record Book작성(사업주제출용)/제출확인	–	○	KP	PJE	EM	–	–
	Procurement							
(1)	Vendor Evaluation Report작성	–	–	KP	–	PPM	–	–
(2)	Project Record Book(사업주제출용)/As-Built Drawing 제출 확인	–	△	PPM	PJE	EM	–	–
	Construction							
(1)	Subcontractor Evaluation Report 작성	–	–	FS	–	CM	–	–
(2)	Project Record Book(사업주 제출용)	–	–	FS	–	CM	–	–

12

Piping Design Closeout Phase

12.1 General

Process Plant Project를 성공적으로 수행하기 위해서는 축적된 기술력을 활용하여 Piping Engineering work를 실행하는 것이 무엇보다 중요합니다. Piping Engineering & Design 업무 Activity가 마무리되면 이해관계자(PM, PMC, Client)들에게 설명하고, 승인을 받아 산출물을 Site로 이관하여 시공과 함께 Project를 완공합니다. 이런 Phase를 프로젝트 관리 수명주기 내에서 프로젝트 Piping Design Close out Phase이라고 합니다.

PLE(Piping Leader Engineer)의 책임은 본사의 업무 Activity가 공식적으로 종료된 후에도 멈추지 않습니다. 무엇이 잘되었고 어떤 활동이 프로젝트 중에 개선될 수 있었는지 이해하는 것이 중요합니다. 일부 Engineering 업무를 Field Engineering로 이관하며 현장에서 설계 Error 또는 추가로 발주처 요구 사항을 반영하여 Field 설계 업무를 수행하면서, 발생하는 시행착오 Lessons & Learned를 정리하고 Job Closeout Report를 작성하여 프로젝트 활동에 대한 피드백을 제공해야 합니다. 또한 프로젝트 일정 내에서 고객의 모든 요구 사항을 적시에 충족했는지 여부도 밝혀야 합니다.

따라서 Piping Design Closeout Phase에 시간을 들인 경험과 기술의 축적 Data를 끝까지 관리하여야 할 책임을 갖고, 중요한 Phase로 관리하여 추후 유사한 Project에 활용할 수 있도록 하여야 합니다. 이에 자료 관리가 요구되는 Field Engineering, Lessons & Learned, Piping Closeout Report 관련 사항을 기술하여 도움이 되고자 합니다.

12.2 Field Engineering

현장에서 일부 이관된 Field Engineering 업무, 설계 Error 또는 발주처 요구 사항을 반영하여 설계 업무를 수행하면서, 시행착오 Lessons & Learned를 정리하고 현장 기술 지원을 수행하는 것을 기준으로 합니다. 기본적으로 현장 설계의 범위는 원래 본사 설계에 대한 시공에 필요한 설계 사항의 바른 해석 및 사소한 현장 변경에 국한됩니다. 또한 제작, 시공 및 시운전 기간 동안 설계 의도 준수 및 기술적 무결점이 잘 유지되고 있는지 확인하기 위하여 설계 파트 엔지니어들을 현장에 보내 Design Coordination 기능을 제공함으로써 Field Engineering 업무를 다음과 같이 수행합니다.

- Client와의 Technical Issue 협의 및 후속 조치
- Design Error에 대한 Correction(FCN)
- 시공 오류로 인한 Design Change
- 현장 추가 자재 발생 시 현장 PS issue
- 추가 자재에 대한 Substitute Material Check
- Hydro-Test 전 Critical Line의 Support Check(by Stress 팀)
- Engineering 관련 Punch Clear
- Pipe Shop에서 도면 Status 정리
- 자재 Delivery Status Check & Work Front 선정

- 각종 배관 Data Summary(RT, NDE, Insulation 등)
- 시공 관련 TQ 송부
- Stress Engineer의 Support Check 전 사전 점검
- 시공 관련 Punch Clear
- 1-1/2" 이하 배관 임의 Re-Routing에 대한 도면 As-Built Marking

12.2.1 Responsibilities(현장 설계의 책무)

1) 설계 팀 사이의 기술적 문제에 대한 중재
2) FE가 작성한 설계 문서의 검토 및 승인
3) 전반적 사업 목표 달성을 위한 일이라면 현장 내 타 조직이 주관하는 Planning, Scheduling, and Controlling에 대한 일에 대해서도 잘 협조해야 합니다.
4) 설계 의도 또는 승인된 프로젝트 요구 사항 준수를 위한 기술적 판단을 담당합니다.
5) 계약자 또는 협력업체와의 협조하에 건설 감리 업무를 수행합니다.
6) 준공 서류 작성을 위한 정보를 요청하거나 수집하며 수정용 Mark-Up을 유지합니다.

12.2.2 Activities of Field Engineering Team(현장 설계 팀의 업무)

1) Coordination Between Home Office and the Site(본사와 현장 간의 코디네이션 업무)

현장 설계 팀과 본사 설계 팀 사이의 전달 사항 또는 의사 교환을 원활하게 수행하여 설계 담당이 작성한 도면 및 시방서를 시공 조직이 적절히 사용할 수 있도록 현장 조직을 지원합니다. 의사교환 라인은 관리 레벨 및 엔지니어 레벨 양쪽에 모두 설정되어야 합니다. 확인 사항, 바른 해석 및 문제 해결에 대한 그날 그날의 의사 교환은 주로 엔지니어 레벨을 통해 해결하고 프로젝트 설계 지원에 대한 좀 더 중차대한 사안에 대한 결정 및 조치는 설계 매니지먼트 레벨과 커뮤니케이션해야 합니다.

2) Interpretation of Engineering Documents(설계도서의 바른 해석)

각 프로젝트가 사업주가 승인한 도면 및 시방서에 따라 건설되어야 함은 계약적 책무 사항이지만 대개의 복잡한 프로젝트에서 종종 그 설계 조건에 대해 바른 해석을 내리거나 확실하게 밝혀내야 할 경우가 발생합니다.

시공 조직은 설계에 대한 책임이 없으므로 그 설계 자료에 대한 바른 해석 및 확인에 대한 해결 또는 승인은 현장 설계 팀 책임입니다.

3) Maintaining a Master Drawings and Documents(마스터 도면 및 서류의 유지)

성공적인 프로젝트의 시공을 위해 가장 최신 설계도서류를 유지하는 일은 매우 중요하며 이를 위해서 현장 설계 팀 내에 설계도서 및 등록부의 마스터 프린트가 유지되어야 한다. 모든 Old 서류는 그것의 사용을 방지하기 위해 파기시키든지 'Superseded - 폐기' 표기를 확실히 해야 합니다.

준공 서류 작성을 위한 자료 수집을 위해 현장 설계 팀 내에 붉은 줄로 표기된 마스터 도면을 유지

해야 하며, 현장 각 담당 지역 및 분야별 시공이 종료되면 이 마스터 도면은 준공도서 작성을 위해 본사로 이관시켜야 합니다.

4) Constructability Input(시공성 검토에서 제기되는 설계 변경 요청의 처리)

시공 엔지니어가 주관하는 시공성 검토 과정에서는 비용 절감 및 공기 단축 목적상 원설계에 대한 도면 및 시방서 변경을 요청하는 경우가 있을 수 있으며, 또한 시공 시작 전 설계도서류의 오류, 누락, 불명확 사항 및 설계 실수 등을 찾아낸다거나 의도된 결과나 품질 준수가 어려울 정도로 시공성에 영향을 미치는 사항이 있는지 분석하기도 합니다.

시공성 검토에 따른 설계 변경 요청은 설계 정보 이용이 가능한 범주 내에서 되도록 빨리 실시해야 하며 프로젝트 기간 내내 수행해야 합니다. 설계도서 분석은 계획된 공정보다 충분히 먼저 실시하여 설계자로 하여금 수정할 수 있는 충분한 시간을 주어야 하고, 또 발주자가 제시된 변경 요청에 대해 평가하도록 해야 한다든지, 밝혀진 설계 문제가 공사 스케줄에 부정적인 영향을 미치기 전에 해결될 수 있어야 합니다.

5) Design Change Control(설계 변경 관리)

도면 및 시방서를 포함하는 설계도서에는 때때로 오류 사항이나 상호 불일치 사항 또는 누락 정보가 있을 수 있으며, 이런 경우 관련 시공 업무가 진행되기 전에 설계자 또는 발주자로부터 누락 정보를 받아 결함 또는 불일치 사항을 해결해야 합니다.

비용 및 공기에 지대한 영향을 미칠 수 있는 설계 변경에 대해서는 일정 양식을 사용하여 현장 설계 변경 요청서를 발행해야 합니다.

어떤 종류의 설계 변경일지라도 정해진 절차에 따라야 하며, 변경된 설계 문서는 즉시 관련 조직으로 발송되어야 합니다.

6) Field Design and Support(현장 작업 시설 설계 지원)

현장 설계 팀은 현장 제작, 배관 레이아웃, 배관 Spool 도면, 콘크리트 타설 순서 및 Rigging Arrangement 등에 필요한 보완용 상세도 및 스케치 도면을 필요로 하는 경우, 컨설턴트 및 설계사 등의 외부 용역 필요 여부와 이들과의 코디네이션 필요성에 대해 프로젝트 지원 차원에서 판단하여 지원해야 합니다.

7) Gathering As-built Information(준공서류 작성용 자료의 수집)

모든 도면을 수정할 필요는 없고 공장 운전 및 정비에 필요한 도서류만 준공용으로 수정함이 바람직합니다. 매설 관련 도면 및 기타 눈에 보이지 않는 은폐물도 준공도 작성 범위에 포함시켜야 하며, 준공도 작성 대상 도면의 종류와 범위는 특정 발주자 또는 프로젝트 요구 사항에 따릅니다.

8) Procedure of Field Design Change(현장 설계 변경 절차)

현장 설계 변경은 절차와 일정을 담은 양식 Field Change Notice(현장변경통보서), Field Design

Change Request(현장설계변경요청서) 등을 발행 처리합니다.

Field Engineer는 설계 변경 내용의 중요도에 따라 FCN 또는 FDCR로 판단하여 처리하며 그에 대한 일반적인 분류 기준은 다음과 같습니다.

- Application of FCN(현장변경통보서 발행의 범위)

  단순하거나 간단한 설계 변경은 FCN으로 작성하여 발송합니다. 사본 1부는 PEM(Project Engineering Manager)으로 송부해야 합니다.

  ① Project Requirements를 준수하기 위한 NCR이 접수된 경우

  ② 설계문서의 현장 검토 후 변경이 필요할 경우

  ③ 설치 공사 중 발생된 간섭을 해결하기 위한 경우

  ④ 여타 사유로 인하여 단순하거나 간단한 현장 변경이 필요한 경우

- FCN Issue Procedure(FCN 발행 절차)

  ① FCN은 일정 양식을 이용하여 발행합니다.

  ② 현장 설계 팀장은 FCN을 승인하고 PEM에게 송부합니다.

- Application of FDCR(현장설계변경요청서 발행의 범위)

  승인된 설계문서에 대하여 현저한 설계 변경이 필요한 경우 당사자는 시공 전에 FDCR을 발행하여 본사로 설계 변경을 요청하며, 그 대상은 다음과 같습니다.

  ① 고객의 설계 변경 요구가 접수될 경우

  ② Project Requirements의 변경이 요구될 경우

  ③ 기타 사유로 인하여 현저한 설계 작업을 필요로 하는 경우

- FDCR Issue Procedure(FDCR 발행 절차)

  FDCR의 최초 발행의 경우 일정 양식을 이용하여 문서/도면번호 및 개정번호, 변경 사유, 변경 요청 사항 등을 기재하여 PEM에게 송부하고, PEM은 설계부서 LE와 함께 Schedule, Cost 및 Quality에 대한 영향을 검토하여 아래와 같은 절차에 따라 답변합니다.

  ① PM의 승인을 득한 '재제출' 또는 '불허'의 경우, PEM은 해당 FDCR을 현장 설계 팀에 돌려보내고 관련 설계 팀 LE에게는 사본 1부를 송부합니다.

  ② 변경 요청을 '허용'으로 승인해주기 위한 절차는 아래와 같습니다.

      a. PEM은 관련 설계 팀 LE에게 FDCR 검토를 의뢰합니다.

      b. 설계팀 LE는 타 부서 관련 사항을 고려하여 FDCR을 검토하고 조치 방안을 '허용'으로 선택한 후 검토자란에 서명하여 PEM에게 돌려보냅니다.

      c. PEM은 PM으로부터 FDCR 승인을 받은 후 현장 설계 팀장 및 관련 설계 팀 LE에게 배포합니다.

- FCN and FDCR Management(FCN 및 FDCR 관리)

  ① 현장에서 발행된 모든 FCN 및 FDCR을 취합하여, 원본 수정 또는 As-built 반영을 위해 본사로 송부해야 합니다.

  ② Field Engineering 동안 향후 프로젝트 수행에 도움이 된다 생각되는 FCN 또는 FDCR을 분석하여 Lessons Learned를 수집합니다. LL의 평가 및 등록에 대해서는 각 사의 엔지니어링 '경험 활용 및 설계 프로세스 개선'을 따릅니다.

12.3 Lessons & Learned

12.3.1 Purpose

Lessons Learned란 일종의 Event 또는 Condition에 대한 Information으로서, 반복되는 결함 방지에 사용되거나 유사 설계를 수행하는 타인에게 설계 유효성 및 효율 개선을 위한 좋은 사례를 제공하는 Information을 말합니다. 그러한 가치 있는 경험적 교훈 및 설계 프로세스 개선 아이디어를 만들어내고 또 그것을 향후 수행되는 여러 프로젝트에 공유, 활용하고자 하는 것을 목적으로 합니다.

12.3.2 Scope

Project 수행 시 발생한 문제점 및 개선 사항으로 기술적 가치가 부여된 사항으로 향후 진행되는 Project에 반영하여 개선을 이루고자 한 배관 관련 사항을 범위로 하여 아래 사항을 준수 작성합니다.

1) 일반 요건
2) 작성 절차
3) 절차서의 변경 및 신규 작성
4) 프로젝트 수행 시의 데이터베이스 사용

12.3.3 General Requirements

경험에 의한 교훈이라는 뜻의 'LL'은 프로젝트 이벤트로부터 발생한 일종의 정보로서, 무엇이 왜 발생하였는지 그리고 그 이벤트에 무엇으로 대응하였는지 자세히 기술되어 그 교훈이 다른 프로젝트에 응용될 수 있도록 해야 합니다. 일종의 실수, 외부 원인, 부적절한 절차, 잘못된 시도, 성공적 또는 비성공적인 대안 시도 등이 될 수 있으며 그 대상은 이전에 경험하지 않은 것이어야 하며, 무엇보다 경험으로부터의 교훈이라는 점이 강조되어야 합니다.

'LL', 예를 들어 배관 설계 문제에서의 엔지니어링 해법 등에 대한 기술적인 문제 등을 서류화한다거나 또는 비기술적인 설계 프로세스 해법 및 시도의 서류화에 사용합니다. 'LL'은 필요한 정보를 명확하게 서류화하여 작성되어야 하며 그것과 연관 없는 다른 분야에 있는 독자들도 잘 납득할 수 있도록 작성되어야 합니다.

12.3.4 Application

'LL(Lessons Learned)'을 작성하거나 평가하거나 사용하고자 하는 모든 사람에게 적용됩니다.

12.3.5 Responsibilities

Originator 또는 PLE는 프로젝트 수행 기간 동안 'LL'을 수집하고 Initiate해야 할 책임이 있으며, Specialist 또는 Expert로 선임된 Checker는 제출된 'LL'이 기술적 또는 절차적 요건을 갖추고 있으며 또 그것이 공유할 가치가 있는지를 평가할 책임이 있습니다.

PLE는 자기 인원에게 해당 프로젝트에 적용 가능한 'LL'을 주지시킬 책임이 있습니다. Quality Auditor 는 'LL'이 설계 자료로서 적절히 고려되는지 감시할 책임이 있습니다.

12.3.6 Preparation Procedures

1) Originator는 작업용 양식을 사용하여 작성합니다.
2) 그 분야 적임자인 Specialist 또는 Expert가 검토합니다.
3) Originator는 Network Database에 등록, 관리합니다.

12.3.7 Preparation

조직원 누구라도 'LL'을 작성하고자 하는 자는 Originator가 될 수 있으며 교훈의 수집은 아래 Source 로부터 구하지만 꼭 여기 국한되지는 않습니다.

1) 모든 작업 단계에서의 프로젝트 업무
2) 직원들의 관찰 결과
3) 이벤트, 돌발사고 및 사건 등의 발생
4) 자기 평가
5) Field Change Notice(FCN)(현장설계변경통지서)
6) Field Design Change Request(FDCR)/Design Change Request(DCR)
   (현장설계변경요청서/설계변경요청서)
7) Design Change Notice(DCN)(설계변경통지서)
8) Non－Conformance Report(NCR)(부적합보고서)
9) Quality Audit Report(QAR) and Corrective/Preventive Action Request(CAR/PAR)
   (품질심사보고서 및 시정/예방 조치 요청서)
10) Checking
    각 해당 분야 Specialist 또는 Expert로 임명된 Checker는 제출된 'LL'이 기술적, 절차적 여건을 갖추고 있으며 또 그것이 공유할 가치가 있는지를 판단해야 합니다. 이 Checker는 검토 후 'LL'에 서명해야 합니다.
11) Approval and Release
    검토 완료된 'LL'을 책임자가 승인하고 Release합니다.
12) Upload to Network Database
    'LL'이 승인되어 Release되면 Originator 또는 LE는 타인과 공유하기 위해 Network Database에 Upload해야 합니다.

12.3.8 Changing and New Creation of A DEP and PEP(Design Engineering Procedure, Project Engineering Procedure)

승인된 'LL'을 Release하여 공유하며 'LL'이 승인될 때마다 각 팀장은 각각의 'LL' 하단에 변경시켜야 할 DEP 또는 신규 작성해야 할 것을 명기해야 하며, 기존 PEP의 변경이나 신규 작성이 필요하면 관련 팀에 적시에 요청하여 진행해야 합니다.

부서 내 Quality Auditor를 실시할 때, 새로운 설계 프로세스에 대한 유효성을 모니터링해야 하며 또한 정기적 회의를 통하여 Network Database 활용을 증진시켜야 합니다.

모든 프로젝트 LE들은 프로젝트 초기에 자기 해당 분야에 반영해야 할 LL을 데이터베이스에서 검색해야 하며, 그러한 LL은 대개 프로젝트 Kick-Off 4주 이내에 검토해야 합니다. LL Review는 각 부서의 Activity Plan, Work Instruction 또는 Checklist 상에 일련의 Activity로서 포함되어야 하며 각 부서 LE는 협력업체를 포함한 모든 Assign Member로 하여금 해당 프로젝트에 적용시킬 LL을 주지시켜야 합니다.

12.3.9 References

LESSONS LEARNED / DESIGN PROCESS IMPROVEMENT (Work Sheet)					
Subject:					
Project No. / Name:		/			
Impact (Circle one):	Major	Medium	Low	Watch Out	Unknown
1.　　Problem - Event Description / Root Cause Analysis – Why It Happened?					
2.　　Immediate Solution or Action					

그림 12-1 Lessons Learned Format

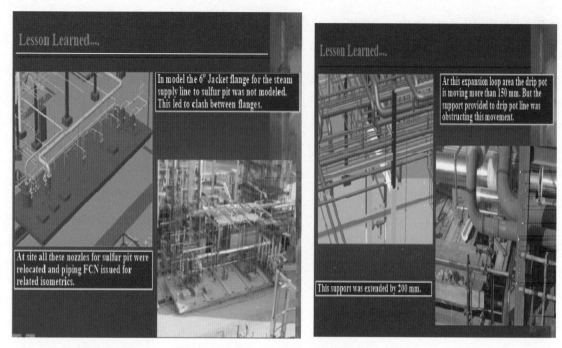

그림 12-2 Lessons Learned 사례 및 Solution 예시

12.4 Piping Closeout Report

Piping Closeout Report는 프로젝트 Piping Design & Construction(EPC) 라이프 사이클을 작성하는 배관 설계 프로젝트 관리 문서 중 하나입니다. 아래 사항을 중요 항목으로 간략히 설명하고자 합니다. 그러나 각 엔지니어링사마다 형식과 방법에 차이가 있습니다.

따라서 여기서는 Report 작성에 참고할 수 있는 기본적 작성 내용과 포함해야 하는 항목을 예제로 중점 기술합니다.

배관 설계 결과는 항상 일부 계획 대비 차이가 불가피합니다. 따라서 Piping Closeout Report는 배관 설계 성과, 비용 및 일정 측면에서 기준 계획과 차이를 식별하기 위해 문서화로 계획한 수치와 실제 수치를 명시하는 것 외에도 내용에 대한 이유와 분석을 설명하는 것이 가장 중요합니다.

12.4.1 전체 Piping Design & Construction(EPC) 성과 평가

Piping Design & Construction(EPC) 성과를 문서화할 때는 계획에 설정된 각 항목별 성과 목표와 프로젝트 실행 성과 달성을 기록합니다.

Performance Goals

Performance Goals

Project Business Objective	Performance Goal	Results
Enhance the search feature to support searching digital and electronic resources	Students and teachers can search digital and electronic resources (e.g. recordings, DVDs) in E-Octopus LMS	Done and accepted by user
Enhance the resource reservation feature to support reserving digital and electronic resources	Students and teachers can reserve digital and electronic resources (e.g. recordings, DVDs) through E-Octopus LMS	Done and accepted by user
Develop a SMS notification function that reminds patron for returning book	When it's approaching the required return date of book, the patron will receive a SMS for reminding him/her to return the book as soon as possible	Done and accepted by user
Develop the Android version of Octopus LMS	The Android version of E-Octopus LMS is available. All features supported by the web version, except the new Analytic feature, should be available in the Android version	Done and accepted by user
Ensure pages can be loaded completely loaded in 2 seconds	All pages should be fully loaded in 2 seconds, when being accessed under a normal Internet connection	Done and accepted by user
Develop an analytic feature that analyze students' book borrowing behavior against their academic performance	The University Education Committee will be able to use Octopus to obtain useful information that aids in the identification of teaching approach	Done and accepted by user

그림 12-3 Project Performance Format

12.4.2 Document Actual Project Cost

Piping Design & Construction(EPC) 프로젝트의 계획 및 실제 비용(M/H, Cost)을 설명합니다. 계획된 비용은 초기 설정한 것으로 프로젝트에서 승인되어야 하며 실제 비용은 완료 시 실제 프로젝트에 적용된 비용입니다. 비용 내용을 문서화하고 이러한 분석 내용에 대하여 이유를 상세 설명하여 작성합니다.

Project Cost

Project Cost

Budget Category	Planned ($)	Actual ($)	Variance ($)	Explanation
Internal Staff Labor	55708	58000	2292	Additional staff were hired
Services	0	0	0	N/A
Software Tools	1200	400	-800	Adequate amount of software licenses were found, reducing a part of the estimated license cost
Hardware	5000	3000	-2000	Discount offered by chosen vendor
Materials and Supplies	1200	1200	0	N/A
Facilities	0	0	0	N/A
Telecommunications	0	0	0	

그림 12-4 Project Cost Format

투입된 인력 자원 상태를 정확히 명기하고 프로젝트 전반에 걸친 자원 사용에 대한 내용을 상세히 설명하십시오. 본 자료를 정리하기 위해서는 초기부터 기록 관리를 잘 시행하여야 합니다.

12.4.3 Document Actual Project Schedule

Project가 최초 승인된 일정 기준을 실제 완료 날짜와 비교합니다. 모든 계획 및 실제 시작 및 종료 날짜를 문서화하고 일정의 차이를 설명합니다.

Project Schedule

Project Schedule

ID	Task	Planned Start Date	Actual Start Date	Planned Finish Date	Actual Finish Date	Variance	Explanation of Variance
001	Conduct Planning Kickoff Meeting	Aug 1, 2017 ▼	2017-08-01 ▼	Aug 2, 2017 ▼	2017-08-02 ▼	N/A	N/A
002	Develop Work Breakdown Structure	Aug 3, 2017 ▼	2017-08-03 ▼	Aug 9, 2017 ▼	2017-08-09 ▼	N/A	N/A
003	Develop Project Schedule	Aug 10, 2017 ▼	2017-08-10 ▼	Aug 18, 2017 ▼	2017-08-18 ▼	N/A	N/A
004	Develop Resource Plan	Aug 10, 2017 ▼	2017-08-10 ▼	Aug 11, 2017 ▼	2017-08-11 ▼	N/A	N/A
005	Develop Staffing Plan	Aug 10, 2017 ▼	2017-08-10 ▼	Aug 11, 2017 ▼	2017-08-11 ▼	N/A	N/A
006	Develop Budget Plan	Aug 24, 2017 ▼	2017-08-24 ▼	Sep 1, 2017 ▼	2017-09-01 ▼	N/A	N/A
007	Develop Project Performance Plan	Aug 10, 2017 ▼	2017-08-10 ▼	Aug 11, 2017 ▼	2017-08-11 ▼	N/A	N/A
008	Develop Risk Management Plan	Aug 10, 2017 ▼	2017-08-10 ▼	Aug 25, 2017 ▼	2017-08-25 ▼	N/A	N/A
009	Develop Risk Register by Identifying Risks	Aug 26, 2017 ▼	2017-08-26 ▼	Sep 1, 2017 ▼	2017-09-01 ▼	N/A	N/A

그림 12-5 Project Schedule Format

12.4.4 Document Scope Changes

프로젝트 수행 업무 범위에 대한 변경 사항과 성능, 비용 또는 일정 기준에 미치는 영향을 문서화합니다.

12.4.5 Record Post-Implementation Review

결과물에 대한 운영 및 유지 관리 수행과 Piping Closeout Report 구현 후 보고서를 완료한 날짜와 이 작업을 담당하는 사람을 명기합니다.

12.4.6 Identify Open Issues

Piping Closeout Report 종료의 맥락에서 향후 참고 및 해결을 위한 미해결 문제를 나열하고 설명합니다.

12.4.7 Archive Project Documents

프로젝트 라이브러리 또는 기타 저장소(예: 프로젝트 관리 저장소)에 저장된 모든 프로젝트 문서 자료를 식별할 수 있도록 하며, Piping Closeout Report 및 기타 산출물은 향후 사용 또는 참조를 위해 올바르게 저장되었는지 확인하고 필요한 모든 승인 및 서명이 있는지 확인합니다.

또한 문서의 필수 최종 버전을 합의된 위치에 이용 가능한 형식으로 보관하고 편집할 수 없는지 확인하고 합의된 절차에 따라 기타 다른 산출물과 함께 저장합니다.

사례 자료 : Sample Report

Piping Project Close-Out Report
[Enter Project Name Here]

Approval List

Template Version No.	Template Author	Template Completion Date

Revision History

Revision	Date	Status	Author	Reviewed By	Summary of Changes

Document Approval List

Version	Approved By	Signature	Date

Document Distribution List

Name of Receiver / Group	Date

Table of Contents

Executive Summary

본 Report에 포함된 정보의 요약을 작성하여 제공합니다.

Introduction

Background

필요한 배경을 제공하고 프로젝트의 과정을 간략하게 설명하십시오. 간략하게 설명하되, 프로젝트에 익숙하지 않은 사람이 프로젝트의 맥락을 이해하는 데 필요한 정보를 얻을 수 있도록 충분한 세부 정보를 제공하며 프로젝트의 목표를 파악하고 간략하게 설명합니다.

Purpose

본 Report의 목적을 식별할 수 있도록 작성하고 간단하지만 구체적으로 설명하십시오.

Scope

본 Report의 범위를 설명하여 이 문서에 구체적으로 어떤 관리 번호를 지정할 것인지 문서화하십시오.

Project Scope(Piping)

프로젝트의 범위를 설명하십시오. 프로젝트 헌장에 설명된 초기 범위는 무엇입니까? 프로젝트 기간 동안 프로젝트 범위가 어떻게 바뀌었습니까? 프로젝트 범위의 변경은 어떻게 처리되었습니까? 공식 절차를 통해 문서화 및 승인되었습니까? 프로젝트 범위를 변경한 이유는 무엇입니까? 아래 표에 이런 사항을 상세히 기록하고 초기 대비 최종 프로젝트 범위를 설명합니다. 변경 사항을 설명하고 변경 사항이 승인된 이유를 문서화합니다.

Initial Scope	Final Scope	Description of Change

Project Successes & Challenges

프로젝트와 관련하여 성공과 도전에 대해 설명합니다. 주요 프로젝트 성공 사례와 주요 프로젝트 과제는 무엇이었습니까? 프로젝트의 성공률을 높이고 도전과 어려움의 수를 줄이기 위해 무엇을 할 수 있었을까요? 다른 프로젝트에 전달될 수 있습니까? 만약 그렇다면, 그들은 무엇이 될까요.

Project Successes

Project Successes	Detailed Description

Project Challenges/Difficulties

Project Challenges	Detailed Description

Lessons Learned

프로젝트에서 배운 교훈을 설명합니다. 주요 학습 내용을 요약하고 주요 테마를 식별하며 자세한 내용은 Lessons Learned Report를 참조하십시오.

Lessons Learned	Detailed Description

Project Team(Piping)

배관 설계 수행에 참여한 사람들을 분석합니다. 핵심 팀은 어떻게 구성되었습니까? 프로젝트 기간 동안 함께 있었습니까? 이 팀은 함께 일할 때 어떤 어려움을 겪었습니까? 팀워크를 늘리기 위해 향후 프로젝트에서 무엇을 할 수 있습니까? 프로젝트 팀은 향후 프로젝트에 도움이 될 추정, 예측 및 예산 책정 방법에 대해 무엇을 배웠습니까? 프로젝트에 적절한 팀원들이 포함되었습니까? 팀의 역할과 책임을 명확했습니까? 등을 상세히 검토 정리합니다.

Project Partners & Stakeholders

이 프로젝트의 파트너 및 이해관계자를 분석합니다. 이 프로젝트의 관련 공종 참여자는 누구이고 파트너십은 어떻게 관리되었습니까? 모든 프로젝트 파트너의 관심이 만족스럽게 충족되었습니까? 향후 프로젝트의 성공 가능성을 높이기 위해 어떤 조치를 취할 수 있을까요? 이해당사자들은 어느 정도까지 프로젝트에 긍정적인 영향을 미쳤습니까 아니면 부정적인 영향을 미쳤습니까? 완료 시, 프로젝트 산출물이 추가 작업 없이 이해관계자의 요구 사항을 충족하였습니까? 추가 작업이 필요한 경우 왜 필요했을까요? 등을 상세 기록 정리합니다.

Project Management Processes

이 프로젝트에 사용된 프로젝트 관리 방법론과 프로세스를 분석합니다. 방법론은 잘 작동했습니까? 어떤 도전에 직면했습니까? 귀사의 프로젝트 관리 관행을 개선하기 위해 어떤 조치를 취할 수 있습니까? 프로젝트 전반에 걸쳐 이슈와 변화는 어떻게 관리되었습니까? 향후 프로젝트에 도움이 될 위험 관리에 대해 무엇을 알게 되었으며, 예상하지 못했던 위험 요소는 무엇입니까? 이러한 위험을 예측하기 위해 무엇을 할 수 있었습니까? 프로젝트 전반에 걸쳐 어느 정도 품질을 관리하고 계획 단계 초기에 품질 기준을 수립하였습니까?

Project Results

Project Goals, Objectives, Deliverables

프로젝트의 목표와 목표를 분석합니다. 팀 구성원, 파트너, 기여 공급 업체, 이해관계자 등 모든 관련 참가자가 명확하게 이해하고 있었습니까? 초기 목표와 목표를 반복하고 이를 실제 성과와 비교하여 관련 이유를 설명하여 기록합니다.

Initial Project Goals, Objectives, Deliverables	Actual Goals, Objectives, Deliverables Achieved	Description & Explanation of Variances
•		

Project Performance Measures

프로젝트의 성능 측정값을 분석합니다. 계획된 조치 대 실제 조치는 무엇이었습니까? 모든 변형을 설명하십시오.

Baselined Project Performance Measures	Actual Project Performance Measures	Description & Explanation of Variances
•		

Project Schedule

주요 마일스톤 날짜를 충족하는 프로젝트의 트랙을 분석합니다. 프로젝트가 예정보다 빨리 끝났나요, 늦었나요? 계획된 스케줄 대 실제 스케줄은 무엇이었습니까? 모든 변형을 분석하여 설명하십시오.

Baselined Project Schedule (key milestone dates)	Actual Project Schedule (key milestone dates)	Description & Explanation of Variances
•		

Project Budget

프로젝트의 계획 대 실제 비용 및 지출을 분석합니다. 프로젝트가 예산 초과 또는 예산 절감으로 끝났습니까? 계획된 예산 대 실제 예산은 어느 정도였습니까? 프로젝트의 주요 지출을 분석합니다. 모든 차이점을 분석하고 설명하십시오.

Baselined Project Budget (key expenditures)	Actual Project Budget (key expenditures)	Description & Explanation of Variances
•		

Quality of Final Deliverables

최종 프로젝트 결과물의 품질을 분석합니다. 이해관계자의 기대를 충족하였는지, 또는 고객은 최종 결과에 만족하고 프로젝트 스폰서가 만족했습니까? 프로젝트 파트너의 요구와 관심이 충족되었습니까? 프로젝트 팀이 학습 및 개발 목표를 달성했습니까? 모든 프로젝트 결과물이 수락되었습니까, 아니면 재작업이 필요했습니까? 아래 질문에 대한 답을 검토 기술합니다.

Suggestions for Improvement

프로젝트 및 배관 설계 관리 방법론에서 관련 공종/부서에 사용되는 모든 프로세스에 프로젝트의 모든 측면에 대한 개선 및 제안 사항을 나열하고 설명하십시오.

Project Archives

관련 자료의 생성과 어디에 위치하는지 설명하십시오. 자료를 쉽게 인식하여 사용할 수 있도록 문서가 보관되어 미래의 프로젝트에 사용될 수 있게 하여야 합니다.

APPENIDIX - LESSONS LEARNED REPORT

Lessons Learned

프로젝트 배관 설계 팀 관계자는 이 양식을 이용하여 작성해야 합니다. 그런 다음 참여자들과 토론을 진행하여 의견을 한 가지 형태로 정리하는 것이 좋습니다. 모든 의견을 익명으로 유지하며 향후 진행될 프로젝트의 중요 자료로서 성공뿐만 아니라 개선할 영역에 집중합니다.

Description *Describe the issue, what happened and the results*	Analysis *What was the root cause of the problem/success? What factors contributed?*	Recommendation *What could be implemented to improve/continue the situation?*

국내 Process Plant Engineering 분야가 반세기를 지나가고 있습니다. 시행착오를 거쳐 시간을 들여 경험한 지식을 Project 분야별로 축적하고 숙성시킬 수 있어야 합니다. 이제 창조적 축적을 지향하는 시스템과 문화를 구축해야 하며, 또한 기술은 곧 축적의 힘이라고 생각합니다.

'가치와 기회'는 그 누구도 만들어주지 않습니다. 우리 스스로 만들어야 합니다.

마무리하면서

포스트 코로나 시대의 4차 산업혁명, 언택트, 원격근무 등을 먼 미래라고 생각하거나 나와는 상관없다고 무시하는 사람은 이제 없을 것입니다. 이 모든 것들이 이미 보이고 앞당겨진 미래이자 현재입니다.

수많은 문제를 해결해내는 것이 일의 본질입니다. 문제를 해결하기 위해서는 경험을 축적하고 실력이 검증된 전문가 엔지니어의 필요성이 더욱 요구됩니다.

책의 마무리 편집을 진행하면서 FEED 부분, 개념 설계, 기본 설계 등의 역량 부족은 체험을 통해 얻은 경험과 노하우 축적이 핵심이라고 생각하면서 이에 조금이라도 도움이 되고자 나름 경험한 자료를 기반으로 한 내용과 설명들로 진행하면서 요구에 부합되는지를 스스로 이야기했습니다.

그러나 Design Tool의 변화와 발전하는 기술을 더 신속하게 잘 적용하고 사용하기 위해서는 더욱 더 축적된 경험과 노하우 내용의 이해와 적용이 바탕이 되어야 한다고 판단하고 용기를 갖습니다.

서두에 언급된 The Fourth Industrial Revolution이란 2016년 다보스 세계경제포럼에서 Dr. Klaus Schwab의 발표에서 언급되어 현재 사용되고 있으며, 'Digital Twin' 등의 기반 기술의 발전에 의한 산업혁명으로 이야기되나 실질적으로는 진화이며 디지털화 심화 과정으로 설명되고 있습니다. 이를 플랜트 EPC 적용의 구도 측면으로 보면 'Digital Transformation' 변화에, 즉 AI, IoT, Big Data, Cloud Computing, AR(VR, Mobile, Drone etc.) 이런 기반들을 Design Tool에 적용하여 Project 수행 방식을 Digital 혁신 방안으로 적용하는 이야기이며, 구체적 업무 진행의 방식은 아래에 언급된 내용으로 발전, 변화하고 있습니다.

- 설계 – 구매 – 시공 프로세스와 데이터 통합
- Plant Life Cycle에서의 데이터 정합성 유지(E & S → 3D 설계 → 구매 → 시공 → 유지/보수)
- 시스템 통합으로 협업, 데이터 공유, 체계적인 도면 Revision 및 History 관리 가능
- Relationships between Objects of All Disciplines→오류 감소
- Rule based Design, Traceability & Visibility 확보
- 설계 진행 현황 실시간 모니터링을 통한 정보 불일치 현상, 잠재적 위험 요소 사전 제거
- 시공 과정의 잉여/부족 자재의 최소화 및 발주 최적화(비용 절감)
- 프로젝트와 데이터의 효과적인 계획 및 실행을 위한 시뮬레이션과 예측 정보 제공
- Centralized Data and Knowledge Management
- 발주처에 대한 데이터 Handover 요건 충족, Data Centric O & M을 위한 기반

상기에 언급한 사항을 또한 통합 관리하여 Project Execution Status를 Dash Board 형태로 운영하게 하는 등의 시스템 적용이 언급되고 있습니다. 대표되는 것으로 AWP(Advanced work Package) '초기 계획에서 시작하여 프로젝트를 실행하는 과정에서 발생하는 설계, 조달, 시공 과정이 계획적이고 실행 가능한 연속적인 업무 절차' 적용을 요구하는 사항이 각 Client로부터 명시되고 있습니다.

또한 플랜트 배관 설계의 Tool 변화를 보면 Manual → 2D → 3D → Piping Auto Routing 등의 진화로 Program을 직접 이용하여 설계하는 진행 방식이 사용되며, 그중 대표적으로 'Piping Auto Routing' 프로그램은 다음 3가지 알고리즘 기반 Physical, Economic, Operational Constraints Algorithm(간섭, 경제성, 운전성)과 Rule Based Design 기반인 Engineering Analysis, Layout &Piping Practice, Cost Optimization으로 개념 설계, 기본 설계를 진행하는 데 매우 유용하게 적용되고 있습니다.

이제 우리도 신속하게 이런 Design Tool Trend의 변화에 대한 이해와 적용이 매우 중요하다고 생각됩니다.

경험에 의한 축적된 기술의 힘, 그리고 Digital Transformation에 의한 변화된 Design Tool Trend를 이해하고 함께 활용을 최대화하여 세계에 앞서가는 방향에 큰 도움이 되는 초석이 되길 기대합니다.

또한 이런 방향에 대하여 논의를 끌어내는 데 이 책이 조금이라도 기여했으면 하고, 우리가 플랜트 배관 설계의 미래를 어떻게 건설해야 할 것인지를 놓고 함께 고민했으면 하는 것이 바람입니다.

Ethylene Project 배관 설계 진행을 기준으로 과정과 핵심이 되는 기본 지식을 나름 기술하여 Conceptual Design 및 상세 설계에 바탕이 될 수 있도록 구성하였으나 모든 부분을 언급하기에는 부족한 부분이 있습니다.

이에 내용에 부족한 부분이나 추가 요청 사항이 있는 경우 언제든지 수정, 보완하여 함께 숙성하는 창조적 축적을 지향하는 시스템과 문화를 함께 만들어가고자 합니다.

의견이나 요청 사항이 있으면 'cspark55a@svplant.com'으로 연락주시면 성실히 회신하겠습니다.

끝으로 이 책 발행에 함께하여주신 김병식 선배, 공진성 동료, 그리고 분야별 도움을 주신 Piping Stress 부분 안준환, Material 부분 이종식 동료, 그 밖에 격려하여준 주변 분들에게 다시금 깊은 감사 말씀 드립니다.

박철수

Glossary 정리

본 Chapter는 배관 엔지니어링뿐만 아니라 및 모든 엔지니어링 분야에서 사용되는 약어 및 머리글자를 정리하여 정보를 빠르고 쉽게 찾아볼 수 있도록 하였습니다.

용어 약어(Abbreviation) : 설명, 의미 또는 출처 또는 약어로 정의

⋯⋯ **A** ⋯⋯

A	Air – Used to define the commodity in a Line Number
A	Pipe Anchors – This is a fixed anchor restricting the pipe movement at a specific support from moving in any (horizontal of vertical) direction.
A/G	Above Ground – The most common use for this abbreviation is on a P & ID to indicate that portion of a line that is to be or will be above ground.
ABS	Absolute – Unit of measure. This term is normally used along with another qualifier as in Absolute Pressure.
AC	Air Conditioner – Equipment designation
AC	Air to Close – This is normally found on a P & ID at a control valve and indicates that the control valve is a spring to open and therefore needs air to close.
AFC	Approved For Construction – This is a status indicator for engineering documents such as Flow Diagrams, Specifications, Drawings, etc. This indication (note) is normally stamped on a document in red so that it is very visible. The "Approved" part of the note normally means that the Client has done the Approving.
AFD	Approved For Design – This is also a status indicator. But in this case the document is normally an early schematic drawing such as a P & ID. The "Approval" is still by the Client.
AG	Above Ground
AGA	American Gas Association
AISC	American Institute of Steel Construction
AISI	American Iron and Steel Institute
AIV	Acoustic Induced Vibration
ALARP	As Low As Reasonably Practice
ANSI	American National Standards Institute
AO	Air to Open – This is normally found on a P & ID at a control valve and indicates that the control valve is a spring to close and therefore need air to open.
API	American Petroleum Institute
APFHE	Aluminum Plate fin heat Exchanger

AS	Air Supply – Used to define the commodity in a Line Number
ASA	American Standard Association
ASME	American Society of Mechanical Engineers
ASTM	American Society for Testing and Materials
ATM	Atmosphere
AVG.	Average
AWS	American Welding Society
AWWA	American Waterworks Association

⋯⋯ B ⋯⋯

BA	Base Anchor – This is a Type of support often used under piping low to grade or floor surface. It is rigidly connects the piping to the paving or floor surface.
BBE	Beveled Both Ends – This is an end prep qualifier for piping fittings such as reducers and swedges.
BBL	Barrel – This is most commonly used when discussing the plant capacity (100,000 Bpd) or the capacity of a tank. It normally refers to a "55 Gallon Barrel" but one should remember that a barrel actually holds only 42 US gallons.
BBP	Bottom of base plate – The Base Plate in this case is the bottom ring plate of a vertical vessel support or the bottom plate of a saddle support of a piece of horizontal equipment.
BC	Bolt Circle – This might be for a flange, a Vertical vessel support or for a Manhole.
BD	Blow down – Used to define the commodity in a Line Number
BF	Blind / Blank Flange
BFW	Boiler Feed Water – This is the cleaned, treated, preheated high pressure water that is pumped into a Boiler to make steam.
BG	Base Guides – This is a Type of support under low piping that is designed to allow the pipe to move back and forth in a specific direction.
BL	Battery limit – This is the invisible boundary around specific portion of a process plant (i.e.: The Crude Unit Battery Limits)
BLE	Beveled Large End – This is an end prep qualifier for piping fittings such as reducers and swedges.
BLK	Black
BVLD	Beveled – This would normally refer to the end preparation for pipe and fittings.
BOF	Bottom of Face of Flange – This would be used as a reference point clarification when used with an elevation (i.e.: BOF Elev. 109' – 0") for a flange on a vertical line.
BOM	Bill of Material – This term can have two meanings. First there is the BOM that is included as a part of an individual document such as a piping isometric. The second is the summary of the material from all documents or isometrics.

BOP	Bottom of Pipe – This refers to the bottom of a pipe when lying in the horizontal position.
BPVC	Boiler and Pressure Vessel Codes
BS	British Standard
BSE	Beveled Small End – This is an end prep qualifier for piping fittings such as reducers and swedges.
BTM	Bottom
BTU	British thermal unit – Unit of measure
BW	Butt Weld or Butt Welded – Butt welding means that the end of the pipe, fitting and/or flange are beveled to a specific contour as defined by the Code (per different wall thicknesses) then welded together.

······ C ······

C	Centigrade or Celsius – Unit of measure
C	Clean Drain – This is a system qualifier that would appear on P & ID's, Underground and other Drawings to designate the Clean Drain system.
C	Condensate – Used to define the commodity in a Line Number
C	Cradles – The term Cradle, when used on piping drawings normally refers to a curved section of metal plate (approx 120 degrees) and about 24" (610mm) long. This metal (normally steel) is fitted on the underside of an insulated line (outside the insulation) at each pipe support so that the weight of the line at the support does not crush the insulation.
C	Patchboard or matrix board connection
CC	Corrosion Coupon – This is a piece of metal that is welded to a holder of some Type and placed inside the process fluid. From time to time the thickness of this is removed and measured to determine the amount of corrosion taking place in the system itself.
C-C	Centre to Centre – Refers to the Type of dimension (i.e.: Center to Center of two pipes)
CDO	Certified Dimension Outline – This refers to a vendor drawing such as an Exchanger, a Pump or any other purchased equipment which has been reviewed by your company, your requirements for modifications have accepted and incorporated by the Vendor and they have signed (Certified) that they will build and deliver what is shown on "this" drawing.
CENT	Centigrade – Unit of measure
CFM	Cubic Feet per Minute
CHU	Centigrade Heat Unit
CI	Cast Iron
cL	Centerline – The centerline is the primary locating reference point used for the location of all objects such as Pipes Tanks, Vessels, Pumps, Structural Pipe Supports, Structures, Roads, etc. in Process Plant engineering and design.
CM	Centimeter
CO	Chain Operated – This will apply to an operating valve that could not be located with–in reach and

has been fitted with a device that used a chain from below to open or close.

CO	Clean Out – This is commonly used on underground drawings to indicate the location of clean–out points for buried systems.
COP	Critical Operating Parameters
Cr	Chromium – A metal found in some alloy pipe
CrMO	Chrome Moly – A material often used in process plants for higher pressure and temperature services.
CS	Carbon Steel – The most common material Currently used in process plants such as Refineries and Power Plants.
CS	Cold Spring – This is an indication that action has been taken to reduce the effect of stress by an expanding line due to the operating temperature. Example: A long line will expand 6" (152mm) at normal operation conditions. That 6" (152mm) of growth will result in excessive stress on some point of the system. You determine that you need to reduce the excessive stress. To do this you calculate what the "true" dimension for the long run should be but you call for the shop (or the Field) to remove one half the expected growth, in this case 3" (76mm) from the "true" dimension. This is called "Cold Spring" or "Cold Springing" the line.
CSC	Car Seal Closed – This is normally a designation that appears at a valve symbol on a P & ID (placed there by the Process Engineer) to indicate that this valve is to be fitted with a locking device of some sort to prevent inadvertent or unauthorized opening. This designation shall be placed on all subsequent piping drawings showing that valve and the piping material control group may be required to purchase the device.
CSO	Car Seal Open – Same as CSC but indicated that the valve is to be in the Open position.
CTR	Center – As in the center of a circle
CU	Cubic
CV	Control Valve – The term "Control Valve" is commonly used for a wide range of actuator operated valves. The Type of valve body is most often a Globe Type but can also be a Ball, Butterfly, Pinch or other Type. The actuator can be Pneumatic, Solenoid, Electric Motor or other Type.
CWP	Construction Work Package – A Construction Work Package is the identification of and all the paperwork including drawings, material lists, Specifications and contracts defining a segment of work for an EPCM process plant Project. (Example: Underground Piping CWP, Aboveground Piping CWP, Insulation CWP, Electrical CWP, etc.)
CWR	Cooling Water Return – Used to define the commodity in a Line Number
CYR	Cycle Water Return – Used to define the commodity in a Line Number
CYS	Cycle Water Supply – Used to define the commodity in a Line Number

······ **D** ······

D	Derivative control mode – Commonly used with instrumentation
D	Digital signal – Commonly used with instrumentation

D	Drain - Used to define the commodity in a Line Number
DBM	Design Basics Memoranda
DCS	Distributed Control System - Commonly used with instrumentation
DEG	Degree – Unit of measure
DIA	Diameter
DIFF	Difference, used in math meaning to Subtract
DIM	Dimension
DIN	Deutsche Industry Norm [German Standard]
DIR	Direct-acting
DOF	Degree of Freedom
dP	Delta P, Pressure differential
DRG	Drawing [Not Preferred] see Dwg
DS	Dummy Support - A Dummy Support is a stub of pipe 3' to 7' long (1 meter to 2 meters long) that is attached to an elbow where a line leaves the pipe way short of the next support. The stub will extent to reach the next structural pipe support and provide support for the line.
DW	Drywall
Dwg	Drawing - The most commonly used and the more proper abbreviation for the term "Drawing"

······ E ······

E	East – As in a direction. Often used with Coordinate method of defining location or position of in item of equipment.
E	Voltage signal – Commonly used with instrumentation or Electrical
ECN	Engineering Change Notice - This is a part of the system used to control and track costs within a "Lump-Sum" contract. All changes, whether they are Client originated of the result of late design development is identified, given a "DCN" number, written up, reviewed through the Project approval process. If the DCN is accepted then the change is made and the cost is added to (or deducted from) the contract.
ECN	Engineering Charge Number - (Same as DCN)
EDS	Engineering Design Specifications
E-E	End to End - Used to clarify a dimension.
EFW	Electric-Fusion-Welded - Refers to one of the ways that "rolled and welded" pipe is made.
EL	Elbow - (Not Preferred)
EL	Elevation
ELB	Elbowlet - (Not Preferred)
ELL	Elbow - (Preferred)
EOL	Elbow-let - A special shaped piping fitting that allows for a branch attachment onto an elbow and

provides built-in reinforcement for the attachment point.

EOP   End of Pipe - A term used as a part of the dimensional designation when locating the end of a piece of pipe such as a vent to atmosphere.

EA   Engineer/Architectural – This can mean a Type of company or a Type of Project. An AE company or Project only does some engineering and then only produces conceptual drawings. They cannot and do not produce detailed engineering drawings or bills of materials because they do not purchase any equipment required to for detailed design.

EPC   Engineering, Procurement & Construction – This can mean a Type of company or a Type of Project. An EPC Company or Project means a full service capability of Engineering, Procurement and Construction of the complete process plant.

EPC&C   Engineering, Procurement, Construction and Commissioning – Indicates Type of company or Project that is done by one contractor that includes Engineering, Design, Procurement, Construction and Commissioning (also see LSTK)

EPCM   Engineering, Procurement & Construction Management – This can mean a Type of company or a Type of Project. An EPCM Company or Project means a full service capability of Engineering, Procurement and the construction portion of the Project is executed by Sub-Contractors under the Management of the EPCM Contractor.

ERW   Electric-Resistance-Welded – Refers to one of the ways that "rolled and welded" pipe is made.

ES   Electric Supply

ESS   Emergency Shutdown System

ESV   Emergency Shutdown Valve - This is used to identify certain valves that are manually or motor operated that shall be closed in case of a fire, explosion or Terrorist attack.

ET   Electrically Traced - This indicates a pipe line (or piece of equipment) that shall be provided with heat tracing via electric resistance cable.

ETA   Estimated Time (of) Arrival - Term used in procurement to indicate when an item will arrive at a destination.

······ **F** ······

F   Fahrenheit – Unit of measure relating to temperature

(F)   Furnished - Indicated that the object or item is supplied with something else.

F&D   Faced and Drilled - Means that the indicated surface has been machined smooth and drilled to accept some other object.

(F&P)   Furnished & Piped - Similar to "Furnished" but is further clarified to indicate that the required piping is also included as "Furnished".

FAB   Fabrication - Can be a noun or a verb. A Fabrication can mean a piping spool that is a "Fabrication". Or it can be used to say the pipe spool is in "Fabrication".

FAHR   Fahrenheit – Unit of measure

FBW   Furnace-Butt-Welded – Refers to one of the ways that "rolled and welded" pipe is made.

FC	Fail Closed – This means that in case of power failure of loss of instrument air the valve (or other object) will default to a closed and safe position.
FCN	Field Charge Number – A system for numeric indexing, identification and control of changes originating from the field.
FD	Flex–Disc Valve – Normally relates to a Type of Gate valve that has a special design for the disc that is intended to insure a tight closure.
FD&SF	Faced, Drilled and Spot–Faced –
FE	Flanged End – Meaning that an object has flanged connections.
FEED	Front End Engineering & Design – The FEED part of a Project would be characterized as the first twenty percent (20%) to thirty percent (30%) of the engineering of a Project. The FEED Contractor may have been awarded all or a part of the Project. They are now working with the Client (and Licensors if applicable) to prepare the front end requirements for the Project. The heaviest work load during this FEED part will be in the Process Engineering group. However, there are some Piping activities that start at this time (Also see Pre–FEED)
FF	Face to Face – As in Face–to–Face dimension
FF	Flange Face [dimensioning]
FF	Flat Face (d)
FF	Full Face [of gasket]
FFW	Final Fit Weld – Refers to a piping weld that is to be made in the field (Point of installation) as opposed to being made in a pipe fabrication shop. This weld can only be pipe–to–pipe or pipe–to–fitting. The pipe component is to be fabricated long with (6" to 9") of extra length for final field fit–up. This weld (for this line) is to be made only after all other Field Welds" have been completed.
FG	Fuel Gas – Used to define the commodity in a Line Number
FI	Fail Indeterminate – This means that in case of power failure of loss of instrument air the valve (or other object) will default in place or Current position.
FIV	Fire Isolation Valve – (See ESV)
FL	Fail Locked – (See FI)
FLG	Flange
FLGD	Flanged End
FMU	Fitting Make Up – This means that two or more commonly manufactured piping fittings or flanges are welded together without any pipe between the items.
FO	Fail Open – This means that in case of power failure of loss of instrument air the valve (or other object) will default to an open and safe position.
FOB	Flat on Bottom – A term most commonly used with eccentric reducers and other non–concentric objects.
FOB	Free on Board – A legal term commonly used in contracts and or procurement
FOB	Freight on Board – A legal term commonly used in contracts and or procurement

FOT   Flat on Top – A term most commonly used with eccentric reducers or other non–concentric objects.

FP   Full Port Valve – This term often used with Ball Valves means that the "Port" or opening in the ball is the same size as the adjoining pipe inside diameter.

FPT   Female Pipe Thread

FRP   [Glass] Fiber Reinforced Pipe

FS   Base Supports – Indicates a Type of secondary support that is normally used under one side of a Control Valve Manifold.

FS   Far Side

FS   Field Supports – Indicates any of a number of secondary Type pipe supports.

FS   Forged Steel

FTG   Fitting – This is a universal term that applies to many trades and trade material (piping, electrical, etc.). For piping it includes elbows, TEEs and O–Lets.

FV   Full Vacuum

FW   Field Weld – Refers to a weld (normally in piping) that is to be made in the field (Point of installation) as opposed to being made in a pipe fabrication shop. This weld can be pipe–to–pipe, pipe–to–fitting or fitting–to–fitting. The pipe and fitting components on both sides of this weld are dimensionally correct and no trimming is to be done without the approval of the Design Office.

FW   Fire Water – Used to define the commodity in a Line Number

······ **G** ······

G   Gas – Used to define the commodity in a Line Number

G   Glycol – Used to define the commodity in a Line Number

G   Gram – Unit of measure

G   Level Gauge or Gauge Glass

G   Pipe Guides

GAL   Gallon – Unit of measure

GALV   Galvanized – Rust resistant plating added to metal objects

GO   Gear Operated – Used in conjunction with a valve description.

GPH   Gallon per Hour – Unit of measure

GPM   Gallon per Minute – Unit of measure

GR   Grade – Is commonly used for both Paved or Unpaved surfaces of a process plant

GS   Gas Supply – Used to define the commodity in a Line Number

GT   Glycol Traced – Commonly used to define a Type of heat tracing

GV   Gauge Valve – A valve used for isolation with various Types of instruments

······ H ······

H	Horizontal – A direction or physical attitude
H	Hour – Commonly used with Instruments or units of measure
H	Hydraulic signal – Used to define the commodity in a Line Number
H. PT.	High Point – (see HP)
HDR	Header – May be used when defining a main supply pipe for a utility, example: HP Steam Header. Or it can be used to define a physical feature associated with a piping configuration, example: The Weld–O–Let was used to add a branch to the Header.
HEX	Hexagonal – A shape with six sides
Hg	Mercury – Used to define the commodity in a Line Number
HOA	Hand / Off / Auto – Common electrical terminology for Pump controls
HP	High Point – Used to define the reference for the highest point of the concrete paving or other service material. (Also see HPP)
HP	High Pressure
HP	Horse Power
HPC	High Pressure Condensate – Used to define the commodity in a Line Number
HPP	High Point of (finished) Pavement – (See HP)
HPS	High Pressure Steam – Used to define the commodity in a Line Number
HPT	Hose–Pipe Thread
HR	Hanger Rods – A device that is intended to provide support from above for an object such as a pipe
HR	Hour – Unit of measure
HS	Hose Station – (See US)
HS	Hydraulic Supply – Used to define the commodity in a Line Number
HTR	Heater – Relates to a Type of equipment found on a Project
HVAC	Heating Ventilation and Air Conditioning – Can indicate the Profession, the Equipment or the Work.

······ I ······

I	Inorganic waste – Used to define the commodity in a Line Number
I	Interlock
IA	Instrument Air – Used to define the commodity in a Line Number
IAS	Instrument Air Supply – Used to define the commodity in a Line Number
ID	Inside Diameter – common usage terminology
ID	Internal Diameter – not common usage terminology
IE	Invert Elevation – (See Inv. El.)

IFA	Issued For Approval – This is an indication of "Status" for an engineering or design document issued as a part of a Process Plant Project. This normally means issued to the Client for the required Approval.
IFB	Issued For Bid – This is an indication of "Status" for an engineering or design document issued as a part of a Process Plant Project. This normally means a document that is intended for a Contractor or Sub–Contractor to use to prepare his (her) bid.
IFC	Issued For Construction – This is an indication of "Status" for an engineering or design document issued as a part of a Process Plant Project. This normally means that the data shown on the document is complete and approved for fabrication and or construction.
IFD	Issued For Design
IFH	Issued For Hazop
IFI	Issued For Information / Issued for Implementation
IFR	Issued For Review
IMP	Imperial – This normally applies to units of measure such as feet and inches or opposite of metric.
INS	Insulation – Applies to the non–metallic coverings applied to piping systems or equipment for the conservation or retention of heat or cold.
INST	Instrumentation
Inv. El.	Invert Elevation – This is the bottom point of the inside diameter of a Drain system pipe. It is the point used to set and insure the correct slope of the pipe for drainage.
IPS	Iron Pipe Size
IRI	Industrial Risk Insurers
IS	Inside Screw [of valve stem] – Refers to a Type of Valve design.
ISD	Inherently Safer Design
IS&Y	Inside Screw and Yoke – Refers to a Type of Valve design.
ISBL	Inside Battery Limits (or Onsite) – Refers to any single or collection of inter–related and inter–connected process units that performs an integrated process function. Typically any Onsite Unit could be made to function independently of another Onsite Unit.
ISO	Isometric drawing – In piping this term refers to a semi–3 dimensional drawing representation of a pipe line or part of a pipe line. The Isometric should contain ALL the graphics, dimensions, identification and technical data necessary to purchase material, fabricate, test and install the displayed piping.

······ **J** ······

J	Pump out Nozzle

······ **K** ······

K	Carbonate – Used to define the commodity in a Line Number
K	Kilo, times one thousand, x 1000

KG	Kilo Gram

······ L ······

L	Level Instrument Nozzle
L	Liquid – Used as a qualifier for Process (and other) information. Example: HLL = High Liquid Level)
**LL	Liquid Level (** Denotes suffix (es), for high, low, high high, low low, etc.) i.e. LLLL – Low Low Liquid Level
L.PT.	Low Point – Often used in defining the other critical elevation point (see HP) for paving.
LA	Level Alarm – Defines a Type of instrument
LB, Lb	Pound weight – Unit of measure
LC	Level Controller – Defines a Type of instrument
LC	Lock Closed – Commonly used with valves that must remain closed unless special authority is granted otherwise.
LG	Level Gauge – Defines a Type of instrument
LI	Level Indicator – Defines a Type of instrument
LIC	Level Indicating Controller – Defines a Type of instrument
LL	Lessons & Learned
LO	Lock Open – Commonly used with valves that must remain open unless special authority is granted otherwise.
LOL	Low Oxygen Level
LP	Low Point
LP	Low Pressure – Commonly used to define a condition or quality of a commodity. Example: LP Alarm)
LPC	Low Pressure Condensate – Used to define the commodity in a Line Number
LPS	Low Pressure Steam – Used to define the commodity in a Line Number
LR	Long Radius [Of Elbow] – LR is equal to 1.5 times the nominal diameter
LS	Level Switch – Defines a Type of instrument
LSTK	Lump Sum Turn Key – Indicates the Type of company or a Project that is done by one contractor that includes Engineering, Design, Procurement, Construction and Commissioning (also see EPC&C)
LT	Level Transmitter – Defines a Type of instrument
LT	Light–wall [Of Pipe]

······ M ······

M	Mega, times one million, x1,000,000 – Unit of measure

M	Meter – Unit of measure
M	Motor actuator
M	Motorized – Used to indicate that a Valve is "Motorized (Has a motor operator).
M/C	Machine
MACH	Machined
MATL	Material
MAWP	Maximum Allowable Working Pressure – Most often used with vessels or piping systems
MAX	Maximum
MAX	Maximum control mode
MCC	Motor Control Center – Defines a building with a collection of electrical equipment
MFR	Manufacturer
MI	Malleable Iron
MIN	Minimum
MIN	Minimum control mode
MIN	Minute [Of time]
mm	Millimeter
Mo	Molybdenum – An element found in pipe steel.
MOS	Maintenance Override Switch
MP	Medium Pressure
MPC	Medium Pressure Condensate – Used to define the commodity in a Line Number
MPS	Medium Pressure Steam – Used to define the commodity in a Line Number
MPT	Male Pipe Thread
MS	Mild Steel
MSF	Mill Scale Free – Means that the pipe (or other item) has been or must be wire brushed or sand blasted.
MSS	Manufacturers' Standardization Society – Applies to the Valve and Fittings Industry
MT	Magnetic Particle Inspection – (See NDE)
MTO	Material Take Off – Describes both the act of doing the task and the product of the task.

······ N ······

N	Nitrogen – Used to define the commodity in a Line Number
N	North – This can be True North, Plant North, Platform North or Magnetic North.
N	North – As in a direction. Often used with Coordinate method of defining location or position of in item of equipment.
NC	Normally Closed – This is used to designate the normal setting of a valve.

NDE	Non-Destructive Examination - This refers to a grouping of 5 methods used to indicate the quality of a weld on vessels or piping. These are VT, RT, MT, PT, and UT (See: http://www.ndt.net/article/0698/hayes/hayes.htm)
NEMA	National Electrical Manufacturers' Association
NFPA	National Fire Protection Association
NG	Natural Gas - Used to define the commodity in a Line Number
Ni	Nickel
NIC	Not in Contact
NIPP	Swaged Nipple
NLL	Normal Liquid Level
NNF	Normally No Flow
NO	Normally Open
NPS	Nominal Pipe Size
NPSC	Straight pipe thread in pipe couplings
NPSF	Dryseal straight pipe thread (lubricant optional)
NPSH	Net positive suction head
NPSH	Net Positive Suction Head
NPSH	Straight pipe thread for hose couplings and nipples
NPSI	Dryseal internal straight pipe thread
NPSL	Straight pipe thread for locknut and locknut pipe thread
NPSM	Straight pipe threads for mechanical joints
NPT	National Pipe Thread
NPT	Taper Pipe Thread
NPTF	Dryseal taper pipe thread (lubricant optional)
NRS	Near Side
NS	Nitrogen Supply - Used to define the commodity in a Line Number
NV	Needle Valve

...... O ......

O	Electromagnetic or sonic signal
O	Oil - Used to define the commodity in a Line Number
O	Organic Waste Drain
OD	Outside Diameter
Offsite	(See OSBL)
OG	Oxygen - Used to define the commodity in a Line Number

Onsite	(See ISBL)
OP	Operating Valve
OPT	Optimizing control mode
OS	Outside Screw [Valve stem]
OS&Y	Outside Screw and Yoke [Valve stem]
OSBL	Outside Battery Limits (Offsite) — In a process plant (Refinery, Chemical, Petrochemical, Power, etc.), any supporting facility that is not a direct part of the primary or secondary process reaction train or utility block.
OSHA	Operation Safety and Health Act (USA)
OVHD	Overhead – This is used to define a specific piece of equipment (i.e.: OVHD Condenser) a specific Nozzle on a vessel (i.e.: OVHD Nozzle) of the product in the line (i.e.: Crude OVHD)
OWD	Oily Water Drain - Used to define the commodity in a Line Number
OX	Oxide — A chemical element

...... **P** ......

P	All process lines
P	Pneumatic signal
P	Pressure Connection
P	Proportional control mode
P	Purge or flushing device
P & ID	Piping and Instrument Diagram – The primary document produced by the Process Engineer to define in detail what is required for any process plant.
PA	Plant Air Supply - Used to define the commodity in a Line Number
PBE	Plain Both Ends [Swage, etc.]
PC	Pressure Controller
PC	Pumped Condensate - Used to define the commodity in a Line Number
PCV	Pressure Control Valve
PDG	Piping Design Group
PE	Plain End [Pipe, etc.]
PFD	Process Flow Diagram – Indicated a preliminary schematic drawing produced by the Process Engineer to define the simplified process concept. It is the precursor to the P & ID.
PFI	Pipe Fabrication Institute
PG	Pilot Gas - Used to define the commodity in a Line Number
PJT	Project
PI	Pressure Indicator - A direct reading gage or indicator.
PIV	Post Indicator Valve - Common Type valve used for shut-off of underground water lines to a fire

hydrant or fire Monitor.

PLC	Programmable Logic Controller
PLE	Piping Leader Engineer
PME	Piping Materials Engineer
PMC	Piping Materials Controller
PMI	Positive Material Identification
PO	Pump Out – Used to define the commodity in a Line Number
POE	Plain One End [Nipple, etc.]
POS	Point of Support
PR	Pressure Regulator
Pre–FEED	A Pre–FEED Project is one where someone is conceptually defining a proposed new Project. Many Clients will perform the Pre–FEED part of a Project with their own staff. Clients may also obtain the services of an engineering company to develop the Pre–FEED Project package. The objective of contracting out the Pre–FEED package is three–fold. First, the Client may need the expertise of the engineering company to objectively look at the Project goals and determine if it feasible. Second, the Client wants a package that they can issue to other selected Contractors for bidding purposes. Third, the Client will want the Pre–FEED Contractor to prepare a realistic estimate of total–installed–cost (TIC) for their internal requisition for funding and to evaluate the other bids. (Also see FEED)
PRV	Pressure Reducing Valve – This is a valve functional description not a specific valve manufacturer of specific valve Type.
PRV	Pressure Relief Valve – This is a valve functional description not a specific valve manufacturer of specific valve Type. Lots of companies make valves that are designed to open when the pressure inside a vessel or system goes above a specific set pressure. (Also see PSV)
PS	Pipe Support – This is a general term and can mean any Type of primary or secondary devices used to hold up pipe.
PS	Pre–Spring – This is the technique of adding a small amount to the dimension of an actual length of pipe required to reach from point "A" to point "B". This practice is to compensate fro systems in cryogenic service where the pipe would shrink due to the negative coefficient of expansion.
PS	Process Sewer – Used to define the commodity or service in a Line Number
PSE	Piping Stress Engineer
PSI	Pound per Square Inch – Defines a unit of measure related to pressure.
PSIA	Pound per Square Inch Absolute – Defines a unit of measure related to pressure.
PSIG	Pound per Square Inch Gage – Defines a unit of measure related to pressure.
PSV	Pressure Safety Valve – (also see PRV)
PT	Pressure Tap – Sometimes used to define the future purpose of a valved and plugged connection.

PT	(Liquid) Penetrate Inspection – (See NDE)
PU	Pick–Ups – Used to define a Type of secondary pipe support. This method (short length of Angle Iron and "U" Bolts) uses a larger size pipe to provide support for a smaller pipe line.
Pup	A "Pup" piece is a short length of pipe required between two fittings, a fitting and a flange or between two flanges to make–up a required dimensional distance.
PW	Potable Water – Used to define the commodity in a Line Number
PWHT	Post Weld Heat Treated – This is the action of applying heat to piping to relieve stress built up in the material due to the welding during fabrication.

······ R ······

R	Automatic–reset control mode – Used in the electrical and controls systems.
R	Radius
R	Reflux Nozzle
R	Reset – Used in the electrical and controls systems.
R	Reset of fail–locked device – Used in the electrical and controls systems.
R	Resistance (signal) – Used in the electrical and controls systems.
R/L	Random Length – Often used in the purchase of pipe. Single Random Length = 20 feet (+/–) 7meters (+/–). Double Random Length = 40 feet (+/–) 14 meters (+/–)
RED	Reducer – Used in Concentric Reducer (Conc Red) or Eccentric Reducer (Ecc Red)
RED	Reducing
REF	Reference–
REQ	Requisition – Term used in Procurement activities or the actual document.
REQ	Required–
REV	Reverse–acting
RF	Raised Face – A Type of flange face.
RFI	Request for Information – Term used in Procurement activities or the actual document.
RFP	Request for Purchase – Term used in Procurement activities or the actual document.
RFQ	Request for Quote – Term used in Procurement activities or the actual document.
RJ	Ring Joint – (see RJT)
RPM	Revolutions per Minute
RS	Rising Stem [Of valve]
RT	Reducing Tee
RT	Radiographic Inspection – (See NDE)
RTD	Resistance (–Type) temperature detector
RTJ	Ring Type Joint – A Type of flange facing/gasket

RW	Raw Water – Used to define the commodity in a Line Number

S	Pipe Shoes – A device used under Hot Insulated pipes to raise the pipe up off the primary pipe support level thus protects the insulation.
S	Solenoid actuator
S	South – As in a direction. Often used with Coordinate method of defining location or position of in item of equipment.
S	Steam or Sample Connection
S	Storm Water Drain – Used to define the commodity in a Line Number
S.G.	Specific Gravity
SAE	Society of Automotive Engineers
SC	Sample Connection
SC	Steam Condensate – Used to define the commodity in a Line Number
SCH	Schedule [Of pipe] – Relates to the wall thickness of pipe
SCRD	Screwed – Method of joining some Types of pipe, fittings and valves.
SCV	Sample Point Valve
SCV/T	Sample Point Valve with Thief
SD	Shut Down
SECT	Section – A "View" in mechanical drafting (similar to Elevation used in Architectural drafting)
SF	Spot–Faced – The machining–off the back side of an object (i.e.: a flange) to provide a true flat surface for the bolt head or nut.
Si	Silicon
SKT	Socket – Method of joining some Types of pipe, fittings and valves.
SMLS	Seamless – A Type of pipe
SO	Slip–On – A Type of flange
SO	Steam Out
SOL	Sock–o–let – A device used to make an integral reinforced branch for socket–weld (size) pipe
SP	Sample Point
SP	Set Point
SP	Standard Practice [MSS term]
SP	Steam Pressure
Spec	Specification – A narrative description for the requirements of almost anything
Spool	In piping a "Spool" is a contiguous fabricated part if an isometric or a pipe line. Example: a spool can be small such as a flange, an elbow and another flange. Or it can be large such as a contiguous fabricated configuration not to exceed the designated shipping size set for the Project.

SQ	Square
SQ.RT	Square Root
SR	Short Radius [Of Elbow]
SS	Sanitary Sewer – Used to define the commodity in a Line Number
SS	Spring Supports
SS	Stainless Steel
SS	Steam Supply – Used to define the commodity in a Line Number
SSO	Intermittent hot process drain – Used to define the commodity in a Line Number
SST	Stainless Steel
SSV	Soft Seat Valve
ST	Steam Traced
ST	Steam Tracing
ST	Steam Trap
ST	Support Trunnions
STD	Standard
STM	Steam – Used to define the commodity in a Line Number
STR	Straight
STS	Storm Sewer – Used to define the commodity in a Line Number
SW	Socket Welding
SWG	Swage
SWG	Swaged Nipple
SWP	Standard Working Pressure
SWP	Steam Working Pressure

······ T ······

T	Temperature
T	Temperature Connection
T	Threaded
T	Trap
T&C	Threaded and Coupled [Pipe] – Pipe purchased from the supplier with both ends threaded and a coupling installed on one end (only) of each length.
T/F.F	Tangent to Face of Flange
T/T	Tangent to Tangent – Used define the distance of the straight side of a vessel.
TB	Traced Valve Body – Term used where Heat Tracing is used for process lines or equipment.
TBB	Traced Body & Bonnet – Term used where Heat Tracing is used for process lines or equipment.

TBE	Thread Both Ends – Used with Swedge Nipples
TC	Temperature Controller
TC	Test Connection
TE	Threaded End
TEF	Teflon
TEMA	Tubular Exchanger Manufacturers' Association
TGT	Tangent
TI	Temperature Indicator – Indicates a direct reading gage or indicator.
TL	Tangent Line – Indicates the point on a cylindrical vessel where the straight side intersects the curvature of the knuckle radius of the head.
TLE	Thread Large End – Used with Swedge Nipples
TOC	Top of Concrete
TOE	Threaded One End [Nipple or Swege]
TOL	Thread–o–let – A device used to make an integral reinforced branch for Threaded (size) pipe
TOP	Top of Pipe
TOS	Top of Steel
TOS	Top of Support
TPI	Threads per Inch
TS	Twin Seal – A Type of Gate Valve.
TSE	Thread Small End – Used with Swedge Nipples
TSE	Threaded Small End – Used with Swedge Nipples
TYP	Typical

······ U ······

U/G	Underground – A Type of drawing or a buried piping system
UA	Utility Air – Used to define the commodity in a Line Number
UDD	Utility Distribution Diagram – A Plot Plan oriented drawing showing the main distribution headers with all the branches in the proper sequence.
UFD	Utility Flow Diagram – Similar to a (process) P & ID but used for the drawing use to define the generation of a plant utility service (Steam, Plant Air, Cooling Water, etc.).
UG	Underground – (See U/G)
UNC	Unified Coarse [Bolt thread]
UNF	Unified Fine [Bolt thread]
UNO	Unless Noted Otherwise
UNS	Unified Selected [Bolt thread]

UON	Unless Otherwise Noted
US	Utility Station – A collection of multiple services (Steam, Plant Air, Plant Water, Nitrogen, etc.) arranged in locations at grade or on platforms for use by maintenance and clean-up.
UT	Ultrasonic Inspection – (See NDE)

······ V ······

V	Valve
V	Vanadium – An element found in some piping materials
V	Vapor Outlet or Vent Connection
V	Vent – Used to define the commodity in a Line Number
V	Vertical
VB	Vortex Breaker – A device fabricated and installed inside a vessel as a part of the pump suction Nozzle to prevent the formation of a Vortex.
Vert	Vertical
VT	Visual Inspection – (See NDE)

······ W ······

W	Relief Valve Nozzle
W	Water – Used to define the commodity in a Line Number
W	West – As in the direction. Often used with Coordinate method of defining location or position of in item of equipment.
W/	With
WC	Water Column – A piping configuration that allows for the attachment of multiple level and pressure instruments on a Tank or Vessel.
WE	Welded End – Often used with a valve to indicate the Type of end connections.
WGT	Weight
WLD	Weld(ed)
WN	Welding Neck – Indicated the Type of Flange
WOG	Water, Oil and Gas
WOL	Weld-o-let – A self reinforced branch fitting for butt weld continuation
WP	Working Point – Used on drawings with sloping pipe lines to indicate the point where key information is given (Locating coordinates and elevations).
WP	Working Pressure
WS	Water Supply – Used to define the commodity in a Line Number
WT	Weight

······ **X** ······

x	Multiply
X	Unclassified actuator – Used with instruments
XH	Extra–Heavy – Refers to the Wall Schedule of pipe
XS	Extra–Strong – (See XH)
XXH	Double Extra Heavy – Refers to the Wall Schedule of pipe
XXS	Double–Extra–Strong – (See XXH)

References

1. Liang—Chuan Peng and Tsen—Loong Peng, 2009, *Pipe Stress Engineering*, ASME New York NY.

2. Rutger Botermans and Peter Smith, 2008, *Advanced Piping Design*, Gulf Publishing Company, Houston Texas.

3. Richard Beale, Paul Bowers and Peter Smith, 2010, *the Planning Guide to Piping Design*, Gulf Publishing Company, Houston Texas.

4. Ed Bausbacner and Roger Hunt, 1994, *Process Plant Layout and Piping Design*, Auerbach Publishers Boston New York.

5. "ASME B31.1, 2007, *Power Piping*", American Society of Mechanical Engineers.

6. "ASME B31.3 2006, *Process Piping*", American Society of Mechanical Engineers.

7. ASME OM 2015, Operation & Maintenance of Nuclear Power Plant.

8. R. King and R. Hirst, *King's Safety in the Process Industries*, 2nd Ed., Butterworth—Heinemann, 1998.

9. K. Kolmetz *et. al.,* "Design guidelines for safety in piping networks".

10. F. Lees, *Lees' Loss Prevention in the Process Industries*, Vol. 1-3, 3rd Ed., Butterworth—Heinemann, 2005.

11. D. Crowl and J. F. Louvar, *Chemical Process Safety: Fundamentals with Applications*, 3rd Ed., Prentice Hall, 2011.

12. "UK Water bylaw pipe insulation requirements", UK Copper Board, "Archived copy"(PDF). Archived from the original(PDF) on 2015—06—30.

13. "Pipe insulation thickness guide", Thermal Insulation Manufacturers & Suppliers Association.

14. "Passive Haus requires no heating or cooling pipes", Passive Haus UK.

15. "Phenolic foam technical description", European Phenolic Foam Association, 2016—05—23 at the Portuguese Web Archive.

16. "ASTM C 680 calculation standard", American Society for Testing and Materials.

17. "EN ISO 12241 calculation standard", International Organization for Standardization.

•저자 약력•

박철수
현 Sv Plant Engineering 대표
삼성엔지니어링(주), SK건설(주), 대우조선(주) 등에서 36년 근무
서울산업대학교 대학원 졸업(산업안전공학 전공)

김병식
전 케이앤알엔지니어링 대표, 현대엔지니어링(주), SK건설(주) 상무 등으로 36년 근무
연세대학교 기계공학과 졸업

공진성
현 Sv Plant Engineering 전무, 현대엔지니어링(주), SK건설(주) 전문위원 등으로 36년 근무
인하대학교 기계공학과 졸업

제2판
플랜트 배관 설계

초판발행	2021년 7월 30일
제2판발행	2024년 1월 15일
지은이	박철수·김병식·공진성
펴낸이	안종만·안상준
편 집	김민조
기획/마케팅	장규식
표지디자인	권아린
제 작	고철민·조영환
펴낸곳	(주)**박영사**
	서울특별시 금천구 가산디지털2로 53, 210호(가산동, 한라시그마밸리)
	등록 1959. 3. 11. 제300-1959-1호(倫)
전 화	02)733-6771
f a x	02)736-4818
e-mail	pys@pybook.co.kr
homepage	www.pybook.co.kr
ISBN	979-11-303-1921-6 93540

정 가   32,000원